パワー・エコロジー

佐藤宏明・村上貴弘 共編

海游舎

まえがき

　本書は，北海道大学大学院環境科学院/地球環境科学研究院の教授として長く教育と研究に携わってこられた東 正剛(ひがしせいごう)先生の退職を記念して編集，出版された．執筆者はいずれも先生の薫陶を受けた教え子である．書名のパワー・エコロジーは東研究室の研究姿勢を象徴する造語であり，先生の指導方針を端的に表している．しいて訳せば，力業(ちからわざ)の生態学，とでもなろうか．生態学を俯瞰する序章以外のすべての章が，この力業の実践記録となっている．

　東正剛先生は 1949 年，宮崎県高鍋町に生まれ，南九州の豊かな自然のなか，剣道少年として育った．高鍋高校 1 年生の終わりに奈良県立高田高校に転校，奈良教育大学を経て北海道大学大学院理学研究科に進学し，ハチの行動生態学の第一人者である坂上昭一先生に師事した．研究対象は日本海に面した石狩浜におけるエゾアカヤマアリのスーパーコロニーであり，これが地球上で最も巨大なアリのコロニーであることを発見した．この発見はウィルソンとヘルドブラーが著したアリ学のバイブル *The Ants* の巻頭でも取り上げられるほど，世界にインパクトを与えた．余談ながら，この研究は，平日は石狩浜でのテント生活，週末は道央の羊蹄山(ようていざん)山頂 (標高 1,898 m) にある山小屋の管理人のアルバイトをしながらのものだったという．また，アルバイトで稼いだお金は，アリ研究のメッカであるスイスでのヤマアリの調査研究につぎこんだという．

　1980 年に博士号を取得後，北海道大学大学院環境科学研究科 (現在の環境科学院) に助手として任用され，1993 年に教授に昇任し，アリ類をはじめとする動物生態学の研究を行ってきた．この間，1983 年にアフリカ，1986-88 年にオーストラリア，1988-1989 年に第 30 次南極観測隊夏隊員として南極大陸に赴いている．1993 年からはパナマを中心としたアメリカ大陸，1998 年から1999 年にかけて再びオーストラリア，2001 年からは熱帯アジア，そして近年

は再びアフリカおよび南米大陸へと，まさに世界を股にかけた調査研究を行っている．研究対象は主にアリ類であるが，アフリカではフンコロガシの調査を見守り，オーストラリアではジシャクシロアリの壮大なシロアリ塚群を記録し，南極大陸では土壌動物相の調査から多数のトビムシ，ダニ類を発見している．まさに自らの好奇心に従った八面六臂の奮闘であり，破格の活躍である．

　書名のパワー・エコロジーは東先生の行動力に裏打ちされた口癖に由来する．「面白いと思うなら，とにかくやってみろ」，「頭はついてりゃいい．中身はあとからついてくる」，「生態学は体力と気合だ」，「生態学にカミソリは必要ない．必要なのはナタだ」と，素面であれ，酒の席であれ，ことあるごとに聞かされた．1980年代から顕著になった，確かな理論に基づく仮説を，考え抜いた実験・観察によって検証するという生態学の流れにあって，これらの発言は中身のない単なる放言にすぎない，と断じる人もいるだろう．しかし，自分がどれほどのものかわからないけれど，体力とやる気，そして夢だけはたっぷりともっていた大学院生には，先生のこの口癖はこのうえない励ましとなった．いつしか東研究室では，先生に感化された自分たちの研究姿勢を，万感をこめパワー・エコロジーと呼ぶようになった．

　パワー・エコロジーの足跡として，東先生が教授として指導した修士・博士課程の院生とその学位論文をこのまえがきの後に掲げた．一瞥して，研究課題，対象生物，調査地のいずれにおいても一貫性がないことに気づく．研究課題は生態学のほぼ全域を網羅し，対象生物はクマムシから昆虫，魚類，爬虫類，鳥類，哺乳類に至り，さらに海洋微生物や藻類，高等植物までも含み，調査地は，北海道はもとより，東南アジア，オーストラリア，中米，そしてアフリカにまで広がる．これは，他の研究室ならば拒絶されてしまう学生を東先生が受け入れ，パワー・エコロジー主義のもとに，院生を鼓舞した結果である．

　本書はそうした東研究室の特徴が伝わるよう2部構成とした．第一部では，調査地が全世界に及ぶことを示す狙いで，院生の時代に，中米，ボルネオ，オーストラリア，アフリカ，南極へと散っていった教え子の奮闘記が綴られている．第二部では，対象生物と研究課題が多種多様であることを示す狙いで，藻類からクマムシ，昆虫，魚，鳥，はてはエゾシカまで，さまざまな生態学的

観点からの研究が綴られている．もちろん，いずれの章もパワー・エコロジーを具現した内容である．そして，一見すると相互の関連を欠くこれらの研究が生態学という広い学問領域にどう位置づけられるかを示す狙いで，「生態学の躍進—その目指すもの」と題した序章を，東先生が助手のときに院生だった大原雅さん (現在，北海道大学大学院環境科学院/地球環境科学研究院教授) に執筆いただいた．

各章の扉に，東先生自身の筆による「著者の紹介」を載せた．とは言え，執筆者の単なる紹介文にはなっていない．本文では触れられていない師弟の交わりが寸描されているとともに，先生の人柄と教え子を見る温かい目がそこにある (一部毒舌も混じってはいるが)．また，執筆者本人も知らなかったであろう先生の研究戦略も垣間見え，本文を読むときの手助けにもなっている．執筆者だけでなく，師の恩にあらためて思い至る読者もきっといるのではないだろうか (実は，編集者以外の執筆者はこの「著者の紹介」を本書の出版で初めて目にする)．

各章の長さは長短まちまちであるが，全ての章がプロローグで始まり，エピローグで終わっている．この二つを読めば，本文の概要と執筆者の研究にかける思い，そして師に対する敬愛の情が読み取れる．本文では，真実に近づいていく過程が，研究の苦労話や裏話などを交えて，臨場感あふれる文体で記述されている．生態学的知識を得ようとする読者には物足りなさを感じさせるかもしれないが，そのぶん，現場感覚を大いに養える内容になっていると思う．

このように本書は，パワー・エコロジーを信奉，実践してきた東研究室の総括の書ともいえる．仮説・検証型の研究が推奨される現在にあって，未知の領域に挑む発見型の研究は敬遠されがちである．確固たる成果が見通せないことに加え，人一倍の力業を必要とする研究ならば，なおさらである．しかし，研究の原点は「面白そうだから」，「楽しそうだから」，「知らない土地に行ってみたいから」というような単純な思いと，研究にかける情熱にあるはずである．そうであるならば，パワー・エコロジーの精神は一般性をもちうると言え，研究者を目指す若い人の精神的支柱としてだけでなく，現役の教員にも指導上の指標となりうるのではないか．ここにこそ，一研究室の実践記録にすぎない本

書の意義があると信じたい．

　末尾になりましたが，東先生の似顔絵を真ん中にして，研究室の雰囲気を素敵に伝える表紙イラストを描いていただいた市川りんたろうさんに感謝します．また，海游舎の本間陽子さんには本書の企画段階から多大なご協力をいただきました．忙しさにかまけて作業が滞るなか，本書を出版まで導いていただいたことに感謝します．

　2013年1月

佐藤宏明・村上貴弘

東正剛先生が主査を務めた学位論文
(1993 年度以前に関わった学位論文は含まない)

博士論文

1995 (平成 7) 年度

1. 上野 秀樹　ナミテントウの生活史形質にかかる選択と遺伝基盤 (Selection and genetic basis of life history characters in a ladybird beetle, *Harmonia axyridis*)
2. 呉 範龍　冷温帯林の落葉分解における加速効果と混合効果に関する研究 (Priming effect and mixing effect on decomposition of leaf litter in cool-temperate forests)
3. 大河原 恭祐　アリ散布型植物数種における種子散布－特にエライオソームと地上歩行性甲虫の影響について (Seed dispersal of some myrmecochorous plant species, with effects of elaiosomes and ground beetles)

1996 (平成 8) 年度

4. 張 裕平　日本産 Stenophylacini 族トビケラの形態，生活史および分布 (Morphology, life history and distribution of the caddisfly tribe Stenophylacini in Japan (Trichoptera, Limnephilidae, Limnephilinae))
5. 永田 純子　日本および中国におけるシカ類の分子系統と遺伝的変異 (Molecular phylogeny and genetic variation of the deer in Japan and China)

1997 (平成 9) 年度

6. 洪 淳福　韓国・洛東江河口の水鳥相，およびコアジサシとシロチドリの繁殖生態 (Fauna of water birds and breeding behavior of little tern and kentish plover in the Nakdong Estuary, R.O. Korea)
7. 高橋 裕史　餌制限下におけるニホンジカの繁殖と空間利用 (Reproduction and habitat use of sika deer under food limitation)
8. 村上 貴弘　キノコアリ族における社会生物学的研究：特に，交尾回数が社会進化に及ぼす影響 (Sociobiological studies of fungus-growing ants Attini: effects of insemination frequency on the social evolution)
9. 竹田 努　日本におけるダニ脳炎ウィルスの生態学的研究 (Ecological studies of tick-borne encephalitis virus in Japan)
10. 柴尾 晴信　不妊の兵隊カーストを産出するタケツノアブラムシにおける真社会性の構造とその維持機構 (Structure and maintenance of eusociality in the soldier-producing aphid, *Pseudoregma bambucicola* (Aphididae: Homoptera))

1998 (平成 10) 年度

11. 谷口 義則　河川性魚類における条件特異型競争：デモグラフィーと群集パターンにおけるその帰結 (Condition-specific competition in stream fishes : its consequences on demography and community patterns)

1999 (平成 11) 年度
12. 宮田 弘樹　オーストラリアの多雨林に生息する最も原始的な軍隊ハリアリ *Onychomyrmex hedleyi* の生活史と行動 (Phenology and behavior of the most primitive ponerine army ant *Onychomyrmex hedleyi* in a rain forest of Australia)
13. 木村 真三　スーパーオキシドディスムターゼ様活性を有する金属結合メラニンによる DNA 損傷に関する研究 (Studies on DNA damage caused by metal-binding melanin having superoxide dismutase)

2000 (平成 12) 年度
14. 澤村 正幸　藻場を含む冷温帯潮下帯における魚類・ベントス間の食物網構造 (Fish-benthos food web structure on bare and vegetated mixture bottom in the cold-temperate infralittoral waters)
15. 松長 克利　北海道におけるアオサギの分布と繁殖活動 (Distribution and breeding behaviors of the grey heron in Hokkaido, northernmost Japan)
16. 江戸 謙顕　サケ科希少種イトウ *Hucho perryi* の行動生態と保全 (Behavioral ecology and conservation of endangered salmonids, Sakhalin taimen *Hucho perryi*)
17. 菊地 友則　シワクシケアリにおける単女王性コロニーと多女王性コロニーの生活史戦略比較 (A comparison of life history strategies between monogynous and polygynous colonies in *Myrmica kotokui*)

2001 (平成 13) 年度
18. 富塚 史浩　土壌動物類の呼吸量と安定同位体比 (Respiration and stable-isotope ratio of soil animals)
19. 廣澤 一　ボルネオ産ハシリハリアリの採餌行動と餌群集に及ぼす短期的影響 (Foraging behaviors of ponerine army ants *Leptogenys* and their short-term effects on prey community in a rain forest of Borneo)

2002 (平成 14) 年度
20. 野村 冬樹　人身被害を及ぼすエゾヒグマと農業被害を及ぼすマレーグマにおける生息地利用の季節変動 (Seasonal trends of habitat usage in two ursine species, a destructive beast *Ursus arctos yesoensis* and an agricultural pest *Helarctos malayanus*)

2003 (平成 15) 年度
21. 東 典子　ツムギアリ *Oecophylla smaragdina* の系統地理学 (Phylogeography of Asian weaver ants *Oecophylla smaragdina*)
22. 村井 勅裕　テングザルの社会構造と繁殖行動 (Social structure and mating behavior of proboscis monkey *Nasalis larvatus* (Primates; Colobinae))
23. Hari Sutrisno　インドネシア・オーストラリア産メイガ類 *Glyphodes* とその近縁属の形態・分子系統 (Morphological and molecular phylogeny of Indonesia-Australian *Glyphodes* and its allied genera (Lepidoptera: Crambidae: Spilomelinae))

2004 (平成 16) 年度
24. 城所 碧　キオビツヤハナバチにおける後天的花選好性と越冬前交尾 (Flower constancy and pre-hibernation mating of a small carpenter bee *Ceratina flavipes*)

博士論文　　　　　　　　　　　　　　　　　　　　　　　　　　　　　　　　　ix

25. 平田　真規　　シオカワコハナバチとホクダイコハナバチにおける社会性の地理変異 (Geographic variation of sociality in facultatively and obligately eusocial sweat bees, *Lasioglossum* (*Evylaeus*) *baleicum* and *L.* (*E.*) *duplex* in Hokkaido, northern Japan)

2005 (平成 17) 年度

26. Ibnu Maryanto　　インドネシア産ネズミ類とコウモリ類の分類と動物地理 (Taxonomy and zoogeography of rats and bats on Indonesian Archipelago)
27. Dwi Astuti　　Cyt-b, ND2, RAG-1, β-fibrinogen の DNA 塩基配列判読によるオウム類の分子系統解析 (Molecular phylogeny of parrots inferred from DNA sequences of cytochrome b, ND2, RAG-1 and β-fibrinogen genes)
28. 三好　和貴　　冷温帯混交林に生息するエゾクロテンの行動圏，生息地利用及び食性 (Home range, habitat use and food habits of the Japanese sable *Martes zibellina brachyura* in a cool-temperate mixed forest)

2006 (平成 18) 年度

29. 堀川　大樹　　クマムシにおける極限環境耐性に関する研究 (Study on tolerance of tardigrades to extreme environments)
30. 正富　欣之　　日本産タンチョウの個体群存続確率分析 (A population viability analysis of Tancho *Grus japonensis* in Hokkaido, Japan)
31. 北西　滋　　北海道におけるサクラマス個体群の遺伝構造 (Genetic structure of masu salmon *Oncorhynchus masou* populations in Hokkaido)

2007 (平成 19) 年度

32. 安部　文子　　北海道石狩平野における繁殖期のオオタカとハイタカの生態学的研究 (Ecological studies on northern goshawks and sparrowhawks during breeding seasons on the Ishikari Plain, Hokkaido, Japan)
33. 杉本　太郎　　ロシア極東に生息するアムールヒョウとシベリアトラの非侵襲的試料を用いた保全遺伝学的研究 (Noninvasive genetic study to conserve Amur leopard and Siberian tiger in the Russian Far East)
34. 松田　一希　　マレーシア・サバ州におけるテングザルの採食行動と遊動 (Feeding and ranging behaviors of proboscis monkey *Nasalis larvatus* in Sabah, Malaysia)
35. 池田　隆美　　北太平洋におけるアカウミガメの季節分布と行動－海洋環境要因に関する統計解析 (Seasonal distribution and behavior of loggerhead sea turtles in the North Pacific: statistical analysis in relation to environmental oceanographic parameters)

2008 (平成 20) 年度

36. 片岡　剛文　　西部北太平洋における細菌群集構造に対する太陽光紫外線と鉄の影響 (Effects of solar UV radiation and iron on bacterial community composition in the western North Pacific)

2009 (平成 21) 年度

37. 泉　洋江　　日本とその周辺におけるスズメ個体群の遺伝的構造 (Genetic structure of the tree sparrow *Passer montanus* populations in Japan and its vicinity)

38. 中村 修美　日本産カマアシムシ科 (六脚綱，カマアシムシ目) の分類と生態分布 (Systematics and ecological distribution of the family Eosentomidae (Hexapoda: Protura) in Japan)
39. Ardianor　インドネシア・中央カリマンタンの三日月湖に生息する植物プランクトンの群集動態に影響を及ぼす環境要因 (Environmental factors affecting lacustrine phytoplankton community dynamics in Central Kalimantan, Indonesia)
40. 野本 和宏　北海道東部の河川に生息する絶滅危惧サケ科魚種イトウの保全生物学 (Conservation biology on endangered salmonid species Sakhalin taimen *Hucho perryi* inhabiting river basins of eastern Hokkaido)

2011 (平成 23) 年度

41. 高井 孝太郎　北海道に侵入したトノサマガエルの由来と生態 (The origin and ecology of *Rana nigromaculata* introduced into Hokkaido)

修士論文

1994 (平成 6) 年度

1. 日出平 陽一　雌性先熟型植物ザゼンソウにおける性転換のタイミングとサイズとの関係
2. 村上 貴弘　最も原始的なハキリアリ族 2 種の行動生態 (Behavioral ecology of two primitive attine species)

1995 (平成 7) 年度

3. 小林 千穂　多年生植物ハンゴンソウ (*Senecio cannabifolius*) の繁殖戦略，特にシュートの成長，分布パターンについて (Reproduction strategy of the perennial plant *Senecio cannabifolius*, with special reference to their growth and distribution patterns)
4. 佐藤 峰子　無翅女王と雌雄モザイク個体を生産する新熱帯産ハリアリ *Gnamptogenys horni* の行動生態 (Ecological and behavioral studies of a neotropical ponerine ant *Gnamptogenys horni* with wingless queens and gynandromorph)
5. 米根 洋一郎　オーストラリア産無女王制ハリアリ *Rhytidoponera aurata* における単雌制及び多雌制 (Monogyny and polygyny in the queenless ponerine ant *Rhytidoponera aurata* in Australia)
6. 中野 正弘　有珠山噴火 16 年目における土壌動物相とその分布に及ぼす環境要因の分析

1996 (平成 8) 年度

7. 江戸 謙顕　北海道中央部に生息するサケ科魚類イトウ *Hucho perryi* の産卵行動と繁殖成功 (Spawning behavior and reproductive success of Japanese huchen *Hucho perryi* (Salmonidae) in central Hokkaido, northern Japan)
8. 八尾 泉　カシワ *Quercus dentata* 低木林におけるアリ *Formica yessensis* とアブラムシ *Tuberculatus quercicola* の共生関係
9. 野村 冬樹　渡島半島南西部における雌エゾヒグマ *Ursus arctos yesoensis* の環境選好性に与えるエサ分布の影響 (Effects of food distribution on habitat preference of female brown bear, *Ursus arctos yesoensis*, in southwestern Oshima Peninsula, northern Japan)

修士論文

10. 山本　俊昭　サクラマスにおける順位制，代謝率および耳石サイズの関係 (Correlation among dominance status, metabolic rate and otolith size in masu salmon *Oncorhynchus masou* (Salmonidae))

1997 (平成 9) 年度

11. 並木　光行　海産プランクトン食性浮魚類の鰓耙の機能に関する研究
12. 斉藤　寿彦　冷水河川のイトヨ雌にみられる誕生時期に特異的な生活史の可塑性 (Birth-timing-specific life-history plasticity of female three-spine stickleback in a cold-water stream)
13. 村井　勅裕　エゾシマリス (*Eutamias sibiricus lineatus*) の山岳地域個体群の生活史特性
14. 大西　尚樹　ヒメネズミ個体群における遺伝的空間構造の解明 (Spatial and genetic structure in a population of the Japanese wood mouse, *Apodemus argenteus*)
15. 菊池　友則　女王サイズの異なるシワクシケアリ 2 個体群間の有翅虫生産比較 (Comparison of alate production between micro- and macrogyne populations of *Myrmica kotokui* Forel)
16. 吉岡　理穂　蟻の性比のコロニー間ばらつきに関する血縁度非対称性仮説の検証 (A test of relatedness asymmetry effect on the intercolonial variation of sex ratio in ants)
17. 廣澤　一　ボルネオ産ヒメサスライアリの餌内容とアリ相に及ぼす影響 (Food habits of army ants *Aenictus* and their effects on ant fauna in a rain forest of Borneo)
18. 富塚　史浩　冷温帯落葉樹林の林床における土壌動物の時間・空間的分布とその土壌呼吸への寄与率 (Spatio-temporal distribution of soil animals and their contribution to the soil respiration on the floor of a cool-temperate deciduous forest)

1998 (平成 10) 年度

19. 三宅　洋　河床の安定性が無脊椎動物群集の多様度に及ぼす影響 (Effects of substrate stability on community diversity of stream invertebrates)
20. 早稲田　宏一　北海道苫小牧地方におけるオスヒグマの行動様式と生息地利用の解析
21. 島村　崇志　順位制を示すハリアリ *Pachycondyla sublaevis* のコロニー内血縁度に関する理論的予測と実証データ

1999 (平成 11) 年度

22. 湊　正寿　カドフシアリにおける女王コロニーと中間カーストコロニーの分布
23. 宋　安仁　マイクロサテライト DNA マーカーを用いた，エゾアカヤマアリのスーパーコロニーにおける遺伝的構造の解析 (An analysis of genetic structure in a supercolony of the red wood ant *Formica yessensis* using microsatellite DNA marker)
24. 多加喜　未可　ミトコンドリア DNA 分析に基づく日本産ウサギ目の分子系統学的研究 (A molecular phylogeny of Japanese lagomorphs, based on the sequence analysis of mitochondrial DNA)
25. 飯沼　康子　ニホンジカ乳歯象牙質における成長線 (Incremental lines in deciduous dentin of sika deer *Cervus nippon*)

2000 (平成 12) 年度

26. 東　典子　オーストラリアと東南アジアに分布するツムギアリの地域個体群間分子系統解析 (Molecular phylogeny among local populations of weaver ant *Oecophylla smaragdina* distributed in Australia and Southeast Asia)

27. 城所 碧　キオビツヤハナバチの訪花性と繁殖成功度 (Flower selection and reproductive success of *Ceratina flavipes*)
28. 服部 健次　トフシアリの生活史と多女王制

2001 (平成 13) 年度

29. 浦 達也　オオジシギ雌雄の形態差 (Morphological differences between males and females of Latham's Snipe *Gallinago hardwickii*)
30. 三好 和貴　エゾクロテンの食性と生息地利用 (Food habits and habitat use of sables *Martes zibellina brachyura*)
31. 平田 真規　ホクダイコハナバチの社会性再考 (A resurvey of sociality of sweat bee *Lasioglossum* (*Evylaeus*) *duplex*)

2002 (平成 14) 年度

32. 北西 滋　ミトコンドリア DNA の塩基配列にもとづく北海道産サクラマス 5 個体群の遺伝的変異性 (Genetic variations of five masu salmon *Oncorhynchus masou* populations in Hokkaido, based on an analysis of mitochondrial DNA sequences)
33. Dwi Astuti　ミトコンドリア・チトクローム b 遺伝子の塩基配列から推定されるインドネシア産オウム類 (Psittacidae) の分子系統 (Molecular phylogeny of Indonesian parrots (Psittacidae) inferred from mitochondrial cytochrome-b gene sequences)

2003 (平成 15) 年度

34. 泉 洋江　マイクロサテライト DNA を用いたスズメ個体群の遺伝的変異の解析 (An analysis of genetic variations among the tree sparrow *Passer montanus* populations, using microsatellite DNA)
35. 石井 亮次　体毛の DNA を用いたエゾリス個体群の遺伝構造解析のための予備的研究 (A preliminary study for analyzing genetic structure of *Sciurus vulgaris orientis* populations using DNA extracted from hairs)
36. 堀川 大樹　広域分布を示すオニクマムシ *Milnesium tardigradum* の耐乾燥性および耐低温性に関する研究 (Study on tolerances of the widely-distributed Tardigrades *Milnesium tardigradum* to the desiccation and low temperature)
37. 得能 秀幸　ハマナス群落の遺伝構造 (Genetic structure of *Rosa rugosa* community)

2004 (平成 16) 年度

38. 杉本 太郎　アムールヒョウとシベリアトラの糞から抽出した DNA による種及び性判定法の確立 (An establishment of methods for determining species and sex of Amur leopard and Siberian tiger by analyzing DNA extracted from their feces)
39. 片岡 剛文　PCR-DGGE 法と BrdU を用いた A ライン海域浮遊性バクテリア群集の動態解析 (Community dynamics of bacteria floating in the sea A-line, analyzed by PCR-DGGE and BrdU)
40. 藤井 万里和　タンチョウの初期繁殖成功に及ぼす環境要因解析

2005 (平成 17) 年度

41. 野本 和宏　野外におけるイトウ稚魚の成長と生態 (Growth and ecology of *Hucho perryi* juveniles under natural conditions)

修士論文

42. 宮崎 智史　中間雌カーストを有するカドフシアリの形態分化 (Morphological differentiation of the ant *Myrmecina nipponica* exhibiting an intermorphic queen)
43. 山田 朋実　テングザルの反芻行動 (Rumination behavior of the proboscis monkey)

2006 (平成 18) 年度
44. 岩倉 美沙子　対立遺伝子組成と体表炭化水素組成の違いがスーパーコロニーをつくるエゾアカヤマアリの巣間敵対性に及ぼす影響 (Effects of genetic differentiation and cuticular hydrocarbonic composition on internidal aggressiveness in a supercolonial ant *Formica yessensis*)

2007 (平成 19) 年度
45. 田中 涼子　ミトコンドリア DNA とマイクロサテライト DNA を用いたアシナガキアリの系統地理 (Phylogeography of the invasive yellow crazy ant, *Anoplolepis gracilipes*, using mitochondrial and microsatellite DNA markers)
46. 椎名 佳の美　コゲラ *Dendrocopos kizuki* の巣及びねぐらに利用される樹種 (Trees used for nests and roosts of the Japanese pygmy woodpecker *Dendrocopos kizuki*)
47. 石垣 麻美子　マイクロサテライト DNA 分析によるカワウ *Phalacrocorax carbo* 個体群間の遺伝的変異比較 (Genetic variation among the great cormorant *Phalacrocorax carbo* populations by analyzing microsatellite DNA)
48. 重田 麻衣　徳島県美波町大浜海岸におけるアカウミガメ (*Caretta caretta*) の上陸数変動に関する分析
49. 坂田 大輔　石狩低地帯におけるエゾクロテンとホンドテンの側所的分布－自動撮影法と糞 DNA 分析による確認 (Parapatric distribution of the Japanese sable and the Japanese marten in the Ishikari Lowland, northernmost Japan, confirmed by camera traps and fecal DNA analysis)
50. 藤原 慎悟　エゾアカヤマアリのスーパーコロニーにおける巣間敵対性と遺伝的構造 (Internidal aggression and genetic structure in a supercolony of a red wood ant *Formica yessensis*)
51. 吉田 修哉　札幌市における 1956 年と 2007 年のアリ相比較 (A comparison of ant faunae between 1956 and 2007 in Sapporo)

2008 (平成 20) 年度
52. 紅露 周平　環太平洋諸国へのヒアリ侵入の原因解明
53. 佐保田 篤志　マイクロサテライト DNA マーカーを用いたウミネコ (*Larus crassirostris*) の遺伝的構成の解析
54. 北野 雅人　苫前の風力発電施設におけるバードストライク発生要因の解明 (A study on the environmental factors inducing bird strike in the wind power facilities of Tomamae)
55. 濱崎 眞克　放浪型シワクシケアリ女王の適応的意義

2009 (平成 21) 年度
56. 竹島 勇太　身近な野鳥を用いた環境教育プログラムの開発
57. 橋本 誠也　北海道におけるミミズハゼ属の分布と分類 (Distribution and taxonomy of the flathead goby *Luciogobius* species (Gobiidae, Perciformes) in Hokkaido)

58. 朝香 友紀子　　南インドレフュージア仮説を支持するツムギアリの系統地理 (Phylogeography of the weaver ant *Oecophylla smaragdina* supporting Southern Indian refugia hypothesis)
59. 小平 大輔　　札幌都市部に生息するオオセグロカモメの生態
60. 八木 史香　　支笏湖周辺二地域におけるエゾシカの不嗜好性植物率，被食率，糞量の比較

2010 (平成 22) 年度

61. 貞國 利夫　　北海道大学構内に生息するカラスの繁殖成功に影響を及ぼす環境要因 (Environmental factors affecting the reproductive success of crows inhabiting the campus of Hokkaido University)
62. 森原 なぎさ　　トゲオオハリアリ *Diacamma* sp. における性決定遺伝子の発現解析 (Expression analysis of sex-determining genes in a ponerine ant *Diacamma* sp.)

2011 (平成 23) 年度

63. 笹 千舟　　トゲオオハリアリにおける触角形態の顕著な性差をもたらす分子発生学的基盤 (Developmental bases of underlying the sexual differentiation of antennae in the ponerine ant *Diacamma* sp.)
64. Catherine Appiah　　サバクトビバッタの大発生と分散に及ぼす気象条件の影響 (Effects of meteorological conditions on the outbreak and dispersal of the desert locust *Schistocerca gregaria*)

2012 (平成 24) 年度

65. 福原 るみ　　オジロワシの繁殖成功に関わる環境要因 (Environmental factors affecting the reproductive success of the white tailed sea eagle *Haliaeetus albicilla*)

目 次

序章 生態学の躍進——その目指すもの （大原　雅）
 プロローグ ……………………………………………………………… 1
 1　生態学の概念 ………………………………………………………… 1
 2　生物学的組織化のレベル …………………………………………… 3
 3　生態学の潮流 ………………………………………………………… 5
  生態学における種の概念 …………………………………………… 5
  個体群生態学 ………………………………………………………… 9
  群集生態学 …………………………………………………………… 13
  生態系 ………………………………………………………………… 15
 4　Ecologyとエコロジー ……………………………………………… 18
 エピローグ ……………………………………………………………… 20

第一部　世界中にフィールドを求めて

1　アリの農業とヒトの農業——南米で進化！？ （村上貴弘）
 プロローグ ……………………………………………………………… 23
 1-1　スミソニアン熱帯研究所とバロコロラド島 …………………… 23
 1-2　ハキリアリの行動と生態 ………………………………………… 26
  「農業をする」アリとの出会い …………………………………… 26
  小さな大発見 ………………………………………………………… 27
  農業とヒトとアリ …………………………………………………… 29
  アリの農業の起源と発展 …………………………………………… 31
  世紀の大発見！ ……………………………………………………… 34
 1-3　農業をするアリはヒトの農業にとって重大な害虫である …… 36
 1-4　世界の農業発展に貢献したインディヘナの人々 ……………… 38
 エピローグ ……………………………………………………………… 40

2　ボルネオ・サル紀行——妻と一緒に，テングザル研究 （松田一希）
 プロローグ ……………………………………………………………… 43
 2-1　テングザルが棲む村へ …………………………………………… 45

		期待と不安の狭間で	45
		川の民が暮らす村を目指して	47
		遠くて近いボルネオ島――流行る日本文化	51
	2-2	村事情とテングザル研究	52
		偉大なる妻よ	52
		騙し騙され，また騙されて……	53
		反芻行動の発見	55
		ベジータとの出会い	57
		テングザルは森の中で何をしているのか	59
		ガソリンは黄金だ	61
		調査助手を探せ	62
		テングザルの社会を謎解く	64
		動物の狩猟事情	67
	2-3	新たな挑戦	68
		マングローブの森へいざ出陣	68
		マレーシアの若手研究者の育成	72
		研究は趣味なのか	74
	エピローグ		76

3 アフリカで自然保護研究の手法を探る　　(小林聡史)

	プロローグ		79
3-1	野生動物による被害の実態を探る (ケニア共和国)		79
		調査許可証の取得	80
		メルー国立公園	81
		スワヒリ語とは	82
		アフリカゾウによる農業被害	83
		動物よりはるかに危険な密猟者たち	86
3-2	国立公園づくり		89
	3-2-1	マハレ国立公園 (タンザニア連合共和国)	91
		マハレ国立公園をめぐる諸問題	93
		過酷な生活環境	95
		チンパンジーと人間	96
		国立公園南部の踏査	98
		マハレ国立公園のその後	102
	3-2-2	幻の国立公園 (リベリア共和国)	103
		リベリア側のカウンターパートとNGO	105
		予定地の探訪	107
		内戦勃発	108
		支援事業の中止と内戦のその後	110
	エピローグ		111

4 豪州蟻事録——大男，夢の大地でアリを追う　　（宮田弘樹）

- プロローグ 113
- 4-1 オーストラリアでアリ研究 117
  - なぜ「アリ」か 117
  - 珍奇なアリ類の宝庫，オーストラリア大陸 118
  - ダウン・アンダー 121
- 4-2 最も原始的な軍隊アリ，カギヅメアリ 123
  - 軍隊アリとは 123
  - オーストラリアの軍隊アリを求めて 126
  - マッシー・クリーク・エコロジーセンター (MCEC) ... 127
  - カギヅメアリとの出会い 129
  - 採餌活動 131
  - 引越し 133
  - 生活史 135
  - 軍隊アリの進化 136
- 4-3 順位制が支配するエントツハリアリ 138
  - 温泉と煙突 138
  - 世界最小のコロニー 140
  - 奇妙な巣の構造 141
  - 無女王制と順位制 142
- 4-4 寒い夜に活動するアカツキアリ 145
  - 発見と再発見 145
  - プーチェラへ 146
  - 「暁」のアリ 147
- エピローグ 150

5 土壌動物学徒の南極越冬記　　（菅原裕規）

- プロローグ 153
- 5-1 「南極」とは 154
  - 5-1-1 気候と地理区分 154
  - 5-1-2 日本の南極観測 156
    - 55年の歴史を誇る昭和基地 156
    - 忠鉢繁によるオゾンホールの発見 159
    - 「南極は隕石の宝庫」，日本隊が発見 160
    - 生物調査も成果を上げている 161
- 5-2 いざ，南極へ 165
  - 準備万端，まずオーストラリアへ 165
  - 吠える40度，狂う50度，絶叫する60度 168
  - 上陸開始 169
  - 調査開始 171

5-3 いよいよ，越冬生活が始まった ……………………………… 173
  昭和基地の各種施設 ……………………………………… 173
  役割分担と消防訓練 ……………………………………… 179
  越冬中で最大のイベント，ミッドウインター祭 ………… 180
  南極新聞「こんぱにょれす 28」 ………………………… 184
5-4 ついに，越冬終了！ ……………………………………… 185
5-4-1 ラングホブデ露岩域に 57 日間滞在 ………………… 185
5-4-2 さらば，南極 ………………………………………… 189
  第 29 次越冬隊と交代 …………………………………… 189
  快適だったマラジョージナヤ露岩域調査 ……………… 192
  最悪だったリーセル・ラルセン山麓露岩域調査 ……… 193
  さあ，シドニー，そして日本へ ………………………… 195
5-5 大陸性南極地帯の土壌動物類の起源 ………………… 196
  大陸性南極地帯のトビムシ類の多くは遺存系統だろう … 196
  大陸性南極地帯のダニ類も多くは遺存系統だろう …… 199
  大陸性南極地帯で初めて発見されたチャタテムシの起源は？ … 201
  残された課題 ……………………………………………… 202
エピローグ ……………………………………………………… 202

第二部　多様な生物を求めて

6　海産緑藻類の繁殖戦略――雄と雌の起源を求めて　（富樫辰也）
プロローグ ……………………………………………………… 207
6-1 北大理学部附属海藻研究施設 ………………………… 208
6-2 ハネモの繁殖 ……………………………………………… 210
  緑藻との出会い …………………………………………… 210
  ハネモの雌雄配偶子 ……………………………………… 212
  藻類学の常識を覆した性フェロモンの発見 …………… 215
6-3 海産緑藻類の生態 ……………………………………… 216
  よし，植物の行動生態学を開拓しよう！ ……………… 216
  生息場所の環境条件と配偶子 …………………………… 217
6-4 有性生殖の起源を探るために ………………………… 221
  配偶子の異型性 …………………………………………… 221
  国際共同研究 ……………………………………………… 222
エピローグ ……………………………………………………… 223

7　いじめに一番強いモデル動物，ヨコヅナクマムシ　（堀川大樹）
プロローグ ……………………………………………………… 225
7-1 クマムシとは ……………………………………………… 227
  分類と生理 ………………………………………………… 227

　　　　　ヨコヅナクマムシの飼育系と生活史 ･････････････････････ 228
　7-2　環境耐性実験 ･･･ 229
　　　　　ヨコヅナクマムシの乾眠 ･･･････････････････････････････ 229
　　　　　極限環境耐性と繁殖能力の維持 ･････････････････････････ 231
　　　　　ヨコヅナクマムシの凍眠 ･･･････････････････････････････ 233
　7-3　クマムシと宇宙生物学 ･･･････････････････････････････････ 235
　　　エピローグ ･･･ 238

8　真社会性と単独性を簡単に切り替えるハチ，シオカワコハナバチ
（平田真規）

　　　プロローグ ･･･ 241
　8-1　単独性，社会性，そして真社会性 ･････････････････････････ 242
　8-2　アリやハチの進化に潜む謎とハミルトン則 ･････････････････ 244
　8-3　なぜコハナバチか ･･･････････････････････････････････････ 245
　8-4　シオカワコハナバチの生態 ･･･････････････････････････････ 246
　　　　　生活史 ･･･ 246
　　　　　単独性と真社会性の見分け方 ･････････････････････････ 248
　　　　　2つの個体群 ･･･････････････････････････････････････ 250
　　　　　真社会性集団が単独性集団になった！ ･････････････････ 252
　　　　　発育零点と有効積算温度の測定 ･･･････････････････････ 254
　　　　　予測羽化日と実際の羽化日が完全一致 ･････････････････ 255
　　　　　母と娘の対立 ･･･････････････････････････････････････ 255
　　　　　娘たちの選択を促す究極要因と至近要因 ･･･････････････ 255
　　　　　ワーカーが翌年創設雌になった ･･･････････････････････ 257
　8-5　シオカワコハナバチでハミルトン則が証明された？ ･･･････････ 258
　　　エピローグ ･･･ 260

9　アルゼンチンアリの分布拡大を追う
（伊藤文紀）

　　　プロローグ ･･･ 263
　9-1　アルゼンチンアリとは ･･･････････････････････････････････ 265
　9-2　僕たちの調査 ･･･ 266
　　　　　廿日市周辺における長期アリ相調査 ･･･････････････････ 266
　　　　　西南日本における広域分布調査 ･･･････････････････････ 267
　9-3　日本における分布の現状 ･････････････････････････････････ 268
　9-4　廿日市市周辺における現状と今後 ･････････････････････････ 270
　　　　　分布拡大状況 ･･･････････････････････････････････････ 270
　　　　　在来アリに及ぼす影響 ･･･････････････････････････････ 271
　　　　　アリ以外の生物に及ぼす影響 ･････････････････････････ 276
　　　　　アルゼンチンアリに立ち向かうには ･･･････････････････ 279
　　　エピローグ ･･･ 280

10 潜葉性鱗翅類で何ができるか——独創性との狭間のなかで　（佐藤宏明）

　　プロローグ ·· 283
　10-1　潜葉性鱗翅類への招待 ·· 283
　10-2　鱗翅類が生葉を食べるために採用した最初の摂食様式 ············ 284
　10-3　ホソガからの空想 ·· 288
　　　　葉もぐりのスペシャリスト——ホソガ ································ 288
　　　　ホソガと寄主植物の共種分化 ·· 292
　　　　進化発生学への挑戦——仮説に近い課題 ····························· 293
　　　　進化発生学への挑戦——空想に近い課題 ····························· 294
　10-4　空想から現実へ——植物との相互作用 ································ 296
　　　　生態学研究における潜葉性鱗翅類の利点 ····························· 296
　　　　葉の早期脱落は潜葉性鱗翅類を殺すための適応戦略か？ ········ 297
　　　　葉の早期脱落を抑制する潜葉性鱗翅類 ································ 299
　　　　後日談 ·· 302
　10-5　独創的研究とは何か——青臭いと言われようが ····················· 303
　　　　エピローグ ·· 304

11 幻の大魚イトウのジャンプに導かれて ——絶滅危惧種の生態研究と保全の実践記録　（江戸謙顕）

　　プロローグ ·· 307
　11-1　希少種の研究は難しい ·· 309
　　　　転　身 ·· 309
　　　　空知川で研究開始 ·· 311
　　　　度重なる不運 ··· 313
　11-2　イトウの生態 ··· 314
　　11-2-1　稚魚と氾濫原 ··· 314
　　11-2-2　困難と危険を伴う生態調査 ··· 317
　　　　過酷な産卵期の調査 ··· 317
　　　　ヒグマの恐怖 ··· 319
　　　　続・ヒグマの恐怖 ·· 322
　　　　密漁者対策 ·· 324
　　11-2-3　イトウの産卵行動 ··· 326
　　　　産卵期の魅力 ··· 326
　　　　雌の繁殖戦略 ··· 327
　　　　雄の繁殖戦術 ··· 330
　11-3　絶滅危惧種イトウの保全 ··· 333
　　11-3-1　保全のための基礎データ ·· 333
　　　　北海道全域のイトウの数を数える ······································· 333
　　　　絶滅のメカニズム ·· 338
　　　　河川ごとに異なるイトウ ··· 338

11-3-2　保全活動の実践 ････････････････････････････････････ 341
　　　　　　保護管理単位の設定 ････････････････････････････････ 341
　　　　　　個体群復元の試み ･･････････････････････････････････ 341
　　　　　　南富良野町イトウ保護管理条例 ･･････････････････････ 344
　　エピローグ ･･ 347

12　モズとアカモズの種間なわばり
　　――修士大学院生の失敗と再起の記録　　　　　　　（高木昌興）

　　プロローグ ･･ 351
　12-1　『ワタリガラスの謎』から学んだこと ････････････････････ 351
　12-2　モズを研究しよう ･････････････････････････････････････ 354
　　　　　　キャロラとの出会い ･･････････････････････････････ 354
　　　　　　論文渉猟 ･･ 355
　　　　　　「種間なわばり」に魅せられて ･･････････････････････ 356
　　　　　　「間違い攻撃仮説」はデコイ提示実験で検証可能だろう ･･ 358
　12-3　モズとアカモズの種間なわばりの研究 ･･････････････････ 360
　　　　　　生振で調査開始 ････････････････････････････････ 360
　　　　　　「種間なわばりを利用した父性防衛仮説」の誕生 ････････ 361
　　　　　　デコイ提示実験の失敗 ････････････････････････････ 364
　　　　　　もう1つの失敗，スライド置き忘れ事件 ･････････････ 365
　12-4　失敗を糧にして ･･･････････････････････････････････････ 366
　　　　　　冷夏と生活史研究 ････････････････････････････････ 366
　　　　　　一腹卵内の非同時孵化と卵体積変異 ･･････････････････ 368
　　　　　　研究に伴う犠牲と環境保全への研究者の役割 ･･････････ 371
　　エピローグ ･･ 373

13　タンチョウに夢をのせて　　　　　　　　　　　　（正富欣之）

　　プロローグ ･･ 375
　13-1　タンチョウについての誤解を解く ････････････････････････ 376
　13-2　タンチョウの生活史と野外調査 ････････････････････････ 379
　　　　　　抱卵期と飛行調査 ････････････････････････････････ 379
　　　　　　雛の誕生と捕獲作戦 ･･････････････････････････････ 382
　　　　　　越冬個体数調査 ･･････････････････････････････････ 387
　13-3　営巣適地の環境変化と分布 ･･････････････････････････････ 390
　　　　　　営巣地環境の変化 ････････････････････････････････ 390
　　　　　　営巣適地の推定と分布 ････････････････････････････ 393
　13-4　タンチョウ個体群を持続的に保全するために ････････････ 395
　　エピローグ ･･ 397

14　エゾシカの遺伝型分布地図が語ること
　　──野生動物管理に貢献する保全遺伝学　　　　　　　　（永田純子）

　　プロローグ ……………………………………………………… 399
　14-1　エゾシカのDNA分析が始まった ………………………… 400
　　　　癌か，野生動物か ………………………………………… 400
　　　　DNA実験室の主になった ………………………………… 400
　　　　ニホンジカとは …………………………………………… 401
　　　　なぜエゾシカか …………………………………………… 404
　14-2　DNA分析用サンプルを収集する ………………………… 407
　　　　モノ言わぬ死体にモノ言わす …………………………… 407
　　　　サンプリングという名の北海道内旅行 ………………… 407
　　　　エゾシカ生け捕り大作戦 ………………………………… 408
　14-3　DNAの中にエゾシカがたどった歴史を探る …………… 411
　14-4　エゾシカの増と減のジレンマ …………………………… 413
　　　　エゾシカが生物多様性を減少させる …………………… 413
　　　　「保護管理単位」という概念の台頭 ……………………… 416
　　　　エゾシカ管理の単位を見直す …………………………… 417
　　　　人間社会と生態系の調和のために ……………………… 418
　　エピローグ ……………………………………………………… 419

引用文献 ……………………………………………………………… 421
事項索引 ……………………………………………………………… 435
生物名索引 …………………………………………………………… 443
学名索引 ……………………………………………………………… 448
人名索引 ……………………………………………………………… 451

著者の紹介（東 正則）

村上貴弘くん	東研を救ってくれた一期生 ……………………………………	22
松田一希くん	先輩から後輩へ受け継がれたテングザル研究 ………………	42
小林聡史くん	たかが3か月，されど3か月のケニア国立公園めぐり ………	78
宮田弘樹くん	オーストラリア人も絶句，「まさか日本人が一番ノッボとは…」	112
菅原裕規くん	ナイロビでのホラ話から実現した南極行き ……………………	152
富樫辰也くん	柔道場に通う姿が，私を動かした ………………………………	206
堀川大樹くん	世界が注目するモデル動物，札幌で誕生 ………………………	224
平田真規くん	「世界一の昆虫学者になります！」 ………………………………	240
伊藤文紀くん	自分の年齢と同じ数の論文を公表して卒業 ……………………	262
佐藤宏明くん	NHK『きょうの料理』が全ての始まり …………………………	282
江戸謙顕くん	「僕を留年させてください！」に感動 ……………………………	306
髙木昌興くん	東研における鳥類研究の原点 ……………………………………	350
正富欣之くん	システム工学から生態学へ ………………………………………	374
永田純子さん	DNA分析室を立ち上げてくれたパイオニア …………………	398

序章　生態学の躍進 ── その目指すもの

（大原　雅）

プロローグ

　「生態学」を科学として確立させたのは，やはりダーウィン (1809〜1882) であろう．ダーウィンの進化論 (1859) は「生物はその生活を通じて進化する」という観点で貫かれている．彼は，ビーグル号での航海中に得た知見をもとに，生物の分布，個体数の多少，絶滅，変異などに関する情報を集約し，生物の生活が生物相互の関係によって成り立っていることを明らかにした．当然のことながら，ダーウィンの進化論が万能ではないが，今日の生態学のアイデアや生物探究の根底を築き上げていることはまぎれもない事実である．

　本書は，北海道大学の東正剛教授が輩出した新進気鋭の若い日本人生態学者たちが地球をフィールドとして行ってきた多様な研究が網羅・凝縮されている．そこで，本章では，各論に入る前の露払いとして，生態学における基礎概念や理論の変遷などを遡りながら，生態学が目指してきたもの，これから目指すものを「概括」したい．各章の内容が多岐にわたるため全てをカバーすることは不可能に近いが，少しでも若い研究者たちの熱い研究の意義や重要性の位置づけができればと思う．したがって，本章の内容はやや総花的になっていることをお許しいただき，細部にわたる知見や研究内容に関しては，生態学の専門図書あるいは個々の研究論文を参考にされたい．

1　生態学の概念

　生態学 (ecology) の名付け親は，Haeckel (1869)である．彼は，生態学を

「一つの生物の生物的・非生物的環境に対する総合的な関係を学問」と定義した．そういった意味では，生態学は科学分野のなかでは若い学問分野である．Andrewartha (1961) は「生態学は生物の分布 (distribution) と数 (abundance) を解明する学問」，Odum (1963) は「生態学は自然の構造と機能を明らかにする学問」と定義している．また，Silvertown (1982) は，「生態学は，ある地域に生息する種とそれらの生息環境との相互作用に関する研究分野」と定義し，また Smith & Smith (2001) は，「生物多様性に関するさまざまな仕組みを生物と環境の相互作用の観点から理解する分野」としている．

　先に，生態学は若い学問分野であると述べたが，ヒトが野山で狩りをして生活していた太古の時代を想像してみよう．食料を得るためには，まずどこに行けばよいのか？　また，それがどれくらい利用できるものなのか？　これは，まさに種の「分布と数」の問題である．そして，その獲物は四季を通じて存在するのか？　例えば，鮭であれば生まれた河川への遡上が行われる秋が主たる収穫期になる．また，植物であれば食用とする部位が葉，果実，種子で，収穫の時期も異なる．そして，その獲物たちが毎年収穫できるか否かも，生きるうえで大切な情報である．これらの人間が生きるために得た経験的情報こそが「生態学」そのものであり，この基礎となっているのが野外における丁寧な観察，すなわち "Natural History (自然史学・博物学)" なのである．

　狩猟生活から定住型の生活に移行した際も，農耕に関しては，作物の発芽特性，成長の速度，収穫に適した播種密度などの実践的な知識が必要になったであろう．また，家畜の飼育に関しても，限られた面積内 (餌の量) で飼育できる個体数 (個体群密度，齢構成など)，成長，繁殖 (性比，初産年齢など) など，いわゆる個体群生態学的知見が必須となる．そして，農作物には病害虫の発生や，家畜に被害を及ぼすウイルス病などさまざまな障害が待ち受けている．それら障害を回避，軽減するためには，病害虫の発生パターン (個体群動態) や病気の伝搬様式 (生物間相互作用) など，自ずと生態学的情報が必要になってくる．

　したがって，生態学は決して新しい研究分野ではなく，人類の歩みとともに定着してきた古い学問分野と言っても過言ではない．そして大切なのは，生態学における普遍性はその基礎が "Natural History" に根ざしていることにある．

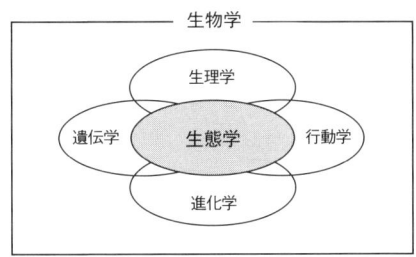

図 1 生態学の位置づけ (Krebs 2009 を改変)

実際に自らが生態学者として研究をしてみると，実際の生態学研究においては，「生態学」に対して確固たる定義は意味がなく，この研究分野は多様かつ広範囲の科学領域をカバーした統合的学問分野であることを実感する (図 1)．ましてや，我々の科学的認識の前進は，必ずしも限定された特定分野内の知識の蓄積と新しい理論の展開のみによっているとは限らない．むしろ，多くの場合，一見関連がないと思われる分野や複数の分野の境界領域の開拓が新しい研究の発展につながることがある．生態学は，まさにその「学問の融合の場」である．

2 生物学的組織化のレベル

生物学的階層の最も小さいレベルは「分子 (molecule)」である．DNA 分子のように特殊化した分子の多くは生命の基本単位である「細胞 (cell)」へと組織化される．単一の細胞からなる細菌のような生物以外は多細胞生物であり，「組織 (tissue)」と呼ばれる細胞群を構成する．例えば，動物の体の中では神経組織や筋組織などとして特定の機能を営んでいる．そして，このような組織の組み合わせにより，心臓，肺，脳などの「器官 (organ)」へと統合される．一群の器官は「器官系」として協同して機能を果たす．つまり，胃，腸，肝臓などは消化器系，鼻，気管，肺などは呼吸器系の一部である．そして，これらの器官系が協同して作用することにより「個体 (individual)」が機能するのである．そして，動物ではアリからゾウまで，そのサイズの大小はあるものの多くの場合「個体」の認識が比較的容易にできる．

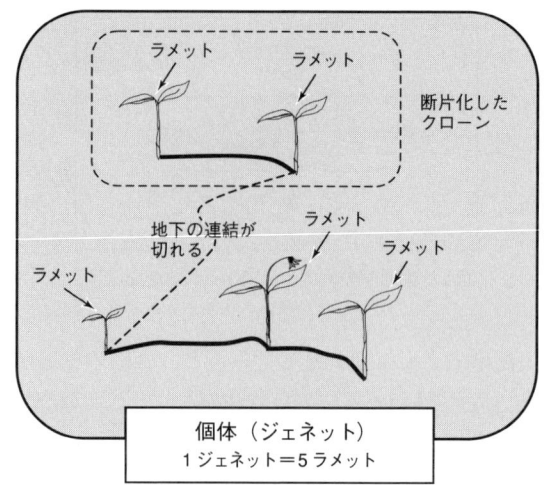

図2 クローナル植物におけるジェネット，ラメットとクローン断片の関係 (大原 2010).

　しかし，植物のなかにはクローナル植物 (clonal plant) と呼ばれる植物群が存在する．クローナル植物は，「ジェネット (genet)」と呼ばれる，いわゆる花を介した雄性配偶子と雌性配偶子の融合を介して行われる有性生殖 (sexual reproduction) によって得られるユニット (単位) と，「ラメット (ramet)」と呼ばれる，イチゴやシロツメクサのような匍匐する走出枝やイネ科植物のような分げつ，そのほかイモやユリのように地中の貯蔵器官 (塊茎・球茎) から生じるシュート (地上茎) という，生理的・遺伝的構造の異なるユニットによって構成されている (図2)．したがって，地上からはそれぞれのシュートの間に連結が見られず，あたかも独立した個体のように見えたとしても，それらが地下で連結していれば，個々のシュートはラメットであり，そのラメットの集合体がジェネットということになる．さらに，ラメットの集合体は必ずしもいつまでも連結してはおらず，物理的・生理的な相互の連結が切れ，分離されても独立して生きている場合も少なくないことに注意しなければならない．しかし，その場合も，各ラメットは一つのジェネット由来であることに変わりはない．このようにラメットの集合が分離し，独立した「個体」になることを「クローンの断片化 (clonal fragmentation)」と呼ぶ．

動物においても，植物においても，個体がある基準をもって類型化されたものが「種 (species)」である．この「種」を巡る問題は後述するが，野外において各生物種は「集団・個体群 (population)」という集合体を形成する．例えば，ヒトは，*Homo sapiens* という一つの「種」として世界中で「集団・個体群」を形成している．そして，ある地域に棲み，相互に影響を及ぼしている種の集まりは「群集 (community)」と呼ばれ，さらに群集とその群集の背景となる物理的環境 (非生物学的環境) が統合されて一つの機能を果たしているのが「生態系 (ecosystem)」である．例えば，河川生態系は川自体とそこに生息する生物を含んだものである．さらにより大きな単位として「バイオーム (biome)」がある．バイオームは，陸地においては植生のタイプによって，水圏においては環境の物理的特性によって定義される広範な地域である．例えば，陸地のバイオームは熱帯雨林，ツンドラ，タイガ，サバンナなどがそうである．そして，バイオームは「生物圏 (biosphere)」の一部であり，生物圏は，この地球上の全生物の生息地，すなわち「地球」になる．生態学が扱う研究レベルは「分子」から「個体」も含まれるが，実際には「種」レベル以上が，真理を探究する対象となる．

3　生態学の潮流

生態学における種の概念

　種の問題は生物学において最も古い問題であると同時に最も新しい問題でもあり，生物学のいずれの領域にとっても何らかの形で関連をもつ．歴史的に見ると，種の問題はやはり "Natural History" の時代から，自然界の多様性を体系的に整理する分類体系の構築の問題とともに生物学者の主要な研究テーマであった．したがって，単位概念としての「種」の概念は，古代人の知的活動のなかから自然発生的に作り上げられたものといえる．これを類型的種概念 (typological species concept) と呼ぶが，この概念は生物学のなかでも最古の単位概念であり，古典分類学の基礎とされてきたものである．その古典分類学の基礎を作り上げたのが，リンネ (1707〜1778) である．この時代，種は単純にそれぞれ「異なった物」を意味した．そのため，生物の分類群 (taxon) は，そ

の群を構成する全ての構成員によって共有される共通の型を有するとされていた.この概念では,形態的な差異の程度が種の位置を決定し,その限りでは種は形態種 (morpho-species) であり,これがいわゆるリンネ種 (linneon) と呼ばれるものの基礎をなしている.この場合,種を規定する基準標本 (タイプ標本) がそれぞれの種で定められ,それを比較の基準として他の種群の認識が行われてきたことから,タイプ分類学 (typology) とも呼ばれている.このように,まず種は,自然群の間に見られる類似と相違によって認識され,さらに属やその上の高次の分類群にまとめられて,自然界に存在する生物群を体系的に整理する基礎が作られてきた.

19世紀に入り,ダーウィンやウォレス (1823〜1913) らによる進化思想は,分類学および生物学全般に絶大な影響を及ぼした.つまり,この時代の分類学は大きく2つの点において,学問の流れを決定的に変換させた.1つは,地球上でこれまで知られていなかったさまざまな地域の探索により,これまでの分類群と分類体系の隙間を埋める膨大な数の動植物が発見されたこと.もう1つは,種のもつ地理的,生態的変異に関する知識が増大したことである.これによって,種が不変であるという静的な世界観が変化することとなり,種と種を構成する構成員の生物学的な側面にふれた考え方が次々と提出されてくるようになった.

Mayr (1953) は,系統分類学における歴史的発展段階を次の4つの段階に区別している.

(1)　α-段階：記載的研究時代 (descriptive stage)
(2)　β-段階：歴史的因果関係の分析研究時代 (analytic stage)
(3)　γ-段階：実験的因果関係の分析研究時代 (experimental stage)
(4)　σ-段階：統合的研究時代 (synthetic stage)

α-段階は,生物標本に基づく記載的研究の段階であり,いわゆるタイプ分類学の時代である.β-段階は,種の系統的類縁関係を比較形態および地理的分類などの研究から明らかにしていく研究段階であり,またγ-段階は,交雑実験などの実験的方法を駆使して種の進化の要因とそのメカニズムを明らかにする研究の段階である.そしてσ-段階は,より高度な実験的方法を駆使しつつ,さまざまな情報に立脚した研究の段階である.

植物の種の問題に関して見てみると，19世紀後半以降になってγ-段階の研究アプローチが展開されるようになった．その事例の1つがJordan (1873) が行ったヒメナズナ *Erophila verna* を用いた「栽培実験」である．彼は，リンネが1種としたヒメナズナから約200の型を分離し，それを個別の種として区別した．これがのちにLotsy (1925) により，リンネ種と対比してジョルダン種 (jordanon) と名付けられるものである．ジョルダンが種として認識したものは，今であれば「純系」程度にすぎないものであるが，その後，種の実態を明らかにするために，交配実験を中心とした遺伝学的な分析が広く行われ，さまざまな形質に見られる「変異」の認識が確立されるようになった．

種の本質を探ろうとして行われたもう1つの分析手法が「移植実験」である．初期に行われた実験方法は単純な移植法で，ある特定の種の植物体を掘り起こし，全く異なった均一の生態条件に移植したり，また，分布域が広い種では，対照的な生育地から採集した個体を相互に移植したりして，外部形態や稔性の変異と遺伝的特性との関係を見ようとしたものである．代表的な初期の移植実験の事例としては，ボニエが1887年から1920年にかけて，ヨーロッパアルプスおよびピレネー山脈の低地と高地で行ったセイヨウタンポポ *Taraxacum officinale* (Bonnier 1920) や，Clausen et al. (1948) による北アメリカ・カリフォルニアで行ったノコギリソウの一種 *Achillea lanulosa* がある．これらの一連の栽培実験では，同じ種でありながら環境によりさまざまな形態および繁殖特性を示す，種の実態が浮き彫りにされた．

これらの栽培実験の鍵となっているのが，Turesson (1922, 1925) の「生態型 (ecotype)」の概念である．これは，ある意味，種の補助的概念といえよう．彼は，同一種に属する個体の群が異なる環境のもとに生育し，その場の環境条件に適応して分化した形質が，淘汰圧により遺伝的に固定して生じたものを「生態型」と定義した．そして，生態型より上位には生態種 (ecospecies) と集合種 (coenospecies) を認めている (図3)．生態種とは，「生育地を異にしているが，交配は自由に行われる生態型の集合したもの」，そして集合種は，「自然状態では隔離が働いて遺伝子の交流が行うことができないが，人工交配などを通じてある程度交雑する可能性のあるいくつかの生態種よりなるもの」と定義される．また，生態型のもとに，自然における極端な環境要因の組み合わせと働

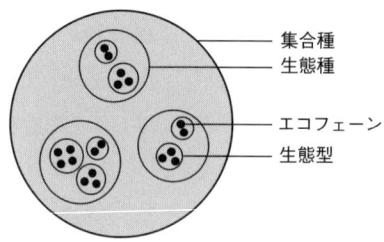

図3 生態型，生物種および集合種の概念 (Turresson 1922 に基づく)

きにより生じる個々の反応型を認め，それらをエコフェーン (ecophene) と呼んでいる．

このように，種をめぐる研究が進む過程で示される多くの新事実により，種や種以下の分類群に関して，もはやリンネ種を基礎とする古典的概念を生物種群に一様に適用することだけでは不十分であると考えられるようになった．その結果，種の概念は著しく混乱するようになった．Mayr (1957) は，古典分類学から始まる種の概念と種の定義とに関する問題点を以下のように整理している．これがいわゆる「生物学的種概念 (biological species concept)」である．つまり，種の認識に際して問題となるのは，

(1) 主観的なものであるか，客観的なものであるか，
(2) 科学的なものであるか，単に実用的なものであるか，
(3) 量的な程度の差異によるものか，質的な違いによるものか，
(4) 個体からなるのか，集団 (個体群) からなるのか，
(5) 単一の種類の種のみであるか，何種類もの種があるのか，
(6) 形態的に定義されるのか，生物学的に定義されるのか，

などである．

このマイアの「生物学的種概念」は，大きく3つのポイントに整理される．1つ目は，種は単なる量的な違いによって区別されるのではなく，質的な違いに基づいているものであり，単に形態に基づいて定義されるだけでなく，生物学的な視点 (個体間に存在する有性的な交配によるつながり) から定義される．2つ目は，種は単なる個体の集合からなるのではなく，集団 (個体群) からなる．3つ目は，種は同種個体間関係によってではなく，異種個体間に存在する

生殖的な隔離によって定義される．

　これに対して，植物学者である Grant (1957) は，この基準はあくまでも主として脊椎動物を対象とする限り適用可能であるが，高等植物では，(1) しばしば形態的な差異も不明瞭な種が存在する，(2) 種形成が漸次的に生じている場合には，種の境界の不明瞭な中間段階のものが多く存在する，(3) 種間で自然交雑集団が頻繁に形成され，そのために生殖的隔離が存在しない場合がある，(4) 栄養繁殖が存在する，などをあげ，植物におけるマイアの「生物学的種概念」の適用の難しさを指摘している．

　前述したように，種の問題は生物学において最も古い問題であると同時に最も新しい問題である．しかし，類型的分類学から始まった種をめぐる議論のなかで，種を単なる個体ではなく，種は適応と多様な変異を示す集団 (個体群) を構成することや，生殖に関わる個体間の遺伝的関係の存在など，現代の生態学へと発展していく重要な視点が芽生えたことは間違いない．

個体群生態学

　個体群生態学は，個体群のもつ生物学的な特性 (性比，齢構成，遺伝的組成，個体の空間分布など) を明らかにし，個体群同士の関係を調べ，個体数の変動や安定性の要因を明らかにする生態学研究の一つの分野である．また，生物の環境への適応の様式を明らかにするうえで基礎となる分野であるとともに，有用な生物資源の収穫や利用，有害生物の防除，さらには野生生物の保護・管理などの応用科学に関しても理論的な基盤を与える重要な分野である．個体群には，時間的な個体数の変化，個体の空間的配置，さらには個体群を構成する個体の質的な変化などにより，さまざまな属性が存在する．

(1) 個体群の成長

　個体群を理解するためには，まず個体群がどのように成長するのか，また自然界ではどのような要因がその成長を限定しているのかを把握する必要がある．個体群はしばしば生まれてくる子の数に関係なく，比較的一定の大きさに維持されている．ダーウィンの自然淘汰説はこの見かけの矛盾に関して，自然淘汰は繁殖に作用し，ほかよりも生き残る子が少ない個体をふるい落とすよう働くというものである．

個体群の増加率 r は，出生率 b と死亡率 d の差を，個体群へ出入りする個体の移動，つまり正味の移出 e と正味の移入 i で補正した値で定義される．

$$r = (b-d) + (i-e)$$

個体群の成長の最も単純なモデルはある個体群が制限なしに最大の割合で成長し，移入と移出の速度が等しい ($i-e=0$) と仮定したものである．ある個体群の個体数 N，時間 t の間の個体数の変化率は dN/dt で表される．そして，単位時間当たりの個体群の増加率 r は，出生率 b と死亡率 d の差によって示されるため，それらの関係は

$$\frac{dN}{dt} = bN - dN = (b-d)N = rN \tag{1}$$

と表すことができる．

r の値は，環境条件が安定し個体群の齢構成が安定しているときには一定となり，その環境条件下でその種がとりうる増加率の最大値を示す．そのような r の値は内的自然増加率 (intrinsic growth rate) と呼ばれる．

また，ある時刻 t における個体数 $N(t)$ は，r と最初の個体数 N_0 で決まるため，式 (1) を時間 t で積分して整理すると

$$N(t) = N_0 e^{rt}$$

となる．したがって，出生率が死亡率を超えれば ($r>0$)，個体群は時間 t に対して指数関数的に増加する．

個体群生態学は，そもそも人口統計学的考え方に起因することが多い．Malthus (1798) は，著書『人口の原理』のなかで，「食物，水分，生活空間などといった資源の制限がなく，温度，湿度，空気などの無機的環境がその生物にとって好適であり，個体の移出や移入がなければ，全体として個体数は指数関数的 (幾何級数的) に増加する」と述べている．このような個体群の指数関数的成長は「マルサス的成長」と呼ばれ，さらに r (内的自然増加率) は「マルサス係数」とも呼ばれる．

しかし，実際に個体群が成長するに伴い，齢別の生存率や死亡率が変化するので，現実の増加率は一定にはならない．また，個体群の密度が増加するに伴って，資源 (空間，光，水分，栄養分など) が枯渇していくかもしれない．あるいは代謝廃棄物で環境が有害になるかもしれない．さらに，捕食者や病原

体の集中が起こるかもしれない．このようなさまざまな環境要因の制約のなかで個体群がある程度の大きさで安定化するとき，それを環境収容力 (carrying capacity) と呼ぶ．つまり，環境収容力はその環境が維持できるその生物個体群の最大の個体数を意味する．

一般に，一定速度の食物供給がある条件下で，横軸に時間，縦軸に生物の個体数をとると，S字型の増加曲線が得られる．この曲線を，シグモイド曲線 (sigmoidal growth curve) と呼ぶ．このようなS字型の曲線を表現するための方程式は従来，いろいろと考えられているが，閉鎖環境下における個体群のS字型の成長曲線を最も簡潔に表現したものとして，今日よく使われるのがロジスティック式である．このロジスティック式は，Verhulst (1838) により人口に関して導きだされ，そして Pearl & Reed (1920) によって再発見され，動物生態学に導入されたものである．

ロジスティック曲線は次のように表現される．式 (1) の右辺に $(K-N)/K$ を掛けたのが式 (2) である．K は環境収容力を示し，N (個体数) が増加するにつれて dN/dt が減少することを簡潔に表現している．

$$\frac{dN}{dt} = rN\left(\frac{K-N}{K}\right) \tag{2}$$

N が 0 に近いときは $(K-N)/K$ は 1 に近くなり，結局，個体群は式 (1) に示すような rN に近い指数関数的増加率となる．そして，個体数 $N=K$ になったとき $(K-N)/K=0$ となるので，個体数の増加は見られなくなる．したがって，多くの生物個体群で時間 t に対して個体数 N をプロットしたグラフでは，特徴的な S 字型の増加曲線 (シグモイド曲線) が描かれるのである．

(2) 個体群を調節する要因

生物個体群はさまざまな要因で調節される．個体群がその環境収容力に近づいたとき，資源をめぐる競争が深刻になり，密度が上昇するに伴い出生率の低下または死亡率の増加，あるいはその両方が生じる．このように個体群成長率が個体群の大きさの影響を受けるのは，重要な成長過程の多くが密度依存的効果 (density-dependent effect) を受けているからである．特に，固着性の植物においては個体群内の各個体は，同種間であっても光環境，栄養塩類をめぐり競争を行っている．植物における個体間の競争による密度効果を見事に

表現したのが，日本を代表する生態学者である Yoda et al. (1963) による「自己間引き則 (self-thinning rule)」と呼ばれる法則である．彼らは，さまざまな植物で栽培実験を行い，同齢植物個体群の密度の時間的変化と平均個体重との関係を調査し，高密度集団では，時間とともに個体群密度 d と平均個体重 w の関係が，次のようなべき乗式で近似されることを発見した．

$$w = cd^{-k}$$

ここで，c と k は自己間引き関係を規定する定数である．

そして，さまざまな植物個体群で得られた個体群密度 d と平均個体重 w の関係を，両対数グラフ (横軸 d，縦軸 w) にプロットしてみると傾きが $-k$ の直線になり，この $-k$ の値がほぼ $-3/2$ の値を示すことを明らかにした．

$$\log w = -\frac{3}{2} \log d + \log c$$

これが，自己間引き則が 3/2 乗則 ($-3/2$ power rule) とも呼ばれる所以である．この法則は経験的に示されたものだが，その後，さまざまな植物個体群で研究が行われ，その法則が同種間だけではなく，異なる種間での密度効果にも適合することが示されている (White 1980; Hutchings 1983; Westoby 1984)．もちろん，その後さまざまな研究が行われ，3/2 乗則に適合しない事例も報告されている (Weller 1987, 1991)．しかし，この自己間引き則の発見のすばらしい点は，植物個体群では密度が増加するに伴い，個体サイズがより小さくなるという現象を Natural History 的視点で見逃すことなく，それを研究者たちが植物個体間で資源をめぐる競争が生じていると発想し，実験植物個体群を用いて定量的に証明したことである．

このように，植物個体群では通常，密度効果は過密化では「負の効果」をもたらすものと考えられるが，動物個体群では，密度が高くなるほど増加率が高まる「正の効果」を示す場合がある．その効果は，アリー効果 (Alee effect) と呼ばれている．例えば，最適密度より個体群密度が低下する場合や，群れで獲物をとるような動物種においては餌が得られなくなり増加率が密度の低下とともに減少するという場合がある．アリー効果は，近年では，極低密度では個体群が絶滅に至るとして，保全生態学的にも注目を浴びている考え方である．

群集生態学

　生物はつねに同種や他種の個体との関係のなかで生きており，1個体では生活できない．したがって，「群集 (community)」の理解は，生物の相互作用という優れた生態学的内容を含んでいる．しかし，この群集の理解も，20世紀前半までは著しく形式的なものであった．例えば，植物群落 (association) を一定の種類構成をもった地域集団として群集の基本単位とし，それを分けた部分群集や，それを統合した大群集などいろいろな単位を設定して，群集の分類体系を作り上げていったのである．

　このような静的で，無機的な植物群落の記載分類に終止符を打ったのが，クレメンツ (1874〜1945) である．彼は「優占する生育型によって特徴づけられた植物群落という単位は，生物個体にも比べることができる有機的な実体である」と考えた．そして，植物群落は最終的には気候条件によって決められる「極相 (climax)」に向かって時間とともに変化するという「遷移説 (succession theory)」を提唱したのである．遷移説は，植物群落の空間的配置を時間的に置き換えた動的視点を導入したもので，これにより，一見ばらばらに見える植物群落を統一的に理解できるようになった．そして，この時間的な植生の移行を環境条件の変化に伴う植生の組み替えとしてだけではなく，植生が環境条件をも変化させることによって次の植生を作るという相互作用として捉えている点が非常に優れていた．

　クレメンツは，異なる場所で生じた遷移が，結局はその地域全体に特徴的な同じ植生になることが多いことから，一つの大気候には一つの極相しか存在しないという単極相説 (monoclimax theory) を提唱した (Clements 1916)．しかし，気候は変化し続けているほか，極相は気候以外にも地形や土壌条件，人間活動の程度などさまざまな環境要因によって規定されることから，Tansley et al. (1939) は，多極相説 (polyclimax theory) を提唱した．その後，Whittaker (1953) は，絶対的な極相群落はなく，植生は環境傾度 (光，水分，栄養塩類などの) に沿った各種個体群で構成されており，時空間的に変動する環境要因とともに変化するという第3の極相説，すなわち極相パターン説 (climax-pattern theory) を提唱した．

クレメンツの極相説と同様に，動物において個体の生理と無機的な環境要因とを結び付けたのが Shelford (1913) である．ただし，シェルフォードは，物理的条件をより重要視したため，動物群集を物理的な環境条件によって制限された枠のなかの動物種の集合として考え，植生遷移のように生物による環境の変化との相互関係の分析は行わなかった．このようなある意味混沌とした動物生態学の流れに鋭く切り込んだのが Elton (1927) である．彼は，動物の種個体群間には食物関係を軸とした生物的関係が構築されていることに着目した．エルトンは，動物群集の解析にあたり，特に動物間に見られる，「食物連鎖 (food chain)」，「餌とする生物の大きさにおける上下関係」，「数のピラミッド関係」，「生態的地位 (ecological niche)」に焦点をあて注意深く研究を行った．特に，ダーウィンの「自然の経済における位置」が生物の無機的環境要因に対する対応や分布域の意味でしか捉えられなかったことに対し，「生態的地位」の概念は，動物群集内の各種個体群相互の働き合いが個体群の成長や維持に大きく関与することを見いだした．この生態的地位の考え方は，その後「生物の競争と共存」の問題へと展開していく．Hutchinson (1957) はニッチの概念を再定義し，ニッチは生息空間，温度環境，水分環境などの物理的環境や捕食者，被食者などの生物的環境などのさまざまな要因で記述されるとした．そして，生理的な耐性や必要とする資源を基礎として，ある種が潜在的に使える全体のニッチを基本ニッチ (fundamental niche)，種間競争などの相互作用により実際にその種が占めているニッチを実現ニッチ (realized niche) と定義した．

　生物のニッチは物理的要因により大きく影響を受けているが，生物が生息している場所は，ニッチが重なる他の種との競争や捕食者によっても影響を受けている．Gause (1934) は，3種のゾウリムシ *Paramecium* を用い，資源に限りがあるとき，同じ生態的地位をもつ2種は共存できないという，「競争排除則 (competitive exclusion)」を提唱した。また，Connell (1978) は，スコットランドの海岸の岩礁帯に生育するフジツボ類を対象とし，基本ニッチの大きさを決定し，どの要因が実現ニッチの限界を決定するかを明らかにするため，競争者や捕食者を排除した実験を行った。

　その後，動物ではこの基本ニッチと実現ニッチの存在を確かめるために，さまざまな生物群で実験が行われるようになったが，実は，植物ではハッチンソ

ンがニッチを再定義するはるか前に Tansley (1917) が，イギリスに生育するヤエムグラ属の *Galium saxatile* と *G. sylvestre* を用いてニッチに関する実験を行っている．*G. saxatile* は酸性土壌に生育が限定され，*G. sylvestre* は石灰岩地に生育する．タンズリーは，この両種を本来の生育地の土壌と，それとは異なるもう一方の土壌に，単植と混植の2つの条件で生育させた．単植の場合には，両種ともにどちらの土壌でも成長したが，本来の生育地の土壌に生育する種と混植した場合には，移植された種の成長は種間競争のため抑えられ，元の種のみがよく成長した．また，Hall (1979) は，窒素 (N) とカリウム (K) の2つの無機養分の利用に関する種間関係を，マメ科のヌスビトハギ *Desmodium intortum* とイネ科のエノコログサ *Setaria anceps* の混植実験により見いだした．吸収可能なカリウムが多いときには，カリウムが十分に供給されることにより，ヌスビトハギは余剰の窒素を根粒菌から得ることができるため，2つの資源に関する両種のニッチの重なりが少なくなる．しかし，吸収可能なカリウムの量が少ないときにはニッチが重なり，窒素とカリウムをめぐる種間競争が生じることを示した．その後，Tilman (1977, 1982) は，モデルを用いて，植物における種間の資源利用速度の違いが共存に果たす役割を解明している．

生態系

　一つの生態系 (ecosystem) は，生物群集およびその生物が生息している化学的，物理的環境からなる．地球上の多くの生命は，緑色植物による光合成あるいは他の機構によって太陽エネルギーが変換された化学エネルギーに依存している．この化学エネルギーは，炭水化物のような化合物の形で生物の体に蓄えられる．植物を食べる植食動物は一次消費者 (primary consumer)，植食動物を食べる肉食動物と動物に寄生する寄生者は二次消費者 (secondary consumer) である．他の生物に蓄積されている有機物を分解する分解者 (decomposer) または腐食動物 (detritivore) は，生態系の廃物を利用して生きている．これらの範疇の全てがどの生態系でも見られ，それらは異なる栄養段階 (trophic level) を代表している．それぞれの栄養段階の生物は，他者を餌とする一連の食物連鎖 (food chain) を構成している．そして，実際には，ある生物がほかの特定のタイプの生物だけを餌とすることは稀である．通常，生物は2種あるい

はそれ以上の種類の生物を食べ，また食べられている．そのため，食物連鎖の関係はより複雑化した線によって結ばれることから，これは食物網 (food web) と呼ばれる．

植物の葉に注ぐ太陽エネルギーの約 1% が有機物質の化学エネルギーに変換される．この一次生産 (primary production) は群集中の光合成により生産されたエネルギー量を表す．一次生産は生態系における物質循環とエネルギー流の出発点である．一次生産は，生産者 (producer) としての植物が単位土地面積当たりで同化された有機物量 (乾物量：biomass) で表される．そして，植物が光合成で固定するエネルギーの量から呼吸 (葉，茎，花，根など) により熱として失われるエネルギー量を引いたものを，一次純生産力 (NPP：net primary productivity) と呼ぶ．NPP は地球上に均等に分布しているわけではない．例えば熱帯林や湿原は通常 1 m^2 当たり年間 1,500〜3,000 g の有機物を生産する．対照的に，温帯では 1 m^2 当たりの年間生産量は 1,200〜1,300 g，サバンナでは 900 g，さらに砂漠ではわずかに 90 g である．砂漠の NPP が低いということは，NPP が高くなるためには太陽光だけでは不十分であることを示している．すなわち，水もまた本質的には重要である．陸上の生態系においては，水と太陽光に加えて，気温と土壌中の栄養分によっても生産力は左右される．

動物や微生物などの従属栄養生物，すなわち生態系における消費者や分解者が行っている生産を二次生産 (secondary production) と呼ぶ．植食動物と肉食動物は光合成ができないので，CO_2 から直接生体分子を作ることができない．その代わりに，植物や従属栄養生物を食べることによりエネルギーを獲得する．多くの生態系ではふつう二次生産は，植物による一次純生産の 10% 以下でしかない．植物がもっている膨大なエネルギーは，まず，植食動物によってすぐに消化されるのではなく，分解者集団 (原核生物，菌類，腐食動物) の維持に使われる．次に，ある部分は植食動物の体内で同化されずに排泄物として分解者に渡される．さらに，植食動物によって同化される化学エネルギーの全てが組織の中でエネルギーとして溜まるわけではなく，その多くは仕事の熱として失われるのである．

ここまで，栄養段階の流れを説明してきたが，実は，一連の食物連鎖の存在が異なる栄養段階にある種間に相互作用をもたらしている．肉食動物は対象と

する植食動物に影響を与えるだけでなく，植食動物が食べる植物にも間接的に影響を与える．すなわち，一次生産者である植物の増加は植食動物のためにより多くの食物を生産するだけでなく，肉食動物の食物も増やしていることになる．私たちの身の回りには，植物が豊かに繁茂している．しかし，なぜ植食動物の個体群はこれらの全ての植物を食べ尽くすほどに増加しないのであろうか？　それは，肉食動物が植食動物の個体数を抑制しているからである．

　一つの栄養段階の効果が上位あるいは下位の栄養段階に及ぶ現象を栄養カスケード (trophic cascade) と呼ぶ．そして，その効果が捕食者 (植食動物や肉食動物) から低い栄養段階に及ぶとき，そのカスケードを「トップダウン効果」と呼ぶ．その反対に，食物網の底辺に作用する要因が高次の栄養段階に細分化した効果を及ぼすことがあり，それは「ボトムアップ効果」と呼ばれる．その基本的な考え方は，生態系の生産力が非常に低いときに，植食動物の個体群が小さすぎて肉食動物を養うことができないというものである．しかし，トップダウン効果，ボトムアップ効果といった栄養カスケードが必ず起きるわけではない．例えば，2種の植食動物が一つの生態系で激しく争っており，もし一方の種が捕食に対して他方より弱い場合，トップダウン効果は次の栄養段階に受け継がれない．むしろ，捕食の増大は単純に弱者の種の個体群を減少させ，強者の種の個体群を増大させるので，低次の栄養段階の植生に正味の変化は生じないであろう．

　さて，ここで考えなければならないのが，栄養カスケードに対する人類の影響である．例えば，オオカミのような最上位の捕食者を人間が生態系から除去してしまったような場合である．Leopold (1949) は，著書『野生のうたが聞こえる』のなかで，オオカミが絶滅したあとは，シカの個体群が増加し，林床植物や新芽をふいた若木がシカの食害を受けていることを書いている．これは，まだ栄養カスケードが科学的に論じられる前のことである．このように，捕食者の除去 (それが，意図としていなくても) が下位の栄養段階にカスケード効果を及ぼしている事例が他にもある．パナマ運河の建設により島化したバロコロラド島では，大型の捕食者であるジャガーやピューマが絶滅し，通常は抑制されていたサル，ブタの仲間，ハナグマ，アルマジロのような小型の捕食者が急激に増加した．さらに，特に害を受けやすい地上に巣を造る鳥において，少な

くとも15種が完全に島からいなくなってしまった．

4　Ecologyとエコロジー

　冒頭にも述べたが，Ecologyは本来「生態学」を意味する用語であるが，近年では人間生活と自然との調和などを表す考え方として，「エコ (eco)」が接頭語としてしばしば用いられている．生態学は，これまで述べてきたように，自然のなかでの集合としての生物を対象とする生物学であるが，環境破壊や公害問題などが表面化するにつれ，それを解決する学問分野であるとして生態学の応用学的側面が注目されるようになった．特に，20世紀に入り，工業技術の発達とその成果が，自然環境に大きな影響を与えるようになった．なかでも，有機化学による，取り扱う物質の多様化と，新たな合成物質の増加，そして電気や動力関係の進歩による人間の活動の大規模化の影響が大きい．例えば，プラスチック合成は1835年にポリ塩化ビニルが合成されたことに始まる．また，1873年にDDTが合成され，1939年に農薬としての効果が認められた．しかし，DDTは人体へ害を及ぼすことから使えなくなり，また他の農薬も抵抗性をもつ害虫の出現により殺虫効果がなくなり，より強力な農薬の開発と害虫側の抵抗性の出現との「いたちごっこ」が続くことになる．そして，1960年代に入り，人間生活・経済の進展とともに，工場廃液による汚染や農薬汚染などがさまざまな形で表面化し始めた．先進国の周辺の各地で，これまでは成功を収めていた従来の方法への懐疑や異議が出始めたのである．

　特に海洋生物学者Rachel L. Carson (1962) の『沈黙の春』がその後の環境保護運動に与えた影響はとても大きかった．このようなさまざまな環境問題の解決手段としてEcologyが浮上したのである．例えばDDTのいわゆる生物濃縮は，食物連鎖や生態ピラミッドの概念がなければ説明が難しい．また，農薬に代わる害虫駆除法である天敵活用や不妊虫放飼などは，生態学的知識を必要とするものであったからであり，生態学はこれまで考慮されなかった立場からの新しい見方を提示できるものと期待された．そこから，生態学的判断によって，それらの問題に対して必要と考えられる対抗策や，それまでの方法論への変更，見直しなどを行う運動が起こり，それらをまとめて表す言葉として

「エコロジー運動」,「エコロジズム」,「エコロジスト」といった言葉が使われるようになった．しかし，それらの方向における運動や活動にエコロジーという言葉が使われるうちに，次第に生態学そのものとは必ずしもかかわらない言葉として一人歩きするようになってしまった．

本章で解説してきたように，1960年代の生態学は個体群生態学や群集生態学が主流であった．したがって，上記の環境問題に関しては個体群生態学が不妊虫放飼の理論的支柱になったほかはこの分野に貢献する所は必ずしも多くなかったため，エコロジー運動は生態学の学問的実態と乖離していった．1970年代から1980年代にかけて，エコロジーはヨーロッパを中心により政治色が強くなり，そこには反捕鯨運動なども含まれる．国際連合は，1972年にストックホルムで人間と環境に関する最初の国際会議を開催し，「地球規模で考え，地域で活動しよう」というフレーズが生まれた．続く1980年代の新機軸は「生物多様性」という用語の登場であった．そして，1992年リオデジャネイロで開催された「環境と開発に関する国際連合会議」，いわゆる「地球サミット」で，地球上における生物多様性の減少に伴う危険が広く知られることになった．その後，地球温暖化問題が表面化し，いわゆる温室効果ガスの削減が新たな重点課題となった．そして1997年に開催された京都会議では，生物圏が直面している危機(特に温室効果)が国際的な観点から認識されることになった．

このように，次第に世界のほとんどの国において，地球規模の視野で生態学を考えることや，人間の活動が地球環境に与える影響の重要性を認識するようになった．特に，CO_2に関しては，それを削減できればエコであるとの風潮が生まれた．このような地球環境問題がある意味ブームと表現されるほど広く高い関心を集めたことで，それまでのエコロジー，エコロジストという言葉がもっていた，反企業・反政府・反体制という印象も薄れ，逆に企業や政府が環境配慮を積極的に商品や政策として，エコという言葉とともに利用するようになってきた．特に近年は，持続可能(sustainable)な社会という概念に基づいた自然の商品化の手法の1つとしてエコツーリズムが盛んに取り上げられ，また，循環型社会という方向が打ち出されて以降は，リサイクル運動がまた新たな重点課題として浮上している．そこから，再利用商品や，再利用しやすい仕組みを含んだものをエコと呼ぶケースも生まれ，2000年頃より，このような活

動を推進するものとして,「エコ家電」,「エコカー」,「エコポイント」など「地球に優しい」というイメージが盛んに強調されるようになってきた.

エピローグ

　前項で述べてきたように,「エコロジー」は,現在の社会情勢の変化に翻弄されているかのように見える.しかし,それは我々が日々専念している「生態学」の根本的な考え方とは異なるものである.もちろん,私たち生態学者は,それぞれの専門分野の研究成果を通じて地球環境の保全に責任をもつ必要がある.ここで,最初に述べたことを繰り返そう.

　「我々の科学的認識の前進は,必ずしも限定された特定分野内の知識の蓄積と新しい理論の展開のみによっているとは限らない.むしろ,多くの場合,一見関連がないと思われる分野や複数の分野の境界領域の開拓が新しい研究の発展につながることがある.生態学は,まさにその「学問の融合の場」である.」

　このことを肝に銘じている限り,私たちの目指す「生態学」がぶれることはない.現代生態学においても分子生物学的技術を含むさまざまな科学技術の応用は日進月歩である.これからも,新しい解析テクニックが誕生し,多角的なデータを提供してくれるようになるであろう.しかし,そこから得られたデータと実際に起きている生態現象との本質的な関係を見極めることができるのは生態学者のもつ現場で自然を見極める「確かな眼」である.その「確かな眼」の重要性と必要性は,今後の「生態学」においても決して変わることはない.本書を読まれる若い読者の方々には,本書の著者らのように,知的にも,肉体的にも,精神的にも,強い「パワー」を身につけて,生態学研究に励んでもらえたらと願う.

第一部
世界中にフィールドを求めて

1 アリの農業とヒトの農業——南米で進化!?
　　村上貴弘（北海道教育大学）

2 ボルネオ・サル紀行——妻と一緒に，テングザル研究
　　松田一希（京都大学）

3 アフリカで自然保護研究の手法を探る
　　小林聡史（釧路公立大学）

4 豪州蟻事録——大男，夢の大地でアリを追う
　　宮田弘樹（株式会社竹中工務店竹中技術研究所）

5 土壌動物学徒の南極越冬記
　　菅原裕規（北海道苫小牧東高等学校）

著者の紹介（東 正剛）

村上貴弘くん

東研を救ってくれた一期生

　1993年は私にとって激動の年だった．講座運営や大学運営などとはほとんど無縁の「助手」生活を送っていたのに，突然，「教授昇任」の辞令をもらってしまったのだ．組織改革に伴って新しく設けられた教授ポストだったので，専用の研究室も実験室もない有り様だった．さらに，さまざまな役職の辞令が舞い込んできた．総長室付き北大将来構想委員，学生委員，高等教育センター運営委員，等など，朝から晩まで会議，会議の毎日が始まった．北大の将来構想などについて議論していると，研究や教育では得られないような「不思議な」満足感に酔うことができた．

　この年，4名の博士課程1年目と3名の修士課程1年目の学生たちが進学してきた．東研の一期生たちだ．彼らとは，まず研究室や実験室の確保から始めた．環境科学研究科は8階建てのビルディング．名目は「講義室」だがほとんど使われていなかった最上階に目をつけた私は，一期生たちと一緒にあっという間にそこを占拠した．まだ北大の周りに高いビルディングが少なかった当時，8階からの眺めは素晴らしく，夏には豊平川で打ち上げられる花火も楽しめた．講義用につくられていて床が薄い8階には実験室をつくれなかったため，ちょっと強引に5階の実験室も占拠した．私にはほとんど抵抗がなかったが，学生たちはいろいろないじめにあったようだ．

　そして，会議，会議でほとんど研究室にいない指導教官への不満も学生たちの間に溜まっていった．間もなく，ある学生がうつ状態になり，行動もおかしくなった．特殊な家庭事情が主な原因だったようだが，研究室内の暗い雰囲気も彼を追い詰めていたようだ．ここで私はあの「不思議な」酔いから醒めることができた．

　東研を救ってくれた一期生の一人が村上くんだった．彼は社会性昆虫の研究を志して，修士課程に進学してきた．幸い，1993年から3年間の計画で申請していた海外科研が採択され，博士課程の大河原恭祐くん(現在，金沢大学)とともに，彼をパナマとコスタリカに同行させた．色白でヒョロヒョロ，一見頼りないと思われたが，ドッコイ，芯は強かった．札幌旭ヶ丘高校で野球部のキャプテンを務めたというのは本当だったようだ．延べ3か月余り滞在したバロコロラド島での研究生活が快適だったのは，彼の気配りと大らかさに負うところが大きかった．

1 アリの農業とヒトの農業——南米で進化！？

(村上貴弘)

プロローグ

　1993年10月21日(木曜日)マイアミ国際空港を飛び立ったユナイテッド航空887便は，暗い夜空を駆け巡る龍のような雷の襲撃をかわしながら，パナマトクメン国際空港に到着した．飛行機から降りた瞬間，体に纏わり付くねっとりと甘い空気に驚く．しかし，それがなんとも心地よい．入国審査を終え，日本に比べ照明の暗い空港のロビーに入ったとたん，背の高いポーターたちが強引に荷物をかっさらい，タクシーへと導いた．旧式のばかでかいフォードサンダーバードのトランクに，北海道大学の僕のボスである東正剛教授，先輩の大河原恭祐氏(現在，金沢大学)，そして僕，の荷物をドスドスと放り込んで，パナマの街に向けて走り出した．生まれて初めての熱帯，さあ研究生活がスタートだ！

1-1　スミソニアン熱帯研究所とバロコロラド島

　翌朝，パナマ市内の小高い丘アンコンヒルにあるスミソニアン熱帯研究所に向かい，これから研究調査を行うための許可申請や調査地であるバロコロラド島の滞在手続きをした．この研究所の正式な名前は STRI (ストライ：Smithsonian Tropical Research Institute) だが，ほかに通称 TUPPER とも呼ばれている．タッパーだ．プラスチック容器を作る大企業タッパーウェアの創業者，タッパーさんだ．彼が亡くなるときに莫大な遺産をスミソニアン熱帯研究所に寄付し，お陰で研究所が近代的に改築されたという．地元の人や研究者たちは，感謝の意をこめて研究所全体をタッパーと呼ぶようになった．

素晴らしい話だと思う．日本でもそういう研究機関はできないものだろうか．おそらく，バブルの頃でさえ日本では無理だったから，なかなかそうはならないだろう．科学的基礎研究とは人間の存在意義を深めるために必要不可欠なものだと，欧米人は本気で信じていると思えるが，日本人は，基礎研究でさえ何かしらの経済的利益が伴わないと意味がないと，かたくなに信じている節がある．ここタッパーには，西欧の知的財産に対する深い理解に裏打ちされた非常に風通しのよい研究環境が整備されている．日本にも寄付のみで運営される自然科学系の本格的な基礎研究施設が1つくらいあってもいいと思うのだが，僕が知る限り，そういった施設は1つもない．税金徴収に血眼となる行政が続くかぎり無理だろうと諦めるしかないのだろうか．

　そんな立派な施設を後にして，ジリジリと音がするような日差しと，肺の中まで焦げそうな熱風のなか，クラクションの音や車体のきしみ具合が昭和を思わせるバスにでかいトランクごと乗り込む．パナマ市から50分ほどのガンボア市に行き，夕方，バロコロラド島行きの小さな船に乗り継ぐ．夕焼けに染まるパナマ運河は，きらきらとした輝きと深い哀愁に満ちていた．まるで，人々の生活に溶け込んでいるサルサ音楽の底抜けな陽気さと，その裏側にある哀しみに通じるような切ない美しさの両方を湛えているようだ．ここは人の手の入っていない原始熱帯雨林だったのだが，1914年，アメリカは，パナマ地峡にあったガツン湖の淡水をカリブ海側と太平洋側に流すことで巨大運河を作った．海水が流れるスエズ運河と違い，パナマ運河は淡水路なのだ．海に流れ出る淡水量を山にある貯水湖からの水で埋め合わせしている．だから，大西洋と太平洋の生物が混じり合うこともほとんどない．船は約1時間カリブ海側に向けて進み，やがてバロコロラド島に着いた (図1-1)．

　この運河に浮かんでいる小さな島々は，水路の開通によって孤立してできた．特にバロコロラド島 (面積 15.6 km^2) は，早くからその隔離された熱帯雨林が注目され，熱帯生態学の先端的な実験場として，この約100年間多くの研究がなされてきた．地球温暖化，生物多様性の減少など，今世紀の世界的な大問題を解決する重要な鍵となるかもしれない研究がこの島から生みだされている．例えば，バロコロラド島の50 haに及ぶ保護地域では，長年にわたって植生，リター量，動物相が調べられており，ある時期における植生およびリ

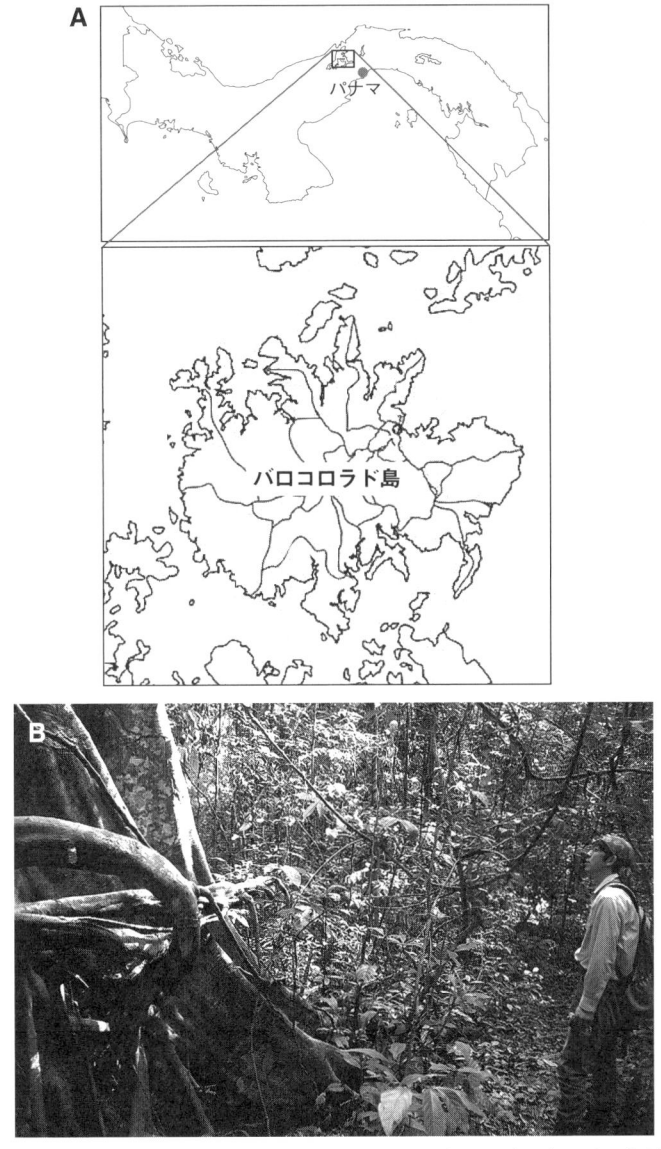

図 1-1 主な調査地であったパナマ共和国のバロコロラド島.北緯 9 度 9 分に位置し,パナマ運河に浮かぶ無人島である.熱帯多雨林気候に属し,1〜6 月が乾季,7〜12 月が雨季である.(A) 地図.(B) 島内の熱帯雨林の様子.

ター量の変化は，その約20年後の昆虫の種多様性に大きな影響を及ぼすという結果が得られている．また，地球温暖化の影響はバロコロラド島に生息する希少な哺乳類を絶滅の危機にさらすという研究もある．このような重層，かつ最先端の研究成果のみならず，例えば今では古典となっているウィルソンの『生命の多様性Ⅰ』のなかでも，バロコロラド島は生物多様性を理解するうえで象徴的な場所として巻頭写真とともに紹介されている．

1-2 ハキリアリの行動と生態

「農業をする」アリとの出会い

　バロコロラド島の朝は早い．6時半には簡単な朝食を専属のコックさんたちが食堂に用意してくれる．北緯9度のこの地は，1年中，朝は6時20分に日が昇り，午後6時には日が沈む．雨季であっても，午前中は基本的には晴れており，熱帯ながら，熱帯夜にはならない島の気候は天国みたいだ．札幌で一人暮らしをしているときよりも数段恵まれた環境だ．

　調査初日の10月24日から，ハキリアリが，まるで熱帯雨林の中を流れる緑の川のように葉を巣に運んでいるのに出会った (図1-2)．もちろん，ハキリアリは子どもの頃から図鑑やテレビで見たことがあり，知ってはいた．しか

図1-2 ハキリアリと僕．(A) ハキリアリ *Atta columbica* が森から葉を切り出し，巣に持ち帰るところ (2007年，バロコロラド島にて．撮影：宮田弘樹)．(B) ハキリアリ *A. texana* の菌園を巣から取り出した筆者．スコップの上の灰色の塊が菌園である (2001年，テキサス州オースティン)．

し，実際にこの目で確かめると，インパクトが違う．ありふれた言葉だが，やはり感動する．そのほかにも，大顎がまるで鎌のようになっている兵隊アリをもつバーチェルグンタイアリ，可愛らしいハナグマのコアティ，巨大ネズミのアグーチ，いたずら好きのクモザル(彼らには部屋に置いておいたオレンジを盗まれた)，日中絶えることなく腹の底から吠えまくるホエザル，突如目の前をドドドッと横切るイノシシのペッカリー，お洒落な襟巻きをしているようなコアリクイ，意外と動けるナマケモノ，優雅に天空を舞うモルフォチョウ，カブトムシの横綱ヘラクレス，そしてメタリックな輝きをもつヤドクガエルなど，魅力的でユニークな生き物たちが次から次へと現れる．楽園だあ～．

小さな大発見

調査を開始してから3日目の10月26日10時すぎ，ハキリアリの遠戚であるムカシキノコアリ *Cyphomyrmex rimosus* の巣を朽木の中に発見した．このアリは古典的名著であるホイーラーの *Ants*，ウェーバーの *Gardening Ants*，ヘルドブラーとウィルソンの *The Ants* のなかでは，最も原始的な菌栽培アリとされ (Wheeler 1910; Weber 1972; Hölldobler & Wilson 1990)，キヌカラカサタケ属やキツネノカラカサタケ属の菌を育てる他の菌栽培アリとは違い，酵母菌を培養しているアリと紹介されている (図1-3)．そのほかにも，ハキリアリ2属 (*Atta* と *Acromyrmex*) はもちろん，馬面で動きが極端にのろい *Apterostigma*，腹部に2本の隆起をもち，アリの死骸を集めている *Cyphomyrmex costatus*，枯れ草でキノコ畑を作る *Myrmicocrypta*，比較的複雑な社会構造をもつといわれている *Trachymyrmex* と *Sericomyrmex* などの菌栽培アリが次々と見つかった．よし，これは運命かもしれない．このアリたちを研究してみよう．

まずは，予備観察を20時間ほど行い，菌園を作る行動や全体の行動のレパートリーをリストアップする．一般的なアリが約20パターン程度の行動レパートリーしかないのに，菌栽培アリは40近いレパートリーをもつことがわかった．例えば，自分を舐めるセルフグルーミング，仲間を舐めるアログルーミング，触角の掃除，幼虫への給餌，摂食行動，噛みつき行動などだ．

次に，体長2mm程度の小さなムカシキノコアリ50個体に油性マーカーでマーキングした，と，さらっと書くと簡単そうだが，この作業はなかなか繊細で骨

が折れる．実体顕微鏡下で，昆虫標本用の虫ピンの先に油性マーカーから搾り出した塗料をくっつけて，アリの腹部あるいは胸部に慎重に塗る．このとき，あまり大量に塗料を塗り付けるとアリが死んでしまう．少なすぎるとグルーミングして取り除いてしまう．その適量を見極めるのが難しい．コントラストのはっきりした4色の油性マーカーを使うのだが，50個体を識別するには，少なくとも体の3か所に着色しなければならない．体長2 mmのアリに個体マーク，神業だ！

マーキングした50個体の行動を10分間隔で記録する．1日10時間，それを10日間続けた．100時間もアリたちの行動観察に集中していると，自分がアリのサイズになった感覚になってくる．そうなるとしめたものだ．アリが何のために行動しているのか，最初は全くわからないが，観察を重ねるごとに行動の意味を推測できるようになる．そうやって詳細な行動観察をした結果，このアリについて重要な発見をすることができた．

これまで，この最も原始的な菌栽培アリ・ムカシキノコアリは，植食性昆虫の糞を菌栽培用の基質として利用していると考えられてきた (Hölldobler & Wilson 1990)．しかし，僕はそれが間違いであることを発見した．この菌栽培アリは，自らの素嚢 (昆虫の胃) から吐き戻した物質を乾燥させてボール状の「畑」を作り，そこに酵母を塗り付けて栽培していたのだ (Murakami et

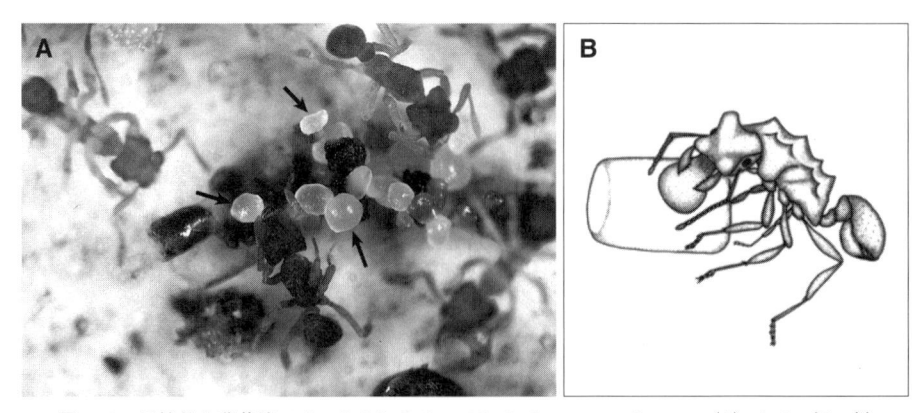

図1-3　原始的な菌栽培アリのムカシキノコアリ *Cyphomyrmex rimosus*．(A) キノコ畑の様子．矢印で示したボール状のものが吐き戻し物質を乾燥させた上に酵母菌を植え付けた畑．(B) 吐き戻し行動の模式図．

al. 1997). 一見小さなこの発見は，やがて，アリにおける菌食の進化について，非常に重要な示唆を与えることとなる．

農業とヒトとアリ

　ヒトは，農業をすることによって，社会を大きくすることに成功した．現世人類は10～15万年前に共通の祖先から分かれたと考えられている．短い人類の歴史のなかでも農業の歴史はつい最近の出来事であり，せいぜい1万年程度の歴史しかない．その農業は，世界9か所で独立に発展したと考えられている．まず最初に，中東のペルシャ湾からチグリス・ユーフラテス川周辺，およびシリア，パレスチナ，エジプトに至る「肥沃な三日月地域」と，南太平洋に浮かぶニューギニア島で農業が始まったとされている．「肥沃な三日月地域」ではコムギ，オオムギ，レンズマメなどが栽培され，ニューギニアではタロイモ，バナナが主な収穫物であった．その後，中央アメリカ(9,000年前)，中国南部の揚子江周辺(8,500年前)，中国北部の黄河周辺(8,000年前)，中央アンデス南部(7,000年前)，アマゾン川周辺(7,000年前)，北アメリカ大陸東部(5,000年前)，サハラ以南のアフリカ(5,000年前)で，それぞれの人々が独自の作物で農業を始めた(Schultz et al. 2005)．

　これに対し，ハキリアリたちはそのはるか5,000万年前の昔から農業を行ってきたのだ(Mueller et al. 1998)．現在，新熱帯に生息する菌栽培アリは12属200種あまりが知られている．ところが，旧熱帯のアリで菌栽培する種は知られていない．興味深いことにシロアリでは，菌栽培する種は旧熱帯のみから知られ新熱帯からは記録がない．

　一部の甲虫でも菌を育てる種は発見されているが，その農業技術はハキリアリに遠く及ばない．ハキリアリは，まず，植物の葉をよく発達した大顎で半円形に切り取り，それを背中に担ぎ上げ(図1-2)，隊列を組んで巣に持ち帰る．その切り取った葉は巣の中で別の働きアリによって小さく裁断された後，ペースト状になるまで噛み砕かれ，球状に積み上げられる．そこに菌糸を植え付け，素嚢から吐き戻した物質や液状の糞を施肥したり，伸びすぎた菌糸を刈り取ったりしながら菌園を維持する．

　育てられている菌類はいったい誰の食糧になるのか？　1970年代までは，こ

れらの菌類を働きアリも幼虫も女王アリも全ての個体が栄養源として利用していると考えられてきた．しかし，クインランとチェレットが1979年に葉と菌に放射線を当てて標識し，その後の栄養動態を追跡したところ，菌を主な栄養源として利用しているのは幼虫のみであることが判明した (Quinlan & Cherrett 1979)．このことを別の角度から検証したいと考えた僕は，菌類，苗床に使われる植物，幼虫，成虫の ^{13}C と ^{15}N の安定同位体比を測定してみた．

　同位体とは原子番号 (すなわち原子核を構成する陽子の数) が同じで，質量数 (原子核を構成する陽子と中性子の数の和) が異なる元素のことであり，そのなかでも安定的に一定の割合で存在するものを安定同位体という．例えば炭素はほとんどが12という質量数をもつが，なかに一定の割合で13のものが存在する．同様に窒素も大部分は14という質量数だが，なかに15のものが存在する．また，安定同位体比とは，質量数が大きい，すなわち重い同位体の比率をいう．面白いことに，安定同位体比は食物が生物の体を通るごとに高くなる．したがって，植物よりも動物や菌類で高くなるし，同じ動物でも栄養段階の高い動物ほど高くなる．この比率の違いを利用することで，栄養源の違いを推定することができるのだ．例えば，北海道の先住民族であるアイヌ人の人骨化石を分析すると，^{13}C (添え字は質量数を表す) の比率が植物よりはかなり高く，魚に近いことが明らかになった．つまり，旧石器時代のアイヌの人々は穀物よりも魚から栄養をとっていた，と言えるのだ．

　その安定同位体を使った分析の結果，クインランとチェレットの研究どおり，原始的な菌栽培アリ類 *Cyphomyrmex costatus*, *Apterostigma mayri*, *Myrmicocrypta ednaella* などでは，幼虫は栄養源を菌類に頼り，成虫は植物から栄養を得ていた (図1-4 A)．問題は，ハキリアリの結果である．ハキリアリの安定同位体比は幼虫，成虫ともにほとんど同じ比率を示し，かつそれらは植物よりは，むしろ菌類から栄養を得ていることを示唆したのだ (図1-4 B)．つまり，高度に進化した社会をもつハキリアリでは栄養動態がこれまで考えられてきた傾向とは異なり，成虫も主に菌類から栄養を得ている可能性が出てきた．菌栽培アリで進化段階が進むにつれて，栄養動態が変化する理由は何なのだろうか？　おそらく，共生関係が深まるにつれて，菌類に対するアリの依存度が高まっていったのだろう．確証を得るためには，さらに研究を進める必要がある．

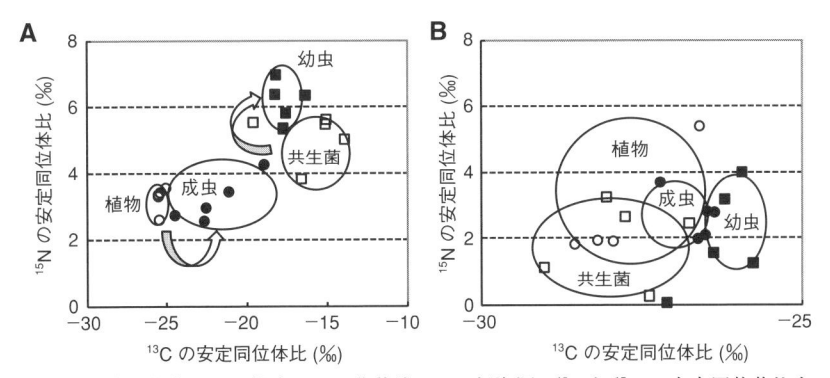

図1-4 安定同位体比から推定される菌栽培アリの餌資源．^{13}Cと^{15}Nの安定同位体比を，菌園の苗床となる植物，栽培されている菌，幼虫，成虫で比較することにより，各成長段階の餌資源を推定することができる．*T. smithii* の幼虫は栽培している菌から，成虫は植物から栄養を得ていることがわかる．ハキリアリはちょっと見にくいが，幼虫と成虫の安定同位体比に大きな差はなく，その栄養は菌からきていると考えられる．(A) 中程度に進化している *Trachymyrmex smithii*．(B) ハキリアリ *Atta columbica*．

アリの農業の起源と発展

　ヒトの農業の始まりには9つの起源があるのは前に述べたとおりである．その9つの場所ではそれぞれ違った植物を農作物として栽培するようになった．アリではどうなのだろうか？　菌を育てるアリ12属，約200種は1つの系統から派生したもの，つまり単系統である．しかし，育てられている側の菌類は複数の系統から派生したもので，大きく4つのグループに分かれることが，核ゲノムの28Sリボソーム遺伝子の解読から明らかになった (Chapela et al. 1994)．ヒトの場合と同様に，栽培されるものは多様だったのだ．また，あるアリの種は必ずある菌の種を栽培するという1:1の関係，つまり共進化がきちんと成立しているのは高等なグループからで，原始的な菌栽培アリは複数の菌種を栽培しており，原始的な系統のアリでは何回か野生株が巣の中に入り込んだことを示唆している．

　アリが育てている菌類はあまりにアリに依存した生活史を選択したため，有性生殖する能力をなくしてしまった．つまり，彼らはキノコの傘(子実体)を作ることを放棄し，アリに繁殖や分散を全てまかせっきりにしているのだ (Mueller et al. 1998, Schultz et al. 2005, Aanen & Boomsma 2005)．新しく

生まれた有翅女王アリは，まるで嫁入り道具に持っていく糠床のように，母親の巣からキノコ畑の一部をもらい，口の中に溜め込んでいる．結婚飛行で雄と交尾し，受精囊に精子を蓄えた女王は，自ら翅を捨て，土中に巣を造って産卵する．そして，母親の巣から持ってきた菌の塊から菌園を作り，菌で子どもを育て，新たな世代を作り始めるのだ．つまり，菌類はアリの母からその娘へと垂直方向に伝播していくのが主流なのだ．しかし，社会構造の単純な原始的な菌栽培アリのグループでは，稀に，栽培している菌と野生の類縁種が「交雑」していることもある．小さな菌園の中でも，菌類の遺伝的な多様性を保つためだろうか．高等なグループの菌になるとそのような野生株との交雑は全くなくなり，遺伝的な多様性を維持する唯一のメカニズムはほんの時たま生じる他の巣の菌との混合だけになる．ここにいたって，菌類とアリ類とは緊密な運命共同体となり，より深い互恵関係を結んだ．

そこで，前項で明らかにした安定同位体比のデータを見直してみよう．原始的な菌栽培アリ類では幼虫のみが菌類を食糧にし，成虫は外部の植物から餌を得ていることが示されていた．一方，より進化した種であるハキリアリでは成虫も菌類から栄養を得ている．つまり，ハキリアリではほとんど全ての栄養源を菌から得るようになったのだ．菌類とアリ類との共生関係は閉じられた環として究極の共生関係が完成したと言えよう．これにより，ハキリアリは新熱帯で多大な繁殖成功を収め，生態系のなかで大きな役割をもった生物群へと進化したのだ．

さて，最も重要な疑問に移ろう．菌を栽培するアリは，どうやって農業をするようになったのか．つい最近まで信じられてきた仮説は，アリが栽培に適した菌類を選択していった，すなわち，アリに選択権があるというものであった．しかし，僕がテキサス大学でお世話になったミュラー教授は膨大な量の菌栽培アリに関する文献 (その当時で 4,000 本！) を収集し，あらゆる視点からこの問題を検討した．その結果 2001 年の論文で，これまでとは全く逆方向からの農業の進化に関する仮説を提示した．それは，彼のオリジナルではなく，1920 年にベイリーという研究者が発表した，「菌類がアリの分散能力を利用するために，それに適したアリを選択していった」という仮説である．この仮説では，アリではなく菌類に選択権があるとする．

アリに選択権があるとした仮説は，アリが菌類を完全に制御し，有性生殖するための子実体を作らないように，つねに菌糸を定期的に刈り込んでいるという考えに基づいている．この場合，アリにとって菌は必要不可欠な存在になるが，菌にとって，アリは自力での繁殖を妨害する寄生者ということになる．一方，菌類に選択権があるとする仮説は，アリが食糧としての菌から利益を得ているだけでなく，菌がアリの移動分散能力を利用して，自分の子孫の繁殖，分散能力を増大させていることから，菌の側にも利益があるとする．有性生殖は無性生殖に比べるととてもコストのかかる生殖法なので，菌はアリに栽培されることで有性生殖を放棄し，繁殖にかけるコストを削減することに成功したことになる．つまり，菌類がアリを選択するという仮説が成り立つ場合は，アリと菌の両方にメリットが生じ，相利共生となる．これを人間の農業に置き換えて考えてみると，人間が作物を制御して思いどおりに作付けしているのではなく，植物のほうが豊かな実りを人間に提供することで繁殖，分散能力を飛躍的に高めていることになる．

アジアの一部にしか分布していなかったイネは，今やアジア全域だけでなく，アメリカ，アフリカ，オーストラリアにまで分布を広げることに成功した．肥沃な三角地帯の一地域で細々と生育していたコムギは，世界の中緯度地域に分布を拡大した．さらに，ヒトは，バイオテクノロジーの導入によって彼らの進化スピードを大幅に上げているようにも見える．

どちらの仮説がより正確にアリにおける農業の進化プロセスを説明できるのかは，まだ不明である．いずれにしても，熱帯という菌類の種数も生息数も天文学的な数字になる場所でアリの食糧に適したものが選択され，また菌も自分の繁殖，分散を手伝ってくれるアリを選択するためには，どこかで両者が継続的に接する必要がある．そんな都合のいい場所があるだろうか．1つある．それは口下嚢 (infrabuccal pocket) という，アリ特有の袋だ．場所は口と素嚢の真ん中にあり，抗生物質を産生する共生バクテリアをはじめ，多くの微生物が存在している．アリは食糧となるさまざまな物質をいったん口下嚢に溜め込み，細かく粉砕することによって，有害な微生物を体内に入れないと同時に，酵母などの有益な菌を口下嚢に棲み着かせていることが，他のアリで最近明らかにされた (Mankowski & Morrell 2004)．

アリは素嚢に溜めた食糧を吐き戻して幼虫に給餌する．その食糧の中に有益な菌類が選択的に含まれているとしたら，それらの菌類を栽培するまでもう一息だ．もともとアリには餌を巣内に溜め込む習性があるし，熱帯域の高温湿潤な気候は菌類を培養するには最適な環境である．幼虫に給餌するために吐き戻される物質に発酵菌が付着してより栄養価が高まれば，それらの菌類が餌資源として選択されても，なんら不思議ではない．しかし，熱帯の環境では，有害菌の混入はいつでも起こりうる．あまたある有害菌類の混入をどうやって防ぎ，食糧に適した菌類だけを選択的に栽培できるようになったのだろうか．この謎を解き明かす1つの大発見が1999年になされた．

世紀の大発見！

残念ながら，僕が世紀の大発見をしたわけではない．1999年から2003年までアメリカのテキサス大学とカンザス大学で研究生活をしていた僕の隣の席にいたキュリー・キャメロンが発見したのだ．自分の目の前にあった世紀の大発見のネタをみすみす見逃していた悔しさをここに記してみたい．

菌栽培アリを観察していると，体表に白く膜がかかった個体をよく見かけた．疑問に思った僕は，早速菌栽培アリ研究者(世界に10人くらいはいるかな)のバイブルである *Gardening Ants* (Weber 1972) をひもとき，調べてみた．そこにはワックス状の分泌物であろうと書かれていた．なるほど，ワックス状の分泌物ね，納得．ところが，これは単に自分の体を守るワックス状の分泌物ではなかったのだ．

カナダ・トロント大学の大学院生だったキャメロンは同じ時期に同じような疑問に取り付かれた．彼は菌類培養を得意とする熱心かつ実直な学生だったため，当時何でもかんでも培養していた．さらに彼はあまり文献を読まないという特徴もあり，先入観にとらわれずに実験を遂行していた．その結果，その白い膜はワックスなどではなく微生物であることを見いだしたのだ．しかも，その微生物が，抗生物質を産生する放線菌であったことから，キャメロンはピンときたのだろう．これも彼の新発見だった菌園を攻撃する特殊な菌 *Escovopsis* (Currie et al. 1999a) を培養しているプラスチックシャーレにこの放線菌をばらまいてみた．すると，その放線菌の周辺だけ *Escovopsis* が育たないではない

か！　ビンゴ!!　この放線菌は *Escovopsis* の生育を抑える抗生物質を分泌していたわけだ．さらに，菌栽培アリは全ての種において体表の特定の場所にこの放線菌を棲まわせていた．つまり，アリたちは菌園を攻撃する寄生菌の被害を防ぐために，体表に微生物を飼い，その抗生物質を使っていたということになる．

この発見は 1999 年 *Nature* に発表され (Currie et al. 1999b)，その紹介記事のなかで「前世紀末から 100 年間不明とされていた謎をキャメロンが解いた」と紹介されたのだ．まさに世紀の大発見だ．あのとき，もう少し突っ込んで研究していれば……．ウェーバーの本なんて読んでいなければ……．くやしい．

彼にはもう 1 つ発見を出し抜かれている．そっちはアリの行動学的な発見だ．僕の専門ジャンルなので悔しさもひとしおである．上に述べたようにキャメロンは菌園だけを専門に襲う寄生菌を発見している．これもまた大きな発見だが，これは菌類の専門家だからしょうがない．この寄生菌は菌栽培アリの巣の中からしか見いだされていない非常に珍しい菌だ．アリはこの *Escovopsis* を排除するために体表に放線菌を棲まわせているだけではなく，特殊な行動をも進化させていたのだ．

菌園を維持する行動を観察していると，菌糸を刈り込む行動のほかに，ちょこちょこっと何かをつまみ出すような行動をすることがある．これを僕は "fungus care" と分類して書き留めていた．うん，菌園維持行動だからね．ところが，この行動は菌栽培アリ以外のアリでは全く見られない行動だったのだ．菌糸を刈り込む行動だって他のアリでは見られないわけだが，こちらはウェーバーの本のなかにも記録が残されている．ちょこちょこっと何かをつまみ出す，「ちょこちょこっと」が新規の行動なのだが，つまみ出すのは「何か」が問題だった．そして，それはキャメロンの発見した *Escovopsis* だったのだ！　菌栽培アリの巣以外では地球上のどこにもいない菌を排除するための，特殊なアリの行動の発見．まさに，大発見だ．せっかく，行動観察用ノートに記載していて，行動頻度まで押さえていたのに……．この行動がこれまでに記載のない新しい行動だとはこれっぽっちも考えなかった……．600 時間を超す行動観察中頻繁に見られたので，だんだんありふれた行動に見えてきてしまったのだ．くやしい．

ちなみにこの発見は 2001 年のイギリス王立協会紀要 B 生物学で発表された (Currie & Stuart 2001)．

この2つの発見とそれを見逃した僕の経験から言えることは，(1) これまでの常識にとらわれていては新しい発見はできない，(2) データに慣れすぎると発見のチャンスはなくなる，という2点だ．なんだ，当然じゃないか，とあなたは思われるかもしれない．しかし，実際にそういう立場になると，こんなに困難なことはない．僕が受けた教育では，「わからないことがあったら，本で調べましょう」というのが絶対的な教えであったから，そういうことが身に付いてしまっていたのだ．本に出ていることが真実かどうかを疑いましょう，とは教えられなかった．同じく，雑誌，新聞，テレビで発表されることも疑いましょう，とも教えられなかった．こうなってしまった自分を根本から変えていかなければならない．

　また，データを一生懸命にとっていると，そのデータに溺れてしまうことがある．「こんなにデータをとっている俺ってすごい！」と酔いしれてしまうわけだ．そうすると，新しい発見はどんどん遠ざかってしまう．データのなかに新しい発見は眠っている．つねに自分のとったデータに対してさえも疑いのアンテナを張り巡らせないといけない．と同時にデータに溺れないよう，なるべく俯瞰的な視点からデータを取るように心がけている．

　悔しさはとりあえず横において，これら一連の発見はアリによる農業の起源を考えるうえでも非常に重要である．抗生物質を分泌する共生放線菌は口下嚢の中からも発見されており (Little et al. 2004, 2006)，栽培に適した菌類を選抜し，その他の菌類を寄せつけないシステムの最も重要な部分を担っているようだ．では，なぜ他の熱帯では菌を栽培するアリが出現しなかったのか？　それは，やはりこういった役に立つ放線菌などの微生物とアリとが出会う確率が相当に低いからではないだろうか．1万種いるアリのなかで農業を行っている種が200種程度にすぎないということは，350種いる霊長目のなかでヒトただ1種しか農業を行っていないことと照らし合わせてみても，生物の進化史のなかでも非常に稀な現象なのだということを示している．

1-3　農業をするアリはヒトの農業にとって重大な害虫である

　農業するアリの代表格であるハキリアリは，中南米の人々にとって古くから

関わりの深い生き物だった．古代マヤ文明の神話を集めた *Popul vuh* (Recinos 1954) に，シバルバーという冥界で，父親を殺されたフンアフプーとイシュバランケーがハキリアリ (zompopos) を使って，シバルバー人の庭園の花全てを切り取って撹乱するシーンが描かれている．実際，ハキリアリはブラジルなどの南アメリカ諸国で最も深刻な農業被害をもたらす害虫と目されている．

ハキリアリは大きいものになると，直径 10 m，深さ 5 m 以上の巨大な巣を造り，働きアリの数も 500 万個体を超す．コロニーの寿命は，時には 20 年にも達する．その巨大な集団が 24 時間 365 日，そして 20 年以上働き続け，植物を刈り続ければ，当然大きなインパクトを生態系に与えることになる．特に，ヒトの農業に適した植物は，ハキリアリにとって格好の餌食である．柔らかく，化学防御も手薄な農作物は刈り取りやすく，栄養分も豊かなので菌の生育に良好な苗床になるのだ．おかげで，例えばブラジルだけでも，その被害額は国家予算の 10%にも達し，経済担当大臣が「わが国はハキリアリに滅ぼされる！」と声明を発したほどである．

他方，ハキリアリの有益性もわずかながら報告されている．エクアドルのバナナ農園では雑草の除去にハキリアリを使い，うまく共存している．また，自然生態系においては，ハキリアリの旺盛な葉の除去作業により，森林では林床にギャップが形成されることで更新が行われ，草原地帯では唯一の高栄養土壌を生みだすシステムとして，非常に重要な役割を担っている．

このように，プラスにもマイナスにも作用するハキリアリという昆虫を，人為的にコントロールする決定的な方法は，今のところない．多くの農園で大型ポンプを使って殺虫剤入りの煙を巣の中に噴射し，駆除している．このような方法では，巣を全滅させられず，定期的に駆除作業を行わなくてはならないだけではなく，環境に大きな負荷をかけてしまうことになる．そこで，僕は，日本で生育している 70 種以上の植物をハキリアリに与え，特に嫌いな植物がソメイヨシノ，特に好きな植物がニホングリであることを明らかにした．それらの葉の成分を，ノーベル化学賞受賞者の田中耕一さんが原理を開発した TOF-MS (飛行時間型質量分析計) で測定し，嫌いな葉に含まれていて，好きな葉に含まれていない数千を超す物質を見つけだした．例えば，桜餅の独特の匂いを醸し出す成分でもあるクマリンは菌の成長も抑制するし，この成分が多い葉ほ

どハキリアリは切りたがらない．この成分は，実はブラジルの研究者も注目しており，今後さらにデータを蓄積していくつもりである．また，その他数種類の物質でも忌避効果や菌の繁殖を抑制する効果が確認され，また環境への負荷もほとんどないことが確かめられた．こういった物質の情報を積極的に中南米の研究者に公開していくことで，環境への負荷を低減し，かつ栽培植物からアリの被害を少なくすることに貢献できればと考えている．

1-4　世界の農業発展に貢献したインディヘナの人々

「農業とヒトとアリ」の項で紹介した世界9大農業発祥地域のうち，約半分の4地域は南北アメリカに位置している．グアテマラ，ホンジュラス，コスタリカなどが位置する中央アメリカ(9,000年前)ではトウモロコシ(諸説あるが中央アメリカに生息するテオシントを起源とする説が最も有力)，カボチャなど，ペルー，ボリビアなどがある中央アンデス南部(7,000年前)ではジャガイモ，インゲンマメ，トマトなど，アマゾン川周辺(7,000年前)ではキャッサバ，クズウコンなど，北アメリカ大陸東部(5,000年前)ではヒマワリ，ウリ類，タバコなどが栽培されていた．約1万4～2千年前に，アジアからベーリング海峡を果敢に越えてきた人々がその担い手だった．その子孫がインディヘナの人々であり，これらの人々の数千年にわたる努力なくして人類の農業はこれほど発展しえなかったと言っても過言ではない．したがって，南北アメリカ大陸を「新」大陸と呼ぶのは，文明的には後発地域にすぎなかったヨーロッパ中心主義の傲慢さを象徴している．

約1万数千年前に渡来後，インディヘナの人々は急速に居住地域を拡大し，約1,000年で南アメリカの東端にまで到達した．アラスカ西端からチリ南端まで最短陸路でも約1万8千km，10年に180 km以上の速さで南下していったことになる．途中には険しい山岳地帯，さまざまな熱帯病に悩まされる広大な熱帯雨林，蚊の大群に襲われる大湿地帯，荒涼としたパタゴニア平原などが広がっており，極域狩猟民族だった先祖の知恵だけではとても乗り越えられなかっただろう．農業は彼ら自身が得た知恵の結晶だったのだ．

もし，あと500年の猶予がインディヘナに与えられていたら，どうなっていただろうか．世界で最も荒れる海峡を果敢に越えて，南極半島にさえ到達して

いただろうと僕は確信している．しかし，そのときまでには，遠い祖先が極地生活で蓄積した知恵はほとんど残されていないだろうから，今のイヌイットとはかなり異なる方法で生きる南極の民が誕生していたに違いない．インディヘナの人々に逢うたびに尊敬の念を禁じ得ないのは僕だけだろうか．

　南北アメリカの先住民族であるインディヘナの祖先は僕たち日本人と同じモンゴロイド系である．特に，ユーラシア大陸北部や北海道のギリヤーク人やアイヌ人，そして東南アジアの各民族を含む「古モンゴリアン」とは遺伝的な構造が類似しており，直系の子孫といえる (Rasmussen et al. 2010)．アラスカから南下したインディヘナは1万年以上かけて，南北アメリカ大陸全体に居住空間を広げ，アステカ文明などが栄えた15～16世紀の人口は両大陸合わせて数千万人に達していた．

　インディヘナの文化は多様な南北アメリカ大陸の自然の産物を実に貪欲に取り込んでいる．その結果，農業が発達しただけでなく，各種の発酵技術や神事に用いる神経興奮 (もしくは鎮静) 物質 (コカイン，タバコなど) を見いだしている．また，マヤ文明では巨大な建造物や貯水槽を作る高度な土木技術と非常に精度の高い天文学を発展させた．芸術の面でもインディヘナの人々は秀でていた．僕がパナマのサンブラス諸島で出会ったクナ族は，17世紀には神話的世界を彷彿させるデザインでボディーペインティングをほどこしていた．それらは現在「モラ」という伝統衣装や飾り布として受け継がれている (図1-5)．このような高度に洗練された独自の科学技術や芸術文化を発達させながら，厳しい自然と共生していたインディヘナに大きな変革を迫ったのは，スペインとポルトガルを中心とした征服者 (conquistador) であった．

　1492年10月11日にコロンブスが「新」大陸を発見して以降，エルナン・コルテス，フランシスコ・ピサロ，バスコ・ヌーニェス・デ・バルボア (彼はパナマのビールの商標にもなっている) などの征服者たちは圧倒的な武力と天然痘などの病原体によってインディヘナの人々をわずか数十年で蹂躙，征服していった．例えば，16世紀のアステカ地方は約1,100万人の人口を誇っていたが，エルナン・コルテス率いるスペイン軍のすさまじいまでの虐殺，疫病によってもたらされた大量死により，1600年の調査ではわずか100万人まで減少している．そして，現在でも圧倒的支配階層であるヨーロッパ系の人々とイン

図 1-5 パナマの原住民族クナ族の女性と筆者 (2012 年 11 月，パナマ市内．撮影：山口進)．

ディヘナやメスティーソたちとの間には血なまぐさい民族闘争が続いている．インディヘナにとって，最も困難な相手は荒れ狂うドレーク海峡ではなく，ヒトのほうであったというのはなんとも皮肉なことである．

エピローグ

インディヘナの人々の苦難に満ちた旅に比べると取るに足りないかもしれないが，それでも僕の旅は続いている．1993 年にパナマで「農業をするアリ」の研究を開始してから，2012 年 11 月までに計 8 回，パナマに滞在した．22 歳で世界最高レベルの熱帯研究所で見たこともない生き物たちに囲まれて，とんでもない刺激を受けた僕は，その後の人生の方向性もそこで決まったようなものだった．そしてそれ以降，パナマだけではなく，いろいろな場所でアリの調査を行った．

例えば，1998 年 12 月，オーストラリアはアデレードの東側 600 km ほどの所にあるプーチェラという小さな港町で，最も原始的だといわれているアカツキアリ *Nothomyrmecia* の採集と行動観察を行った．これは深夜に動き出し，0℃付近で最も動きが活発になるという変なアリである (p. 145 参照)．クリス

マスイブに，自由な放浪民族であるアボリジニにいぶかしがられながら，深夜から朝まで変なアリを調査するのは，貴重な体験で大変面白かった．1999〜2003年までの足かけ4年間，アメリカのテキサス大学とカンザス大学で菌栽培アリの研究をし，2007年2月にパナマに菌栽培アリとグンタイアリの調査，2008年8月には台湾にヒアリを，9月にはインドにツムギアリを採集に行った．

そして2009年2月，当時北海道教育大学の4年生だった笹千舟さん（現在，北海道大学博士課程在籍）をフロリダ州ゲインズビルに連れて行った．ヒアリの調査は町中の道路脇というあまりエキサイティングな場所ではなく，採集後はすぐ実験室にこもって解剖と細胞の固定作業の日々だった．笹さんにとって決して楽な調査ではなかったと思うが，その後の彼女の伸びを見ると，このフロリダでの経験は無駄ではなかったと思っている．さらに2011年12月，同じく北海道教育大学の大学院生佐藤一樹君をアルゼンチンのブエノスアイレスとイグアス国立公園に連れて行き，ヒアリとハキリアリの採集と調査を行った．この旅には，奇才坂本洋典博士も同行してもらったので，近年稀にみる珍道中になってしまったが，その詳細を語る勇気はまだない．

そして今（2012年9月），この原稿をパナマのガンボアにあるスミソニアン熱帯研究所で仕上げている．東先生に初めてパナマに連れてきていただいて20年，その東先生は退官し，「農業をするアリ」を巡る冒険の1つの環は閉じようとしているが，22歳で受けたポジティブでパワフルな刺激は20年たっても全く弱まらず，僕をさらに広い世界に導いてくれている．そして，新たな環を広げるために，今度は僕が若者たちをさらに世界のあちこちに連れて行こう．

著者の紹介（東 正剛）

松田一希くん

先輩から後輩へ受け継がれたテングザル研究

　松田くんのことを紹介するには，まず，私の研究室でサルの研究を始めるに至った事情をお話しておく必要があるだろう．1996年4月，どうしてもサルの研究をしたいという学生が北大工学部から進学してきた．イガグリ頭がよく似合う村井勅裕くんだ．Snow Monkeyと称されるニホンザルでさえ，分布限界は下北半島．私は頭を抱えてしまったが，ボクシング部で活躍したという村井君は初志貫徹型．気持ちを変えさせることはできなかった．幸い，翌年からボルネオ島でアリの研究を始めることになっていた私には，あるアイデアが浮かんだ．哺乳類研究の経験がない彼には，修士課程でシマリスの研究でもしてもらい，博士課程からボルネオ島でサルを研究させようと考えたのである．

　1997年，私は村井君を含む数名の学生と一緒にボルネオ島を回った．当初はイギリスの研究基地があるダナンバレーでオランウータンを研究させようと考えていたのだが，彼は賢明にもまだ研究例の少ないテングザルに惹かれ，キナバタンガン川沿いのスカウ村で研究することを決めた．その後，その村でテングザルの研究に没頭し，2004年3月，博士号を取得した．

　ある日，その村井くんが同志社大学修士課程の学生を連れてきた．北大地球環境研の博士課程に進み，テングザルの研究をしたいという．しかし，村井くんとは対照的に頼りなさそうだ．京大を受験し，霊長類研究所に進むように勧めた．彼も当初はそう考えたそうだが，霊長研では最近少なくなったフィールドワークで勝負をしたいという．実際，修士課程では，反政府ゲリラがうようよしている南アメリカ・コロンビアの山奥でクモザルの研究をしたらしい．当時，コスタリカなどで研究を展開していた私には，中南米の状況がわかっていた．治安の悪いコロンビアで研究を続けたいのなら受け入れるわけにはいかないが，ボルネオのテングザルならすでに村井くんが研究基地を開拓してくれていた．「よし，こいつの情熱を買おう」と決めた．その学生こそ松田一希くんだった．

　現在，松田くんは日本霊長類学会高島賞(2011年度)を受賞するなど，将来を期待しうる若手研究者の一人として成長している．特殊な分野なのでこれからも多くの困難が予想されるが，「好きな道を自分で選んだのだ」という誇りを胸に，頑張って欲しい．何よりも，愛する妻の夢を実現するために．

2 ボルネオ・サル紀行
── 妻と一緒に，テングザル研究

(松田一希)

プロローグ

　熱帯特有の，体に吸い付くような湿気で体中から汗が噴き出す．耳元では蚊がうなり，気がつけばヒルが首筋まで登ってきている．そんな憂鬱なボルネオ島のジャングルの午後，突然のさわやかな風が，纏わり付く蚊をどこかへと吹き流し，森の中のさまざまな匂い ── 花・果物の香気や動物の臭気 ── を運んでくれる．あっという間に汗もひく．しかしそれも数十分の出来事．すぐさま空が暗くなり雷雨になる．こんな蒸し暑い午後には，決まって起こる調査中の日常風景の1つだ．雨が降るとサルの観察がうまくできないし，下手をすれば追跡しているサルの群れを見失うこともある．雨具を用意するのが遅ければ，あっという間にびしょぬれになる．それでも僕は，蒸し暑い森に風が吹くこのほんの数十分の出来事に癒され，感覚を新たにするのだ……．つらいはずの見ず知らずの森，慣れない異国の村での生活は，こういった小さな幸せによって支えられているのだといつも感じる．

　こんな熱帯の森で，僕はテングザルというサルを研究している．世界中に350種以上は生息している霊長類の一種である．テングザルの名前の由来は，言うまでもなく「天狗」である．確かに，大きく長い鼻と樹上を飛び回るサルと聞くと，魔物の「天狗」を思い起こさせる．しかし実際のテングザルは，なんとも愛嬌のある姿をしている．長い鼻とともに印象的なのが，その巨大なメタボ腹であり，夕暮れ時に小枝に腰をかけ，遠くを見やる雄の姿は，一日の仕事を終えて帰路に着く中年の父親を彷彿させ，なんとも哀愁的である (図2-1)．僕たちのよく知るニホンザルと比べると，一風変わった風貌をもつテングザル

図 2-1 夕方に川沿いの木で休むテングザルのオトナ雄．その姿になぜか哀愁を感じる．

だが，その生態，社会構造も実に多様性に富んでいることが，近年の僕たちの調査から明らかになってきた．

　僕は同志社大学在学中に，南アメリカのコロンビアに広がる熱帯雨林 (アマゾン森林) でクモザルの研究をしたことがきっかけとなって，今もなお霊長類の研究に従事している．霊長類の多くは熱帯域に生息している．熱帯域とは，大ざっぱにいってチンパンジーやゴリラなどが棲むアフリカの熱帯雨林，クモザルやウーリーモンキーなどが棲む南アメリカの熱帯雨林，そしてオランウータンやテングザルが棲むアジアの熱帯雨林のことである．

　もちろんニホンザルは，僕たち日本人にとっては遠い熱帯の国々にまで行かなくても比較的簡単に研究できる，温帯に棲む霊長類である．しかし，すでに多くの日本人研究者がその生態や社会構造を研究し，その詳細が明らかになっている．もともと動物学を専攻してきたわけではない僕には，ニホンザルで新しい何かを発見することは，とてつもなくハードルが高いように思えた．特別優秀なわけでも，特殊な技術があるわけでもない僕のような平凡な学生には，熱帯の森で汗を流し，蚊やヒルに襲われる悪環境と奮闘することで，あまり研究がなされていない未知の動物の生態を明らかにすることこそが，研究者として成功する近道のように思えた．

やる気は十二分にあったとはいえ，来る日も来る日も慣れない熱帯の森でサルの観察をするのは骨の折れる作業である．2005年1月から2006年6月までの13か月間，調査している森の近くの村に住み込んで，テングザルの行動データを収集した．その後も，2か月くらいの滞在を年に数回繰り返し，毎年1年の半分くらいは熱帯の森でサルの調査を継続している．早いもので，ボルネオの熱帯林に通い続けて今年(2013年)ですでに8年目となった．本章ではボルネオ島の調査地で僕が経験し感じたことを，テングザルの生態や行動とともに書き記したい．ガイドブックからは知り得ることが難しい現地の情報を読者に伝えることが本章の目的でもあるが，さらに欲を言えば，ボルネオ島やそこに生息する，テングザルを含む熱帯の滅びゆく動植物に少しでも多くの人が関心をもってもらえればと思う．

2-1 テングザルが棲む村へ

期待と不安の狭間で

僕がボルネオ島でテングザルの研究をするようになったのは，大学院の博士課程に進んでからである．博士課程といってもいまひとつピンとこない人も多いかもしれない．大学の4年間を無事終えると学士となる．もっと大学で学びたければ，大学院の修士課程に進学し，大体2年間で修士号を取得できる．さらにその上が博士課程であり，うまくいけば3年，うまくいかなくても6年くらい必死で頑張れば博士号がもらえる．一昔前には，「末は博士か大臣か」といわれたあの博士である．しかし現在は，国の政策もあって博士号を取得する人が急増して，世には博士があふれ，博士就職難の時代である．いつの頃からか「博士号は足の裏の米粒」とまで揶揄されている．そのココロは，取らなくてもよいが取らないと気持ち悪い．それを取ったとしても，食べることができない……．しかし，当時の僕はそんな悲惨な博士の現状などに思いも及ばず，まだ行ったことのないボルネオ島での冒険に胸を躍らせるばかりだった．

もちろん，全く知らないボルネオ島に一人で生活するということに，大いに不安も感じていた．日本の博士課程の学生が1年以上も海外の調査地に連続

して滞在し，博士論文のためのデータを収集するというのはあまり一般的ではない．むしろ数か月程度の期間現地に滞在することを，年に何回か繰り返して必要なデータを収集するということのほうがより一般的である．しかし知識も経験もない僕には，数か月程度の滞在を繰り返すことで何か面白いテーマを見つけ出す自信があるはずもなく，とにかく長期間現地に滞在し，誰よりも長い時間を研究対象の動物と過ごすという力業しか思い浮かばなかったのだ．

一方で，海外の研究者が1年単位で調査地の森に滞在し，博士号の取得に必要なデータを収集するという例は珍しくない．科学論文の著者名を眺めていると，夫婦で調査地に入ってデータをとっている欧米の研究者なのだろう，と思うことがよくある．しかし，このようなことは日本人の研究者ではかなり稀である．博士課程の学生という身分では，なかなか結婚にまで踏み切れないというのが，日本人の心情ではないだろうか．まして，夫婦でもなく，将来の不安な相手と不便な生活を強いられる僻地にまでついてきてくれる女性 (あるいは男性) は多くはないだろう．だが夫婦で一緒に調査を行えば，全くの知らない土地での生活上の不安は軽減される．僕は，当時付き合っていた恋人 (現在の妻である) が僕の何倍も英語が達者であり，調査の強力な助っ人になるはずだと考え，彼女をこの無謀なボルネオ調査に巻き込むことを画策した．

妻とは，同志社大学の修士課程のときに，同じ専攻に所属していたことが縁で知り合った．しかし同じ専攻といっても，互いに全く異なる研究分野である．おまけに妻は文系出身であり，化粧やファッションが大好きな今どきの学生であった．修士課程の卒業後は，僕の新たな所属先である北海道大学がある札幌市内の雑誌社に勤務していた．新しい職場で働き出して1年にも満たない妻に，マレーシアの美しいリゾート地，すばらしい大自然，不思議な動物などの話をしてボルネオの良さをことあるごとにアピールした．そしてついにうまいこと言いくるめて，妻を連れてのボルネオ調査を決行するに至った．と，いうのは僕の気持ちであって，後で聞くと，実はあまりに不安そうな僕の様子と悲壮な訴えに，義務感さえ感じて同行したのだそうだ．いずれにせよ，振り返るたびにこのときの僕の決断が調査を成功に導いた鍵であったとつくづく思う．

川の民が暮らす村を目指して

　テングザルを調査する場所として，ボルネオ島はマレーシア・サバ州北東部に位置するスカウ村を目指した (図2-2)．それは，同じ研究室の先輩であった村井勅裕さん (現在，環境教育文化機構(株)) が，4年以上前にこのスカウ村でテングザルの繁殖行動の研究をしたという実績があったためである．多くのテングザルが生息しており，観察も比較的しやすいと村井さんから直接聞いていた．スカウ村は，全長 560 km，川幅 200 m ほどもある巨大な川—キナバタンガン川—の河岸に位置する村で，ここには現地の言葉でオラン・スンガイ (川の民) と呼ばれる部族が暮らしている．

　妻と日本を出発してまず到着したのは，マレーシアの半島部に位置する首都・クアラルンプールであった．ここは巨大な都市であり，日本でもおなじみのコンビニや飲食店などのフランチャイズ店もあって，何不自由のない生活ができる．クアラルンプールでは，これからの調査に向けての調査許可証の手続

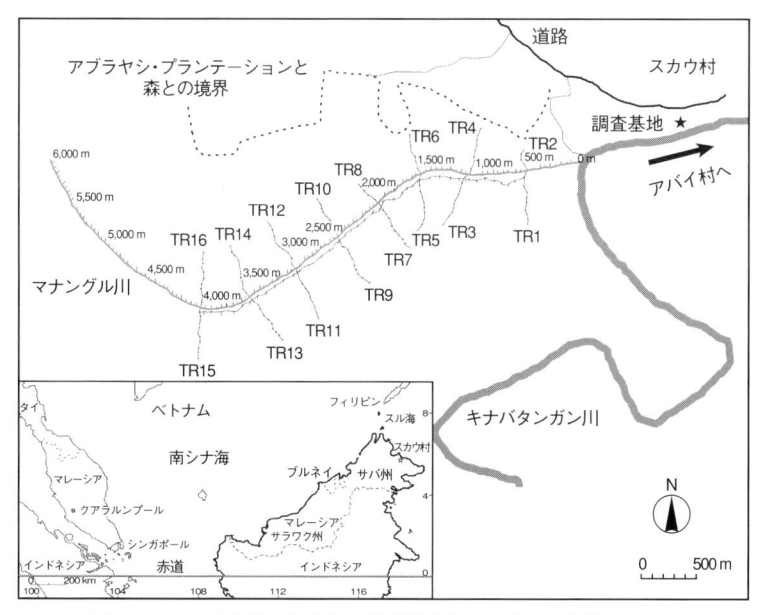

図 2-2 ボルネオ島の北東部に僕が研究しているスカウ村がある．

きなどを行った．許可証の申請に現地の政府機関を訪れた僕だったが，相手の話す英語がほとんど理解できない．英語が得意な妻に早速救われた．彼女は高校生のときに交換留学生として海外に滞在した経験があったため，英会話は慣れたものである．「語学力ゼロの状態でよく海外調査へ行こうと思ったものだ」と何度もあきれられながら，何はともあれ，調査許可証を取得したあと，次の目的地であるボルネオ島の玄関口サバ州の州都・コタキナバルを目指した．

　コタキナバルも大きな都市である．しかし当時はまだ，大型のショッピングモールは2つか3つしかなかった．ここでは，長期滞在に必要なビザ取得のために，何日間も移民局に通った．ちょうどインドネシアで大きな津波の被害があった直後で，移民局はその対応でごった返していた．東南アジアのなかでも比較的経済が発展しているマレーシアには，多くのインドネシア人やフィリピン人が出稼ぎにきているからだ．ごった返す人々をかき分けて，なんとかカウンター越しにビザの申請をしたい旨を伝え，何日間も毎日通ってそのつど何時間も待った末にやっとビザを取得することができた．

　マレーシアにはリゾート地が多い．そういったリゾート地の近くの森は奇麗に整備されている．だが実際の調査がそんなに甘いものではないことを，僕は

図 2-3 サンダカンの中心部．新しく奇麗な店などが集まった小さな街が郊外に乱立するようになり，街の中心部は活気を失いつつあったが，最近オープンした巨大なショッピングモールや高級ホテルの影響か，多少は活気が戻りつつある気がする．

2-1 テングザルが棲む村へ

図 2-4 サンダカンからスカウ村へ向かう道．途中から未舗装道路になり，雨が降ると道はぬかるみになり，プランテーションからの大型トラックなどがタイヤをとられて身動きがとれなくなる．トラックがぬかるみから抜け出るまでは，僕たちが乗ったバスも立ち往生となる．当時は，未舗装道路を抜けるのに 1～3 時間もかかったが，現在では完全に舗装されて 30 分程度で通過できるようになった．

コロンビアでの経験から十分に承知していた．マレーシアに到着した当初こそ日本から予約していたこじゃれたホテルに宿泊したが，クアラルンプールからコタキナバルを経て調査地に近づくにつれ，日に日にホテルのレベルは下がっていった．部屋にゴキブリ，布団にダニ．シャワーは日によってお湯が出たり出なかったり．そしてついに，調査地最寄りの町であるサンダカンに到着した．山崎朋子著『サンダカン八番娼館』(文春文庫) で有名な，からゆきさんの町である (図 2-3)．かつては，イギリス領北ボルネオの首都にもなったほどの栄えた町ではあるが，コタキナバルと比べれば，随分と小さい．この町では，目指すスカウ村行きのバスを探して，数日間街中を歩き回った．

なんとか見つけたスカウ村行きのバスに妻と乗り込み，調査地を目指した．バスを見つけることができた喜びもつかの間，すさまじい振動と金属のこすれる音がしてバスは側道に停車した．原因は左の前タイヤが外れたことであった．このときばかりはほんとうにもうダメかと思った．運転手は「ああ，またか」といった様子で道路脇のアブラヤシ・プランテーションの茂みの中に入っていき，その外れたタイヤを持って帰ってきた．そしてスパナでそのタイヤを車に取り付け，何事もなかったかのようにバスは再び走り出した．バスといってもいわ

図 2-5 目の前を流れる濁ったキナバタンガン川．この船着場で，毎晩のように水浴びをした．

ゆるワゴン型の車を使って，村人が特に許可証も取得せずに運行しているおんぼろバスである．その走行距離はかるく 30 万 km を超えている．それだって，もしかしたらメーターの 2 周目かもしれない．「最寄りの町サンダカン」と言っても，スカウ村までの距離はおよそ 150 km であるから，1 日で往復 300 km は走ることになる．それをほぼ毎日休みなしで運行すれば，わずか 1 年ほどで 10 万 km 近い走行距離になってしまう．さらに道は途中から未舗装のひどい砂利道である (図 2-4)．エアコンは当然なく，後部座席の窓ガラスは割れ，段ボールで補修こそされているが，窓の役割はあまり果たしていない．ようやくスカウ村に着いたときには，窓から舞い込んだ砂埃で髪の毛は白くなっていた．

　調査を実際に開始するまでも，一筋縄ではいかなかった．住む家の確保，調査に必要なボートなどの機材の調達，現地の調査助手の雇用など，全てを妻と 2 人でやった．到着してから半年ほどは電気もなく，ロウソクの火をたよりに夜を過ごした．また雨水を溜めるタンクが 1 つあったが，雨水は貴重なために飲用，料理用とした．トイレには，目の前を流れる透明度ゼロの茶色く濁った川からそのつどバケツで水をくみにいった (図 2-5)．当然ながら雨水でシャワーを浴びることもできないため，川べりの船着き場に腰かけ，妻と 2 人で満天の星空を見上げながら濁った川の水を浴びた．洗濯物も，この船着き場にたらいを持っていって洗った．聞いていた話と全く違うと毎日愚痴っていた妻だが，

数週間後には観念したようだった．かくして，僕の妻を巻き込んでのボルネオ・サル調査は開始された．

遠くて近いボルネオ島――流行る日本文化

　調査地最寄りの町サンダカンに到着して驚いたことがある．10代後半から20代前半の若者が，僕たちの顔を見ると，キロロという日本人ミュージシャンの「未来へ」という曲を歌いだすのだ．何なんだこれは……と不思議に思っていたら，サンダカンからスカウ村へと向かうバスのFMラジオからもキロロの曲が流れた．どうやら，この辺りではキロロの曲が大ブレイクしているようだ．僕たちの顔から日本人だと推測して，それがキロロの曲と結び付くのだろうか．僕たちが現地の村に住み込んだ1年半もの間は，僕たちの顔を見るとキロロの曲を歌いだすという奇妙な現象が続いた．しかし，もっと年配の30代後半から40代の人になると話は異なる．ちょっと仲良くなると，年配の人たちが口をそろえて言うのが，歌手の五輪真弓という名前である．そして決まって「恋人よ」という曲を口ずさむのだ．最近ではX JAPANや宇多田ヒカルなどの曲が流行っているようだ．

　歌だけではない．日本のドラマやアニメもマレーシアでは大人気であった．レコード屋にいくと，必ず日本のアニメ，ドラマのコーナーがあった．これらのDVDのパッケージには，政府公認のマークが貼られていることから海賊版のたぐいではないと思われる．1年半もの長期滞在において，日本の今の動向を知り，そして息抜きとなるのが，このような日本のドラマやアニメであった．

　しかし，最近はそうしたマレーシアの娯楽事情にも変化が見られる．日本と同じく，今，マレーシアは韓流ブームである．「冬のソナタ」などの日本でもおなじみのものから，さまざまな韓国ドラマや曲が街のレコード屋で売られるようになった．マレーシアの小さな村のおばちゃんをも虜にしている韓流俳優たち．韓国ドラマのすごさを思い知らされる今日この頃である．残念ながら日本のアニメ，ドラマのコーナーはどんどん縮小し，かわりに韓流コーナーが拡大している．以前は街を歩いていると，よく日本人かと聞かれたが，最近ではほぼ確実に韓国人かと問われることからも，韓国文化の浸透がうかがえる．

2-2　村事情とテングザル研究

偉大なる妻よ

　調査中に妻に助けられたことは数えきれないほどある．調査を開始して間もない頃である．以前にスカウ村で調査をしていた村井先輩が利用していたボートについて，現地の政府の人とちょっとしたトラブルがあった．先輩がボートの管理をお願いしていた人が，僕が到着したときには，ボートとエンジンを持って別の部署へと異動していたのだ．ようやくその人を探し当てたものの，ボートとエンジンは盗まれたという．いろいろと話をしたが，らちがあかない．

　そこでその人の上司に直接話をすることになった．気の強そうな女性の上司である．僕は完全に弱気になり，つたない英語でボートの件について話をしたい旨を伝えようとした．しかしその女性上司は，全く僕の話を聞いてくれない．そればかりか，僕のへたくそな英語を罵り，「英語もろくに話せないような人間が研究者といえるのか」と言う．すっかり意気消沈して引き返そうとする僕の横から，妻が怒りの形相で何やら英語でまくしたてた．後で聞いたら，「あなたの部下に管理をお願いしていた，僕たちの大学のボートが盗まれたらしい．盗まれたのならば，警察の盗難証明書を発行してもらいたい．あなたの部下の不始末である以上，あなたにも多少なりとも責任があるのではないか」というようなことを言ったらしい．

　妻のあまりの剣幕に女性上司は，僕たちの話をじっくり聞いてくれた．そして，船の管理を任せた人との仲裁をしてくれた．やはりボートは盗まれてはいなかった．それでも，管理を任せていた人は，ボートをスカウ村に運ぶためのお金を請求するなど，細かい要求をしてきたのだが，その女性上司の一喝により全ては丸く収まった．女性上司とは，今もなおよい関係が続いており，助けられることもしばしばある．

　僕が調査地で雇用している現地の調査助手も，妻を恐れていた．顔色ひとつ変えず理路整然と彼らの勤務態度の悪さなどを指摘するからである．調査助手が僕と話すときは，無理な要求などをあれこれ突きつけてくるのだが，奥の部屋から妻が現れると，彼らの勢いは一気に失われる．勤務態度のことなどで調

図 2-6 スカウ村まではるばる日本から友人が訪ねてきてくれた日の夕食の風景．妻の力なくして，このテングザル調査の成功はありえなかった．

査助手に注意をする際には，妻が厳しく英語で話し，気落ちした調査助手に僕が優しい言葉をかけて，再びやる気になってもらう．このコンビネーションが功を奏して，調査助手たちはよく働いてくれた．

　こういったさまざまな事柄を思い返してみると，妻は偉大だと認めざるをえない (図 2-6)．1 年半にわたるボルネオ滞在の成功は妻に負うところが大きいと正直思う．ホテルや調査基地で巨大なゴキブリが出たときはすぐ退治してくれたし，大きなネズミやリス，オオトカゲが家にきたときも，一緒に大騒ぎしてくれる相手がいて心安らいだ．一応弁明しておくと，現在の僕は妻に頼らずに調査基地や調査助手の管理を一人で行っている．英語はもちろんのこと，現地のマレー語も使い，なんとか調査基地の維持と運営を行っている．しかし，あの頃の妻に比べると，僕はまだまだ調査助手に甘い．

騙し騙され，また騙されて ……

　調査を開始した頃は，いろいろなことで村人にお金を騙し取られた．親身になってやたらと買い物を手伝ってくれるなと思っていたら，実はかなりの額を上乗せされていたということがあった．調査開始当初は，物の相場がわからないし，どこで何が買えるのかもわからない．信頼していた調査助手にまで騙さ

れていたとわかったときには，随分とがっくりときた．後から考えれば，怪しい点はたくさんあるのだが，騙されているときには気づかないものである．

例えば，サンダカンの町へ行き，買ってきてほしいもののリストといくらかのお金を封筒に入れて手渡す．すると翌日その調査助手がやってきて，僕が渡した封筒の中に僕が提示した額のお金が入っていなかったというのだ．何度も数えてから渡したので，間違っていたはずはないのだが，その証拠もない．以来，何かの購入を調査助手に頼むときや，調査助手の給料を支払うときには，本人の目の前でお金を数え，さらに本人にも確認してもらい，そのうえで受け取りのサインをもらうことにしている．

この調査助手は，日に日に身の回りのものが新しく良いものになり，彼の妻にも金のアクセサリーを頻繁にプレゼントするような派手な生活を送り始めた．これらは全部，僕の調査資金である奨学金を騙し取ったお金であったと数か月してわかったときは，怒りよりも騙された自分の情けなさと彼の巧妙さにあきれてしまった．

村人の良いところでもあり悪いところでもあるのだが，自分のしたこと，されたことを，すぐに忘れる性格のようだ．上述の調査助手は，現在は村人や観光客をスカウとサンダカンに運ぶ正規のバス運転手として毎日仕事に励んでおり，僕も時折そのバスを利用する．彼はケロッとしたもので，僕には一番よい席を用意してくれ，運転中には僕と世間話に興じる．自分がした悪事は全く覚えていないかのようである．やりきれない気持ちもあるが，こちらまで当時のことが夢だったような気持ちになってくるから不思議だ．騙し取られたお金をいまさら返せというほうが人として間違っているような気がしてしまうほどである．

調査開始から8年目，いろいろな経験を積んだおかげで，もう騙されないと自信をもっていたはずなのに，また騙されてしまった．長年信用していたマレーシアの友人に，かなりの額のお金を騙し取られたのだ．そしてその友人は，携帯の番号を変え，村を離れてクアラルンプールに逃亡してしまった．はじめは腹が立って，裁判所に申し立てをしようかとも思ったが，しばらくするとその怒りも収まってしまった．彼にもきっと何か事情があったのかもしれない，などと考えだしてしまう．何年も調査経験を積み，さまざまな人と関わってきても，人を見る目というのはなかなか養われない．きっとこれからも騙され続

けるのだろうが，やはりこの村や村人を嫌いにはなれない．しかし，調査助手を恐れさせたわが妻が，そんな損失を笑って許してくれるはずもなく，インターネット電話の画面を通してこっぴどく叱られたのだった．

反芻行動の発見

　テングザルは，東南アジア・ボルネオ島の密林にだけに生息している珍しいサルである．大きく長い鼻は，実は雄に特徴的な形質であり，雌はスラッと鼻筋の通った小ぶりな鼻をもつ．雄の長い鼻は性淘汰の結果だといわれているが，長い鼻をもった雄を雌が本当に好むのかどうかなど，いまだに謎である．しかし，雄と雌の両方に共通するメタボ腹の原因はわかっている．大きく膨らんだお腹は，ビールの飲みすぎでも，運動不足でもなく，テングザルの特殊な胃の構造に由来する．僕たち人間のような単胃構造とは異なり，牛などの反芻動物の胃に類似した，4つにくびれた大きな複胃がこのメタボ腹の原因だ (図 2-7)．多くの霊長類は，葉に多量に含まれるセルロースや毒素を胃内で分解することができない．したがって大量の葉を好んで食べることはない．しかし，テングザルのこの特徴的な胃には，セルロースを分解してテングザルが消化・吸収できる物質に変え，さらに葉に含まれる毒素をも無毒化できる微生物が共

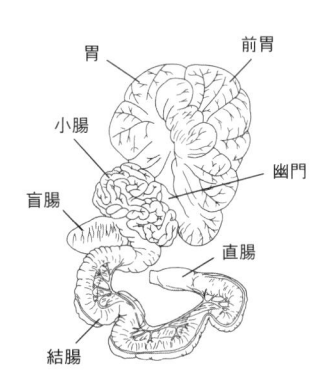

図 2-7　テングザルの胃．テングザルが属するコロブス亜科のサルは，3〜4つにくびれた複胃と呼ばれる特殊な胃をもっている．なかでも最も大きな容積を占める前胃にはさまざまな微生物が生息しており，その微生物を利用して，通常のサルでは消化が困難な葉に多く含まれるセルロースを分解してエネルギーに換えることができる．また，植物に含まれる毒素も無毒化できる (Chivers 1994 より許可を得て転載)．

図 2-8 テングザルの雌 (A, B) と雄 (C) の反芻類似行動．コドモからオトナまで同様の行動が観察された．

生している．この影の協力者・微生物のおかげで，他の動物が見向きもしないような葉を主な食料とし大量に食べることができるのである．

　この特殊な胃の構造に関連して，僕たちの研究から世界で初めて明らかになった事実がある．それはテングザルが，偶蹄類で見られる「反芻行動」に非常に類似した行動をするというものである (図 2-8)．ウシやヤギが一度胃に入れた食べ物を吐き戻して口の中でモグモグやっている，あれである．僕たちの調査地に生息するテングザルの，オトナからコドモまで，雄と雌の性別も問わずにこの行動が観察されたのだ．それも，この反芻類似行動が観察された日には，それが観察されなかった日に比べると，テングザルはより多くの時間を食べることに費やしていることがわかった．この反芻類似行動によって，テング

ザルは食物をより細かく分解して消化効率を高めているといえる．つまり，ウシなど偶蹄類が行う反芻と同じような意義がテングザルでも見いだされたのである．霊長類においてこのような行動が観察されたのは，世界で初めてのことであった．

しかし，僕たちのこの発見も学会で認められるまでには7年もの時間を要した．まず，2006年に村井先輩が論文を誉れ高いアメリカ霊長類学会誌 *American Journal of Primatology* に投稿したが，見事にリジェクトされた．これまで偶蹄類でしか発見されていない反芻行動が霊長類でも見られるというのは信じがたい，葉っぱを食べすぎた個体が嘔吐しているにすぎないのではないか，というのがその主な理由だった．その他の専門誌にも投稿してみたが，やはり文章や図表だけでレフェリーを納得させることはできなかった．しかし，この行動に関心を示してくれたドイツ人の動物生理学者マルクス・クラウス博士の強い勧めもあり，僕がさらにデータを追加し，クラウス博士に徹底的に校閲してもらったうえで，2010年，今度は研究者ならば誰もが憧れる *Nature* に投稿してみた．残念ながら，研究テーマが特殊であり，多くの研究者の科学的興味を満たすような内容ではないとの理由から3日ほどでリジェクトを通告された．

しかしどうしても諦めきれない僕は，今度はイギリスの王立協会が発行する *Biology Letters* に，反芻行動を撮ったビデオを付けて投稿した．すると，今度は比較的スムーズに受理されたのである (Matsuda et al. 2011)．ほどなくこの発見は各方面から注目され，例えば *Science* が科学トピックスの1つとして紹介してくれた．論文掲載からまだ2年もたっていないが，最新の動物学事典や教科書では，「反芻行動」の項目で，偶蹄類に加えてテングザルが紹介されるようになった．この経験は，自分たちが重要と信じる発見は決して諦めることなく投稿し続けることの大切さを教えてくれた．

ベジータとの出会い

テングザル研究が容易な点は，その行動を水上のボートから観察できることにある (図2-9)．これはこのサルのもつ，夕方になると必ず川沿いの木で眠るという特性を利用したものである．そのため，これまで行われてきたテングザル研究は川岸周辺での行動に関するものがほとんどであった．しかしテングザル

図 2-9 夕方の調査風景．テングザルは夕方になると，ほぼ確実に川沿いの木で眠る．そのため，たとえ森の中で群れを見失っても，夕方にボートを走らせれば必ず川沿いの木で見つけることができる．

は，日中の多くの時間を川岸から離れた森の中で行動する．したがって，これまでの調査方法では，サルたちが森の中で何を食べ，どのような行動をしているのかを知ることはできない．彼らが日中の森の中で何をしているのかは長年の大きな謎であった．テングザルというのは，朝晩川岸に出てくるのを観察するのは非常に容易なサルなのだが，いったん森の中へ追跡を試みると，まさに天狗のごとく姿をくらまし，人に慣れない，なんとも研究者泣かせのサルなのである．

　それでも，僕は彼らの行動を森の中まで追って観察してやろうと決意した．サルの研究は，双眼鏡とノートとペンがあればできるという手軽さが魅力ではあるが，その反面とにかく体力勝負である．樹上10～20 m辺りの木々を軽々とジャンプして移動していくテングザル．木の下の僕たちはサルを見失わないように，ぬかるみで歩きにくい森の中，目の前の木や蔓をかき分けて必死に追跡した．そして，蚊とヒルの襲撃を受けつつサルたちの行動を逐一記録していった．しかし，まともに追跡できるテングザルの群れにはなかなか出会えなかった．ほとんどの群れは1頭の雄と，10頭前後の雌とそのコドモたちからなるのだが，雄は警戒心が強く，僕たちが近づくと群れを連れてすぐに移動してしま

うからだ．

　しかし，林内観察を開始してから1か月がすぎた頃，幸運がめぐってきた．その日見つけた群れの雄は比較的寛容で，僕たちがかなり近づいても逃げず，ほぼ普通どおりに振る舞ってくれた．しかも，彼の尾はやや折れ曲がっており，個体識別も簡単だった．雄が寛容だと雌やコドモも安心するらしく，普通に振る舞ってくれる．僕はこの雄にベジータという名前をつけ，毎日，朝から晩まで彼の群れを追跡することにした．僕と同世代の人なら知っていると思うが，ベジータというのは漫画『ドラゴンボール』(鳥山明，集英社) の登場人物の名前．僕は，ベジータ群の中の個体の身体的な特徴点を見つけては，片っ端からドラゴンボールの登場人物の名前をつけていったのである．

　ベジータ群の追跡は約1年半に及び，貴重なデータをたくさん得ることができた．ベジータの喪失でこの群れが解体してしまってからは，現在に至るまでまともに追跡させてくれるテングザルの群れには出会っていない．ベジータ群との出会いは幸運以外の何ものでもなかった (松田 2012)．

テングザルは森の中で何をしているのか

　テングザルは森の中でいったい何をしているのか，その答えは単純だった．彼らは1日の活動時間のうち，実に75%以上を眠るか，じっと動かずに過ごしていたのだ．これは，彼らが怠け者なのではなく，彼らの胃の構造上消化に時間がかかるために，食後はじっとしていなければならないからである．そのかわり，起きているときのほとんど(20%) は食べることに費やしていることがわかった．基本となる食べ物は若葉 (70%) と果実 (25%) だが，時には花やシロアリの巣も食べる (図2-10)．僕の研究で，従来の研究報告の2~3倍にも及ぶ200種近い植物を採食することが明らかになった (Matsuda et al. 2009a)．一見するとテングザルの好物は若葉のように見えるが，実は若葉よりも果実を好む．面白いのは，彼らは多くの霊長類が好む熟れた果実ではなく，未熟で渋い果実を好むことだ．また，果実の果肉部ではなく，種子部を好んで食べるという一風変わった採食行動も明らかになった．

　テングザルは1日のなかでたった3%しか移動時間に費やさない．1日の平均移動距離も800 mほどと大変短い．例えばニホンザルなどは1日に数キロメ

図 2-10 芽吹いたばかりの若葉を，ものすごい勢いで頬張るテングザルの雄．基本的には若葉を好んで食べるが，果実が利用可能な時期には，若葉よりも果実を好む．しかし，その多くは熟れていない未熟果である．

ートル以上を平気で移動するから，いかにテングザルが動かないサルであるかがわかる．あまり動かないとはいえ，テングザルも月ごとにその移動パターンを変化させる．彼らの1日の移動距離は，その月の森の果実の資源量と関係が深い．果実の実っている量にあわせて，それを食べるための1日の移動距離，移動場所が決められているのだ (Matsuda et al. 2009b)．

　餌資源量と並んで，テングザルの移動パターンを決める重要な要因は，捕食者の存在である．彼らの天敵は，陸生哺乳類のウンピョウと，水生爬虫類のワニである．ウンピョウは中型犬ほどの肉食獣であり，ワニは人間でも襲われることがあるほど危険な生き物だ (Matsuda et al. 2008b)．夕暮れから活動が活発になるウンピョウを避けるために，テングザルは川沿いで眠る．川沿いならば森側にだけ注意すればよいので，効率的にウンピョウの襲撃を回避できるからである (図 2-11)．また，テングザルは昼間の移動で，食べ物を求めて川を泳いで渡るときがある．そんなとき彼らは，できるだけ川幅の狭い場所を選ぶことで，ワニのいる危険な川を渡る時間の短縮を図っている (Matsuda et al. 2008a)．この捕食者回避の行動パターンも，研究が進むにつれて徐々に明らかになってきたことだった．

図 2-11 樹上に潜んでいたウンピョウの攻撃を受けて，死亡したテングザルのアカンボウ．首筋にある噛み傷が致命傷になったと推測される．ベジータ群は 13 か月の連続調査中に 2 度もウンピョウによる襲撃を受け，2 頭が死亡した．いずれも体格の小さい未成熟個体だった．

ガソリンは黄金だ

　上述のように川沿いの森に生息するテングザルを調査するためには，ボートが必要不可欠なのだが，ボートに取り付けているエンジンを動かすためのガソリンをめぐるトラブルは後をたたない．調査助手は，いつだってガソリンの使用量をごまかして，自分のものにしようと必死である．実際にどれくらいのガソリンを 1 日の調査で使用するのかを厳密に把握しておかないと，年間で数百リットルものガソリンがなくなることもある．毎日使用量をノートに書かせて細かく管理しても，やはりいくらかはちょろまかされる．

　全く知らない村人が，ガソリンを貸してくれないかと，僕たちの調査基地を訪れることもしばしばある．そこで気軽にガソリンを貸したならば，二度とそのガソリンは戻ってこないと言い切れる．たいていは，「残念だけど，今はガソリンを切らしている」と明るく断るのがコツである．現金を机の上に置いていてもなくなることはないが，ガソリンを屋外の人の目に見える所に置いて家を留守にすれば，あっという間に誰かに盗られてしまう．鍵をかけた倉庫に保管していても，一夜明けると数十リットルものガソリンがなくなっていたことも数回あった．誰かが盗みに入ったのか，鍵の管理を任せている調査助手の仕業なのか，犯人はついにわからなかった．犯人捜しを徹底的にするほどの気力は僕にはなく，今後どうやって盗まれないようにするか，ガソリン泥棒との知恵

比べのほうに気持ちは向かってしまう．監視カメラという手もあるが，犯人がわかっても小さな村なので警察に突き出すというのも気まずいものなのだ．

　僕が調査基地をかまえた場所は，川の民が暮らすスカウ村である．今では車による移動が主流ではあるが，川の民というだけあって，一昔前は彼らの主要な移動手段はボートだった．ボートを使い，キナバタンガン川を下って海に出て，サンダカンまで行くこともよくあったようだ．そして村人の多くは，ボートを使ってナマズなどの川魚や川エビを捕まえ，それを売って生計を立てる漁師であったらしい．ガソリンなくしてはボートのエンジンは動かず，サンダカンには行けないし，漁にも出られない．村人にとっては，ガソリンは現金と同等のものであったと容易に想像できる．

　近年は，多くの村人が漁師を辞め，アブラヤシ・プランテーションや環境保全関係のNGO，エコツアーで村を訪れる外国人向けに建てられたロッジなどで働くことで，現金収入を得るようになってきた．しかし，それでもなお昔の名残なのか，頭ではわかっていても現金よりもガソリンに執着してしまうようだ．村人がドラム缶いっぱいのガソリンを見たら，それと同額の現金が浮かぶよりも，よからぬ考えがよぎるようである．川の民にとっては，ガソリンは黄金なのだ．

調査助手を探せ

　調査を成功に導く鍵の1つに，いかに勤勉な調査助手を見つけることができるかということがある．毎日決まった時間に出勤するという，僕たちにとっての常識も国が変われば通用しない．特に小さな村においては，そもそも長期間にわたり，同じ仕事に従事するという習慣がない．つまり，数日あるいは数週間の短期の仕事で現金収入を得て，それがなくなるまではのんびりと暮らす，というのが基本的なライフスタイルのようである．もちろんなかには，観光客用のロッジや，環境保全関連のNGOなどに10年以上にもわたり勤務している人もいるが，そのような人は極めて稀である．そのため多くの村人が，決まった職をもたない．

　スカウ村の人々は，近い遠いはあるものの，ほとんどの人が親戚同士である．職もない人が多いのに，なぜか生活が成り立っているのは，職のある親戚

からお金を借りたり，家に居候したりして生計を立てているからだ．職のある人も，なんとなく不公平感をもちつつも，断りきれずに生活の面倒をみてしまうようだ．

　短期の雇用ならば体力のある村人は朝から晩まで大変よく働いてくれるし，それは調査の大きな助けになる．しかしそれを数か月と継続できる人材は，極めて少ない．ひどいときには，勤務して数日後には1時間以上も遅刻したうえに，ようやくやってきたかと思ったら仕事を辞めると言い，がっかりさせられることもあった．また，雇ったはいいが頻繁に給料の前借にくる人もいる．基本的には，その人がすでにその月働いた分の給料の前借は認めているが，それ以上は断ることにしている．

　しかし，子どもが病院で産まれたが，その病院に駆けつけるお金がないから貸してほしいとか，母親が病気で病院に連れて行きたいからお金を貸してほしいといった要求には非常に悩まされる．ここで断ることは人の道に外れる無慈悲な人間なのではないか，現金をもっていることがわかっている人間がいて，早急にお金が必要だから借りにきている，そんな彼らのほうが筋が通っているような気がしてしまう．給料から毎月天引きできる場合もあるが，そのまま仕事を辞められてお金が帰ってこない場合もある．お金の貸し借りにまつわるトラブルは，人の住む村のなかに調査基地を構えた宿命だとは思ってはいるが，いつも調査の何倍も疲労してしまう．

　雇用した調査助手の能力も各人各様である．読み書きができて，英語を流暢に話せる人もいれば，読み書きも怪しく，足し算や引き算も危ういうえに全く英語を話せない人もいる．能力が高ければそれだけいろいろな指示も出せるし，細かいデータ収集も可能であるが，そういった人はなかなかにずる賢い場合も多い．また英語が話せる人は，条件が良ければすぐにツアーガイドなどの仕事に転職してしまうこともある．

　調査助手の能力は高ければ高いほどよいのはもちろんである．しかし，今まで10人を超える調査助手を雇用してきた経験から僕が思う，調査助手に最も重要な資質は「正直さ」である．読み書きが不得意でも，英語が話せなくても，真面目に勤務して，ゆっくりとでも仕事を着実に覚え，そして長く働いてくれるような人こそが必要である．最低限，ガソリンをごまかしたり，調査用のボー

図 2-12 女性の調査助手．彼女はパワフルで，休日ともなれば巨大な網をたくみに操り，エビや魚などを捕ってくれた．

トを無断で使用したりしないという，まっとうな人材をいつも探している．

　しかし，こういった人材を探し当てるのは本当に大変である．実際の研究，調査とは異なることにエネルギーを費やさなくてはならないが，運よく素晴らしい人材に出会えたならば，調査中に集まるデータの量は，一人で集めるときと比べて飛躍的に増大，かつ高精度なものとなる．いろいろな人を雇ってきたが，最近は女性の調査助手を雇用している (図 2-12)．森で働く体力勝負の仕事であるため，今までは男性ばかりに目が向いていた．しかしいざ女性を雇ってみると，体力・腕力は僕と変わらないし，双眼鏡などの高価な調査用具の扱いや，ボートの運転が慎重であるうえにたいへん勤勉である．スカウ村にも，これからは女性の時代がくると確信している．

テングザルの社会を謎解く

　原始的な霊長類を除いて，基本的には霊長類は集団生活をする生き物である．いわゆる「群れ」を作って，その群れのメンバーや他の群れと何かしらの敵対，親和的な関係を維持しながら日々を暮らしている．群れのタイプもさま

ざまである．すでに述べたように，テングザルは1頭の雄と複数頭の雌とそのコドモたちからなるハレム型 (単雄複雌) の群れを基本としている．しかし，霊長類のなかには，ニホンザルのように複数の雄と複数の雌からなる複雄複雌型を形成する種もあれば，ヒトの大部分で見られる一夫一妻型を形成するものもある．霊長類の複雑な社会を明らかにするには，群れの中の個体と個体の関係性 (群れ内関係) と，群れと群れの間の関係性 (群れ間関係) を明らかにすることが重要である．

　テングザルの群れ内関係は面白い．1頭の巨大なオトナ雄 (体重はおよそ20 kg) と，複数頭のオトナ雌 (約10 kg) で群れを形成しているため，当初はこの巨大な雄が群れの社会交渉の中心にいるのではないかと考えていた．つまり，群れのボスのようなオトナ雄が群れを取りまとめていると予測していたのだ．

　僕は，研究対象としたテングザルの群れ内で起こった社会的な交渉をできる限り記録することにした．3,500時間以上もの観察にもかかわらず，個体間で見られた攻撃的な交渉は40例にも満たなかった．同じ群れ内のメンバーは，比較的平和な生活を送っていた．数少ない攻撃的な交渉の多くは，川沿いの泊り場で起こっていた．つまり，個体Aが今日の泊り場と決めた枝で寝る準備をしていると，Bという個体が近づいてきてAに向かって威嚇する．すると，Aは「キィーキィー」と叫んで，今まで寝ていた枝をBに譲るといった行動である．直接的な攻撃ではないが，この場合は，BのほうがAよりも優位な個体だと判断する．

　しかし分析を進めてみた結果，テングザルの群れ内の個体間には直線的な順位関係がないことが明らかになった．ただ，一例ずつじっくり見ていくと，攻撃的な交渉のほとんどが，唯一のオトナ雄と，ある2頭のオトナ雌から発せられていることがわかった．つまり，群れ内の個体間の関係に，明らかな直線関係はないものの，ある特定の優位な個体は存在するようだ．雄は誰からも攻撃的な交渉を受けていないことから，群れの中で最も優位に振る舞える個体だといえる (Matsuda et al. 2012)．

　やはり大きな体格の雄は，群れの中のボスといえるのだろうか．実はそうともいえない．攻撃的な交渉と正反対の行動，つまり親和的な交渉を解析してみた．親和的な交渉とは主に毛づくろいである．解析の結果，テングザルの群れ内の

図 2-13 雌どうしの毛づくろいの風景．テングザルの群れ中の社会交渉のほとんどは，雌間で見られる．雄は，めったに雌から毛づくろいをしてもらえない．

　個体間の毛づくろい交渉は，雌を中心に行われていたのである．つまり，雄-雌間に比べると，雌-雌間の社会交渉が圧倒的に多いのだ．群れのボスならば，雌から毛づくろいをたくさんしてもらえるだろうという僕の予想は裏切られた．親和的な社会交渉という点においては，雄は雌たちの輪の外にいるのだ．これは，テングザルの雌間でよく見られる，アロマザリング (allomothering) と呼ばれる行動と関連しているようだ．アロマザリングとは，母親以外の雌によるコドモの世話のことである．つまり，コドモの世話を通してテングザルの雌同士は，社会交渉上のつながりを深めていると考えられる (図2-13)．コドモの世話をすることのない雄は，そういった社会交渉の輪に入れてもらえないのだろう．

　テングザルは，群れ間の関係性においても興味深い特性をもっている．霊長類の多くは，他の群れと出会うと，追い払いや威嚇行動をとることがほとんどである．群れ単位で厳格ななわばりをもっているものも少なくない．しかしテングザルでは，夕方になると川沿いの木々に異なるハレム群がいくつも集まり，近接して夜を過ごすことが多々あるのだ．時には1本の木に，3つの異なる群れが泊まることもある．ただし，ハレム群内のメンバーが他の群れのメンバーと交じり合うことはない．よく観察すると，異なるハレム群同士の際には，微妙な距離があいているのである．

このように，いくつかのハレム群が近接して複数集まり，さらに大きな集団「バンド」を形成する社会は「重層社会」と呼ばれている．重層社会は哺乳類を含む動物の社会のなかでも，最も複雑な社会構造だと考えられている．霊長類ではヒヒ類の一部と，テングザルに近縁なシシバナザルでこの重層社会が確認されている．忘れてはならないのが僕たちヒトの社会である．ヒトも家族を基本的な群れとして，さらに大きなさまざまなレベルのコミュニティーを形成する重層的な社会を形成している．テングザルの社会は，ヒト社会の重層化の進化を探るモデルともなりうる可能性を秘めた，非常に重要で興味深い特性を有しているのである (松田 2012; Grueter et al. 2012)．

　僕は複数のテングザルの群れの泊まり場の位置を記録することで，どういった時期に，どういった場所に群れが集合しやすいのかを明らかにした．答えは単純で，たくさんの食物がある時期に，テングザルのハレム群は川沿いの泊まり木に高密度で集まった．おそらく，食べ物の多い時期には群れ同士の食べ物を巡る争いが軽減するために，食べ物が少ない時期に比べて群れ同士が集まりやすいのであろう．

　テングザルの群れが泊まる場所の川幅も，重要な要素であった．つまり，より川幅の狭い場所により多くの群れが集まるという傾向が見られたのだ．これはテングザルの天敵である夜行性のウンピョウを警戒してのことだと考えられる．夜間の泊まり場において，仮にウンピョウに襲われても，簡単に対岸へと川を渡って逃げることができる川幅の狭い場所は，安全な泊まり場としての人気が高いのだ．異なる複数の群れがあまり敵対せずに1か所に集まるという現象を説明するには，餌の資源量と捕食圧の2つが重要なのである (Matsuda et al. 2010)．

動物の狩猟事情

　スカウの村人のほとんどはイスラム教徒であるため，豚肉や猪肉は絶対に食べないし，テングザルなどの霊長類を食べるという習慣もない．そのため，スカウ周辺の森にはいまだに多くの種の霊長類や，地上性の大型哺乳類が生息している．そんな彼らだが，シカ (スイロク［水鹿］またはサンバーと呼ばれる) に限っては別で，狩猟をして鹿肉を食べる．何かの集まりがあると，鹿肉が振る舞われることがよくある．僕自身も，何度か鹿肉を村人からいただいたことがある．

彼らの狩猟は，決まって夜に行われる．上半身裸の男たち数人が，互いに目だけで合図を交わして，銃を片手に無言でボートに乗り込み猟に出かける．このとき口を開いて言葉を発してしまうと，獲物をしとめる運が逃げてしまうらしい．イスラム教とは一線を画すような，呪術的な習慣がこの村に残っていることは，大変興味深い．なんとなく狩猟にいくのだろうなという気配は感じるが，事の詳細はいつもわからないままである．

　一方で，アブラヤシ・プランテーションで働く多くの人たちは，フィリピンやインドネシアから渡ってきた人たちで，イスラム教徒ではない人もたくさんいる．そのため，彼らはイノシシなども狩猟することがあるようだ．また中国系マレー人たちが，イノシシ猟のために森に入る場合もあると，村人から聞いたことがある．実際，森でサルの調査をしているときに，数十頭のイノシシの群れが犬に追われて僕の真ん前を走り去る光景を数回目撃している．また森の中の僕たちからかなり近い位置で，犬の吠え声と銃声を聞いたことも何回かあった．こういった猟は日中に行われることが多く，流れ弾に当たらないかと肝を冷やしたものである．それでも，テングザルなどの霊長類を対象とした狩猟には今まで出会ったことがない．川沿いで霊長類に出会っても，それほど人を警戒しないことからも，霊長類を対象とした狩猟はほとんど行われていないことがわかる．

2-3　新たな挑戦

マングローブの森へいざ出陣

　最近になって，今までずっと気になっていたマングローブ林での調査を開始した．今まで研究を行ってきたスカウ村から，キナバタンガン川を 30 km ほど下った所にある，三角州のようになった浮き島に，スカウ村よりもさらに小さなアバイ村がある．この村への陸路はなく，ボートでしか到達できないために，急速に発展しているスカウ村と比べて不便なことが多い．スカウ村では，2008年頃から 24 時間の電気の供給が始まり，携帯電話も通じるようになった．しかしアバイ村では電気の供給はなく，夕方になると各家庭で発電機を使って発電している．数年前，政府のプロジェクトによりソーラー発電が各家庭に整備

2-3 新たな挑戦

されたのだが，バッテリーの寿命や故障などから，今も稼動している家庭はわずかである．また，携帯電話の電波もごく限られた場所でしか受信できない．

僕は，この村のなかの一軒の家にホームステイをして調査を行っている．なぜこの不便なアバイ村で調査を開始したのかといえば，それはマングローブ林と関係がある．今まで調査を行ってきたスカウ村周辺は，川辺林という非常に多様性に富んだ二次林が広がっているが，このアバイ村周辺は，マングローブ林という極めて多様性の低い森が広がっている．テングザルは不思議なサルで，こういった全く質の異なる森の両方に分布している．植生の違いは，そこに棲む動物の食物構成に影響するし，食物構成の違いは，動物の社会構造にも影響を与える．そのため，これら2つの異なる森の双方に生息しているテングザルの生態と社会を比較することで，彼らがどのようにして異なる環境に適応・進化を遂げたのかを明らかにできるかもしれないのだ．

多くの可能性を秘めた研究テーマでありながら，今までほとんどマングローブ林においてテングザルの研究がなされてこなかった理由が，実際に調査をしてみて痛いほどよくわかった．第一には，森の地盤のぬかるみである．スカウの川辺林の地盤も，雨季に雨が続けば相当なぬかるみになるが，マングローブ林のそれには到底及ばない．

マングローブ林といっても，僕が調査をしている森は，大ざっぱに3つの植生タイプ，すなわちヤシ科のニッパヤシが優占する森，ハマザクロ科のナンヨウマヤプシキが優占する森，そしてヤシ科のニブンヤシやフトモモ科の植物数種により構成される森に分けることができる．ぬかるみが特にひどいのが，ニッパヤシの森と，ナンヨウマヤプシキの森である (図2-14, 2-15)．これらの森の中を歩くことは非常に困難で，気をぬけば太ももくらいまで一気に泥に埋まってしまう．それでもニッパヤシの森は，倒れたヤシを伝ってなんとか森の中を歩くことができる．しかし，ナンヨウマヤプシキの森では，マングローブ特有の気根を足場にしても，膝上までは軽く泥に埋まってしまうために，この森の奥まで足を踏み入れるには相当な根性がいる．

また，マングローブ林は海水と淡水が混じり合う汽水域にあるため，潮の満ち引きの影響を強く受ける．潮が満ちてきて水が腰上にまで迫ってくると森での作業はほぼ不可能となる．そして潮の流れに沿って，サシバエが大量に発生

する．このサシバエは，とても小さくてよく目を凝らさないと見えない大きさなのだが，噛まれるととても痒く，その痒みは数日間も続く．小さいために，長袖のシャツの袖口や，ズボンの裾からも侵入してくる大変厄介な虫である．大量に噛まれるとあまりの痒さに，夜中に何度も目を覚ますことになる．

　ニブンヤシやフトモモ科の植物が混在する森は，潮が満ちても海水が侵入してこないような少し土地の高い場所に形成されている．ここでは，川岸から林

図 2-14　ニッパヤシの森．森の9割以上をニッパヤシが優占している．テングザルは，このニッパヤシの花をときどき食べる．

図 2-15　ナンヨウマヤプシキの森での調査．腰近くまで水につかり，木々の計測を行っている．この森での調査は困難を極める

2-3 新たな挑戦

図 2-16 ニブンヤシの樹皮．硬くて鋭い無数の刺に覆われている．うっかり手をついてしまうと，血がだらだらと流れるほどである．

内に 100 m 以上入ることが可能である．しかし，ニブンヤシの樹皮は非常に硬いトゲで覆われているうえに (図 2-16)，風が吹くと，成長して古くなった樹皮が頭上から落ちてきて大変危険である．また，サシバエこそ少ないものの，スカウの川辺林では経験したことのないような，大量の蚊の襲撃を受けることになる．いずれにしても，マングローブ林の調査は想像以上に困難を極める．

今までの予備的な調査から，川辺林に棲むテングザルに比べると，マングローブ林のテングザルはやはりその食物の多様性が極端に低いことがわかってきた．200 種以上のさまざまな植物を食べる川辺林のテングザルに比べて，マングローブ林に棲むテングザルは，10 種程度の植物しか食べない．しかしながら，このぬかるんだ悪環境の森で素早く動き回るサルを追跡し，観察するには限界がある．そこで現在は，最近の科学技術を駆使して，GPS 内蔵の発信器をテングザルに取りつけてその移動パターンを調べたり，彼らの糞に混じった植物断片の DNA を分析したりすることで，マングローブ林の奥で，彼らが何を食べているのかを明らかにしようと奮闘している．

大変過酷なマングローブ林での調査ではあるが，楽しいこともたくさんある．それはなんといっても食事である．スカウ村ではとれないマングローブ蟹を食

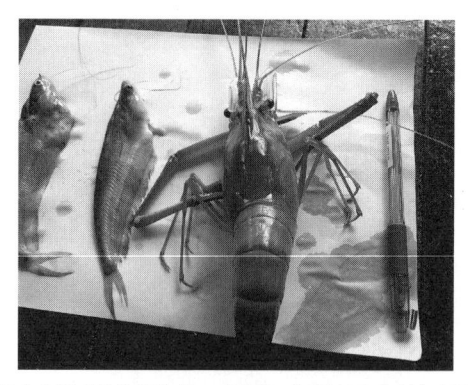

図 2-17 川エビ．スカウ村では値が上がってしまったが，アバイ村では安く購入できる．蒸しても揚げても，スープにしても美味しい．横の小ぶりの魚は，現地名でイカン・ライスと呼ばれるナマズである．素揚げにして，塩をまぶして食べるのが僕のお気に入りである．

べることができるし，スカウ村では値が上がった川エビも，この村では比較的安く購入できる (図 2-17)．また政府のプロジェクトにより，キナバタンガン川沿いでは珍しく，村のなかで米を作っている．マレーシアで主に流通している米は，いわゆるタイ米のような細長く，炊いてもやや乾燥しているタイプであるが，アバイ村の米は，日本の米に近い形状をしていて，しっとりとしてほんのりと甘みがある．ホームステイ先の奥さんの料理の腕もなかなかのもので，アバイに滞在中は毎日ご飯を食べすぎてしまう (図 2-18)．

さらに，携帯電話があまりつながらないために，電子メールのチェックもほとんどしない．そのため，いろいろな雑務から解放され，伸び伸びと日々を暮らせている気がする．マングローブ林での過酷な調査も，何だかんだで僕の楽しみの 1 つとなっている．

マレーシアの若手研究者の育成

僕も博士号を取得してからすでに 5 年目に入った．現地の大学に僕の部屋を一室用意してもらう一方，学部，修士，博士の学生の指導を任されることもある．霊長類の生態に興味をもつマレーシアの学生は少なくない．しかし残念なことに，多くの学生は森に入って調査をすることを嫌がる．時には，スカウ村のような辺鄙な場所に，大学の調査とはいえ娘や息子を滞在させることを

図 2-18 アバイ村でいつもお世話になった，ホームステイ先の夫妻．奥さんの料理はいつも絶品である．

拒否する親もいる．僕からすれば安全このうえない村での生活なのだが，街の人からすればまだまだ誤解は多いようだ．

また，特に大学まで進学してくる子どもは，比較的裕福な家庭の出身者であることが多く，なぜわざわざ蚊やヒルが多く，マラリアなどの病気の危険がある森に入らなければならないのか，という考えも少なからずあるように思う．学生の気持ちもわからなくはないが，指導する側としては，森に入って霊長類の行動データを収集してくれなければ卒業のための論文が書けるはずがない．森の中での調査が重要であることを何度話しても，スカウ村にきて野外観察をする学生は，数えるほどしかいない．

こういった事情もあって，マレーシア人で，動物の生態を森の中に分け入って研究するという若い人材がなかなか育ちにくい．しかしこれは，僕たちのような海外からの研究者にも責任があるかもしれない．海外からの研究者のなかには，ボルネオの貴重な標本や，動物の行動データに基づいて論文を作成してしまうと，全くボルネオに戻ってこないという研究者も多い．僕たち研究者も，論文を書いて研究費を獲得し，日々の糧を得ている，いわゆるサラリーマンであるため，奇麗ごとだけでは解決できない問題であることには違いない．

しかしたとえ時間はかかっても，ボルネオで研究する以上は，現地の若い研

究者が育ち，自国の自然資源の恩恵を受けられる環境が整うように，地元の大学や政府機関と協力していくことも僕たちに課せられた義務だと思う．自分の研究以外にも多くの時間と労力を費やすことになるが，現地で若い優秀な研究者が育てば，それは僕たち海外からの研究者にとっても研究を進めるうえで大きな助けとなるだろう．そしてそれ以上に，多くのデータを収集させてもらっているボルネオ島やマレーシアへの感謝の気持ちを忘れてはならないと思う．

研究は趣味なのか

このような，動物の生態を調査するという基礎研究は，一見するとただの趣味のようにも思われかねない．しかし，人間活動が活発化するにつれ生息地が減少し，絶滅の危機に瀕している動物が，何を食べ，森の中をどの程度移動しているのかを明らかにすることは，彼らの暮らしを守るために今後どのように森林を残していくかという保護計画につながる．

現在，僕が研究をしているキナバタンガン川下流域はもちろん，ボルネオ全島にわたって急速な広がりを見せているのがアブラヤシ・プランテーションである．アブラヤシ・プランテーションを拡大するために，テングザルの棲む川沿いの森だけでなく (図 2-19)，ぬかるみがひどいマングローブの森までも切り開き，アブラヤシを植えている．

図 2-19 アブラヤシのプランテーション．テングザルの棲みかである川沿いの森にまで迫っている．ここではテングザルは生きてはいけない．

2-3 新たな挑戦

図 2-20 テングザルなどの貴重な野生動物を求めて，スカウ村を訪れる観光客．ツーリズムのさらなる発展を促すことが，森を守るうえでの重要な課題ではあるが，ツーリストが野生動物を観察するときのルールも同時に整備する必要があるだろう．

　当然ながら，アブラヤシ・プランテーションの中では動物は生きていけない．テングザルは，多様性が極端に低いマングローブ林にまで適応してはいるが，アブラヤシだけのプランテーション内ではとうてい生きてはいけない．実際，テングザルがそれらの実や葉を食べたという報告はないし，僕自身も観察していない．アブラヤシはテングザルの食物には適していないのである．

　アブラヤシ・プランテーションの拡大を食い止められる唯一の希望は，ツーリズムであると僕は考えている．幸いにも僕の研究しているキナバタンガン川下流域には，テングザルを含む多様な動物を観察するために，多くの観光客が訪れる(図2-20)．村人がオーナーである小型のロッジもいくつか建設されているし，リゾートのような豪華な大型ロッジもある．リゾート型のロッジでは，観光客を運ぶボートの運転手や，ロッジに住み込んで接客をするスタッフとして，村人が雇用されたりもする．観光客がロッジに支払う金額に比べると，村人が受け取る金額は微々たるものであろうが，それでも村人はツーリズムから利益を受けていると言える．

　大型のリゾートロッジは，村人以外の人がオーナーであるし，町からスタッフを派遣している例も多い．確かに，働くことに慣れていない村人を雇用する

といろいろな問題を抱えることになるだろう．しかし，最も森に近い所に住んでいる村人にこそ，野生動物が棲む森からの利益をもっと実感できるような体制ができれば，村人の意識も少しずつ変わるかもしれない．そうなれば，動物の棲む森を巨大なアブラヤシ・プランテーション運営会社に売ってしまったり，自分の土地を切り開いて新たにプランテーションを拡張したりすることを，多少なりとも食い止めることができるかもしれない．残された森を利用して，いかに持続可能なツーリズムを展開できるかが，今後の森を守るための鍵になるであろう．

　僕の研究は，単なる趣味のように思われがちである．しかし，森の中を歩き回り，テングザルの食べ物や移動パターンを調べることは，彼らを守るための基礎的なデータの収集に役立つと信じている．大型の動物ほどその生存には広大な森が必要になるため，大型哺乳類の代表でもある霊長類が暮らせる森を残していくことは，他の多くの動植物の保護にもつながる．テングザルは，彼らの棲むボルネオの森にとってはまさに，森を守る「天狗」である．

エピローグ

　冒頭に，僕のような平凡な学生には力業によるフィールドワークが成功への近道のように思えた，と書いた．当時の僕にとっての成功とは，単純に，博士号をとって有名学術雑誌に論文を載せ，そして大学教授になることであった．しかし，現実の僕は博士号は取得したものの，有名雑誌に論文を掲載したわけでもなく，教授には程遠い任期付きの身分である．それでも，この道を選んだことに全く後悔はしていない．一時期は，その日の暮らしにも困るほどに困窮した．しかし僕にとっては，ボルネオ島の見知らぬ地で，当時は恋人であった妻と一丸となり，限られた資金で現地の人を雇用し，そして来る日も来る日も森でサルを追いかけたその記憶と，その調査を通して築いた人脈は，今の僕の生き方，考え方の全ての基盤となっている．ボルネオ島での調査は，目には見えないが僕の人生の大きな財産となった．まだまだ先の長い研究者人生，そしてこれから先のポストが保障されているわけではないが，僕にとってのボルネオ調査は大成功であったと断言できる．

　ボルネオ調査が今もなお継続できているのは，多くの方々の助けがあったか

エピローグ

図 2-21 博士号取得から3年後，東先生との久しぶりの再会．遠路はるばるスカウ村まで来てくださった．うれしくてその夜はビールを浴びるように飲んでしまった……．

らこそである．なかでも，指導教員であった北海道大学教授の東正剛先生，ならびに東研究室の先輩たちの支えは大きかった．アリ，サル，クマなどと研究分野はさまざまではあったが，多くの先輩がすでにサバ州において研究を展開していた．そして，行く先々で先輩たちの名前を現地の人たちから聞くたびに，自分もへこたれずに前へ進まなければという気持ちになった．なんの取り柄もない，ただサルを森で追いかけることしかできない僕のような学生を，「あいつならできそうな気がする」という直感だけで受け入れ，そしてボルネオ島での調査に送り出してくれたのが東先生である．僕のデータは，とてもスマートといえるような代物ではなく，とにかく力業で集めたデータだ．先生の期待に応えることができたかどうか心もとないが，そのデータを高く評価し，論文執筆の指導をしてくれたのも東先生であった (図 2-21)．

　東研究室の伝統は，力業の調査により得たデータを駆使して動物の生態を議論することである．このような研究を「ど根性・生態学」，「パワー・エコロジー」と言うのだと東先生が飲み会の場でおっしゃっていた．スマートな研究が誰にでもできる研究ではないのと同じように，ど根性・生態学を極めることも，また誰にでもできることではないのだと信じ，僕は今日もサルたちを追いかける．

小林聡史くん

たかが3か月，されど3か月のケニア国立公園めぐり

1983年，私はケニアに本部がある国際昆虫生理生態学センター (ICIPE : International Centre of Insect Physiology and Ecology) に日本学術振興会から研究員として派遣され，10か月間を過ごした．最初の7か月は真面目に農業害虫の研究に没頭した後，残り3か月はケニア各地の国立公園をめぐって他の昆虫や動物をたくさん見てやろうと心に決めていた．小学3年生のときに親父から買ってもらった『リビングストン物語』こそアフリカへの憧れをかき立ててくれた源泉であり，私はその物語の舞台だったケニアのあらゆる動物を見て回りたかった．その残り3か月のために日本から呼んだのが小林くんだった．彼は修士課程でハムシの個体群動態を研究したが，もともと自然保護への関心が強かった．そこで，国立公園めぐりに付き合わせるべく，博士課程学生だった彼を日本からケニアに呼び寄せたのである．このことが，アフリカにおける彼の長期研究のきっかけとなった．

ケニアでの仕事が終わって帰国すると，私は東京の日本学術振興会へ報告に行った．そのとき，「ナイロビにある学振ケニア事務所のジュニア派遣員を探しています．大学院生でもよいのですが，ケニア滞在の経験者を求めています．誰か適当な人はいませんか」と相談された．学振ケニア事務所には我々も頻繁に出入りし，当時の派遣員・仲谷英夫さん (当時 京都大学研究生，現在 鹿児島大学教授) には大変お世話になった．その仲谷さんの後任が決まらず，困っていると言う．私にはひらめいた．「よし，小林を行かせよう！」．当人は「こういうのは公募にすべきだ」と多少の抵抗をみせたが，私は強引に話を進めた．「東さんは，僕の机から勝手に印鑑を盗んで応募書類をつくった」という彼の創り話は有名だ．

私の目論見は実を結び，彼は2年の契約で学振ナイロビ事務所に派遣された．主な仕事は，学振や文部省から派遣される研究者への情報提供や，その成果報告だったが，その合間にケニアの自然保護制度とその課題を研究した．その後も，講談社野間アジア・アフリカ奨学生，JICA (現 国際協力機構) 専門家としてアフリカに滞在し，足かけ6年の長きにわたって自然保護関連の研究を行った．

その後，小林君は釧路公立大学に職を得，湿原などの湿地保全を目指したラムサール条約関連の仕事で多忙な毎日を送っている．

3 アフリカで自然保護研究の手法を探る

(小林聡史)

プロローグ

　海外において一人で調査を始めるにはそれなりの苦労を伴う．まずは予算の確保だが，これは現地に出かける前になんとかめどを立てておくのが普通だ．現地では，居住場所の確保，現地政府への調査許可の申請，そして調査基地や調査手法の確立が必要となる．当然ながら，言語の問題や現地文化への適応も多かれ少なかれ必要となる．途上国によっては，安全な水や食糧の確保，治安情報の収集と対応，現地での病気や健康面への配慮も必要となる．アフリカではどれもが重要で，多少経験した程度で油断すると，手痛いしっぺ返しを食らいかねない．以下は，悪戦苦闘しながら，新しい学問分野「自然保護学」を打ち立てようとした記録である．

3-1　野生動物による被害の実態を探る（ケニア共和国）

　体力的には十分な 20 代の後半，アフリカや海外にあこがれをもっていたというわけでもなく，まあなんとかなるだろうと根拠のない前向き思考で調査に取り組むことにした．ケニアは東アフリカを代表する国であり，アフリカ諸国のなかでは比較的多くの情報が日本にも入ってきている．長期的には日本との比較検討を視野に入れながら，ケニアにおける自然保護の実態を調査することにした．
　日本ではシカやクマ，ニホンザル，イノシシといった大型野生動物によるさまざまな被害が問題となっている．日本で猛獣といえるのはヒグマやツキノワグマくらいだが，当然ながらアフリカにはたくさんの猛獣がいる．そして多く

の野生動物が被害をもたらしているはずだ．その実態を科学的にまとめることが最初の研究目的だった．

アフリカゾウは魅力的な動物だ．陸上の動物では最大であり，その歩く姿は「のし歩く」と表現するにふさわしい．知能が高いとされ，草食動物にはよく見られるように雌を中心とした母系集団を構成する．確かに魅力的ではあるが，自分の家の近くに野生のアフリカゾウがいてほしいと思う人は少ないだろうし，ましてや家の庭で飼いたいと思っても家族は賛成するまい．アフリカに暮らす人々のなかには，アフリカゾウとの共存のために命がけで戦っている人々がいる．まず，アフリカゾウをはじめとする野生動物と人間の軋轢と共存の実態を調査しようと思った．調査地としては野生動物が保護されている国立公園や国立保護区の周辺が適していた．

調査許可証の取得

ケニアの国立公園や国立保護区の管理を担当している省庁は野生生物観光省であり，その下部組織として主に野生動物管理を担当するのがケニア野生生物保護管理局だ．ケニアで研究や調査を行うためには，まず大統領府に行って学術調査許可証を取得しなければならない．また，ナイロビ大学や国立博物館などに籍をおき，共同研究の形をとるのが普通だ．僕の場合，国立公園周辺で野生動物の研究をするために，さらに，ナイロビ国立公園の入り口にある野生生物保護管理局に行って協力を要請する必要があった．

僕が調査を最初に実施した1984年はとんでもない年だった．アフリカ大干ばつの年である．そのためもあって密猟が各地で増加するとともに，悪質なものも増えていた．野生生物保護管理局では危険を伴う学術調査にも敏感になっていた．思いきって研究計画を説明してみたが，担当官からは「(密猟の問題は) 外国人がタッチすべき問題ではない．大統領府からも調査許可は得られないだろう」と門前払いだった．野生動物による被害の実態についての資料を見せてくれるように申し込んだが，これも断られてしまった．仕方ないので仲よくなったレンジャーや NGO 関係者からコーヒーやビールを飲みながら情報を集めてみた．この問題に関しては断片的な情報を集めただけで終わってしまった．

1986年に再びケニアに出かけたときには，野生生物保護管理局の担当者が

代わっていた．そこで，被害調査の可能性について小出しに説明してみると，「その問題は深刻になりつつあるが，我々には人手が足りないので，君がぜひやってくれ」と180度方向転換．半信半疑のまま，担当者の気が変わらないうちにと野生生物保護管理局の資料室にこもり，全国の野生動物被害に関する手書き記録をメモし，集計することができた．ケニアは広大ではあるが，案の定，国立公園などの保護区に近く，農業が営まれていて，人口が比較的多い所で被害記録が多かった．ケニアにある41県のうち，最終的に4県に調査地を絞り，それぞれ何回か訪れることにした．特にメルー県で野生動物による農作物の食害が深刻であるとわかった．

　資料調査結果に基づき綿密な研究計画を立て，大統領府に学術調査許可証の発行を申請した．生物標本などを国外に持ち出さないという誓約書などたくさんの書類を出さなければならないが，ケニアのお役所で複数の書類を同時に処理してくれることは，まず期待できない．「1日1仕事」と達観したほうがよい．足繁く大統領府に通い，やっとのことで調査許可証を取得することができた．これは，水戸黄門の印篭ほどではないにしても，調査の際，大いに威力を発揮した．

メルー国立公園

　メルー県は，ケニアのほぼ中央，ケニア山の東側に位置する．ケニア山の山麓に連なり，降水量も多いためケニアのなかでも肥沃な土地が広がっている．そして，その中にメルー国立公園がある．メルー国立公園にはアフリカゾウもライオンもいるし，珍しい動物としては，南アフリカ共和国から寄贈されたシロサイもいる．しかし，ケニアの国立公園としての知名度はそれほど高くなく，日本人観光客などはほとんど訪れない．現地調査として，まずメルー国立公園に行くことにした．日本でいえば県庁所在地に当たるメルーの町を抜け，4WD車で東へ向かった．メルーの町は世界遺産にもなっているケニア山 (国立公園) の山麓にあるが，東のメルーに行くためには別の山すそを迂回して行かなければならず，坂が多い．道路は一部の急坂を除いて，未舗装だ．砂埃を上げながら走っていると，やがて国立公園の入り口が見えた．

　アフリカの国立公園の大部分は，国立公園の元祖であるアメリカの制度と同様に，基本的に土地は中央政府のもので，管理も政府が行っている．大型の

野生動物のなかには危険な動物もたくさんいるので，歩いて入れる国立公園は稀だ．登山目的で訪れる人が多いケニア山や隣国タンザニアのキリマンジャロ国立公園，ゴリラやチンパンジーの観察目的でトレッキングをするルワンダやザイール（現 コンゴ民主共和国）の国立公園などを除くと，車で国立公園内に入り，車で移動しながら野生動物を観察することになる．ケニアの場合，車 1 台当たり，そして同乗者 1 名当たりの入場料が決まっており，さらにケニア国民と海外からの観光客とでは値段が大きく異なっている．また，外国人が自分で車を運転して入る場合にはドル払いだが，仕事などで長期滞在している場合には現地通貨でも受け付けてくれる．

　この入場料は，途上国であるアフリカの多くの国々にとって貴重な外貨収入源となっている．車で国立公園に入る場所にはゲートがあり，そこで入場料を支払う．その際，車の登録番号と氏名，パスポート番号などを記帳し，予定滞在日数を申告する．

　ゲートでそれなりの入場料を払っても，パンフレットがついてくるわけでも，ガイドブックや地図がもらえるわけでもない．ガイドブックらしきものや地図は，有名な国立公園のものならばナイロビの書店で売られている．ガイドブックといっても，哺乳類や鳥類のフィールドガイド以外には，ウガンダやタンザニアを含めた東アフリカ 3 か国の，主要国立公園や保護区について書かれたやや古い本がある程度だ．メルー国立公園の地図はなかなか出回らないので，大事に使った．

　調査で国立公園に入るたびに料金を支払うと，あっという間に調査費用を使い果たしてしまう．しかし，大統領府から調査許可証を取得しておけば，交渉次第では野生生物保護管理局から，国立公園や国立保護区の入場料を調査期間の間免除されるパスを発給してもらえる．メルー国立公園を何度も訪れているうちに，多くのレンジャーと顔見知りになった．国立公園のレンジャーたちは政府の職員であり，僕は野生生物保護管理局から発給されたパスをもっているので，仲間意識も芽生えてくる．ナイロビやメルーの町ではたいてい英語を使ったが，国立公園のレンジャーたちとはできるだけスワヒリ語で挨拶するようにした．

スワヒリ語とは

　スワヒリ語は東アフリカで広く使われている言語だ．タンザニアでは公用語

となっている．ケニアではスワヒリ語と英語が公用語だが，都市部では英語を話す人が多い．ウガンダでも英語とともにスワヒリ語も公用語となっているのだが，一般的には英語を話す人が多い．これら東アフリカ3か国以外にも周辺諸国の一部では広くスワヒリ語が通じ，言語人口は数千万人に及ぶと推定されている．これらの地域では諸部族によって言語も異なるため，共通語としてのスワヒリ語の必要性が高い．もともと東アフリカ沿岸地域の言葉が基になっているが，数世紀にわたるアラブ商人との交易を通じて，アラビア語からの単語を混入させてできたと考えられている．抑揚をつけずに平坦に話しても大丈夫だし，'R'と'L'とを区別しなくていいので日本人には覚えやすい．一方で動詞や名詞の接頭部分が変化するなど，慣れが必要なこともある．例えば子どもは1人だとmtotoだが，複数形になるとwatotoとなる．唐辛子は「ピリピリ」，バイクが「ピキピキ」といった愛嬌のある単語も多い．

同じスワヒリ語圏内でも，多少違いがある．ケニアスワヒリの挨拶言葉は「ジャンボ」（「やあ」とか「こんにちは」程度の軽い挨拶言葉）で通ってしまうが，正統派スワヒリを話していると自認するタンザニアの人たちは馬鹿にするだろう．タンザニアでは，相手によって「フジャンボ」とか「ハムジャンボ」とか接頭辞が変化し，いろいろ使い分けなければならない．

日本人同士で初めてアフリカのサファリに参加すると感動の連続だろう．しかし，現地のドライバーが運転しているとき，「あっ，シマウマ！」と大声で叫んだりすると，クルマが急停止してしまう恐れがあり，注意が必要だ．これは，スワヒリ語の「シママ！」が「止まれ」の命令形を意味するからだ．

アフリカゾウによる農業被害

野生生物保護管理局が調査を認めてくれたからといって，国立公園やその周辺で自由に調査できるわけではない．各地にある野生生物保護管理局支所の協力を得なければならない．メルー県の支所は，メルー市街からやや離れた森の中にあった．ウォーデン（主任監視官）と呼ばれる所長以下ここの職員たちは，国立公園内に配置されたレンジャーたちとは異なり，国立公園の外での業務に従事している．早速，調査内容を説明し，協力を要請した．事務所のスタッフにとって，めったに見ることのない日本人がある日大統領府の調査許可証を抱

えて，この辺りで調査できないかと言ってきたのである．この事務所には，ほぼ鉄くずと化しているものを含めて車が3台あったが，実際に動くのは1台だけだった．そこに4WD車に乗った男が現れたのだから，彼らにしても渡りに船だったようで，快く協力を約束してくれた．

　特に，レンジャーの一人ジョンにはすっかりお世話になった．彼はメルー県ではなく，乾燥地帯ガリッサ県の出身である．ケニアは日本の1.5倍もの面積があり，50を超す部族からなっている．各部族は独自の言語をもっている．文化的にも異なっていることが多く，かつては部族間対立も頻発していた．そのため，公務員採用に当たっては公平性が重視されており，事務所のレンジャーも地元出身者ばかりにならないようになっている．早速，ジョンを助手席に乗せて，あちこち見て回ることになった．調査目的はメルー県における野生動物による被害の実態を知りたいということで，地元の人たちにも協力してもらえそうな気配だ．

　メルーではさまざまな作物がさまざまな野生動物によって食害にあっているが，特にゾウによる被害が甚大だ．ある朝，ジョンが息せき切ってやってきた．「昨晩ゾウに襲われた畑がひどいことになっているらしい」．メルーの町中からはそう遠くないとのことで，早速，一緒に行ってみることにした．現場は，「一夜にしてメイズ畑がサッカー場になってしまった」と表現しても，中らずといえども遠からず(図3-1)．実際，あ然としている親たちを尻目に子どもたちが裸足でサッカーをしていた．蹴っているのはサッカーボールの代わりに，ぬ

図3-1 前夜アフリカゾウに襲われたメイズ畑．一晩で「サッカー場」と化してしまった．

れた新聞紙をひもでぐるぐる巻きにしたものだが.

　ケニアを代表する主食は「ウガリ」で，メイズで作られる．日本のトウモロコシより粒が大きく，白っぽい色をしていて，甘みはほとんどない．乾燥させた粒を粉にし，水が沸騰している鍋の中に入れ，5分ほど木杓を使って練り，皿に山盛りにして出す．手でこねておかずと一緒に食べる．そのメイズ畑が夜の間にゾウの群れに襲われた (図 3-2)．

　ゾウは夜行性というわけではないが，学習能力が高く，人々が寝静まった頃に群れで耕作地に現れる．巨体ではあるが，かかとに脂肪の塊があり，意外と静かに歩ける．スニーカーのかかとにクッションジェルが入っているようなものだ．対策を担当しているレンジャーによると，特に沢沿いの森林を通路として利用する．4,5〜20頭からなるゾウの群れがメイズ畑で食事をすると，作物はほとんど食べ尽くされてしまうので，続けて同じ場所に現れることはめったにない．住民の苦情に対応しようと，銃器で武装したレンジャー部隊がしばしば編成される．襲われた耕作地の近くで，次はこの辺りに現れるだろうと目星をつけて待ち伏せするのだが，いつも裏をかかれてしまうという．試しに，これまでの記録や地元民の話をもとに，ゾウの出現地点と日にちを地図上にプロットしてみたが，確かにばらばらで，予測は無理と思われた．レンジャーたちが言うようにゾウが彼らの裏をかけるほど賢いのか，単なる偶然かはわからないが，住民たちが恐れるのも無理はない．彼らの話によれば，以前は大人たちが

図 3-2　アフリカゾウの群れ．

大勢で声をあげたり，大きめの缶や鍋をたたいて音を出して追い払うこともできたらしいが，ゾウは人間が危害を加えるつもりがないことを理解してしまうと，大胆になるようだ．

ケニアでは 1977 年に国内で全ての狩猟を禁止した．観光の目玉である野生動物を密猟から守るため，というのがその理由だ．それまでは，ハンティングサファリといって，プロのハンターやガイドを雇って，許可された野生動物を仕留めに出かけるツアーが結構な収入源になっていたはずだが，当然，これも禁止となった．これによって職を失った人たちもかなりいる．

また，野生動物による被害から作物や家を守るために，一般の人々が勝手に野生動物を殺すこともできなくなってしまった．耕作地の周りを柵で囲むくらいではゾウには対抗できない．有志がお金を出し合って，有刺鉄線を購入し柵を作成してみたが，これもまた力ずくで破壊されてしまった．メルー国立公園では，メルーの町側の境界線沿いに電気柵を設置した．電気柵の有効性は報告されているが，メルー国立公園全体を囲んではいないため，ゾウが回り込んで移動してくる可能性もある．そもそもメルーの町から見て東にメルー国立公園があるのだが，西側には世界自然遺産に指定されているケニア山国立公園があり，こちらにもゾウは生息している．

住民のなかには，乾いたバナナの葉を束ね，油を使って大きなたいまつを作り，これを振り回してゾウを追い返した強者がいるが，これもなかなか大変だし，危険だ．調査を終えてナイロビに戻っている間に，メルー県ではとうとうゾウを追い払うのに失敗し，逆襲に遭った男性がゾウに踏み殺されてしまった．

動物よりはるかに危険な密猟者たち

ケニアの国立公園では事件も少なくない．あるとき，久しぶりにメルー国立公園を訪れた．入り口のゲートで記帳してみると，この 1 週間ほとんど観光客の記載がなく，数名の政府職員と思われる人々，研究者らしい名前が記録簿に並んでいる程度だった．1 週間前，フランスからやってきた若いカップルの観光客が，メルー国立公園内において密猟者と思われる武装集団に殺されたのだ．カップルは 4WD 車を乗り回している間に，道に迷ってしまったらしい．現場は国立公園メインゲートからかなり離れており，彼らが乗っていたクルマ

は銃によって蜂の巣状になっていた．付近には焚火の跡があり，密猟者たちが夜遅く食事をしようとしていたところへ迷い込んだものと思われる．ヘッドライトを煌々と照らして大型の 4WD 車がやってきたため，驚いた密猟者たちが銃を乱射したのだろう．

　メルー国立公園には，南アフリカ共和国から寄贈された 5 頭のシロサイがいた．昼間，シロサイたちは仲良く，レンジャーの監視付きで「放牧」され，夜にはちゃんと小屋に戻る．人の手によって育てられたシロサイはおとなしく，観光客が手を触れたり，子どもを背中に乗せて記念撮影をして楽しむこともできる．しかし，ある日，第 2 の事件が起こった．白昼堂々，見慣れない大型トラックがシロサイを放牧しているところへやってきたかと思うと，荷台から武装した連中が次々と降り立ってきた．旧式のライフル一丁で武装したレンジャーは 1 名．とても勝ち目はないと，公園本部まで走って逃げた．報告を受けた本部のレンジャーたちは手に手に武器をもったものの，なぜか現場に到着したのはゆうに 1 時間をすぎた頃．現場には角を切り落とされた 5 頭のシロサイの遺体が残されていた．

　さらにメルー周辺で第 3 の事件が起こった．ある日の午後，ナイロビにあるアパートの一室で紅茶を飲みながら，BBC のラジオニュースを聞いていると，「ケニアでジョージ・アダムソン氏が密猟者たちに殺害されたもよう……」というアナウンサーの声が流れた．ジョージ・アダムソンは有名人だ．彼は植民地時代に保護区管理官をしていたが，妻のジョイ・アダムソンと一緒にライオンの子どもを自分たちの手で育て，野生に返すことに成功した．その話を綴った本は世界的ベストセラーとなり，『野生のエルザ』というタイトルで映画にもなった．その後，ジョイが使用人に殺されてしまうという悲劇が起こり，残されたジョージはメルー国立公園に隣接した国立保護区でライオンのリハビリテーションプログラムを実施していた．そのジョージが密猟者に襲われ，命を落としたのである．

　メルー周辺以外でも多くの事件が起こった．例えば，アンボセリ国立公園とツァボ国立公園を結ぶ道路を走行中のサファリカー（ミニバス）が武装集団に止められ，乗っていた観光客の一人，初老のドイツ人男性が射殺された．強盗事件ではあるが，同乗していた目撃者たちの情報から，この武装集団は装備からしても普段は密猟をしている連中だと考えられた．フランス人観光客，ドイツ

人観光客，そして著名人までが密猟者に殺されたことに業を煮やした大統領は「密猟者は問答無用で射殺してよし！」と強硬姿勢を見せた．そして実際にレンジャーだけではなく，特別な軍事訓練をうけた対密猟部隊，そして警官隊らが共同で密猟者の摘発を開始した．しかし，密猟者たちはその武器からも想像できるように，アフリカ各地，特にケニア周辺の内戦で実際に戦争に従事した連中だと考えられ，素直に逮捕されるような者たちではない．あちらこちらで撃ち合いが起き，双方に大勢の死傷者が出た．ツァボ国立公園では数十名からなる密猟団が発見され，空と陸から追い詰めるまで数日を要する大捜査網が展開された．これまで政治的にも経済的にもアフリカの優等生で，治安もよいため，多くの観光客を引きつけてきたケニアで，この事態は異常である．

　命をかけてまで密猟者が狙うもの，それは肉や毛皮などではなく，アフリカゾウの牙とサイの角である．象牙は日本では多くが印鑑などに加工され，犀角（さいかく）は粉末などにしてアジアで漢方薬として高値で取引される．前述のように，メルーでは南アフリカから寄贈されたシロサイまでもが殺された．クロサイは単独で行動していることが多いが，アフリカゾウは雌を中心としたグループで行動する．密猟者はゾウの群れを発見すると，牙の生えていない子ゾウまでも殺し，群れを全滅させる．象牙を切り取る作業の邪魔になるからだ．チェーンソーあるいは斧で象牙や犀角を切り落とす．1980年代まで，日本は大量の象牙と犀角を輸入していた．当時のケニアの新聞には，密猟問題の根本に象牙や犀角の需要があるとして，日本をはじめとする東アジアの国々の責任を問う記事がしばしば掲載されていた．

　2011, 2012年と，南部アフリカ地域で密猟が再び深刻になっている．犀角の需要があるのは最近では主に中国とベトナムだが，象牙に関しては東アジア全体で需要があると指摘されている．2013年1月6日には，タイの首都バンコク郊外の空港で，10 kg以上の犀角がスーツケースの中に隠されていたのが見つかった．末端価格で約5,000万円の価値があるとのことだ．

　密猟者と戦うレンジャーたちはケニアの国家公務員である．決して高くはない月給で，命がけの職務に挑むには，怒りや義務感が強くなければならない．一方で，動物のために命をかけるのはばかばかしいと密猟者と手を組む政府職員が後を絶たない．政府職員による賄賂授受，腐敗の問題が時にスキャンダルとし

て新聞紙上をにぎわす．しかし，人々が命をかけて守ろうとしている野生動物はさまざまな被害をもたらす．ここに大きな矛盾が生じている．貧しい国々では自然保護どころではないはずだ，などと先進国の人間が単純に考えてはいけない．先進国であろうと，途上国であろうと自然保護のあり方，特に大型野生動物との共存の方法には結論は出せていない．被害の実態を明らかにし，対策を講じることは重要であり，今後この分野には日本からも協力できる道があるはずだ．

3-2 国立公園づくり

　自然保護を進める方法には，現場における保全活動と，現場の外で行う保全活動がある．後者には，例えば野生生物種を絶滅から救うために，植物ならば栽培を行ったり，動物ならば捕獲から人工増殖を経て野生復帰をはかるなどの方法がある．野生復帰は，日本ではトキやコウノトリが最近の例として知られている．現場における保全活動は，動物保護地域を設定し，野生状態でさまざまな生物が自ら増殖することを期待するものだ．また，生態系保全や景観保全という意味合いも含まれる．保護地域には各国の法律によってさまざまなタイプがあるが，最も有名な保護地域といえば「国立公園」であろう．国が設定し，国が管理する国立公園は19世紀末にアメリカで誕生し，その後世界中に広がった制度だ．

　一口に「国立公園」と言っても，各国の法律によって多少タイプが異なる．元祖アメリカの国立公園は，国が土地を取得し，国が一元的に管理するもので，大部分のアフリカ諸国をはじめ，世界中の多くの国でこの方法を採用している．一方，日本のように土地利用制度が複雑な国家では，このような方法は採用しにくい．日本の場合，公園範囲の指定や管理は国の業務ではあるが，全ての土地を国が購入するのではなく，自治体の所管する土地や民有地も含めて指定し，保全のための規制も土地の利用形態に応じて異なる対応がなされている．

　アフリカでは，植民地時代に国立公園が誕生した．国によって多少の違いはあるものの，おおむね一般の人々の居住は許されておらず，耕作や放牧などの生業活動も禁止されている．1960年代にアフリカの国々が続々と独立していくと，植民地時代に設定された国立公園は新しい独立国家によって解体されて

しまうのではないかという懸念が宗主国の間で表明されていた．しかし，独立して間もない若い国々の指導者たちは，国家の威信をかけてこれらの国立公園制度を継続するとともに，むしろ独立後にも新しい国立公園や保護区の設立に努力を重ねた．国立公園では生物の保護・管理を政府が一手に担うのに対し，保護区では住民による自主管理がある程度認められていることがある．例えば，マサイ族の居住地域にあるマサイマラ国立保護区では，野生生物保護管理局のスタッフとともに地元住民も管理・運営に参加し，入場料の一部が地元民に直接還元されている．これに対し，同じくマサイ族が住むアンボセリ国立公園の管理・運営は基本的には野生生物保護管理局が一元的に行っている．

　国立公園や保護区が増えるのは自然保護上好ましいことだが，その維持管理にはそれなりの予算が必要だ．密猟対策などさまざまな業務を行うため，現地ではレンジャー，スカウト，あるいはワイルドライフ・オフィサーなどと呼ばれる職員を配置しなければならない．そのため，アフリカでは多くの国立公園や保護区に先進国や国際機関，NGOによる支援が入っている．支援といっても期限付きが多いため，国立公園や保護区では維持管理の費用を安定的に確保すべく，一定の観光利用が行われることが多い．比較的治安のよかったケニアでは，国家が獲得する外貨に占める観光収入の割合が，それまでの稼ぎ頭だったコーヒー輸出額の割合を上回ることもあった．

　ケニアの成功に刺激されて，隣国のタンザニアやウガンダでも観光開発が盛んに行われている．また，南部アフリカ諸国でも国立公園や保護区の観光利用に力を入れている．東アフリカや南部アフリカ地域における観光の主流は，サバンナと呼ばれる平原地帯を自動車で移動し，大型野生動物を見つけて観察するというものだ．これに対し，熱帯雨林などの森林が多い中央アフリカや西アフリカでは，もともと自動車道路などのインフラ整備が遅れており，観光開発も簡単ではない．森林内に人間が歩ける小道 (トレイル) を整備したとしても，ガイドなしで野生動物を見つけるのは難しい．ただし，ゴリラやチンパンジーなどの大型類人猿が生息する森林では，林内ツアーがある程度成功している．

　ここでは，チンパンジーが生息する森林を含む地域で国立公園を整備しようと奮闘した事例を2つ紹介したい．

3-2-1　マハレ国立公園（タンザニア連合共和国）

　1986年12月，ナイロビ滞在中，京都大学の故伊谷純一郎教授より国際電話が入った．タンザニア西部にあるマハレ国立公園に1年限定で行けないかというお誘いだった．マハレでは京都大学を中心とする霊長類研究者たちが長年野生のチンパンジーを研究しており，チンパンジーの保護のために新しい国立公園を設立してはどうか，とタンザニア政府に提案した．その結果，1985年，JICA（現在の国際協力機構）を通じた日本の協力による国立公園が世界で初めて誕生した．それがマハレ国立公園だ．正式名称はマハレ山塊国立公園．英語ではマハレマウンテン国立公園だからマハレ山脈でもマハレ山地でもよさそうだが，陸路では近づけない山々ということから日本名では山塊にしたらしい．

　マハレ国立公園は，僕がアフリカで自然保護の研究を始めた頃に誕生した新しい国立公園として興味をもっていたので，1985年の9月，たまたま短期間の視察旅行に出かけたことがある．そのことを知った伊谷教授が今度はこちらに興味をもってくださったということらしい．当時は講談社野間奨学生としてケニアに滞在していたので，いったん日本に帰国して身分変更の手続きをすませ，1987年4月，改めてタンザニアに入った．

　タンザニアで有名な国立公園といえば，世界自然遺産にも指定されているセレンゲティ国立公園だ（図3-3）．ケニアのマサイマラ国立保護区と国境を挟んで接しており，広大なサバンナの景観を提供してくれる．100万頭を超えるヌー（大型レイヨウの一種）の大移動はつとに有名で，シマウマやガゼル（中型レイヨウ）と一緒になって地平線まで埋め尽くす光景には息をのむ．レイヨウというのは一本角（horn）をもつカモシカの仲間で，枝角（antler）をもつシカの仲間とは系統的に異なる偶蹄類の一群を指す．キリマンジャロ国立公園を除けば，タンザニアの多くの国立公園でサバンナ要素が優占している．しかし，これらの国立公園とはちょっと生物相の異なる国立公園がこの国の西部にある．

　アフリカ大陸を南北に走る大地の裂け目がある．この大地溝帯（グレートリフト）の低地には古代湖と呼ばれる大きな湖が連なっている．ケニア・ウガンダ・タンザニアにまたがるヴィクトリア湖，タンザニア・コンゴ民主共和国・ブルンジ・ザンビアに囲まれたタンガニーカ湖，タンザニア・マラウイ・モザ

ンビークにまたがるマラウイ湖などである．ヴィクトリア湖はアフリカ最大の湖で，面積は日本の九州と四国を合わせたよりも広いが，比較的浅い．タンガニーカ湖はアフリカ第2位の面積で，九州に近い広さがあり，アフリカで一番深く，最大水深は1,500 m近くに達する．このタンガニーカ湖に面した2つの国立公園，ゴンベストリーム国立公園とマハレ国立公園には，いずれも野生のチンパンジーが生息している．

　ゴンベストリーム国立公園ではジェーン・グドール女史によってチンパンジーの研究が進められてきた．タンガニーカ湖畔の町キゴマからも近く，多くの観光客が訪れる．しかし，面積はタンザニアでも最小の52 km^{2}しかないため，チンパンジー個体群の持続的保全には不安要素もある．一方，キゴマの町からは離れているが，面積1,600 km^{2}のマハレ国立公園は，今後野生チンパンジー保護の重要な拠点となるはずだ．1,600 km^{2}というのは，アフリカのなかでは決して広いほうではないが，それでも大阪府や香川県に近い広さだ．タンガニーカ湖は，南北に約650 kmと細長く伸びているが，横幅は狭く，東西に40～50 kmしかない．マハレから西へ目を向けると，湖の反対側にはコンゴ民主共

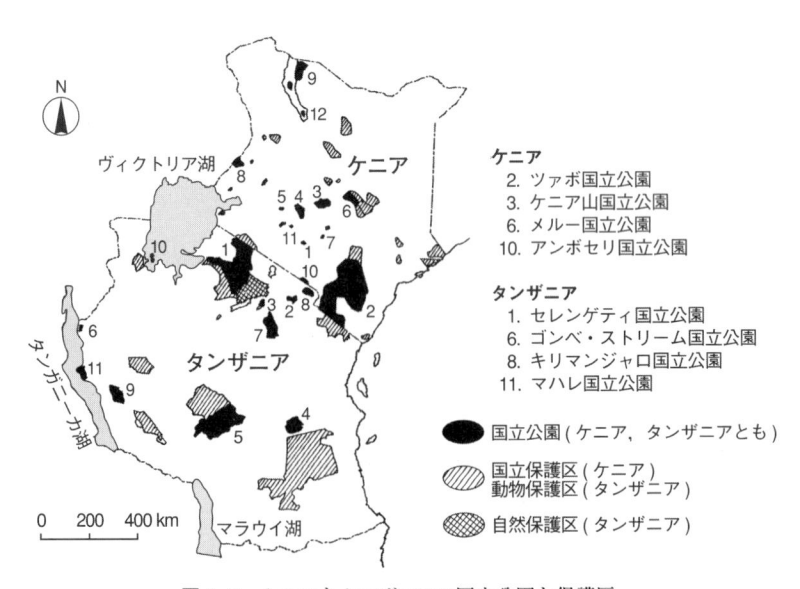

図3-3　ケニアとタンザニアの国立公園と保護区．

和国がある．当時の国名は「ザイール」だった．

マハレ山塊というだけあって，最高峰ンクングウェ山 (2,460 m) を含む山地が，陸地部分から湖に突き出す形になっている．調査基地や公園管理本部は西の湖側に位置しており，東から山を越えて到達する道路はない．いわば陸の孤島のような国立公園で，キゴマから汽船に乗り，さらに途中からボートに乗り換えてようやくたどり着く．

マハレの生物相は，東アフリカのサバンナ要素，湖を越えたコンゴを含む中央アフリカ (熱帯雨林) 要素，そして南部アフリカ要素をモザイク状に含んでいる．熱帯雨林要素を含んでいるので「熱帯林」には違いないが，典型的な「熱帯雨林」とはやや異なり，ミオンボと呼ばれるマメ科樹木を中心に構成される半落葉樹林だ．ヒョウだけでなく，稀にライオンも目撃され，その糞からチンパンジーの毛も採取されており，これらのネコ科哺乳類がチンパンジーの天敵となっているのは明らかだ．

すでに述べたように，マハレ国立公園は京大霊長類研究者の提案をもとに 1985 年にタンザニア第 11 番目の国立公園となった．日本の協力によって，海外で指定された最初の国立公園である．国立公園の誕生はそれ自体意義あることだが，いわば出発点にすぎない．きちんと機能できる体制づくりはこれからだった．僕の最大の使命は，その体制づくりに協力することだった．

マハレ国立公園をめぐる諸問題

1987 年 4 月，首都ダルエスサラームで JICA の現地事務所に挨拶に行った．「ここはアフリカですよ．飢えて苦しんでいる人たちがいるってぇのに，サルの研究ですか？」．「いや，僕はサルの研究者じゃないし……．それにチンパンジーは我々に一番近い類人猿ですよ．絶滅危惧種ですよね」．JICA が環境支援に本格的に乗り出す前の話だが，作戦を変えて出直したほうがよさそうだ．

同じく首都ダルエスサラームにある野生生物局に行く．次長のムライ氏に会う．自分はケニアで調査途中なので，協力できるのも 1 年間限定であること，予定どおり国立公園になったことでもあり，JICA の支援は本年度で終わる見込みであることを伝えた．しかし，タンザニア政府としては引き継ごうにも十分なスタッフがいないので，規模を縮小してでも何とか支援継続の道を探って

ほしいという話になった．ケニアではアフリカゾウをはじめとする野生動物による被害を調査中だと話すと，たいへん興味をもってくれた．

　この後ムライ氏は野生生物局の局長となり，1989年にスイスのローザンヌで開催されたワシントン条約の会議において，ケニア政府と協力してアフリカゾウを附属書Iに指定させることになる．その結果，アフリカゾウの象牙は国際商取引全面禁止となった．それにしても「ムライ」は「村井」を連想させる．この後会うマハレ野生生物研究センターの所長はマサウエ氏，もっとずっと後に会うルアハ国立公園の所長はセキ氏だった．なんとなく日本人にとってなじみやすい名字が多い．

　マハレ国立公園支援事業の概要がわかると，すぐに問題点が見えてきた．霊長類研究者，JICA関係者，タンザニア政府，どうもこの三者の協力・連携がスムーズにいっていないようだった．JICAを通じた支援事業は1975年から始まって，僕が呼ばれた1987年は最終年度に入ろうとしていた．この事業は国立公園誕生とともに一定の成果を上げたとJICAは評価し，これ以上の支援は必要ないと考えていた．霊長類研究者たちのなかには，JICAの支援が終わったとしても，野生チンパンジーの研究自体は他の基金で継続できると考える人が少なくなかった．これに対し，国立公園誕生とはいっても，あと1年で支援終了となれば単に書類上の公園（ペーパードライバーならぬペーパーパーク）になってしまいかねないというのが，ムライ氏はじめタンザニア側の懸念だった．

　さらに，タンザニアの自然保護制度が少々ややこしいことも問題を複雑にしていた．ケニアでは野生生物保護管理局＊が国内の国立公園および保護区の管理を一手に引き受け，保護区外の野生動物の管理にも責任を負っている．一方，タンザニアでは国立公園を政府の国立公園公社が管理し，動物保護区は野生生物局の管轄になる．また，国立公園であろうと保護区であろうと野生動

＊　ケニアもタンザニアも英語名はWildlife Departmentなので，「野生生物局」という日本語を使うことにする（正確に言うと，ケニアでは当時「野生生物保護管理局」という名称であった）．しかし，業務対象は中～大型の野生動物が主だし，少なくともタンザニアでは植物保護の話は出ていなかったので，野生動物局という名称を使ったほうが，実態に近いかもしれない．一方，動物保護区の場合，英語はGame Reserveとなり，動物保護区といって間違いない．ここでゲームとは，狩猟の対象となる野生動物，主として哺乳類と鳥類を意味する．日本でも「鳥獣保護区」というのがあり，Wildlife Reserveという英語を当てているが，基になった考え方は狩猟対象の鳥獣を増殖させようというヨーロッパ発祥の概念だ．アフリカには国立公園や動物保護区以外にも，森林保護区などいろいろな名称の保護区がある．また，動物保護区といっても，アフリカの場合，もともとの考え方を今でも継承しており，許可制で狩猟が行われることが多い．

物の研究は野生生物局の仕事だ．

　マハレ国立公園はまだ新しいので国立公園公社の職員が配属されておらず，マハレにある野生生物研究センターの職員，すなわち野生生物局の職員が代わって国立公園の管理を任されていた．そんないいかげんな，と言いたくなるところだが，後に理由がわかった．職員用宿舎の居住環境があまりに劣悪なので，派遣しようにも国立公園公社の職員が行きたがらないのだ．試しに1人配置されたが，1週間くらいで逃げ帰ったらしい．居住環境が悪いとはいっても，日本人の霊長類研究者は何年も調査を続けているし，野生生物研究センターのスタッフだっている．「我慢できない環境ではないだろう」と現地での生活を始めた．

過酷な生活環境

　マハレの生活環境は想像以上に大変だった．熱帯熱マラリアに苦しめられ，猛毒のブラックマンバやウォーターコブラにびっくりし，サスライアリやサソリにドキッとし，現地の言葉でイソソやシブミと呼ばれる毒虫や吸血昆虫にあたふたした．植物も油断できない．巨大な豆の鞘に生えている目に見えないような細かい繊毛が体につくと，全身が痒くなり，かきむしらずにはいられなかった．

　一番記憶に残っているのは，マハレでほぼ1年間過ごした小屋での出来事である．雨期に入って間もない頃だった．その小屋はパームハウスと呼ばれてい

図3-4　パームハウスと村の子どもたち．

た (図 3-4). 「椰子の木小屋」という意味で, トロピカルなリゾート地でも想像しそうだが, 周りをアブラヤシの木に囲まれた藁葺き屋根の小屋だ. 小部屋が四隅にあり, トイレは外にある. ガス, 水道, 電気はなく, 夜の照明は灯油ランプ. 煮炊きにも灯油を使う. 時には研究者や観光客が寝泊まりするが, 雨期に入ったこともあり, その時期の住人は自分だけだった.

夜, 木のベッドにマットレスを敷き, その上に広げた薄めの寝袋の中で寝ていた. 上から蚊帳がつられ, ベッドの枠に沿って広げてあった. なんとなく気配を感じ, 目が覚めた. 上のほうから, かすかだが, かさかさと音がするような気がしたのだ. 懐中電灯で藁葺き屋根の内側を照らすと, あちこちに赤い点が見える. どうやらそれらが少し動いているようだ. 目が慣れてきてようやく正体がわかった. 小屋の天井裏一面にかなり大きめの蛾がびっしりと張り付いていた. 頭部が動くたびに赤い複眼が動くように見えた. かなり気味の悪い蛾だが, マラリアを媒介するハマダラカに比べたら, まあ悪さはしまい. 再び蚊帳に入って寝た. 翌夜. いや, 翌々夜くらいだったかもしれない. 今度はカサカサではなく, かなりはっきりバリバリという音が天井方向から聞こえてきた. 紙を手で丸めるときの音に似ている. 蚊帳を抜け出して懐中電灯で確認すると, やはり蛾たちが一面に張りついていた. 時折する音を頼りに, その正体を探す. 音がする方向に懐中電灯を向けてついに見つけた. 薄気味悪い蛾たちを生きたまま次々に「バリバリ」とむさぼっている動物がいるではないか. 蛾の頭をくわえた特大の蜘蛛がこちらを振り向いて, ニヤッと笑った. ギャ〜ッ!

国立公園スタッフが寝ている居住地まではちょっと距離があったので, 僕の悲鳴をその夜聞いた者はいないとは思うが……. 翌日, 公園スタッフに蛾の集団の話をすると, 「そりゃ大変だ, 皮膚の弱い人は蛾の鱗粉でかぶれることもある」と, 早速, 人を頼んで退治してくれた.

チンパンジーと人間

ヒトに近い大型類人猿ゴリラ, チンパンジー, オランウータンはいずれも絶滅危惧種である. 以前, これらの大型類人猿は「オランウータン科」もしくは「ショウジョウ科」としてまとめられ, 「ヒト科」のヒトとは一線を画して分類されていた. しかし, DNA分析による分子系統解析が進むにつれ, この分類

3-2 国立公園づくり

図 3-5 アリ釣りをするチンパンジー.

法の間違いが指摘されるようになり，現在の分類法では，チンパンジーとゴリラを「ヒト科」のなかに入れるのが一般的となっている．チンパンジーとヒトは700〜800万年前に分化したという説が有力だが，それでも類人猿のなかで遺伝的には最もヒトに近い．

　京都大学の伊谷純一郎・西田利貞両氏を中心とした野生チンパンジーの研究は，マハレの地で1965年から開始され，国際的に高く評価される数々の成果を上げてきた．調査基地を設けた長期研究はいくつもあるが，マハレでのチンパンジー研究は，1957年に昭和基地で始まった南極観測に次ぐ歴史をもっているという．

　野生のチンパンジーは警戒心が強く，人間の姿を見ると一目散に逃げてしまう．そのため，忍耐強い餌付けや人付けによって，ようやく直接観察による研究が可能となる．チンパンジーが道具を使うことはよく知られているが，僕も滞在中に，チンパンジーが木の枝を使ってアリ釣りをする様子をたびたび観察できた(図3-5)．また，群れの数頭が協力してアカコロブスなどのサルを狩る様子も目撃した．何かに失敗してがっかりしている様子，あるいは熟したイチジクの実を発見して歓喜している様子を見ると，感情的にも人間に近いことが伝わってくる．

　しかし，そんなチンパンジーも密猟の対象になることがある．成熟した雄のチンパンジーは腕力も人間より強く，かなり危険なので，密猟者は子どものチンパンジーを狙う．5歳以下の子どもチンパンジーは母親といることが多く，

密猟者はまず，群れとは別行動をとっている母子のチンパンジーを見つけ，母親を殺す．すぐに子どものチンパンジーを連れ去り，ボートの底などに隠して川や湖を移動し，最終的には密輸出する．これらのチンパンジーは欧米で医学用やペット用として売買される．1987年にはスペインのビーチリゾートで，チンパンジーの子どもを抱えて記念撮影するのが流行し，スペインの環境保護団体がそのような違法行為をやめさせるためのキャンペーンを実施した．母親と無理やり引き離された幼いチンパンジーは，精神的にショック状態にあり，劣悪な環境に押し込められて密輸される間に，多くの個体が死亡しているのではないかと指摘されている．もしそうだとすると，実際に密輸されるチンパンジーの数倍のチンパンジーが殺されていることになる．

国立公園南部の踏査

　雨期に入るとマハレ国立公園にやってくる人も少なくなる．そこで，僕の任期も残り少なくなった雨期に，ちょっとした冒険を試みることにした．国立公園スタッフで頼りになる連中と一緒に，国立公園の南部を踏査しようと考えたのだ．お礼に新しい靴を買ってあげると約束し，頼み込んだ．過去10年くらい踏査されていない地域だ．承諾してくれた4名はいずれも地元のトングウェ族の人たちだ(図3-6)．なかでも歴代チンパンジー研究者たちから頼りにされ

図3-6　マハレ国立公園南部踏査に同行してくれたトングウェ族の人たち．右から2番目がニュンド氏．

3-2 国立公園づくり

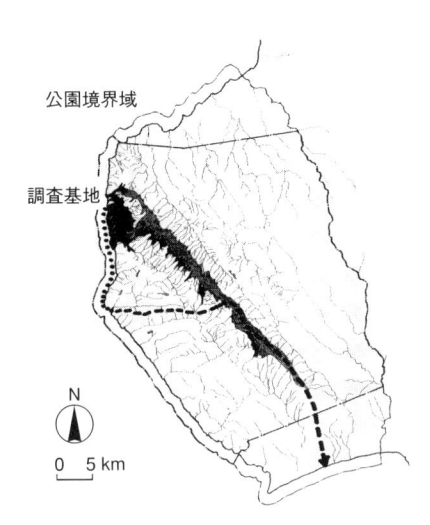

図 3-7 マハレ国立公園南部の踏査ルート (点線). 調査基地は国立公園北部に位置しているが，タンガニーカ湖をボートで南下し，国立公園中央部から東部の尾根に向かって登坂，その後は尾根沿いに南部の国立公園境界域まで踏査した.

てきたニュンドは，若い頃からたたき上げたベテラントレッカーだ．目的のルートを若い頃に踏査したこともある．

　チンパンジー調査基地から，タンガニーカ湖沿いに国立公園南部まで移動する．まずボートに乗って南に向かい，渓流の近くで降ろしてもらった (図 3-7)．ここから沢沿いに山を登っていけば，しばらくは水が確保できるはずだ．登り始めて，すぐに困った事態に陥った．昔は確かに登山道のようなものが続いていたのだが，繁茂した植物によって完全に閉ざされている．なかでも厄介なのが太めの蔓植物だ．スタッフが交代で「なた」を器用に使って道を切り開いていく．気がつけば両足は蔓の上で宙に浮き，先頭は蔓を丸く切り抜いてトンネルを作っている状態だ．これでは 1 時間かかっても数メートルしか進めない．消耗しきったスタッフと相談して，沢から離れて上りやすいコースを探すことにした．偵察を出して，蔓の上で待機．まさに宙ぶらりんの状態だ．マハレの主役，チンパンジーになったような気分だ．結局，いったん引き返し，湖岸沿いにしばらく南下することにした．予定外のコースをとることになったため，とんでもないことになる．

図 3-8 燃やされた不法居住者の家.

　1泊野営し，翌日，湖岸近くを移動中，小さな集落にたどり着いた．大人と子ども，全部で2家族7〜8名くらいが，数時間で作れそうな粗末な家に住んでいた．しかし，ここは国立公園，タンザニアの法律では一般の人々の居住は禁止されているはずだ．どうやら彼らは西側のザイール(現在のコンゴ民主共和国)から手こぎボートで湖を越えて移動してきたようだ．国立公園の不法居住者というだけではなく，タンザニアへの不法入国者ということにもなる．4名の公園スタッフは彼らとひとしきり話をした後，1名が状況を僕に説明してくれた．今日明日中に公園内から退去するよう，伝えているという．うんうん，と相づちを打ちながら話を聞いていると，突然，驚くべきことが起こった．3名の公園スタッフが家に火をつけて燃やし始めたのだ(図3-8)．言葉でいくら強く説得しても，僕たちが通りすぎたら何食わぬ顔でまた湖で魚の密漁を続けるだろうと判断したためらしい．家が燃えてしまうとすぐにその場を後にしたものの，このように過激な法執行の場に外国人がいてよかったのだろうか．「強硬手段に出られたのは，あそこにムズング(スワヒリ語で外国人)がいたせいだ」と逆恨みされないだろうか．その憎きムズングがたった一人で「椰子の木小屋」に住んでいることが知れ，襲われるのではないか．その後しばらく，寝つきの悪い日が続いた．

　湖岸近くの道は歩きやすいが，国立公園南部踏査のためには尾根筋に登らなければならない．その途中の道は悪かったが，尾根筋に出てみると，歩くのは

思ったよりも格段に楽になった．さらに尾根筋を南へ向かう．国立公園を突っ切ってさらに南下すれば，目的の村に出るはずだ．地図とコンパスで大体の方向に見当をつけるが，地図自体もきわめてアバウトなものなので，やはりニュンドらの土地勘と若かりし頃の記憶が頼りだ．しかし，その記憶も少なくとも10年以上昔のものだ．踏査を始めて 5 日目，昔は確かにあったはずだという水場を見つけることはできなかった．米を背負ってきているのだが，水がなければ飯は炊けない．その夜は，非常用にもってきたビスケットに，湖で捕れた小魚ダガー (イワシの仲間) の干物を挟み，少量のウイスキーで流し込むという情けない食事になってしまった．雨期に入っていることもあり，霧雨が降る．水を溜めて利用するほどの雨量はない．寒い．非常食が尽きたら本格的な遭難か．普段は軽口ばかりの公園スタッフもこの夜ばかりは口数が少なかった．

翌朝，午前を移動ではなく水場探しに当てることになった．ニュンドら 4 人は散開し，役立たずの日本人は集合場所の目印役である．青いウインドブレーカーがよく目立つから，というのが彼らの言い分である．とはいえ，じっとしてもいられないので，彼らから目に入る範囲で散歩を試みた．通りがかった低木の脇からは微小なコバエのような昆虫群が躍り出て，目や鼻にたかろうとする．逃げてきて座り込むと，三角形の翅をもつシブミと呼ばれる小型のアブが，青いウインドブレーカーに次から次へと飛来する．一人だとトホホ感が指数関数的な増加曲線を描くようだ．やがて，スタッフが笑顔で戻ってきて，後方を指さしながら「マジ (水) 見つけた！」と叫んだ．

昼前にようやく朝飯にありつけた．炊きたてのご飯に，日本人研究者からもらった「ごま塩」をかけて食べた．シンプルだが，山ではこれで元気百倍．再び尾根を南下．だんだんと下りになり，明日には国立公園を抜け，目的の村に到着できるだろう．もうウイスキーの小瓶を残しておく必要はないので，皆で回し飲んだ．「日本には Roppongi という場所があって，そこへ行くと俺らみたいに肌の黒い男がとにかく女たちにモテるってぇのは本当か」．誰だ，そんなことを彼らに吹き込んだのは．もう早く寝てくれ．

次の日，足取り軽く湖岸の村に到着．予定よりも 2 日も遅れていたため，他の公園スタッフたちは毎日この村にボートをよこしていたらしい．同行した連中の奥様たちはさぞかし心配していることだろう．ボートに乗り込む前に，

僕たち5人は抱き合い飛び跳ねて，やりとげた喜びを分かち合った．

マハレ国立公園のその後

1年の任期が終わる頃，タンザニア政府およびJICA本部宛の報告書を作成した．短期・中期的に見て，マハレ国立公園が国立公園としてきちんと機能するために必要な事項を並べたものだ．最優先事項はやはり，タンザニア国立公園公社からの職員派遣である．そのため，マハレの状況を報告するとともに，職員滞在のために必要な改善策も提案した．これまでマハレにいる職員は，タンザニア野生生物局のスタッフなので，彼らには本来の業務である国立公園内の野生動植物の調査に専念してもらい，公園管理は国立公園公社のスタッフの手にゆだねることが重要だ．

首都ダルエスサラームで再び，野生生物局次長のムライ氏に会った．臨時措置とはいえ，現在野生生物局のスタッフが行っている国立公園の管理を，国立公園公社に移管するという提案を，はたして次長クラスの幹部が快く思ってくれるか不安もあった．えてしてなわばり意識が邪魔をするものだ．しかし，その心配は杞憂だった．ムライ氏は，いずれ正式に移管しなければならないものは早いほうがいいと，積極的に根回しすることを約束してくれた．

実は，国立公園公社の本部は首都ダルエスサラームにはない．ケニアとの国境に近い北部の町，アリューシャにある．この地域には，セレンゲティ国立公園，ンゴロンゴロ自然保護区，キリマンジャロ国立公園など，タンザニアにとってドル箱となっている国立公園や保護区が並んでいる．国立公園公社の局長と談判して，公社から正式に職員派遣の約束を取りつけた．これでタンザニア側の体制はうまく動き出すだろう．

次は日本側だ．この頃，日本はバブル経済真っただ中だった．アフリカの奥地にいては，バブルの恩恵に浴すべくもないが，バブルのニュースだけは耳に入ってくる．一方，自然保護の国際舞台では，日本は熱帯林の木材やアフリカゾウの象牙を大量に輸入するなど，海外の自然破壊や野生動物の危機に無頓着すぎるとの非難も聞こえていた．そんななか，せっかく国立公園の設立まで支援を続けてきたのに，中途半端にここでやめたらこれもまた日本非難の材料になりはしないか．マハレ単独の支援事業は僕の代で終わったとしても，仕

切り直しをしてアフリカの自然保護支援は続けるべきだ．そのような趣旨の提案書を作成した．今のように JICA が環境分野の支援に本格的に力を入れる前の話だったが，JICA 内部でも議論があり，説得をして下さった人が多数いたらしい．また，在タンザニア日本大使からも全面的に支援していただいた．

次に，ダルエスサラームにいる日本人や青年海外協力隊の若者たちに，マハレの情報が十分に届いていないと考えたため，チンパンジーのイラスト入りパンフレットを作成して配ってみた．日本から海外への先駆的な自然保護援助事業としてのマハレ国立公園の意義と，野生チンパンジーの重要性について理解をお願いした．こうして，思いつくだけのことは全て行った．

僕の提案や努力がどこまで功を奏したかはわからない．しかし，最終的には，タンザニアの自然保護体制全体への支援をするため，マハレ国立公園支援事業を当時の環境庁 (現環境省) に移管していくことが決定された．帰国後，環境庁での打ち合わせをすませ，マハレの大先生である伊谷さん，西田さんと 3 人で乾杯をした．今はお 2 人とも故人になってしまわれたが，移管決定の際にはとても喜んで下さった．あのときの乾杯は生涯忘れることはできない．

ケニアでの調査継続のためにナイロビに戻ることになったが，その前に，環境庁調査団の一員としてマハレを再び訪れる機会を得た．環境庁では，マハレだけでなく，セレンゲティ国立公園やレンジャーの訓練施設を含めた支援なども合わせて検討したらしい．しかし，残念なことにバブル崩壊の影響もあったのか，環境庁によるマハレの直接支援は実現しなかった．その後，マハレ国立公園を訪れる機会はないが，タンザニア政府による維持・管理がうまくいっていることを祈るばかりだ．

3-2-2　幻の国立公園 (リベリア共和国)

ここまではアフリカ大干ばつの年 1984 年から 1990 年までの話だ．そして 1990 年初頭，今度は西アフリカで新しい国立公園づくりの支援をすることになった．西アフリカにはフランス語圏の国々が多いが，目的地は英語圏のリベリアだ．2006 年製作のアメリカ映画に，ディカプリオ主演『ブラッド・ダイヤモンド』というのがある．舞台は隣国シエラレオネの内戦だったが，リベリアもダイヤモンドの中継基地として登場していた．

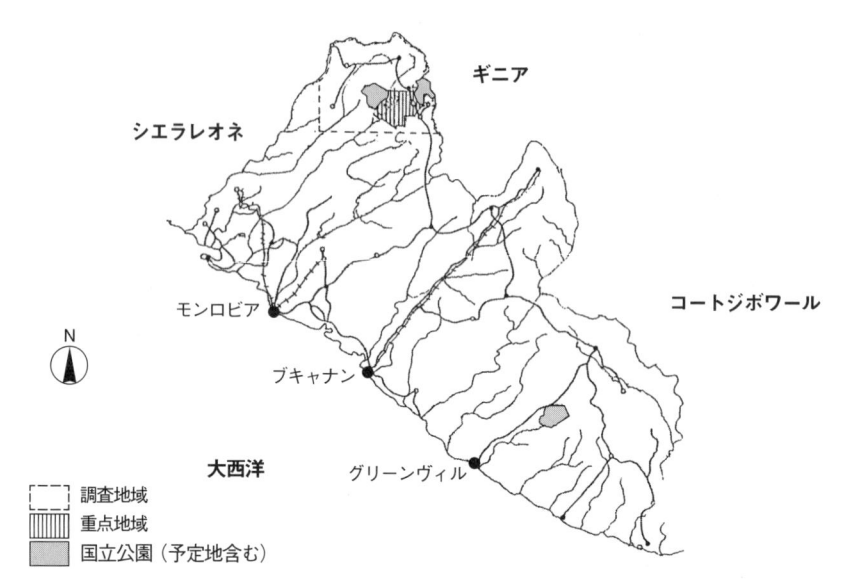

図 3-9 リベリア．南東部にある網目部分がサポ国立公園．北西部の重点調査地域にある網目部分が今回の国立公園予定地．実際には道路を挟んで東西に分かれている．

　リベリアには国立公園が，1983 年に作られたサポ国立公園の 1 か所しかない．わずか 1,308 km^2 の面積で，リベリア南東部に位置している (図 3-9)．そこで，この国の北西部に新しい国立公園を設立しようという案が出され，そのための調査支援要請を受けた．今回の支援計画では，リベリア北西部の森林資源調査も主目的の 1 つになっていた．これまでのように孤軍奮闘するのではなく，日本からの調査団の一員として現地入りした．

　リベリアは東にコートジボワール，西にシエラレオネ，北にギニアと国境を接している．国土は約 11 万 km^2 と，本州の半分くらいの面積である．乾期があるとは言え，年間降雨量が 3,000〜4,500 mm もあるので，以前は全土に豊かな森林が広がっていたと考えられる．実際，独立直後は国土の約 9 割が森林で覆われていたらしいが，1980 年代末には半分ほどが焼き畑地帯とその跡地となってしまったらしい．現在でも，コーヒー，カカオ，ゴムのプランテーションが拡大し，焼き畑も繰り返されているため，実際にどれだけ自然林が維持されているのか，政府も援助機関も把握していない．一方で，高級家具材として

需要の高いアフリカンマホガニー，サペリマホガニー，シッポ，アオギリ科の広葉樹などを育て，木材輸出が重要な外貨獲得源となっている．そのため，将来的な林業戦略の重要度はきわめて高い．

　リベリアは象牙も輸出していた．しかし，現在，西アフリカに生息するアフリカゾウ「マルミミゾウ*」の個体群は壊滅状態だという．森林が残されている場所でも，周辺住民はタンパク源として野生動物の肉を利用している．特に小型〜中型の哺乳類や鳥類は西アフリカや中央アフリカで広く「ブッシュミート」として利用されてきた．ゾウ，カバ，バッファローなどの大型動物が減るにつれ，ブッシュミートの利用は，西アフリカや中央アフリカはもちろん，南部アフリカや東アフリカでも自然保護上の大きな問題となってきている．リベリアでは特に深刻で，1988 年 5 月，大統領はとうとう国内の狩猟を一切禁止した．しかしながら，大統領命にもかかわらず，野生動物の狩猟は続いているようだ．十分な監視体制がないことが一番の理由だろう．

　今回の調査に当たって，(1) 基礎調査として 5,000 km^2 にわたって航空写真を撮影し，地上調査とともに森林の状態を把握する，(2) そのうち 1,000 km^2 を重点地域として，そのなかにおける土地利用の形態を精査し，住民参加による森林資源管理手法の確立を目指していく，(3) さらに，そのなかの一部で国立公園設立を目指す，という 3 つの目的が提示された．僕が担当するのは主に 3 番目の目的である「国立公園設立のための基礎調査」をし，国際機関等と協議して提案をまとめることだ．国立公園の候補地になっているのは，比較的原生的な植生が保たれている山地森林だという．

リベリア側のカウンターパートと NGO

　リベリアで国立公園を管理しているのは林業開発庁 (FDA: Forestry Development Authority) であり，日本の林野庁に相当する．1990 年 2 月，リベリアの首都モンロビアで，まずは政府関係部局への挨拶回りから始めた．問題は，政府関係部局の間の電話回線設備がきわめてお粗末な状態で，会う約束をと

---

*　以前，アフリカゾウは 1 種で，サバンナに生息するアフリカゾウと森林に生息するやや小型のマルミミゾウは亜種レベルの違いと考えられていた．しかし，2010 年に DNA 分析から別種であるとの報告がアメリカのハーバード大学を中心とする研究グループによって発表され，現在では別種扱いにするのが一般的となっている［ブレイク『知られざる森のゾウ』(西原智昭訳，現代図書) 参照］．

るだけでも一苦労する．国家計画経済省，農業省，交通省，土地鉱山エネルギー省，林業開発庁，そしてリベリア大学，在リベリア日本大使館，青年海外協力隊リベリア事務所，さらにはドイツの支援機関事務所などを訪れた．林業開発庁では，こちらの希望に応じて，リベリアで自然環境保全関係の支援に関わっている海外の NGO や国際 NGO の現地スタッフと会う手配をしてくれた．西アフリカでは熱帯雨林保護関係の仕事が多く，ヨーロッパやアメリカの若者たちがけっこう参加していることがわかった．

　FDA の会議室で NGO スタッフと日本側調査団員数名が「率直」な意見交換会をもつことになった．イギリスからきている若い男性がいきなりまくしたてた．「日本から遠くアフリカまでやってきてご苦労様だが，アフリカの環境保全において日本が成果を出したことはないし，これからもあまり期待はしていない」．他の日本側調査団員が気を遣い，「小林さんは一応東アフリカで何年か経験を積んでいるし，現地語もしゃべれますよ」と紹介してくれたが，図に乗ったその若者「ケニアに居たそうだが，東アフリカはサバンナが中心だと思う．それに比べてこちらは雨林が多く，全く環境が異なる」と，さらにやぶ蛇．いきなり期待していないと言われてもなぁ．

　若者の言動を気にしても仕方がないので，具体的な話を始めた．「現地で聞き取り調査をしてからの検討になるが，動物相の調査に赤外線を使った自動シャッター装置付きカメラを設置してみるというのはどうだろう．まだアフリカではそれほど実用化されていないと思うが」．NGO スタッフのなかでも年長者には「面白いかも」と言ってくれる人もいたが，若者は「どうせ湿度でカメラ自体がすぐにダメになる」とか何とか言って否定的だった．いや，それにしてもいきなり出鼻をくじかれてしまった．

　翌朝，それらの NGO メンバーと日本からの調査団が一緒に，リベリア政府林業庁長官と会った．ありきたりの会談後，NGO の人たちが引き上げると，長官が僕たちに言った．「彼ら NGO にはもちろん世話になっているが，あの連中は放っておくとわが国を丸ごと国立公園にしろと言い出しかねない」．日本人とはもっと現実的に (ビジネスの？) 話をしましょうという意味にもとれる．1980 年代も後半になると日本はバブル景気に沸き，木材や象牙などの資源を大量に輸入していた．バブルがはじけたとは言え，まだまだ日本の購買力は強

く，NGO の特に若い連中は，日本が西アフリカまで木材を買い付けにきたとでも思っていたようだが，林業庁長官もそうなのだろうか？　こちらがいくら国立公園設立に積極的になろうとも，最初から誤解されていたのではやりづらい．まあ，長期計画になるだろうから，おいおい信頼を得ていくしかないだろう．

予定地の探訪

　軽飛行機で国立公園予定地とその周辺域を空から眺めてみた．一様な森林が延々と広がり，「一部を国立公園にしても大きな問題は生じないだろう」というのが空から見た第一印象だった．しかし，林冠 (森林上部) がうっそうとしていると思った僕は，確かに全くの素人だった．空から見たあと，地上を 4WD 車で走ってみると予定地周辺域の大部分はゴムの木のプランテーションだった．しかも，プランテーションはさらに拡大されつつあるようだ．国立公園予定地まで近づいてみると，最近まで自然林だったと思われる所も，木々がすでに切り倒されているか，さらに火入れがされてこれから農地に改変されようとしていた．本来の姿の森林植生はほとんど残されておらず，野生動物の生息地もずたずたに分断されていた．

　地元の人々の生活を垣間見るには，青空市場に行くのが一番だ．野菜，香辛料，衣料品など，アフリカではどこでも市場はカラフルで，活気にあふれている．おっとこれは何の肉だろう．ダイカーと呼ばれる小型レイヨウらしい．こちらに広げてあるのは何だか想像ができないが……．座っていたおばあさんに聞いてみると，彼女は広げてあった肉の端を木の枝でひっくり返した．はたして，ニシキヘビを輪切りにした肉の開き (?) だった．別の調査団メンバーは，チンパンジーの子どもが個人の家で飼われているのを目撃した (図 3-10)．とにかく，予定地周辺域の自然環境は破壊尽くされていた．予定地内は，いったいどうだろうか．周辺同様に，森林の残骸にすぎないのか，それとも一部でも自然林が残されているのか．奇跡的にも，後者だった．

　リベリア南東部にあるサポ国立公園の植生は常緑の熱帯雨林である．一方，北部の植生には西アフリカの湿潤性サバンナが入っているうえ，丘陵地が連なっている．丘陵地周辺は焼き畑の後，放棄されていて，一面にエレファントグラスがはびこる荒地草原となっているが，丘陵部には森林も残されている．急

図 3-10 村人に飼われているチンパンジーの孤児 (提供：JICA 調査団).

峻な場所も多く，そういった場所でもし伐採が進んでいれば，土壌浸食も深刻になっていただろうと思われる．

　この残された森林地帯は，地域の人々にとって聖地となっており，荒らしてはいけないとされてきた山地らしい．そういえば，タンザニアのマハレ国立公園も地元トングウェ族の人たちにとって聖なる山を含んでいる．日本の鎮守の森を大きくしたものと思えばいいだろう．調査さえできれば，国立公園にもっていくのは難しくないかもしれない．意義ある仕事ができそうで，ようやく期待感が高まってきた．

　昔この辺に生息していた，あるいは生息しているのではないかと思われる哺乳類として，チンパンジーを中心とした霊長類，ボンゴやダイカーなどのレイヨウ類，マルミミゾウ，バッファロー，コビトカバ (図 3-11) などがあげられる．そして 2 種の希少鳥類，ムナジロホロホロチョウとハゲチメドリも生息しているかもしれない．ダイカーには希少種のシマダイカーやカタシロダイカーも含まれている可能性が高い．森林内に隠れている臆病なダイカーを目視で識別するのは難しいので，赤外線シャッターを用いた写真撮影が必要になるだろう．

内戦勃発

　話は若干さかのぼるが，1990 年 2 月，現地調査のため首都モンロビアをしばらく離れる際のこと．この年，リベリア国内で内戦が起こっていた．モンロ

図 3-11 リベリアを代表する野生動物コビトカバ (首都モンロビアの動物園にて). 学名は *Choeropsis liberiensis* で，種小名は「リベリア産の」という意味.

ビアの日本大使館では「いつものことです．この国では毎年のように内戦が勃発していますが，心配には及びません．今回の内戦ももうしばらくすれば収束するでしょう」とのことであった.

　数台の日本製 4WD 車に分乗して，国立公園予定地へ向かう．首都を少し離れると検問所があった．リベリア政府と正式な提携をしている業務なので，通行には問題がないはずだ．しかし，ここから先はしばらく政府軍の護衛がつくという．僕は行く先々をしっかり見ておこうと，運転手の隣の助手席に座っていた．そこに，メジャーすなわち「陸軍少佐」を自称する兵士が自動小銃を抱え，僕の隣に座ることになり，最前列は三人掛けとなった．すでに道は未舗装で，車は激しく揺れた．僕は二人に挟まれながら，できるだけ運転手の邪魔にならないように気をつかったが，少佐はお疲れなのか眠り込んでしまった．銃を抱えたまま，そして銃口をこちらに向けたまま，である．安全装置はかけてあるだろうし，引き金に指もかかっていないのだが，やはり銃口がこちらに向いていては落ち着かないことこのうえない．時々，銃身をまじまじと見た．使い込んだ銃と見えて，銃口は傷だらけだった.

　外交筋の予測に反し，この年の内戦は本格化した．予備調査を終えて日本に戻り，本格調査の準備をしているとき，リベリア各地から住民虐殺のニュースが伝わってきた．5 月には道路封鎖中の現場で 2 名のアメリカ人が何の説明

もないまま射殺された．リベリアにおけるアメリカ平和部隊のボランティア活動は，アフリカでも最大規模だったが，一時中止されることになった．またリベリアにいる日本人は国外に退去し，日本大使館も閉鎖された．

　7月末には，首都モンロビアで，教会に逃げ込んでいた住民らが無抵抗のまま政府軍兵士に殺されたというニュースが伝わってきた．避難していたのが反政府系部族の人々だったため，政府軍の襲撃を受け，女性や子どもを中心に200人以上が殺害されたようだ．目撃者の証言によると，午前2時頃突然兵士が侵入，就寝中の人々を次々と惨殺したという．銃撃により頭部が吹き飛ばされたり，バラバラになった母親の死体が散乱し，教会の窓からは逃げようとして射殺された人々の死体が数多くぶら下がっていたという．教会には電話もなかったため，無抵抗の人々は助けを呼ぶこともできずに殺されたようだ．

　林業開発庁に通うために僕たちも通っていたメインストリートの側溝に投げ込まれた死体の写真なども報道された．ついにモンロビアは陥落し，大統領も捕らえられ，リンチを受けて殺害された．

　リベリア共和国の国名は「リバティ(自由)」に由来する．アメリカで奴隷の身分から解放されたアフリカ系の人々がこの地に渡り(戻り)，19世紀半ばに建国した経緯がその名の由来だ．アフリカではエチオピアに次いで長い歴史をもつ独立国家だ．その「自由」が内戦によって踏みにじられたことはとても悲しい．戦線に少年兵を送り込む非人間的な戦闘が繰り返されたとも伝えられた．

支援事業の中止と内戦のその後

　当時の政権との提携による支援業務は，内戦により完全に中止に追い込まれた．リベリアでお世話になった人々の安否が気がかりだったが，1992年3月，京都で開催されるワシントン条約締約国会議に，締約国の1つリベリア政府からも代表団2名が参加予定だという情報が入った．会議場で見つけたのは，一緒に新しい国立公園を作ろうと協力しあった林業開発庁の2名だった．うち1名は姓をフリーマンという．自由を踏みにじられた国リベリアからやってきたフリーマン(自由人)だ．そして同僚のフリィ(Fully)氏も一緒だ．会議の休憩時間に彼らと抱き合って再会を祝った．彼らの話では，他の林業開発庁スタッフもほとんど無事だとのこと，まずは安心した．

1989年のクリスマスイブに始まった内戦は，1996年まで続き，15万人の死者と30万人以上の難民を出したと言われている．西アフリカでも最悪と呼ばれる内戦となってしまった．この内戦で反政府軍を指揮した人物が大統領に就任したが，国内の悲惨な状況は改善されず，翌年には大統領暗殺未遂事件が発生した．1999年には複数の武装勢力が蜂起し，リベリアは再び内戦に突入した．海外諸国の介入で内戦にようやく終止符が打たれるのは2003年になってからだ．アメリカ海軍がリベリア沖合に到着し，アメリカ軍をはじめとする平和維持軍が上陸したため，リベリア大統領は国外へ逃亡した．

2005年，リベリアに女性大統領が誕生した．選挙による女性大統領の選出はアフリカ大陸初とのことで，2011年にはノーベル平和賞を受賞している．あの国立公園予定地はどうなったのだろうか．今度こそ残骸と化したか，あるいは人間たちのやることなんかどこ吹く風でまだ無事なのだろうか．

エピローグ

アフリカの野生動物保護の現状を知ろうと何年にもわたって足を運んだ．そして命をかけて野生動物を守ろうとしているレンジャーたち，野生動物の被害に苦しむ住民たち，そして僕と同じような目的でアフリカに暮らす白人たち，さまざまな人たちに会うことができた．なかにはその言動に首をかしげたくなるような人もいるにはいたが，大部分は素晴らしい人たちだった．課題を見つけて協力をしたいと言っても，結局いろいろな面で助けてもらわなければ何もできない．今では若い日本人たちが自然保護を研究課題としてアフリカ各国で調査している．結局，自然を破壊するのも人間ならば，それはまずいだろうと自然保護に乗り出すのも人間なのだ．その人々を好きになることができれば，アフリカで自然保護を研究するのも，実際に自然保護に手を貸すことも，楽しく有意義なものにできるだろう．さすがに体力的には自信がなくなっているが，機会があればまた現地に足を運びたい．

皆さんも是非アフリカへ，カリブ（ようこそ）．

著者の紹介（東 正剛）

宮田弘樹くん

オーストラリア人も絶句，「まさか日本人が一番ノッポとは…」

　オーストラリア・アデレードに滞在中の1998年12月，フリンダース大学のスタッフの一人が私と宮田くんを自宅に招いてくれた．この家では，招待者の身長を1本の柱に記録する慣わしになっているらしく，その柱にはたくさんの横線と名前が書き込んであった．「5月5日の背くらべ」と同じだ．当然，これまではオーストラリア人がほとんどだろうから，175〜180 cm前後のところに横線が集中していた．早速，我々もその柱のそばに立たされた．宮田くんが立ったとたん，目を丸くした主人が絶句，「まさか日本人が一番ノッポとは…」．小林聡史くん，松田一希くん，村上貴弘くんたちも180 cm前後の長身だが，宮田くんは192 cm．まさに大男と言っても過言ではないだろう．日本人の大男には大顔で胴長が多いが，彼は均整がとれている．

　宮田くんが学位を取って間もなく，北大理学研究科動物学専攻の先輩で，大手建設会社の技術開発研究所に勤めているIさんが私の研究室を訪れてくれた．私は驚いた．この先輩には大変嫌われていたからだ．大学院に進学した頃の私はとても生意気だったらしく，先輩方の評判がすこぶる悪かった．おまけに，専攻内で行われた軟式野球の試合で，Iさんが投じた一球を大ホームランにしてしまったのだ．当時，北大には2つの野球場があり，大きい野球場のフェンスをはるかに越えるところまでボールが飛んでしまった．高校時代に野球部だったIさんは，しばらく口を利いてくれなかった．

　その先輩が求人に来てくれたのだ．「昆虫好きで，つぶしの利く学生はいないか．博士号をもっているやつがいい」．民間会社なので，もし研究に向いていなくても他の仕事に回せるような人材を求めているという．その会社が得意としている屋根開閉式ドームは，昆虫が翅を畳む仕組みを応用しているという話は聞いたことがあった．もちろん，私の頭にはすぐに宮田くんの姿が浮かんだ．大は小を兼ねる．長身すぎて営業には向かないかもしれないが，他のことなら応用範囲が広いはずだ．

　現在，宮田くんはその技術開発研究所に勤めている．仕事は「特許を取ること」らしい．例えば，蛾が建物の中に侵入するのを防ぐ方法として，蛾の天敵であるコウモリの超音波を利用するシステムを開発し，技術開発関連のコンテストで優秀賞を受賞している．宮田くんの活躍は，昆虫学の広がりを我々に教えてくれている．

4 豪州蟻事録
——大男，夢の大地でアリを追う

(宮田弘樹)

プロローグ

　1860年8月20日，メルボルンを旅立ったロバート・オハラ・バーク率いる探検隊は，未踏の内陸部を見事踏破したにもかかわらず，極限的な水不足のため翌年の6月下旬，最悪の結末で探検の幕を閉じた．オーストラリア入植当時の探検隊の不遇を描いたアラン・ムーアヘッド原作の小説『恐るべき空白 (原題：*Cooper's Creek*)』(早川書房) を読むと，いかにこの大陸が人間に容易に牙を剥くかがよくわかる．この本を読んでオーストラリアに強く魅かれた僕は，探検隊の無念? を晴らすべく，大学卒業から準備に1年を費やした1993年，北端の町ダーウィンを出発点とし，南のアデレードを目指す自転車での冒険を試みた．大陸の中央を縦断するスチュアート・ハイウェイを延々南下する旅である (図4-1)．

　ハイウェイの脇には極太のパイプラインが並走していた．バークらの悲劇を知っていれば，このパイプラインがいかに重要なライフラインであるか合点がいく．ただしこのパイプライン，町々へ水を運ぶのが唯一の任務であるから，通りすがりの旅行者にいつでも給水できるよう，途中に蛇口がついている，なんていう構造はもち合わせていない．つまり，水が手に入りにくい状況は現代においても変わらず，バークらと同様の遭難が容易に起こりうるだろう．

　ハイウェイはもちろん舗装されているのだが，路肩の仕上げが悪く，また，トレーラーを複数連結した最長100 mにも達するロードトレインと呼ばれる豪快なトラックが頻繁に走り抜けていくので，ロードトレインが迫ってきたら，平らな舗装路から端に追いやられ，凹凸の激しい土の路肩を走ることになる．

タイヤが太く，悪路での走破性に重点をおいたマウンテンバイク・タイプの自転車を選んで正解であったと痛感したが，道路脇の未舗装部分を走り続けるのは非常に体力を消耗する．かといって，舗装部分を走り，車が来たら未舗装部分に避難，を繰り返すのも同様に骨が折れる．どちらが最適解かを見極めることは結局できず，道路の端をうろうろしながら旅を続けた (図 4-2)．

最も厄介だったのは，やはり，酷熱の日射であった．汗をかいても瞬く間に気化してなくなるこの地では，汗をかいた不快感によって温熱環境的安全性を推し量ることは不可能であった．強烈な太陽の熱線によってセンサーとしての機能を失った皮膚は，危険回避のための情報を的確なタイミングで主人に警告することを忘れ，高気温によって気化してしまった汗は，もはや気化熱によっ

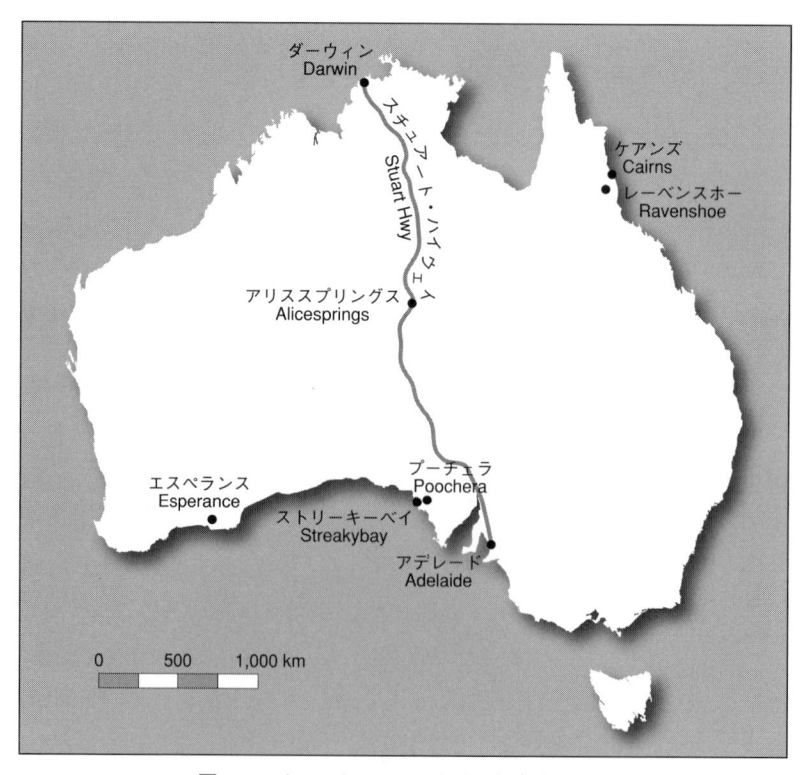

図 4-1 オーストラリアにおける調査地など．

図 4-2 1993 年の自転車旅行中の一コマ．旅の起点となった北部の町ダーウィンから，スチュアート・ハイウェイを 10 km ほど東へ移動した地点．

て体温を下げるという機能を投げ出してしまっていた．

　そもそも気負いが過ぎたのだろうか．ダーウィンを出発する時点で，酷暑と独りよがりのプレッシャーによって，すでに食欲はなく，ほとんど水しか飲めない状態であった．やる気だけが空回りし，急いでダーウィンを発ってはみたものの，日に日にペダルを踏む力が衰え，小さな丘を越えるのも息切れする有り様であった．ちょうどオーストラリアの中央辺り，緯度的にはバークたちが生死をさまよった辺りで見事にへばってしまった．やれやれである．

　オーストラリアのヘソとも称されるアリススプリングスの名は，かつて北部と南部を繋ぐ電信線敷設のためにこの地を訪れた調査団が湧泉を見つけ，当時の電信総監チャールズ・トッドの妻アリスの名を付けたことに由来する．この町は，アボリジニの聖地である世界最大の一枚岩への陸路での玄関口でもある．心身ともに疲れ果ててこの町にたどり着いた僕は，当然のごとくエアーズロックに立ち寄った．その麓のトイレで，見慣れない生き物に出会った．琥珀色の球体に脚が生えているかのような小動物は，赤土が堆積した床をぎこちなく移動していた．オーストラリアで最も有名なアリの一種「ミツツボアリ」である．このアリは，働きアリの一部が，仲間が集めてきた花の蜜を自らのお腹

に溜め込むことからこの名前がついている．蜜壺役となったアリは，次から次へと仲間から口移しで蜜を受け取るので，腹部がはち切れんばかりに膨らむ．そこで見たのは，この蜜壺役のアリであった．しかし，蜜壺役のアリは通常地中の巣の天井にぶら下がって生活していて，のこのこと屋外に出てくることはまずないはずである．当時は珍しいものを見た，という程度であったが，今にして思えばなんだか暗示めいた出来事であった．なぜ，あの場所にいたのかはいまだによくわからない．

その後，南オーストアリア州，西オーストラリア州を巡り，さまざまな生物と雄大な景観，そしてそれらとともに暮らす先住民の文化を見て回った．手つかずの自然や独特の生物相を体験すると，偉大な地球を素手で触っているような不思議な感覚に陥った．圧倒的なパワーによってオーストラリア大陸に寄り切られた，という状態で旅を終えた．

帰国後，北海道大学理学部に戻り，大学院修士課程では甲殻類であるザリガニの神経生理学的研究に従事した．しかし，もともとフィールド志向が強かった僕は室内実験に飽き足らず，博士課程では生態学の研究をしようと決意した．そこで，地球環境科学研究科の東先生に相談したところ，雑談で話したオーストラリア旅行に興味をもっていただいた．先生も大学院生の頃，オーストラリア探検を計画したことがあるという．1931年に西オーストラリア州で初めて採取されて以来，数多くのアリ学者が探索したにもかかわらず再発見されていなかった「アカツキアリ」を探しにいくつもりだったらしい．蝦夷富士として有名な羊蹄山の山小屋で管理人をしながら資金を貯め，著名なアリ学者エドワード・ウィルソンなどとも手紙で連絡をとりながら計画を練ったようだ．しかし，いよいよ出発しようとした直前にウィルソンから，彼の教え子であるロバート・タイラーが再発見を果たしたと知らされ，計画を断念したとのことであった．

「オーストラリアで軍隊アリの研究をしてみないか」．アリを材料にフィールドワークがしたいという僕に，東先生はそう提案された．オーストラリアの赤い大地が脳裏にへばりついていた僕には，まさに渡りに船であった．憧れの大地オーストラリアで，今度はアリを追いかける旅を始めることになった．

4-1 オーストラリアでアリ研究

なぜ「アリ」か

「おまえはそんなにでかい図体をして，アリなんて tiny bug (ちっぽけな虫けら) の研究をしているのか！」．マレーシアはコタキナバルの安宿で，イギリス人のバックパッカーに腹を抱え延々と笑われたことがある．確かに身長 190 cm は世界レベルでも巨躯に分類されるだろう．「ほっといてくれ」と怒らず，「確かに」と妥協してしまったことも，彼の哄笑に拍車をかけてしまったようだ．彼は小1時間ほど，「そのジョークはとても面白い．日本で流行っているのか」と大げさに涙を拭きながら転げ回った．僕が嘘を言っていると思ったらしい．冗談じゃない．アリの研究は，アリという生物の生態を探るだけの研究にあらず．アリの研究はシステムデザインの研究なのである．

アリは生命体として1匹で完結するのではなく，女王とその子からなるコロニーと呼ばれる1家族で完全体となる．ある状況 (入力) に応じて適切な判断 (出力) を下す機構をオートマトンと呼ぶが，ヒトを含む多くの生物はオートマトンの機能を個体自体がもち，体内に張り巡らされた神経細胞網によって，信号を伝搬，集約，分散，増幅，減衰させ，入力から出力を導き出す．しかしながらアリでは，群知能とか集団知と呼ばれるように，オートマトンは個体ではなく，アリ同士のネットワークで維持されているコロニーである．つまり，アリ1匹はヒトの神経細胞1個と相同である．したがって，バックパッカーが僕と比べるべきは，アリ1匹ではなく，アリの1コロニー全体なのである．アリのコロニーは，質，量ともにヒト1個体と比較しても決して引けを取らないのだから，大笑いするほど滑稽な話ではないのだ．

「地球は生命と環境の協調的な相互作用により，自己調節システムを有している」というガイア理論は，地球を一つの生命体，つまり自律的システムとして扱う全体論的な地球の把握方法であり，NASA の大気学者であったジェームズ・ラブロックによって 1960 年代に提唱された．あたかも絶対神によってその機能が付与されたかのように地球を詠うのはどうかと思うが，地球を巨大な自律的オートマトンと考えることはできるだろう．だとすれば，人間活動によ

る環境負荷が限度を越えつつある現在，地球の行く末を考察するのにガイアのミニチュアたるアリのコロニーの研究は多大な貢献をなすとまでは断じないが，つじつまをあわせることくらいはできそうだ，と考えるのだが，どうだろう．

　たかがアリ，されどアリ．アリ，ハチ，シロアリを含む社会性昆虫は，陸生生物としては，ほとんどの大陸において圧倒的に優勢である．バート・ヘルドブラー，エドワード・ウィルソンなど著名な社会性昆虫学者の試算によると，社会性昆虫は，種数では全昆虫約80万種の2%足らずを占めるにすぎないが，全昆虫の現存量の半分以上を占めるという (Hölldobler & Wilson 1990)．いかに社会性というシステムがそれらの生存を高めているかがわかる．社会性昆虫のなかでもアリは，食性や生活様式がさまざまで，生態系に多様で多大な影響を与えているという点において，陸上で最も成功した生物グループの一つと言えるだろう．

　アリは熱帯域を中心として世界中至る所に存在するが，珍奇なアリが多く生息する地域として特筆すべき場所，それがオーストラリアである．僕は1996〜1999年までの約3年間，そのオーストラリアで，でかい図体を駆使して，小さな巨人たるアリたちをひたすら追いかけた．

珍奇なアリ類の宝庫，オーストラリア大陸

　オーストラリア大陸は，南北約3,700 km，東西約4,000 km，総面積約772万 km^2 に及び，6大陸のなかで最小とはいえ，日本の約21倍もある巨大な陸塊である．シドニーやメルボルンなど，人が住みやすい温帯域は南東部のわずかな地域のみで，大陸の大部分が砂漠気候やステップ気候の乾燥帯となっており，生物が生存するには非常に厳しい場所である．

　熱帯域は大陸北部にうっすらとかぶさる程度で，ビーチリゾートのイメージが強い国にしては，いささか少なすぎる．ただ，東海岸の北端に残る熱帯雨林は世界最古とされており，生物学的には非常に魅力的な地域となっている．

　この国を飛行機で上空から初めて眺めたとき，何とも形容しがたい印象を受けた．海がとても青いから？　大地が想像以上に紅いから？　どうもそんなことではないらしい．輪郭が四国に似ているから？　もちろんそんな愚答で解決することでもない．しばらく目を凝らし，日本の海岸線を思い浮かべてようやく理解できた．海と陸の境界が溶け入るように曖昧なのだ．やたらと護岸され

た日本列島の眺めに慣れた眼には，とても奇異に写ったのだった．オーストラリアで最も都市化の進んだシドニー近郊でさえそうなのだ．国土の平均標高が低い，あるいは地史的に古いということもあるだろうが，何より，「ありのままの自然」を大事にする国だからなのだろう．

オーストラリアのありのままの自然は，他の大陸とはかなり異なる様相を呈している．超大陸ゴンドワナから古くに離脱し，約 6,000 万年前までには完全に他の大陸から孤立した．オーストラリア区と東洋区の間に力強く引かれた生物地理区分の境界線はウォレス線と呼ばれ，オーストラリアの永きにわたる孤独の象徴である．加えて，大陸の大半を占める乾燥地帯などの過酷な気候が外部からの侵入を拒み，陸上生物の特殊化を促した．そんな厳しく特異な環境が広がる大陸だからこそ，アリたちは，ニッチ制圧の任を受け，形態的，行動生態学的に多様な進化をとげ，生態系での成功者になったのであろう．

世界中で現存するアリは 18 亜科約 300 属約 10,000 種が知られている．オーストラリアでは 10 亜科 103 属 1,275 種が確認されていて，研究が進めばおそらく倍の種数になるとも言われている (Shattuck 1999)．日本では 10 亜科 58 属 276 種が見つかっているが，オーストラリアとの属数，種数の差は歴然で，面積の違いだけでなく，自然環境の多様性の違いをうかがわせる．

ジュラ紀にゴンドワナ大陸が西ゴンドワナ大陸 (アフリカ，南アメリカ) と東ゴンドワナ大陸 (インド，南極，オーストラリア) に分裂し，新生代初期に南極大陸とオーストラリア大陸が分かれて以来，オーストラリアは他の大陸から隔離されてきた．そのため，この大陸の生物相は独特で，アリも例外ではない．長く直線的な大顎，大きな複眼をもつ奇怪な容姿のキバハリアリ属 *Myrmecia* はオーストラリアにしか現存しておらず，これまでに約 100 種が知られている (図 4-3)．なかでもトビキバハリアリ *Myrmecia croslandi* は，染色体を 1 対 2 本しかもたない昆虫として有名で，染色体の数が生物の体制とは無関係であることを示した重要な生物である．ブラジルで 1 億 1,200 万年～1 億年前の地層から見つかった化石種レイメイアリ *Cariridris bipetiolata* はキバハリアリ属に近く，白亜紀には南アメリカ大陸や東ゴンドワナ大陸だけではなく，おそらくアフリカ大陸にも近縁系統が分布していたと思われる．オーストラリア大陸以外では，他系統のアリの繁栄や気候変動によって絶滅してしまったのだろう．キバハリアリ属に一

図 4-3 キバハリアリ *Myrmecia gulosa*.

見似ているため *Nothomyrmecia* (notho は「似るが別物の，偽の」の意味) という属名を与えられたアカツキアリ *N. macrops* は，キバハリアリ属とも異なる原始的形態を有しており，生きた化石，あるいはキョウリュウ (恐竜) アリ (dinosaur ant) と呼ばれている．デコメハリアリ亜科のゴウシュウハリアリ属 *Rhytidoponera* もオーストラリア大陸とその周辺の島々にしか分布しておらず，形態的に分化した女王アリを二次的に失った種がたくさん見つかっている．

インドネシアやニューギニアを通って進入してきたアジア由来のアリも少なくない．例えば，インドから東南アジアに広く分布するアジアツムギアリ *Oecophylla smaragdina* はオーストラリア北部にも広く分布しているが，アジアの茶色いツムギアリとは違って緑色で，現地では green ants と呼ばれている．まさに，*smaragdina* (エメラルドのような) と呼ぶにふさわしい．オーストラリア中央部の砂漠地帯には，ミツツボアリ *Camponotus inflatus* も棲んでいる．オーストラリアの砂漠はアフリカのサハラ砂漠のような完全乾燥砂漠とは異なり，数年に一度，大雨が降って水浸しとなる．まさに天の恵みによって，土中の動物たちは休眠から覚め，植物も一斉に開花し，大地が生気を取り戻す．ミツツボアリはこの間にせっせと餌を集めるが，働きアリの一部が大量の餌を胃の中に詰め込んで乾燥期に備える．腹部が巨大に膨れ上がった働きアリたちが巣の天井にぶら下がっている様子は，まさに蜜の入った壺をぶら下げているようで，道具を自作できる僕たち人間からすると異様であり，また，感心させられもする．

これだけ垂涎の研究材料が転がっている大陸に，足を踏み入れずに我慢できるアリ研究者は，まあいないだろう．No Australia, no myrmecologists* である．多様性に富んだオーストラリア産アリ類のうち，今回は，学位論文の調査対象であった軍隊アリの一種，カギヅメアリ *Onychomyrmex hedleyi* の生態について詳しく紹介する．また，カギヅメアリの研究と並行して行った，順位制が見られるエントツハリアリ *Pachycondyla sublaevis* と，完全夜行性のアカツキアリについても簡単に紹介しておきたい．

ダウン・アンダー

マリリンは開口一番，「ダウン・アンダーへ，ようこそ」と笑顔で僕を迎えた．オーストラリアはかつての統治国であるイギリスから見て真下，真裏にあることから，ダウン・アンダーと呼ばれる．オーストラリアの人々は，自虐的ではあるが陽気に，そして比較的愛着をもって自分たちの国土をそう呼ぶ．ケアンズの街中にも，ダウン・アンダーの名を使った飲食店やスキューバダイビングの店舗などが見られる．マリリン・ウェアーは，1件の自宅兼アパートとその他多数のアパートをケアンズ市内に所有する凄腕の大家さんである．

当初，カギヅメアリとエントツハリアリの研究のために，ジェームズ・クック大学ケアンズ校 (JCUC) の昆虫研究室を使わせてもらえることになっていた．あらかじめ日本から手紙で，研究室の使用について打診したところ，JCUC 所属の研究者から「歓迎する．自由に使ってくれ．」という返事をもらっていたのだ．ところが，大学を初めて訪れたとき，研究室を使うためには年間約70万円の使用料がかかると告げられた．当時の東研究室は学生が多く，そんな高額な使用料を大学院生1人のために支払う余裕はとてもなかった．はたと困ったが，このまま研究を諦めて日本に帰るつもりは毛頭ない．何とかして，アリの飼育・実験と居住を兼用できるアパートを探すことに決めた．幸い，JCUC の総務課が学生・教員向けに住居の斡旋を行っているということで，数軒の物件を紹介してもらい，さっそく品定めに向かった．

オーストラリアで一人で生活する場合，シドニーのような都会では小ぢんまりしたワンルームマンションなどもあるようだが，人口わずか15万のケアンズ

---

* アリ学を myrmecology，アリ学者を myrmecologist と言う．

にそんなちゃちな居住システムは存在しない．一戸建て住宅やアパートの一世帯用住居を複数の居住者でシェアするのが通例である．JCUCに紹介された数軒を廻ってはみたけれど，やたらと部屋を小奇麗にしている色白独身の中年おじさんや，目の下に隈のできた陰気なおねえさんなど，シェアメイトとして何かしっくりこない感じがして，選びあぐねてしまった．アリの研究をします，という一言が，不可解な戯れ言と受け取られ，きっと理解されないだろうという不安が何より大きかった．そんな状況のなかで最後にたどり着いたのが，マリリンの自宅兼アパートであった．そこは，若い旅行者が数日滞在する宿泊スタイルを主としており，何より気兼ねのない場所だと感じ，即決した．ただ，重要なことを聞き忘れていた．数日後に「研究のためにアリを室内に持ち込んでもいいか」と尋ねたら，あっさりと笑顔で断られた．思わず「うっ」と呻いてしまったが，すぐに彼女が所有する一戸建住宅を紹介してくれた．

　紹介された住宅は2階建ての大きな家で，8LDKくらいあった．住人は主に，英語を学びに海外からやってきた若者，例えばブラジル人，スペイン人，スイス人，ドイツ人，たまに韓国人や日本人などで，15～20 m^2 程度の部屋に1～2名が生活していた．ほとんどの部屋が正方形に近い造りであったのだが，僕に用意された部屋は2階で，ウナギの寝床のように異様に細長い1室であった．しかも奇妙なことに，廊下側のドアだけでなく，窓側にもドアが付いており，そこから階段で直接道路に降りることができた．この階段はほとんど使われておらず，入居当初は非常階段に近くて安全だ，と思っていたが，やがて週に2度ほどその階段を登ってくる不特定の来訪者がいることが気になってきた．そのたびに，階段を降りて裏から建物に入るよう，説明するのも面倒であった．当初は忙しくて考える暇さえなかったが，数か月経過してからはたと気がついた．この部屋はかつての玄関だったのだ．部屋にアリを持ち込んで汚くするだろうから，これで十分だと思われたのだろう．

　その「玄関部屋」の真下には管理人として，ケビンという40代くらいの男性が住んでいた．後になって大家さんの妹婿であることを知ったが，一言も声を発さず黙々と仕事をこなす姿は一種異様な雰囲気を漂わせていた．その人間味のない機械的な動きから，僕たち住人は，彼を，1980年代に放映されたSF映画に出てくる殺人ロボットをもじって，「ケビンネーター」と呼んだ．彼が作

成する週ごとの家賃の領収書には，当初僕のファーストネームから Hiro と書かれていたが，3週間たった頃になぜか Hero と変化し，以後そのアパートを引き払うまで修正されることはなかった．

かくして，階下のダウン・アンダーと同居するなりゆきヒーローは，ダウン・アンダーの大地に生息する奇異なアリたちとの戦闘準備を整えた．

4-2 最も原始的な軍隊アリ，カギヅメアリ

軍隊アリとは

『黒い絨毯』(原題：The Naked Jungle) というチャールトン・ヘストン主演の映画を見たことがあるだろうか．数百年に一度集団移動をするという架空のアリ，マラブンタの大群が，アマゾン川上流の開拓地を次々に襲う映画である．フレッド・ヒッチコック監督の映画『鳥』同様の動物パニック映画なので，アリの恐ろしさを極めて大袈裟に表現している．そのモデルになっているのが中南米にしか生息しないグンタイアリ *Eciton* spp.である (図 4-4).

グンタイアリのなかで最も有名なのが *E. burchelli* (バーチェルグンタイアリ) と *E. hamatum* である．狩猟時の蟻道の形状が，後者では樹木の枝分かれのよ

図 4-4　グンタイアリ *Eciton hamatum*．働きアリはネット状に連なり，自らが外壁となってビバークを形成する．

図 4-5 グンタイアリ *Eciton hamatum* の女王とマイナー (小型の働きアリ).

うな縦列状であるのに対し，前者では映画と同じく一面アリだらけの絨毯状である (Schneirla 1971) ことから，映画のモデルとなったアリはどちらかといえばバーチェルグンタイアリであろう．僕も 2012 年に中米パナマの森の中で，バーチェルグンタイアリの襲撃シーンに出くわした．どうも絨毯のど真ん中に飛び込んでしまったようで，どちらに逃げればいいのかわからなくなり，本当に肝を冷やした．映画では，北アメリカ産のクロオオアリなど数種の比較的おとなしいアリを使って獰猛なマラブンタを撮影しており，僕たちアリ研究者の目には滑稽に写る．実際のグンタイアリは強力な大顎と鋭い針をもち，不用意に扱うと，僕たちでも痛い目に合う．熱帯雨林の林床を集団で移動しながら，出会う節足動物を根こそぎ捕えていくが，もたもたしていると，両生類，爬虫類，鳥類，小型の哺乳類さえ犠牲になる．

　映画のマラブンタは数百年に一度集団移動をすることになっているが，実際のグンタイアリの移動はもっと頻繁で，数週間毎日のようにコロニー全体の移動を行う放浪期と，数週間一か所にとどまって採餌のみを行う定着期を交互に繰り返す．どうやら，幼虫が終齢幼虫や蛹にまで成長して運搬の効率が悪くなると，コロニー全体の移動をやめているようだ．定着期に入ると，女王アリは腹部がはち切れんばかりに急速に卵巣を発達させ，次世代の産卵を開始する．グンタイアリの女王は数日間で実に 10〜30 万個の卵を産むが，それらの卵から小さな幼虫が孵化する頃，すでに蛹となっていた 1 つ前の世代が一斉に成虫

となる．それにより急激に個体数が増加したコロニーは，その興奮とともに再び移動を始め，放浪期に突入していく．

　グンタイアリでは，生産者たる産卵女王は，コロニーに1個体しかいない大切な存在である．そのため，引っ越すときは，マイナー(小型の働きアリ)とメディア(中型の働きアリ)たちがしっかりと寄り添って護衛し，唯一無二の女王を守る(図4-5)．つねに放浪生活をしているので，普通のアリに見られるような，例えば地中深くに小さな個室をたくさん設けるような，しっかりとコストをかけた巣は造らない．倒木の下や洞を利用して雨露をしのぐ程度の「ビバーク」と呼ばれる簡素な仮の巣を形成する(図4-6)．

　アフリカやアジアの熱帯に生息するサスライアリ *Dorylus* spp.やヒメサスライアリ *Aenictus* spp.も中南米のグンタイアリと同じような生活をしている．このように，(1) 固定した巣をもたない「放浪性」と，(2) 多数の個体が協力して生きた獲物を襲う「集団狩猟性」を併せもつアリを総称して「軍隊アリ(army ants)」という．軍隊アリでは，いずれの種もコロニー当たりの個体数が膨大で，ヒメサスライアリでは数万個体，グンタイアリでは数十万個体，サスライアリに至っては数百万個体からなるコロニーも報告されている．

　これら軍隊アリの解剖学的研究を行った Gotwald (1979) によると，グンタイアリ，サスライアリ，ヒメサスライアリに見られる形態的類似性は，共通の祖

図 4-6　バーチェルグンタイアリ *Eciton burchelli* のビバーク．

先アリから進化したのではなく，それぞれ独自に獲得された収斂進化によると結論していた．これに対し，Brady (2003) は DNA 解析の結果から，グンタイアリ，サスライアリ，ヒメサスライアリにはゴンドワナ大陸起源の共通祖先が存在することを示し，軍隊アリの行動様式はただ一度だけ起こり，分散していったのであろうと推測した．最近の分類体系ではブラディの分析結果を受け入れ，これらをグンタイアリ亜科としてまとめ，それぞれをグンタイアリ亜科の属として扱っている．

　しかし，熱帯産アリ類の研究が進むにつれて，放浪性と集団狩猟性を示すアリはグンタイアリ亜科だけとは限らないことが明らかとなってきた．最近では，グンタイアリ，サスライアリ，ヒメサスライアリなど，以前から軍隊アリと呼ばれてきたアリたちを「真の軍隊アリ (true army ants)」と呼び，軍隊アリ様の行動様式を示すアリ類全てを総称して「軍隊アリ」と呼ぶようになってきた．つまり，軍隊アリというのは祖先を同じくする単系統ではなく，同じような淘汰圧のなかで似たような行動様式が複数の系統で進化してきたと考えられるようになってきている．それでは，どのような淘汰圧がこのような収斂進化を生み出したのだろうか．この問題を解決するには，比較生態学的手法に頼るしかないだろう．それには，コロニーサイズが小さく，かつ放浪性と集団狩猟性を示す種の生態学的研究が鍵となる．

オーストラリアの軍隊アリを求めて

　カギヅメアリは，軍隊アリ様の生活をしているのではないかと長年言われてきた．このアリは，アリ科のなかでも原始的な系統に近いと考えられてきたノコギリハリアリ亜科に属している．そのため，アリ類について書かれたいくつかの本では「最も原始的な軍隊アリ」として紹介され，軍隊アリの行動進化の過程を明らかにするうえで，最も重要なアリであると目されてきた．にもかかわらず，このアリの生態調査はほとんどなされてこなかった．その理由は，生息地がオーストラリアの熱帯雨林のごく一部に限られているうえに，その大部分が，生物採集が厳しく禁止されている国立公園内にあったためである．オーストラリアの国立公園はおそらく世界で一番厳しく管理されており，個人的な調査研究はほとんど許可されないし，無断で生物を採集しようものなら容赦な

く監獄に送られるほどである．ところが，東先生は，数年前，ポッサムという樹上性有袋類を研究する生態学者ジョン・ウィンター博士と知り合い，彼が個人で所有する小さな熱帯林に開設した研究サイト「マッシークリーク・エコロジーセンター (MCEC)」で，偶然，このアリを発見した．私有地内であれば，生物の採集は禁止されていないため，今回，僕はウィンター博士に許可をもらい，本格的にカギヅメアリの生態を研究することになったのである．

マッシークリーク・エコロジーセンター (MCEC)

　オーストラリアの北の玄関口ケアンズから海沿いをいったん北上し，スミスフィールドからキュランダまで世界最古といわれる熱帯雨林を一気に標高 400 m ほどまで上がると，アサートン・テーブルランドの突端に着く．ロデオや気球で有名なマリーバの辺りまでくると，熱帯雨林に替わって丈の短い草とまばらなユーカリの風景となる．CSIRO (Commonwealth Scientific and Industrial Research Organization，オーストラリア連邦科学産業研究機構) の支所があるアサートンまで徐々に標高をかせぎながら南に進み，さらに 50 km ほど南下すると標高約 1,000 m のレーベンスホウという小さな町に達する．MCEC はこの町のはずれにある (図 4-7)．ケアンズから南西に直線距離で約 100 km，グレート・ディバイディング・レンジ (大分水嶺) の北端である．

　幹線道路から左にハンドルを切り，牧場の間を縫うように敷かれた舗装路を抜けると，やがて熱帯雨林となり，数本のクリークが現れた．そのうちの 1 本を渡ると，森の一部にぽっかりと穴があいたような小さな林道の入口があった．これが MCEC のゲートである．ここは，入るとすぐに急な未舗装の上り坂になっており，もし入口の手前で対向車に道を譲るために停車しようものなら，よほど加速しないと坂の途中で立ち往生してしまう．

　MCEC は標高が 1,000 m 近いことから，海岸域に比べると 10℃ ほど気温が低く，ウールーノーラン国立公園などの広大な樹林に囲まれた自然豊かな場所である．入口から 500 m ほど小道を進んだところに MCEC のオフィス兼ウィンター博士の住居がある．そこから 10 m ほど坂を上ったところに，訪れた研究者用のキャンピングカーが 1 台設置されている．キャンピングカーの中には，電気コンロ 2 口とベッドが 2 台，屋外には温水の出るシャワーがあるが，何より，調

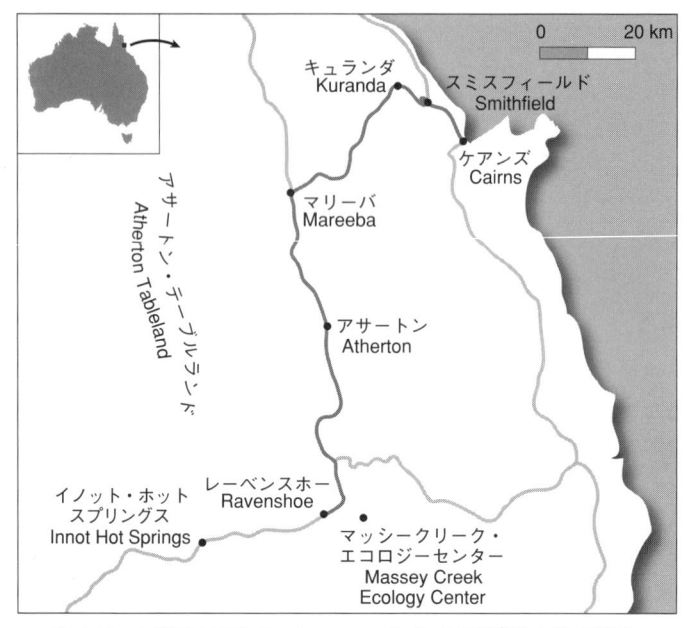

図4-7 カギヅメアリ *Onychomyrmex hedleyi* の調査地とその周辺.

図4-8 マッシークリーク・エコロジーセンター (MCEC) 内にあるビジター用宿泊施設.

査地が目前であるという点において，研究者用の宿泊施設としてはこれ以上の場所はない (図 4-8)．ウィンター博士は MCEC を含む周辺の土地を所有しており，自らもこの場所でポッサムの生態を研究している．白い顎鬚を蓄え，落ち着いた動作と貫禄のある体型から，サンタクロースを連想させる．イタリアのエミリア・ロマーニャ州で造られる天然弱発泡性の赤ワイン，ランブルスコが博士のお気に入りで，夕食の席につく博士の手には必ずそのボトルが握られていた．

カギヅメアリとの出会い

　小雨の降るなか，MCEC の森で予備調査を開始した．最初に，東先生が以前カギヅメアリを発見した MCEC の入口付近の林に入ってみた．樹木の密度が高く，また，雨雲のせいもあるのだろうか，明るい小道からそう遠くない場所でも林内は暗く，林床の様子がつかめない．やがて目が慣れてきたところで，根掘りと呼ばれるスコップ様の園芸ゴテを使ってリターを剝ぐ作業を始める．「黒くて艶があり，体長 4 mm 程度で，リターや倒木の下で群れている」という情報だけを頼りに，探し回るしかない．暗い林床の落ち葉の中から，黒くて小さな生き物を見つけ出すために，しゃがんで移動しながら慎重にリターを剝いでいく．カッパを着ているとはいえ，服はやがてずぶぬれになり，長時間曲げたままの足もしびれてきた．作業を始めた当初はゆっくり丁寧に探索していたが，1 時間もすると疲労のせいで所作が少々荒くなってきた．カギヅメアリは本当にここにいるのだろうか？　という疑念が脳裏を横切った．その矢先，落ち葉を軽くはじいた根掘りの先から黒い何かがあふれ出た．土粒が歩きだしたのかと思ったが，その黒い粒子のいくつかが白い軍手にはい上ってきて初めて，それらがアリであることに気がついた．そのアリは落ち葉や軍手の上で脚をふんばり，激しく体を震わせた．威嚇しているようだ．1 匹捕まえてよく見ると，明らかにカギヅメアリだ (図 4-9)．「これが幻の軍隊アリか」と，初めての出会いに感激しながら，散り散りになった働きアリを一心不乱にかき集め，厚手のビニール袋に放り込んだ．

　調査を開始して初めてわかったのだが，カギヅメアリ調査の難しさは，何も国立公園に囲まれているからという行政上の問題だけではなかった．まずは，黒くて小さいということ．加えて，行動のほとんどが落ち葉に隠れたリター中

図4-9 マッシークリーク・エコロジーセンター (MCEC) の林床で群れるカギヅメアリ *Onychomyrmex hedleyi*. 落ち葉下のビバークから，数枚，枯れ葉を取り除いたところ.

であるということ．体長4 mm ほどの小さくて黒い昆虫は暗い林床で見づらく，しかも落ち葉の表面に出てくるのはごく稀なので，発見も追跡も非常に困難である．また，軍隊アリだから当然ではあるが，巣が頻繁に動くということ．いつ動くのか全く予想できないため，行動範囲とルートを記録するためには，24時間絶え間なく監視を続けなければならない．

ビバークのチェックは2時間ごとに行った．ビバーク周囲の落ち葉をそっと持ち上げてのぞき込むと，数匹の働きアリがビバークに背を向けてじっと立っている．このアリたちが門番で，その付近が出入口ということになる．ビバークの状態を確認するには，この出入口を観察すればよい．出入口付近に数匹の門番アリがいるだけで，外に出ているアリがいない場合は，すぐに落ち葉を戻し，キャンピングカーに帰って仮眠をとることができる．出入口付近に門番以外のアリが出ている場合は，ビバーク外活動を始めた証拠であるので，その時点からビバーク周辺の連続観察を開始することになる．

ビバーク外活動には，餌を探している採餌フェイズ，新しいビバーク場所を探しているビバーク探索フェイズ，そしてビバーク場所を移動させている引越しフェイズの3態があると考えられるが，明確に区別できるかどうかは不明である．働きアリが餌をくわえていれば採餌フェイズである可能性が高いものの，

食べかけの餌を新しいビバークに運んでいる可能性もある．その活動がどの状態にあるかを，短時間で明確に判断できることは稀であるため，いったんビバーク外活動を見つけると，その場を離れることはできない．2時間ごとのビバークの確認のためには，1時間程度の仮眠を細切れにとるしかない．これにビバーク外活動の観察も間欠的に加わるため，このような野外観察を3日以上続けると，昼だか夜だかわからないくらい意識は朦朧としてくる．ビバークチェックの合間の仮眠中に，豪雨などに刺激されて知らぬ間にビバークが引越してしまったときなど，疲れ切った頭が状況を判断しきれず，森の中で一人，あぜんと立ち尽くすこともしばしばであった．

このような野外調査を1年半ほど続け，カギヅメアリが軍隊アリの特徴である「放浪性」と「集団狩猟性」を併せもつことをなんとか確認することができた．以下，その詳細を説明したい．

採餌活動

カギヅメアリのコロニーサイズ (コロニーを構成する個体数) は平均約850，最大でも1,600程度で，アリとしては小さい部類に入る．コロニーサイズが数万から数千万に及ぶとされるグンタイアリやサスライアリなど真の軍隊アリと比較すると，その差は歴然である．コロニーサイズの小さい軍隊アリの存在は，軍隊アリ様の行動が決して多勢を必要条件とするのではなく，軍隊アリ様の行動が大きなコロニーを生産・維持できるポテンシャルを有していることを示していると言える．

小型のムカデであるジムカデ類 (体長1〜2 cm) が蟻道を運ばれていく様子が観察され，またビバーク内で大型のムカデであるオオムカデ類 (体長4〜5 cm) やトビムシ類の外骨格が見つかった．カギヅメアリは大小のムカデやトビムシを主な餌としているようだ．そのほかにも，クモ，ミミズ，昆虫の幼虫などが少数ではあるが餌として蟻道を運ばれたり，ビバーク内に見られた．屋内観察で，死んだオオムカデを餌として与えたことがあるが，全く見向きもしなかったことから，主に生きた生物を餌としているようだ．

採餌は昼夜・季節を問わず行うが，一般的なアリの採餌行動とは大きく異なる．アリで最もよく見られる採餌方法では，まず，少数の斥候アリを間欠的

に出動させ，巣周辺を探索する．斥候アリは餌を見つけ次第巣に戻り，仲間を引き連れて再び餌のところまで戻る．連れてこられたアリたちも餌を確認すると，自らも斥候アリと同様に仲間を連れてくることによって，多くのアリが動員され，巣と餌とを結ぶ蟻道を形成する．このように，一般的なアリが採餌の際に行列を作るのは，餌を見つけてからということになる．

　一方，カギヅメアリでは，採餌の際，斥候を出さず初めから行列を作る．その採餌の行列は，コロニー内で示し合わせたかのように突然始まり，平均して約3時間後に収束する．蟻道の両脇には5～20 mmおきに警固のアリが配置されている．この集団行動以外の採餌は観察されず，真の軍隊アリと同様に，採餌行動における強力な同時性が見られる．採餌隊の先端はビバークから直線距離で最長80 cm，平均すると40 cm程度であり，バーチェルグンタイアリでの350 mに比べると，体が小さいことを考慮してもそれほど遠い場所まで餌を探しに行っているわけではないことがわかる．日本で普通種のクロヤマアリをはじめ深さ1 m以上の巣を構えるアリが多くいることを考えると，最大80 cmの距離にある餌は，距離だけでいえば，巣の中にあるようなものだとも言える．リター中といういわばアーケード商店街のような屋根つきの大空間に居を構え，自宅の中で買い物をしているにすぎない，という比喩も強引ではないだろう．

　獲物を見つけたアリは，行列中で数匹の仲間のアリと触角を触れ合わせることで，獲物の存在を知らせる．知らされたアリたちは，獲物に向かって走り込み，噛みついたり腹部末端にある毒針で刺したりするが，そのうちの一部は再び行列に戻り，最初に獲物を見つけたアリと同様に数匹のアリに狩りへの参加を促す．一方，最初に獲物を見つけたアリは行列を逆走してビバークに戻り，ビバーク内で勧誘活動を行う．ビバーク内では，獲物の情報を受け取ったアリがさらに別のアリを勧誘することにより，急速に情報が伝搬しビバーク内が一時，興奮状態となる．その後，ビバークから大量のアリが獲物に向けて出立し，行列の交通量がさらに増加する．

　獲物の付近では，触角接触による情報伝達のほかに，化学物質による仲間の誘引が行われているようだ．アリを取りつかせまいと振り払う獲物の行動に刺激され，先に手を出したアリのほうが次第に怒りのレベルを上げていくという，いわば「逆切れ」の状態となる．興奮したアリは，胸を張って頭を高く

し，大顎を大きく広げ，体を震わせて獲物の周囲を立ち回る．このとき，付近にいる別のアリが，はたと何かに気づいたかのように，体を震わせ一目散にその獲物と対峙したアリの所に駆け集まってくる．アリ間には距離があり直接の接触は見られないため，この反応には空気中に漂う何らかの化学物質が関与しているのではないかと思われる．試しに，行列中のカギヅメアリをピンセットなどでつまむと，山椒のような独特の匂いを発する．その途端，他の行列中のアリが体を震わせて，つままれたアリの所に集まってくることから，その匂いの成分が仲間を呼び集める働きをしていると考えられる．

　得られた獲物は，狩猟に参加したアリたちによってビバークまで運ばれるが，体の小さいカギヅメアリにとって，それはとても困難な作業である．リターの中は枯れ枝や落ち葉が折り重なっていて，ジャングルのように複雑な迷宮である．そんな中をカギヅメアリが行軍する蟻道で，小型のムカデであるジムカデ類が運ばれるのを何度も見かけたが，大型のムカデであるオオムカデ類が運ばれるのは一度も見なかった．露出した地面の上であれば，オオムカデ類のような大型の獲物を運搬することはそれほど難しくないと思われるが，リターの中を引きずって移動するのは，アリの大小にかかわらず，ほぼ不可能であろう．一方ビバークでは，ジムカデ類とオオムカデ類，両方のムカデの痕跡が見つかっている．つまり，大型のムカデはビバークでしか見られなかったのである．これらのことは，獲物が大きく運搬が困難な場合には，獲物を移動させるのではなく，ビバークを移動させているのだと仮定するとつじつまが合う．カギヅメアリは，営巣にコストをかけないことによってビバーク移動の損失を最小限にとどめ，獲物の所まで「行く」のか，獲物をビバークまで「連れてくる」のか，2つの戦略を両天秤にかけ，臨機応変に採餌を行うよう努めているのであろう．

引越し

　ビバーク引越しの際，蟻道の両側には採餌のときと同じく，5〜20 mm おきに警固のアリが配置される．引越しの距離は最大 150 cm，平均して 74 cm 程度で，採餌の距離の約 2 倍であった．ビバークの引越しを詳細に記録したあるコロニーでは，卵や幼虫が旧ビバークから運び出され始めてから，4 分後に女王が旧ビバークを離れた．その後，卵や幼虫が全て運び出されると，最後に，

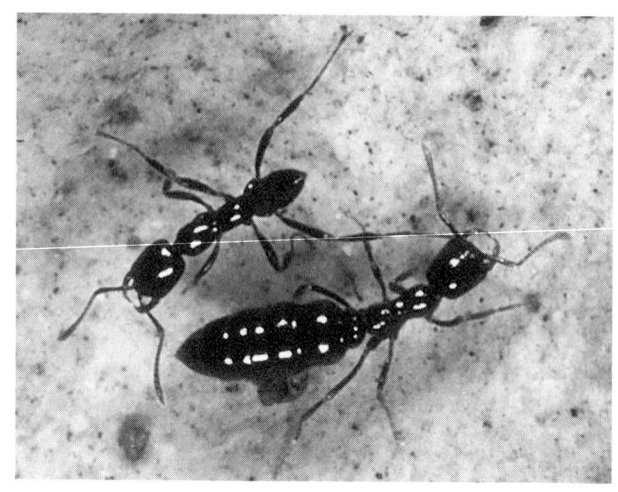

図 4-10 カギヅメアリ *Onychomyrmex hedleyi* の女王 (右). 働きアリを一回り大きくした程度の体サイズで, グンタイアリ *Eciton* spp. のように, 卵生産のために腹部が異常に肥大することもない.

　すでに狩ってきていた獲物が運ばれ, 引越しは完了した. 最初に卵や幼虫が運び出されてから, 最後の獲物が新ビバークまで運び込まれるまで, 86分かかった. 女王アリの移動の際, グンタイアリでは, 従者と呼ばれる中・小型の働きアリが, 邪魔になるくらい女王に纏わり付く. カギヅメアリの女王にも従者は存在するが, 蟻道が若干膨らむ程度で, グンタイアリのものとは護衛の仰々しさに雲泥の差がある (図 4-10).

　前述のとおり, カギヅメアリは真の軍隊アリと同様, コストをかけた立派な営巣は行わず, 地面の凹みや倒木の周囲などの狭小な空間を利用してビバークを形成する. ビバークは頻繁に位置を変えるが, カギヅメアリの場合, グンタイアリのような繁殖と同期した移動サイクルは見られない. また, 真の軍隊アリで見られる, 一度採餌した区域を重複して探索しないようにする採餌ルートの最適化も, カギヅメアリでは確認できなかった. カギヅメアリは, (1) ビバーク引越しのサイクルと繁殖のサイクルを同期させて極限にまで最適化しないといけないほど, 働きアリを産生する必要に迫られているわけではない, (2) 多量の働きアリを保持できるほど, 餌資源が豊富ではない, ということが理由

なのだろうか．

　ビバークから蟻道が伸長し始めた時点で，この行列が採餌のためなのか，ビバーク移動の斥候隊であるのかを見極めることは非常に難しい．動員されているアリの数やアリが歩くスピードなどにも，特に違いが見られないため，当事者であるカギヅメアリ自身も，採餌なのか引越しなのかをあらかじめ決定してからことに及んでいる訳ではない？　とさえ思えてくる．前述したように，運ぶのが困難な獲物に対してビバークを獲物のところまで移動させてしまう可能性も考えると，採餌を目的として行軍が始まり，運搬困難な獲物の存在などの状況に応じて，引越しへと移行するのがこのアリの常道なのではないだろうか．

　バーチェルグンタイアリでは，引越しの方向が，以前ビバークがあった場所を避けるようになっていることが知られているが，カギヅメアリでは，全く無頓着で，引越しの方向はランダムである．そのかわり，引越しの距離が採餌の距離の2倍ほどあるので，それによって，以前のビバーク場所を中心とする採餌場所の重複を避けていると思われる．

生活史

　カギヅメアリが生息する地域は，低緯度ではあるが標高が1,000 mほどあるため気温はそれほど高くない．最も気温の高い1月の日最高気温の月平均値は30℃を下回り，冬にあたる7月には最低気温が5℃以下になる日も多い．そのため夏季にはほとんどのコロニーがリターの表層にビバークを形成するが，気温の下がる冬季にはリターの低層やリターのさらに下の土中にビバークを設ける傾向がある．地中のビバークも目視するかぎり自ら造成したものではなく，地面の亀裂や他の生物が掘削・遺棄した構造を利用しているようであった．

　働きアリは年に2回生産される．春から秋にかけて卵から成虫まで一気に成長していく「春・秋グループ」と，夏に産み出された卵が秋に孵化して幼虫となった後，いったん成長を停止させて越冬する「越冬グループ」に分けられる．女王を解剖して卵巣の発達を確認すると，当然のことながら，春の10月と夏の1月に2つのピークがあった．気温が低下する季節には，幼虫の代謝も鈍り，餌の必要量も減少するが，働きアリのほうも，寒さで動きが鈍くなり採餌行動がままならないのだろう．また，獲物の発生量も気温が下がれば低下す

るだろう．したがって，低温が複数の事項に影響を与えることによって，カギヅメアリの生活環が作りだされていると言える．特筆すべきは，低温を伴う気温の変動により，1年で2回の繁殖期が形成されている点と，繁殖期と採餌行動が関係づけられている点であろう．もしかすると，現在，主に熱帯で繁栄しているグンタイアリの周期的な行動様式の前適応として，温帯に見られるような低温を伴う気温の変化に対する適応が必要だったのかもしれない．

軍隊アリの進化

軍隊アリの進化に関する仮説として最も有力視されてきたのは，Wilson (1958) の「社会性昆虫捕食」仮説である．一般に，アリやシロアリなどの社会性昆虫は現存量が多く，もしこれを捕食できるとすると大量の獲物を得ることができる．しかし，アリやシロアリなどは1個体やつがいではなく，多量の個体からなるコロニーを単位として生活している．そのため，これらのコロニーは必要な餌資源を確保するため，集中分布とはならずに，ある程度の間隔をもって一様に分布する．点在した獲物であるこのようなコロニーを探索するには，固定した巣をもつよりも，営巣地を次々に変えたほうが生存戦略上有利である，という結論が理論的に導かれるという．しかも，アリやシロアリの巣は多数の働きアリによって守られ，巣の防衛に特殊化した兵隊カーストを有する種も少なくない．このような剛強な獲物を襲うには，単騎急襲による威力に乏しい攻撃よりも，豊臣秀吉よろしく位攻めによる集団・一斉攻撃のほうが効果的であるらしい．そのようにして，放浪性と集団捕食が選択され，軍隊アリが進化したというのが「社会性昆虫捕食」仮説である．実際，グンタイアリ，サスライアリ，ヒメサスライアリの餌の種類を調べると，社会性昆虫が最も多いという．

カギヅメアリは，現在の分類体系においては，真の軍隊アリのグループ (グンタイアリ属，サスライアリ属，ヒメサスライアリ属) のいずれにも属さない．しかしながら，軍隊アリの2つの特徴，放浪性と集団狩猟性を獲得していることから，定義上，軍隊アリの一種とみなすべきだろう．おそらく，オーストラリア大陸が長い間他の大陸から隔離されたために強力な他の軍隊アリが進入できず，このように矮小な軍隊アリが生き残れたのだろう．小さな体サイズとコロニーサイズを反映してか，アリを餌としている形跡はないし，シロアリもごく

稀にしか捕食していないようだ．カギヅメアリが属するノコギリハリアリ亜科の種は，そのほとんどが単独捕食性であることからも，カギヅメアリが社会性昆虫の捕食に成功した祖先から進化してきたとは考えにくい．

スケーリングあるいは相対的規模の観点からこうは考えられないだろうか．体サイズが大きく移動力のある真の軍隊アリからすると，ムカデなどはある程度の密度で比較的均一にどこにでもいる獲物にすぎないが，体が小さく移動力の弱いカギヅメアリにとっては一生懸命行動してやっとたどり着けるほど遠くにある獲物ではないだろうかと．また，体サイズ，コロニーサイズの大きい真の軍隊アリは，必要とする餌の量が多大なため，社会性昆虫のコロニーは食べ応えのある絶好の獲物であるが，カギヅメアリにとっては餌としてはあまりにも過大であろう．放浪性と集団捕食の進化には，アリの体サイズやコロニーサイズに応じた獲物の相対的大きさと分布様式が重要なのであって，なにも社会性昆虫の捕食だけを仮定しなくても可能なのではないのだろうか．

そもそもグンタイアリの祖先でさえ，社会性昆虫を捕食していたとは考えにくい．先に述べたように，Brady (2003) は DNA 解析からグンタイアリ亜科がゴンドワナ大陸起源であると推測している．化石に基づく証拠から，アリの祖先種がスズメバチとの共通祖先から分かれたのは，白亜紀の初期，今から約1億2,500万年前で，シロアリがゴキブリとの共通祖先から進化したのもほぼ同じ頃と考えられている．西ゴンドワナ大陸を形成していた南アメリカ大陸とアフリカ大陸が分裂したのは，やはり白亜紀で約1億年前と考えられているので，グンタイアリ亜科の共通祖先がゴンドワナ大陸起源とするブラディの推測と矛盾しない．

この共通祖先は，ゴンドワナ大陸で軍隊アリ的な行動様式を進化させるのに十分なアリやシロアリのコロニーに囲まれて生活していたとは考えられないのである．体表面が柔らかいシロアリ類に比べ，体表クチクラが固く化石が残りやすいアリ類で見てみると，約4,000万年前の始新世の琥珀から見つかるアリの化石は，昆虫化石全体の20〜40%を占め，現在の亜科がほとんど出そろっている．しかし，約9,000万年前の白亜紀中期，南アメリカ大陸とアフリカ大陸が分裂した直後のアリの化石は，昆虫化石全体のわずか0.001〜0.05%にすぎず，社会性昆虫捕食が進化するには，アリの生息密度があまりに低かったと

推測される．シロアリの生息密度も同様であったとすると，おそらく，グンタイアリ，サスライアリ，ヒメサスライアリの社会性昆虫捕食は，ゴンドワナ大陸でそれらの共通祖先が獲得した生活スタイルではなく，南アメリカ大陸とアフリカ大陸が分かれた後，新生代におけるアリやシロアリの繁栄とともに独立に進化したと考えるのが妥当であろう．

　では，グンタイアリ亜科の共通祖先はどのようにして放浪性や集団捕食性を獲得したのだろうか．先ほど体サイズやコロニーサイズと獲物のサイズにおけるスケーリングについて述べたが，グンタイアリ亜科の共通祖先は，現在のグンタイアリやサスライアリのような大型ではなく，カギヅメアリのような小型のアリだったのではないだろうか．社会性昆虫の生息密度が極めて低かったゴンドワナ大陸において，社会性昆虫捕食を進化させるほどの獲物としての魅力は，アリやシロアリにはなかったであろう．そのため，豊富な餌資源に対して有効な大きな体サイズやコロニーサイズは，無駄なだけで，厳しい進化のうねりのなかでは到底存続しえない．ただ，ゴンドワナ大陸にはアリの獲物となる生物が何もいなかったわけではない．昆虫よりも歴史の古いムカデ，クモ，サソリなどの大型節足動物は，中生代の土中で繁栄していたと考えられている．カギヅメアリのように，難物ながら餌として魅力のあるこれらの獲物を捕えることに成功して，集団捕食性と放浪性を獲得した最初のアリこそ，グンタイアリ亜科の祖先であったのではないだろうか．ムカデなどの大型節足動物を狩るための行動様式が前適応となって，西ゴンドワナ大陸分裂後，繁栄してきた社会性昆虫であるアリやシロアリなど強敵ではあるが，餌として魅力的な獲物を狩るために体サイズやコロニーサイズを大型化させてきたのが，現在のグンタイアリ亜科ではなかったのかと思う．これがカギヅメアリの研究から僕が得た，軍隊アリの進化についての推論である．

4-3　順位制が支配するエントツハリアリ

温泉と煙突

　オーストラリアに温泉のイメージはないが，意外に多くの温泉がある．ノーザンテリトリー準州にあるマタランカ・ホットスプリングス，キャサリン・ホ

4-3 順位制が支配するエントツハリアリ

ットスプリングスなど，河川をそのまま利用したものから，ヴィクトリア州のモーニントン半島にあるペニンシュラ・ホットスプリングスのように複数の露天風呂を備え，設備の充実したものまで，さまざまな温泉が存在する．

MCEC があるレーベンスホウから大きく右にハンドルを切り，さらに内陸に向かうと熱帯雨林は消え，ユーカリやアカシアが優占する乾燥林となる．この乾燥林帯を時速 120 km で約 40 分走ると，やがてイノット・ホットスプリングスに到着する．ここには河川に湧いた温泉があり，川岸に建つモーテル (motor inn) には，この源泉を引き込んだジャグジーバスと温水プールがある．源泉付近の河原を持参したスコップで掘れば，無料で露天風呂を楽しむこともできる．僕たち日本人にとっては憩いの場所である．

1987 年，温泉をこよなく愛する東先生は調査旅行の疲れを癒すためこの地を訪れたが，その付近に奇妙な煙突が乱立しているのを発見した．煙突といっても，土でできた 5 cm ほどの筒状の突起物にすぎない (図 4-11)．作っているのは *Pachycondyla sublaevis* という熊のようにずんぐりとした体長約 14 mm の大型のハリアリで，働きアリがこの煙突から出入りしていた．東先生は，その特徴的な出入口の形状にちなみ，早速このアリに「エントツハリアリ」という和名をつけた (図 4-12)．愛らしい風貌のアリではあるが，ハリアリの仲間である

図 4-11 エントツハリアリ *Pachycondyla sublaevis* の巣の出入口．煙突のような筒状の突起が地面から突き出す (写真：島村崇志)．

図 4-12 エントツハリアリ *Pachycondyla sublaevis*.

から当然のことながら毒針をもっており，刺されると声を上げるほど痛い．

世界最小のコロニー

1990年，東先生と当時大学院生だった伊藤文紀さん(現在, 香川大学)たちは，この周辺でエントツハリアリの行動を観察した (Ito & Higashi 1991; Higashi et al. 1994). 37コロニーの巣を掘ってみたが，コロニー当たりの成虫数は2〜18個体にすぎなかった．これまで見つかっているアリのなかでは，コロニーサイズが最も小さな種だろう．

一般に，軍隊アリのようにコロニーサイズの大きなアリは勇敢で，天敵にさえ突進していくのに対し，コロニーサイズの小さなアリは臆病で，他のアリなどに出会っても闘わずに逃げるか，死んだふりをする．この傾向は，コロニーの成長段階でも見られ，たとえ攻撃的な種でも，女王が創設して間もないコロニーの働きアリは比較的臆病である．働きアリの攻撃性とコロニーサイズの関係を理論的に考察した研究はないが，働きアリ1匹の価値は小さなコロニーほど高く，小さなコロニーの個体が無駄な討ち死にをしない方向に自然淘汰が作用しているためではないかと想像できる．

エントツハリアリも，体がずんぐりと大きい割には大変臆病である．通常，アリの巣を見つけるには，地面を歩いている働きアリにシロアリなどの餌を与

え，巣に持ち帰るのを追いかけるのだが，エントツハリアリはシロアリを目の前に落としただけで驚き，その場にうずくまってしまうため，時間がかかって仕方がない．所作の全てが遅く，体色も地味なため，ユーカリ・アカシア林の林床では，じっと目を離さないように見張っていないと，すぐに見失ってしまう．煙突を造るとはいえ，林床でこのアリの巣を見つけるのは，かなり骨の折れる作業である．

奇妙な巣の構造

　僕はこのアリの巣を30個以上掘った．地表に数センチメートルの土でできた筒状の突起を建て，それを巣の出入口にするというのは前述のとおりだが，地下部分も何か特別な意味でもあるかのように奇妙な構造となっている．巣の坑道は，煙突からそのまま10 cmほど鉛直に地中に入り，やがて水平に向きを変える．地面と平行に蛇行しながら進み，出入口から直線距離で約1 mのところで再び下方に向きを変え，地表から深さ1〜2 m辺りまでやや蛇行しながら垂直に伸びていた．この垂直坑道には不均一な間隔で小さな部屋が開口し，それぞれが卵，幼虫，蛹などのための育児室やゴミ捨て場などに使われていた．

　オーストラリアの赤土はコンクリートのように固い．掘るというよりは削るといった感覚で調査を進めた．前述のように変わった巣の構造のため，エントツハリアリの巣を出入口の真上から掘り下げていっても，たちまち坑道を見失ってしまい，調査にならない．試行錯誤を繰り返し，編み出した手順はこうである．まず，巣の出入口の煙突を取り除き，地表に空いた穴に木の枝や大型のピンセットを差し込んで，水平方向に伸びる坑道のおよその方向を探る．次に，出入り口から約1 m離れた辺りに人がしゃがんで入ることのできる縦穴を掘る．煙突のどちらの方向に巣の主軸があるのか読みを誤ると，この後の作業時間が2倍にも3倍にもなるので，この縦穴の位置決めが非常に重要である．予想した位置が当たっていれば縦穴から少し削るだけで巣の小部屋が見えてくるが，予想が外れていれば最高で2 mほど縦穴から削っていかなければならない．

　なぜ，このように変わった巣の形状をしているのだろうか？　イノット・ホットスプリング周辺のユーカリ・アカシア林には，おそらく世界最大と思われるモグラゴキブリが生息している．モグラゴキブリは，親が子どもを育てる亜

社会性のゴキブリとして有名であるが，この無翅で土中性ゴキブリの天敵は体長 10〜20 cm 程度のムカデ類だと言われている．エントツハリアリの天敵がムカデ類であると確認されているわけではないが，類似の生物が天敵となっている可能性は十分にある．長い横穴は天敵の侵入を防ぐのに有効なのかもしれない．あるいは，雨季にはこの周辺でも時々大雨が降り，林床に水が溜まることも珍しくないが，煙突と横穴は水が育児室などに流れ込むのを防ぐうえで役に立っていることも考えられる．また，土中に営巣するさまざまな動物，例えば北アメリカの草原地帯に生息するプレーリードッグが巣穴の出入口の形状を工夫することによって，また，シロアリのアリ塚が気化熱により塚内の空気を冷却して対流を作り出すことによって，巣の内部を効率的に「換気」しているのと同様である可能性もある．現在のところ，この謎は解明されていない．

無女王制と順位制

　通常，アリのコロニーには，産卵能力がないか，あっても乏しい雌である多数の働きアリと，産卵を専門とする 1 匹あるいは複数の女王がいる．新生女王は交尾と分散のため，結婚飛行と呼ばれる集団での飛翔行動を行うので，飛ぶための立派な翅とそれを動かすための飛翔筋を胸部にもっている．新生女王は，交尾によって雄から精子を受け取り，受精嚢と呼ばれる精子の保管庫に貯蔵する．交尾後，地上に降りると自ら翅を落とし，不要となった飛翔筋や腹部の脂肪を分解し，それを口移しで最初の幼虫に与えて育てる．そのため，アリの女王は働きアリに比べ，胸部と腹部が発達して大きいのが普通である．ところがエントツハリアリでは，コロニーにそのような女王が見当たらず，全て働きアリ型の個体であった．ゴウシュウハリアリ属 *Rhytidoponera* などでしばしば見つかっている無女王制のアリのようだ．それでも育児室に卵はあるので不思議に思い，あるコロニーの全個体を解剖してみたところ，受精嚢に精子をもち，卵巣に黄体 (産卵した証拠となる黄色の卵殻残渣) をもった個体が 1 匹だけ確認できた．形態的には違いが見られない働きアリのなかに，1 匹だけ交尾・産卵を行っている女王役の個体がいたのである．

　では，どのような仕組みによって，女王役となる働きアリが選出されるのであろうか．Ito & Higashi (1991) が飼育コロニーを観察したところ，働きアリの

間で闘争に似た触角のつつき合いが頻繁に見られた．敗者は脚を縮めてうずくまる行動が見られたことから，コロニーの全個体について勝敗を分析してみた．すると，順位制が成立していることがわかった．表4-1を見てほしい．このコロニーでは，個体dと個体eのように4回の闘争のうち1回だけ劣位個体が勝っている組み合わせも見られるが，例えば個体aと個体bでは10回の闘争の全てで個体aが勝っているように，ほとんどの取り組みにおいて直線的な順位制が見られた．

いくつかのコロニーで順位を確認し，その後，全個体を解剖したところ，最上位の個体だけが発達した卵巣，黄体，精子をもっていた．はたして，最上位になれば，どんな個体でも産卵個体になれるのだろうか．あるコロニーの産卵個体を人為的に除去すると，それまで第2位だった個体が，卵巣を発達させた．このようにして最上位個体の除去を繰り返したところ，ほとんどの個体が最上位になれば卵巣を発達させたので，基本的に最上位になることだけが卵巣を発達させる条件らしい．ただし，最下位の個体だけは1匹になっても卵巣は

表4-1 エントツハリアリ *Pachycondyla sublaevis* の順位表．表中の数字は2個体間の優位個体に対する劣位行動の観察回数を示す

		a	b	c	d	e	f	g	h	i	j	k	l	m	n	o	p	q	r	合計
	a	+	10	3	1	5	1		1				1	1	1					24
	b		+	30	5	16	1	1	13	1										67
	c			+	7	11	4		7											29
	d				+	3														3
	e				1	+	11			3	1	1								17
	f						+			2	1									3
	g							+		4										4
優位個体	h								+		1									1
	i									+										0
	j										+									0
	k											+								0
	l												+							0
	m													+						0
	n														+					0
	o															+				0
	p																+			0
	q																	+		0
	r																		+	0
合計		0	10	33	14	35	17	1	21	10	3	1	1	1	1	0	0	0	0	148

発達しなかった．これは，単独になったためとも考えられた．そこで，あるコロニーの全個体を同時に1匹だけにしたところ，最下位を除く他の個体は全て卵巣を発達させた．どうやら下位の個体ほど年老いており，かなり老いた個体は生殖能力を失うようだ．雄を入れて実験してみると，卵巣を発達させた個体だけが交尾したので，最上位になることは交尾権を得る条件でもあるらしい．また，順位を確認したうえで分業を調べたところ，若い上位の個体は育児などの内役を，老いた下位個体は餌集めなどの外役を担当していた．このような齢と分業の関係は他のアリ類でも多く報告されており，「将来の産卵可能性が多く残されている若い個体ほど安全な仕事をさせ，コロニーレベルの適応度を最大にする」というエルゴノミクスにおける最適人員配置の原理が，順位制のエントツハリアリでも採用されているようだ．

順位制は最初，トルライフ・シェルデラップ＝エッベなどにより鳥類で研究が進んだ (Perrin 1955)．人為的に新たに集団を作るとニワトリは方々で喧嘩を始める．はじめは無作為に互いにつつき合うが，次第に自分より上位の個体をつつかなくなるため，順位が発生する．これを行動学では「つつきの順位」と呼ぶ．動物行動学者コンラート・ローレンツは著書『攻撃』のなかで，生存競争とは同種間の競争のことであり，動物がもつ攻撃性は種内闘争のために存在し，進化を推進させる，としてつつきの順位制を究極要因的に説いたが，至近要因的にも社会秩序の維持に役立っていると言えるのではないだろうか．

順位制が成立するためには，集団内の全ての個体を識別・記憶しておく能力が不可欠である．そのため，神経系が発達した鳥や哺乳類などの高等な動物では数多く報告されていたが，イタリアの Pardi (1948) が昆虫である社会性アシナガバチでも見つけ，反響をよんだ．その後，アリ類でも1つのコロニーに複数の女王アリがいるいくつかの種で，産卵をめぐる女王間の順位制について報告されるようになったが，産卵をめぐる働きアリ間の直線的順位制の報告は極めて珍しい．アシナガバチにおける順位制でも，複数女王アリ間の順位制でも，コロニーが比較的少数の個体からなっているのは，保有する神経細胞数に関係する昆虫の記憶能力の限界に起因すると考えられる．エントツハリアリのその特徴的な小さなコロニーサイズは，直線的順位制を維持するための重要な仕組みなのであろう．

4-4 寒い夜に活動するアカツキアリ

発見と再発見

　カギヅメアリを含む軍隊アリでは，集団での狩猟や頻繁なビバークの移動など社会的行動における高い協調性が見られるが，その対極にあるアリが同じオーストラリア大陸に生息している．そのアリについては，初めて発見されてから再発見されるまでの長いドラマがあって，話は 1931 年にさかのぼる．一種の観光といってもよい，今風にいえばエコツアーのような探検隊が西オーストラリアの西海岸の町エスペランス付近に差しかかった際，ある参加者が黄色く見慣れないアリを採取した．その標本は，西オーストラリアの芸術家を介して，最終的にメルボルンにあるヴィクトリア国立博物館のアリ学者ジョン・クラークの元にたどり着いた．博士はその標本を手にとって驚いた．明らかにこれまでに見たこともないアリだったからである．その後，そのアリは新属新種と認められ，アカツキアリ *Nothomyrmecia macrops* と命名された．ラテン語の *notho* は「偽の」という意味であり，アリの進化史のなかでもかなり初期に現れたアリという意味が込められていた．

　一見たわいもない新種発見の物語と思いきや，話は簡単には終わらない．アリ類の進化研究におけるアカツキアリの重要性に気づいた多くの研究者たち，例えばウイリアム・ブラウンのようなアリ学界の重鎮やカーネギー研究所の所長だったカイル・ハスキンズなどが，唯一の標本が発見されたエスペランス付近を探し回った．特にオーストラリアの昆虫学者たちは，外国の研究者に先んじられないよう血眼になって調査したが，アカツキアリの尻尾さえつかむことはできなかった．

　そんな状況に突然光が射したのは，アカツキアリが最初に発見されてから実に 46 年が経過した 1977 年のことであった．ハーバード大学のエドワード・ウィルソンの研究室に在籍し，その後，オーストラリア国立昆虫標本博物館の研究員となったロバート・タイラーは，アカツキアリを自分の手で見つけるべく，エスペランスに向けてキャンベラを出発した．その移動の途中，プーチェラという小さな町に野営した．目的地まではまだ 1,500 km 以上の道のりがある．

辺りはユーカリがまばらに生え，地面が露出した乾燥地帯で，夜になると気温は10℃を下回った．昆虫のような変温動物が活発に活動する気温ではないため，このような状況で積極的に昆虫の調査をする研究者はごく稀である．ただ，タイラー博士はその稀な研究者の一人であった．他人と同じことをやっていてもブレイクスルーはないと動物的に感じとったのかどうかは知る由もないが，博士は夜間の低温時に調査を行った．結果的に，これまで誰もなしえなかったアカツキアリの再発見を遂げたのであるから，神が味方したというよりは，博士の天性の勘を称賛すべきであろう．夜，懐中電灯を片手にユーカリの林に入っていった博士は，樹上を歩く黄色いアリ，アカツキアリを見つけたのである．

プーチェラへ

1998年4月9日，僕たちもアデレードを出発し，プーチェラを目指した．距離にして640 km，車で7〜8時間ほどである．調査メンバーは運転手の東先生，僕，それに修士学生1名の3名だった．どうやら，東先生はこの修士学生にアカツキアリの研究をさせるつもりらしい．アデレードの街並みを抜けると見渡す限りの乾燥した大地が広がり，小さな町を時折通過するだけの，実に単調なドライブである．ごくたまに現れる白くて巨大なサイロなどを除けば，目標物がほとんどないため，アクセルを踏み込んでも緩めても，体感スピードはほとんど変わらない．おまけにこの辺りは，特に夏には，内陸から乾燥した熱風が吹き寄せるので，窓を開けても閉めても暑くて息苦しい．

夕刻，バー併設のホテルが一軒ぽつんと建つ小さな町に到着した．道路脇に立つ緑色で塗られた標識には，白字で "Poochera" と書かれてある．半濁音から始まる地名は，日本人には馴染みが薄く滑稽に感じる．アリ研究者 myrmecologist たちの憧れの地，プーチェラに到着した (図 4-13)．

1977年のアカツキアリ再発見以来，オーストラリアの，そして世界中の昆虫研究者の注目の場所となり，多くの訪問者を迎え入れてきた南オーストラリアの小さな町も，現在はひっそりとしている．試しに近くの道路脇の林をのぞいてみたが，ユーカリの幹や枝で数種のヤマアリを確認するのみで，アカツキアリは見つからなかった．40年以上再発見できなかったアリがそう簡単に見つかるわけがない．タイラー博士が奇跡的に再発見した状況を考えても，日の出て

4-4 寒い夜に活動するアカツキアリ　　　　　　　　　　　　　　　　147

図 4-13　プーチェラの町の中心から歩いて数分の，アカツキアリ *Nothomyrmecia macrops* の生息場所.

いる時間帯に，のこのこと出張ってくるわけもないだろう．僕たちは夜の調査に備え，宿のある海沿いの町ストリーキーベイに向かった．

桟橋近くのストリーキーベイ・ホテル・モーテルは，2層式のベランダが印象的なコロニアル様式の外観をもつ建物で，とても趣のある宿だった．日本人が温泉宿の造りに郷愁を感じるのと同じように，オーストラリア人には開拓時代のノスタルジーを感じさせるのであろう．

チェックインをすませてすぐに少し早目の夕食をとり，部屋に戻って午後6時ごろにはベッドに潜り込んで眠った．

午後11時に起き，プーチェラに向かう．気温は10℃を少し超える程度．最初に確認した場所を探索してみたが，夕方と同様，ヤマアリがいるのみでアカツキアリは見当たらない．車で数百メートル移動し，探してみたが，同じく見当たらない．その後も数か所探してみたが，状況は変わらない．ほどほどに気温が下がったかと思ったが十分ではないらしい．あきらめて車中で仮眠をとることにした．

「暁」のアリ

やがて，寒さで眼が覚めた．気温5℃．外に出てユーカリの樹上を確認す

る．一見すると特に変ったところはないと感じたが，目が慣れてきて驚いた．ゆったりと歩く黄色いアリがそこにいた．まだ真っ暗ではあったが，夜明けが迫っていた．アカツキアリは文字どおり暁の頃に行動するアリだったのだ．暗いうちに出てきて，抜き足差し足なんてまるで盗人であるが，これまで絵や写真でしか見たことのない奇異な姿がそこにあった (図 4-14)．彼女 (働きアリは全て雌) は，こちらに驚くこともなく平然と歩行を続けた．歩く姿を目で追うと，移動経路の所々にヤマアリの姿が見られた．互いが近づくと喧嘩など始まるのではないかと思ったが，ヤマアリは微動だにしない．どうやら，寒さのために仮死状態となっているようである．そのすぐそばをアカツキアリは，ゆっくりと何ごともないようにすり抜け，木の葉の茂みに消えていった．しばらくすると，1 匹の双翅目 (ハエ目) 昆虫をくわえたアカツキアリが茂みから現れた．先ほどと同一個体かどうかはわからないが，それほど多くの個体が同じ枝にいるとは思えないので，同じ個体だろう．獲物をくわえたアリは必ず巣に戻るため，その個体を追跡することにした．

　以前，MCEC 内の森でキバハリアリを捕まえたとき，標本瓶に入れて 100 m ほど離れた場所に放しても一目散に自分の巣に走った．対象的に，アカツキアリは動作ものろく，なにより帰り道を何度となく間違えた．獲物を捕まえた小枝の上から太い枝，幹へと移動し，その幹を下降して地面に向かうかと思いきや，別の枝に足をかけ少し進んで戻ったり，何度も立ち止まったりして，一向に効率的な帰巣をする気配がない．背中をつついて帰宅を促すわけにもいかず，気づけば空が少し白けてくる時刻となっていた．急に寝不足を感じたので屈伸をし，目をこすっていると，ふっと視界から彼女は消えた．

　長時間追跡をしてきた獲物をここで見逃すわけにはいかない，と焦る．視界の中心には地面にしっかりと張りついた 1 枚の落ち葉があった．全長 10 cm ほどの落ち葉には先端近くに直径 1 cm ほどの穴が開いていた．昆虫の食痕だろうか．様子がなんだかおかしい．その落ち葉の欠けた部分の向うには，地面でなく闇が広がっていたのだった．3 次元の土中のアカツキアリ坑道は，地表面に水平に横たわった 2 次元の葉の表面に開口しているようだった．故意にだとすると驚くべきことである．一見すると地面に穴が開いているようには見えず，穴の開いた枯れ葉が落ちているようにしか見えないからだ．穴の周囲には，多

4-4 寒い夜に活動するアカツキアリ

図 4-14 アカツキアリ *Nothomymecia macrops* の女王と働きアリ．胸部が発達し，翅が付いていた痕 (脱翅痕) が見られるのが女王 (左)．

くのアリで見られるような地中掘削の残土による地面の盛り上がりが全くなく，たとえ落ち葉がなくてもそこに穴が開いていようとは，しかもアリの巣穴であろうとは，視覚の優れた生物ほど気づかないのではないだろうか．

　アカツキアリの巣を掘るのは非常にたやすい．土壌は軽く，厚い粘土層や岩盤に阻まれることもないので，大型のスコップがあれば一気に掘り進められる．巣穴から数十センチメートルほどの所に，人がしゃがんで入れるほどの縦穴を 1 m ほどの深さで掘る．そこに入って巣の入口から土を少しずつ下方へ崩していき，働きアリや卵，幼虫を回収していくだけである．エントツハリアリと比べれば，土木工事と砂場遊びくらいの差がある．強いて難しいところをあげるとすれば，女王アリと働きアリの差異が小さく，慣れないとわかりづらいことくらいである．アリの研究者であればもちろんすぐに判別できるようになるが，一般の方だと数匹を比較してからでないと，これが女王か，とはならないだろう．女王アリは働きアリに比べわずかに胸部が発達し，翅の付いていた跡が確認できる．コロニーサイズは数十程度で，アリのコロニーとしてはかなり小さい．協調性に乏しく，採取した餌を運ぶ働きアリのすぐ近くを同じ巣の働きアリが，運搬を手伝おうともせず素通りする姿が，野外でも何度か観察された．これだけ協働作業を嫌がるアリが一緒にいる意味があるのか？　と心配になる

が，逆の言い方をすれば，効率的なシステムを獲得できなかったから，コロニーも大きくなれず，他のアリや昆虫が生化学的に動くのが困難な低温ニッチへと追い詰められてしまったのだろう．

巣を掘った後，追跡せずにアカツキアリの巣穴を見つけられないだろうかと辺りを歩き回ってみたが，いくら目を凝らしても豆粒大の穴は見つからなかった．すでに見つけてある巣穴でさえ，いったん目を離すと再発見に時間がかかるくらいであるから，当然といえば当然である．巣穴の発見も難しく，昼間は働きアリが巣外に全く出ないので，宿に戻り食事と仮眠をとることにした．

真夜中に昨日と同じポイントに戻り，調査を行った．この日は1日目では観察できなかった2つのことを目撃した．1つは，アカツキアリが餌として利用しているであろう双翅目昆虫も，ヤマアリと同様に，気温の下がった真夜中に樹上で仮死状態になっているということ．もう1つは，夜が明けて気温が上がってくると，朝の門限までに巣にたどり着けなかったアカツキアリが，魔法が解けたかのように動きだしたヤマアリたちに襲われてかみ殺されていたこと．こんなことは考えられないだろうか．古くから生息していたアカツキアリは，ほどほどの餌がある環境，つまりそれほど社会性を高度化させる必要もない環境で生きてきた．しかしながら，後から入ってきた適応度の高いヤマアリたちに昼間のニッチを奪われていくなかで，次第に低温度帯の壁際まで追い詰められた．そんななかで，何とか低温への適応に成功し，開いた扉の向こうでは，餌である双翅目昆虫も寒さで動けず，捕獲しやすいという幸運に巡りあったのではないか．

その後，プーチェラから北西に150 kmほど離れたセドゥナ辺りまで調査範囲を広げ，夜間のモニタリング調査を行った．アカツキアリはいずれの場所でも10℃を下回らないと姿を見せず，また，どこにでもいるというわけでもなさそうだった．近年叫ばれている地球温暖化が，低温適応の進んだアカツキアリにどう影響するのか，とても心配である．太古よりオーストラリアの自然に生きてきたアカツキアリには，これからもこの大陸の象徴として力強く生き続けてもらいたい．

エピローグ

オーストラリアの先住民アボリジニには「ドリーミング (dreaming)」という

概念がある．文字をもたないアボリジニは口承によって，生活の知恵，宇宙観，哲学，神話など，さまざまな情報の全てを，ドリーミングと呼んで伝えてきた．アボリジニの神話によると，この世の全てのもの，人間，文化，そして宇宙までもが，精霊によって創造されたという．ドリームタイムと呼ばれる始原の時代に，精霊は大地や動植物を創り，また，アボリジニと一緒に移動しながら，狩猟採取の技術や儀礼，法律，文化などを教えた．ドリームタイムには，人間や動植物など自然界の全てが1つの存在であった．つまり，世界にある全てのものは源を1つとし，時を経た現在においてもなお，世界は「つながっている」と考えているのである．ガイア理論の「ガイア」は，ギリシャ神話に出てくる世界全てのつながりの源たる女神を指す言葉であるから，オーストラリアとは，地球上で最も早く，ガイア理論を体現していた場所なのだと言えなくもない．

オーストラリアには実にさまざまなアリがいる．それらを見ていると，環境がどれだけ変わろうとも，あの手この手で生き延びてやろうとする純粋なしたたかさを感じる．それはもちろん，強くなってやろうとする個や集団のポジティブな意思が現れたものではなく，そうならないと残れないというネガティブな淘汰の結果であるのだけれど，アボリジニの神話を下敷きにすると，何か壮大な意図を感じずにはいられない．女神ガイアは，何も存在しないカオス（混沌）の中に突然出現し，誰の助けも借りず自力で天の神ウーラノス，海の神ポントス，暗黒の神エレボス，愛の神エロースを産んで世界の創造を開始した．体内で蓄えた栄養だけで，第1世代の働きアリを創り出す女王アリの姿は，女神ガイアと重なって見え，単なる一生き物を超越した地母神の貫録をも感じる．

アボリジニのドリーミングに登場する精霊は，動物や植物に姿を変え，それらの種の祖先にもなっていったという．もしかするとオーストラリアでのアリの研究というのは，そのアリの祖先となった精霊探しの旅なのかもしれない．

著者の紹介（東 正剛）

菅原裕規くん

ナイロビでのホラ話から実現した南極行き

　菅原くんを紹介するには，そもそもなぜ彼が南極に行くことになったのかを話しておかなければならない．1983年，私はケニアの国際昆虫生理生態学センターに日本学術振興会より派遣された．そのとき，最初から同伴させた修士課程の学生がいた．それが，蛾の研究を始めたばかりの佐藤宏明くんである（第10章）．ケニアに到着すると，早速ナイロビの中心街に繰り出し，スタンドバーで通りを往き来する人々をながめながら，二人でビールを飲んだ．「とうとう憧れのアフリカに来たな」と感激に浸りながら，まだ何の仕事もしていないくせに，「次に行きたい大陸はどこだ」というホラ比べになった．私がオーストラリアに行く計画を披露すると，佐藤くんは「僕は南極に行きたいです」と応じた．「それじゃあ，どっちが先に実現させるか，競争しよう」ということになったが，当然，この話はまだ単なる夢物語にしかすぎず，酔いから醒めると，私は忘れてしまった．

　ところが，南極への佐藤くんの憧れは本物だった．彼は，博士課程への進学が決まるや否や，東京板橋区にある国立極地研究所に一人で乗り込み，無謀にも「私を南極へ連れて行って下さい」と直訴したのだ．この研究所は，南極観測隊の編成をほぼ一手に引き受けている国の研究機関である．もちろん，一大学院生の直訴を簡単に聞き入れてくれるほど世の中は甘くなかった．

　幸い，1986年に出発する予定だった第28次南極観測隊の越冬隊長に内定していた大山佳邦・極地研助教授がこの話を聞きつけたらしい．彼の北大理学部時代の先輩であり，私の上司でもあった福田弘巳助教授に「佐藤くんを南極観測隊員として是非連れて行きたい」という連絡が入った．福田助教授からすぐに相談されたが，そのとき，ある大学に佐藤くんを売り込み中だった私は困ってしまった．人事は水物だが，彼が助手として採用される可能性は低くなかった．研究職を希望する大学院生にとっては就職難に突入しつつあった時代．私は，まず，佐藤くんを説得して南極行きを諦めさせた．そして，大山氏が希望する土壌動物研究を専門としていた菅原裕規くんを隊員として採用してもらえるよう，福田助教授に交渉をお願いした．

　綱渡りの駆け引きだったが，幸い，佐藤くんの就職も，菅原くんの南極行きも実現した．私のオーストラリア研究も実現した．誠に実り多いナイロビでのホラ比べであった．

5 土壌動物学徒の南極越冬記

(菅原裕規)

プロローグ

　1985 年，博士課程に進学したがその後の研究方針が定まらず焦りを感じていた頃，指導教官である福田弘巳先生から突然呼び出された．「南極に行く気はないか？」との申し出．約 1 年後の 1986 年 11 月に日本を出発する第 28 次南極地域観測隊の越冬隊長に内定していた国立極地研究所の大山佳邦先生が，生物担当の観測隊員を探して，母校である北海道大学に来られたとのこと．そこで白羽の矢が僕に立ったようだ．何がなんだかわからず，1 日の猶予をもらうことにして帰宅した．

　この話には布石があって，僕と同期の佐藤宏明君 (現在，奈良女子大学) が南極に行きたいということで，南極観測隊員に志願していたらしい．そこで大山先生は福田先生を頼って来訪されたが，あいにく佐藤君は翌春には就職が決まるかもしれなかったために，僕に南極観測隊員の話が舞い込んできたというわけだ．これまで日本隊によって行われた南極産陸上動物の研究では，陸生節足動物として前気門ダニ 3 種の土壌動物が発見されていた．そこで土壌動物を研究している者がよいということだったようだ．

　翌日，南極観測隊に参加させてもらうことを福田先生に伝えたが，研究に熱心でない僕のような者が行っても，何らかの成果を上げて帰れるのか不安でいっぱいだったことを覚えている．返答に躊躇した他の理由は，南極といえば小学生のときに記録映画で見た南極海での捕鯨のイメージが強く，南極がはるか最果ての地に思えたこと，病弱なこの身体で 1 年以上も寒さに耐えられるだろうかと不安だったことだ．南極はどの程度の寒さなのかもわからないままの船出だっ

た．まあ，いずれにしてもなるようにしかならないと腹をくくることにした．

5-1 「南極」とは

5-1-1 気候と地理区分

　南極の気候条件は地球上で最も厳しい．北半球で最も寒いのは東シベリアで，北緯63度15分のロシア・オイミャコンで1926年1月26日に−71.2℃を記録しているが，南極は東シベリアよりもかなり寒く，1983年7月21日，南緯78度28分にあるボストーク基地で−89.2℃を記録している．また，大陸のほとんどが1年中厚い氷床に覆われており，中央部が高く，周辺部が低くなっているため，上空から大陸に降りてきた冷たく重い空気はつねに周辺部に向かって勢いよく滑り落ちていく．これを斜面下降風とかカタバ風と呼んでいる．低気圧との相互作用によっては秒速30mを超える嵐となることも多く，昭和基地では秒速59m，フランスのデュモン・デュルビル基地では秒速96mの最大風速を記録している．

　しかし，中生代，南極大陸は温暖な地域にあったゴンドワナ大陸の一部をなしていたと考えられており，実際，シダ植物の葉，樹木，小型恐竜などの化石が見つかっている．このゴンドワナ大陸がジュラ紀に西ゴンドワナ大陸と東ゴンドワナ大陸に分裂後，南極大陸はインド亜大陸，マダガスカル，オーストラリア大陸などとともに東ゴンドワナ大陸の一部をなしていた．新生代初期には，最後まで同じ大陸を形成していたオーストラリア大陸とも分かれて南へと移動し，現在の南極大陸になったと考えられている．

　生物地理学では，南緯50度と60度の間にある南極収束線より南を「南極地域」と呼んでいる(図5-1)．南極収束線とは，南からくる冷たい海水と北からくる暖かい海水が混合し，激しい対流が生じている海域で，この対流が南極海に豊富な栄養塩類を供給し，他の地域とやや異なる生物相を生みだしている．樹木限界とされる年平均気温10℃の等温線もこの収束線とほぼ一致している(神田・松田1982)．南極収束線周辺に点在するサウスジョージア島，マリオン・プリンスエドワード諸島，クロゼー諸島，ゲルゲレン諸島などの島々を亜南極地域と呼んでいる(図5-1)．亜南極地域の島々はやや温暖な気候域に含まれ，植生が比較的多様で隠花植物のほかに湿性の草本が見られる．月平

5-1 「南極」とは

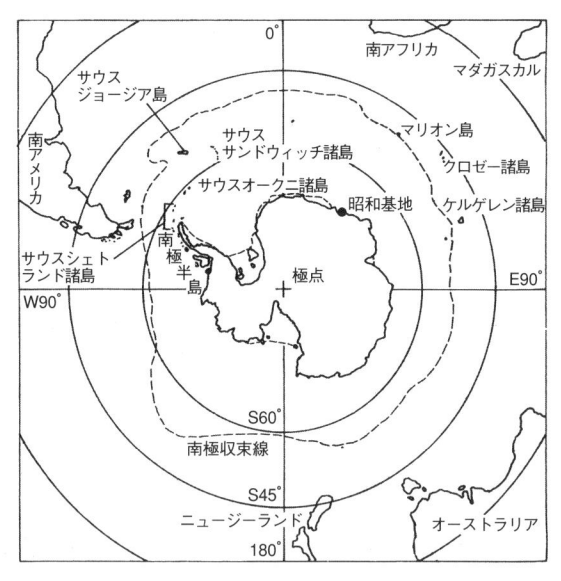

図 5-1 南極地域とその周辺.

均気温は最暖月の2, 3月に+8.5℃, 冬季でも0℃以下になることは珍しい.

「南極地域」は大陸性南極地帯と海洋性南極地帯に区分される. 海洋性南極地帯は, 地理学的には南極半島の南緯68度に位置するマーガレット湾までと, サウスシェトランド諸島やサウスオークニ諸島など近隣の島々を含んでいる. 月平均気温が0℃を上回る月が少なくとも1か月あり, −10℃以下になるのは稀で, 南極半島には被子植物2種, 多数の苔類, 双翅目(ハエ目)昆虫であるユスリカ2種も分布している.

これに対して大陸性南極地帯は, 南緯68度以北の南極半島を除いた南極大陸全域を含み, 月平均気温が0℃を上回る月はなく, −20℃を下回る月が多い. 蘚類は見られるが, 種子植物や翅をもつ昆虫類は分布していない. 大陸性南極地帯は広大で, 地形, 土壌, 海鳥の影響, 植生なども単一ではないので, その特徴によりさらに, (1) 海浜の影響が明らかに認められる大陸沿岸地帯 (coastal Antarctica), (2) ヌナターク (氷河に囲まれて孤立する露岩. 図 5-2 A) や山脈 (図 5-2 B) などの山岳・氷河地帯 (Antarctic slopes), (3) 氷雪藻類以外の生物は存在しない雪原からなる中央氷原地帯 (Antarctic plateau) に区分さ

図 5-2 山岳・氷河地帯．(A) ヌナターク．(B) セル・ロンダーネ山脈の山中 (いずれも，提供：東正剛)．

れている．南極大陸は日本の約 37 倍の面積をもち，「氷の大陸」と表現されるように，夏場に融雪して地面が露出する露岩域は全面積の 5% 未満，しかも生物が生息していると思われる露岩域は 2% にも満たない．

5-1-2 日本の南極観測

55 年の歴史を誇る昭和基地

　1957〜1958 年の第 1 次越冬隊以来，日本は昭和基地で観測と調査を続けている (図 5-3 A, B)．南緯 69 度東経 39 度 35 分に位置する昭和基地は南極大陸から約 4 km 離れたオングル島にあり，いわゆる大陸沿岸地帯に区分される．冬は海が凍結して大陸に雪上車や徒歩で渡れるが，夏は氷が融解し，孤立する．

5-1 「南極」とは　　　　　　　　　　　　　　　　　　　　　　　　　　157

1987年からは，昭和基地の西約670 km，南緯71度31分東経24度08分，沿岸から約140 kmの内陸に位置するあすか基地でも観測と調査が行われていたが，現在は閉鎖されていて無人で気象観測のみを行っている (図5-4 A)．この基地の南には，いわゆる山岳・氷河地帯に区分されるセル・ロンダーネ山脈が広がっている (図5-4 B)．「セル・ロンダーネ」というのはノルウェー語で

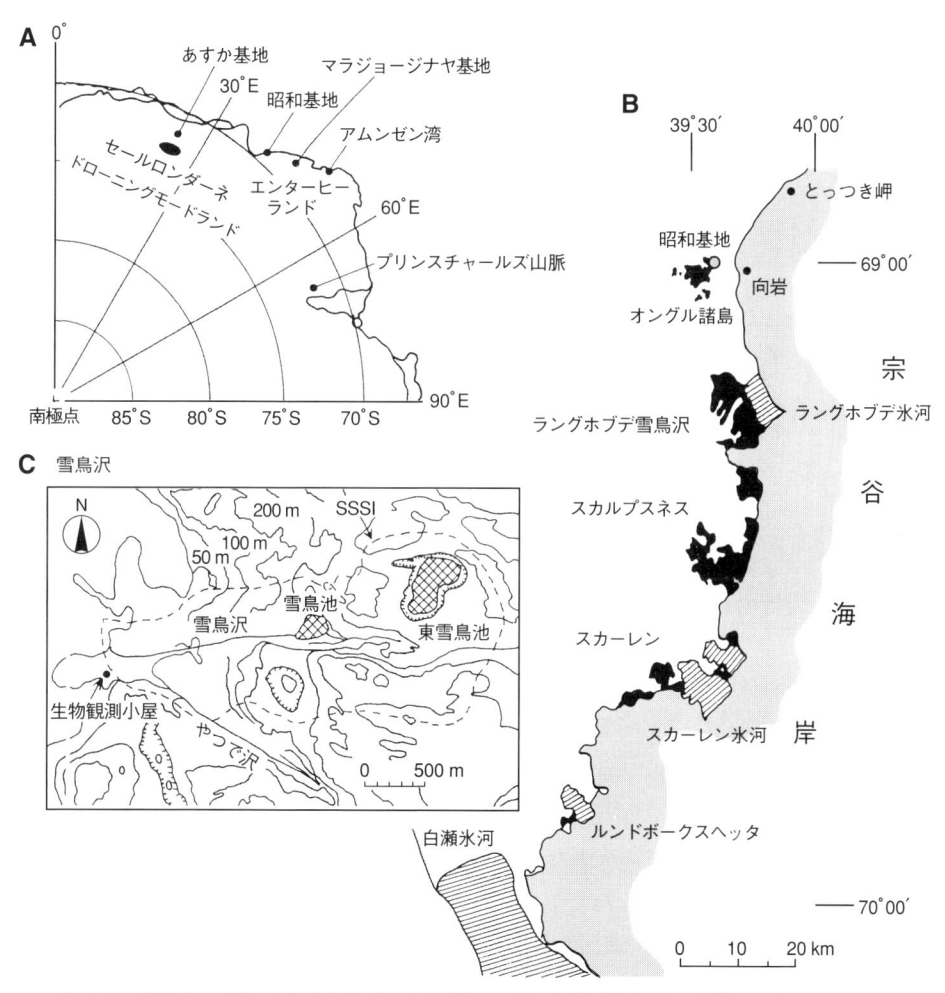

図5-3 調査地．(A) 日本の基地がある東南極．(B) 昭和基地周辺の地理．(C) ラングホブデ露岩地域・雪鳥沢の地形図．

図 5-4 あすか基地．(A) スノードラフトに埋まりつつある主要棟．(B) 雪上車置き場とセル・ロンダーネ山脈遠景 (1988 年 12 月．いずれも，提供：東正剛).

「南のロンダーネ」という意味である．ノルウェーに「ロンダーネ」という山脈があり，その山脈に似ていることから「セル・ロンダーネ」という名前を付けたらしい．

　南極条約終了後はこの広大な大陸の所有権が大きな問題となるだろうが，最初にこの内陸域を踏査したノルウェーはその所有権を主張するつもりらしい．最近，中国，韓国，中東諸国など，多くの新興国が南極観測に力を入れ始めたが，すでに見つかっている石油，ウラン，各種希少金属など豊かな鉱物資源をめぐる争奪戦に備えてのことであるのは間違いない．

忠鉢繁によるオゾンホールの発見

　世界的に高く評価されている日本人による研究成果はいくつかあるが，その1つが第23次南極観測隊員・忠鉢繁によるオゾンホールの発見である．1982年，越冬中の彼は南極の春である10月に南極上空のオゾン層が他の月よりも明瞭に低下することを見いだし，1984年11月にギリシャで開催された国際オゾンシンポジウムでポスター発表した (Chubachi 1984, 1985)．その翌年，ジョセフ・ファーマンたちもイギリスの南極基地における似たようなデータを示し，オゾン層を破壊することがすでに予測されていたフロンガスが原因ではないかと考察した論文を *Nature* に発表し，注目された (Farman et al. 1985)．世界的なインパクトはファーマンたちの論文のほうが大きかったが，専門家の間では忠鉢の国際シンポ英文要旨こそオゾンホールに関する最初の論文として認められている．ファーマンたちは忠鉢の英文要旨を引用していないが，忠鉢のデータを確認したうえで自信を得，論文にしたのは明らかだ．

　オゾンは地表から高層までの大気中に広く分布しているが，特に濃度が高い地上30 km付近をオゾン層と呼んでおり，ファーマンたちはフロンガスによるオゾン層の大規模な破壊をオゾンホールと呼んだ．ではなぜ，極域でオゾンホールができるのだろうか．冬季，極域周辺の風は強まり，いわゆる「極渦」が発生する．渦潮に引き込まれた船がなかなか外に脱出できないように，極渦内部の大気は渦の外に出ることが難しい．そのような状況下で極域に春が近づき，太陽の光が大気に当たるようになると，光反応によってフロンから塩素原子が遊離し，この遊離塩素が酸素3原子のオゾンから酸素1原子を奪って酸素分子に変える反応が進む．酸素原子と結合した塩素は，やはり光反応によって酸素原子から遊離し，再びオゾンから酸素1原子を奪い取る．こうして酸素分子 (O_2) や酸素原子 (O) に対するオゾン (O_3) の割合が減少するのだが，周りの大気との混合が起こりにくい極渦の中では，オゾンの割合が極端に低下することになる．こうして春先にオゾンホールが発達し，季節が進むにつれて極渦が弱くなるとともに消失する．南極のオゾンホールは，9月下旬から10月中旬にかけて最も発達する．

　ではなぜ，オゾンホールの規模は北極よりも南極ではるかに大きいのだろう

か．山岳域が広がる陸地に囲まれた北極に比べ，南極海では風の流れをはばむ障壁が少なく，極渦も発達しやすい．さらに，気温の低い南極では，成層圏でも雲が発生しやすく，小さな氷の粒が触媒となってオゾンの破壊を加速させる．3次元空間よりも，2次元である氷の表面のほうが遊離塩素とオゾンの衝突確率を高めると考えればわかりやすいだろう．当初の予測では，前世紀末には南極オゾンホールの収縮が始まることになっていたが，21世紀に入って10年以上たった現在でも，収縮段階に入ったとは言い切れないようだ．

「南極は隕石の宝庫」，日本隊が発見

　南極大陸ではたくさんの隕石が採集できることを最初に発見したのも日本の観測隊だ．南極大陸では厚い氷河が中央域から周りの海岸に向かって少しずつ流れており，広い雪原に降り注ぐ隕石も一緒に運ばれていく．その多くは氷と一緒に海に落ちることになるが，大陸周縁にある山地域では氷河の流れがせき止められる．溜まった氷は強い風の作用により昇華（固体が液化しないで直接気化すること）し，隕石だけが少しずつ集積する．例えば，あすか基地の南に広がるセル・ロンダーネ山脈は，そのような隕石集積地の1つとなっている．

　1989年1月中旬，そのセル・ロンダーネで大きな人身事故が発生している．第29次観測隊のうち，あすか基地で越冬を終えた隕石調査チームは，帰国を前に，隕石採集に最後の力を注いでいた．山塊域で一番気をつけなければならないのは，氷の裂け目（クレバス．図5-5）．氷の流れが山に乗り上げると，表面に巨大な割れ目ができる．氷から顔を出している岩山の延長線上では，山が氷の下に潜り込んでおり，氷の表面に大きなクレバスがあると予想しなければならない．その巨大な裂け目はパックリと口を開けているとは限らず，薄い氷と雪で覆われていることも少なくない．いわゆる大きな「落とし穴」がたくさんあると考えればよい．隕石調査チームは，雪上車もろとも，巨大な落とし穴に落下してしまったのだ．

　不幸中の幸い，死亡した者はおらず，岩登りに心得のある隊員らの努力で深いクレバスから脱出することはできたが，数名が怪我をしてしまった．なかでも，足に大怪我をした隊員の容態は深刻で，早急の治療を必要としていた．しかし，もはや輸送手段はない．調査チームとの定時無線交信で事態の深刻さを

図 5-5　幅 1 m ほどのクレバス (提供：東正剛).

悟ったあすか基地本部は，近くの海で海洋観測中だったしらせと連絡をとり，大型ヘリコプターによる救助を要請した．しかし，天候は急速に悪化しつつあり，セル・ロンダーネ山脈は厚い雲に覆われようとしていた．吹雪も予想された．最悪の場合，悲惨な 2 次災害を引き起こす危険がある．そのとき，レーダーが示す天気図と向き合っていたしらせ気象班の班長が，事故現場周辺で雲の切れ間を見つけ，ヘリコプターの緊急出動が決断された．もちろん，人命救助が最大の目的であり，調査機材や採集した隕石のほとんどは放棄することが条件だった．

　この救出作戦は成功したが，重傷を負った隊員の容態は予想以上に深刻で，しらせの医療施設でも治療に十全ではなかった．そこで，一番近い都市の病院で治療させることになった．日本の基地がある東南極に一番近い大陸は，オーストラリア大陸でも南アメリカ大陸でもなく，アフリカ大陸である (図 5-1)．一番近いといっても約 4,000 km の距離．往復約 8,000 km !　間もなく第 29 次越冬隊と第 30 次夏隊を乗せて帰る予定だったしらせの運航予定は大幅な変更を余儀なくされたが，人命には替えられない．負傷者はアフリカの喜望峰に運ばれ，一命をとりとめた．

生物調査も成果を上げている

　生物調査も，第 1 次越冬隊以来，主に昭和基地周辺で行われてきた．特に，

図 5-6 ラングホブデ露岩域の全景．ほぼ中央の沢が雪鳥沢，右の沢がやつで沢．

　昭和基地があるオングル島の南方約 25 km の宗谷海岸に広がるラングホブデ露岩地域では詳しい調査がなされ，多くのデータが蓄積されている (図 5-3 B, C)．なかでも「雪鳥沢」を含む約 3 km^2 は生物学的価値が高いことから，1987 年に開催された第 14 回南極条約協議国会議で特別科学的関心地区 (SSSI) に指定され，科学的調査以外の活動が制限されている (図 5-6)．
　雪鳥沢はラングホブデ露岩域の南部に位置し，ラングホブデ氷河の末端から西に流れる全長約 2.5 km，標高差 200 m あまりの小さな沢である．夏季には融雪水が音をたてて流れ，その流れに沿った両岸にはヤノウエノアカゴケやハリガネゴケなどの蘚類，ナンキョクカワノリなどの藍藻類，数種の緑藻類がマット状の群落を形成している．また，低温や乾燥に耐えて生活できる地衣類は，上流から下流まで広く分布し，上・中流域の蘚類にはしばしば数種類の白色粉状不完全地衣類が着生している．
　雪鳥沢には，その名の由来であるユキドリ (図 5-7 A) が夏季の繁殖期に数千羽ほど生息しており，その巣下の岩壁上に黄橙色のアカサビゴケなどの好鳥糞性地衣類も見られる．また，この付近にはユキドリの死骸が多く，糞とともに有機栄養源となっている (図 5-7 B)．ユキドリの天敵であるナンキョクオオトウゾクカモメも数つがいが生息している (図 5-7 C)．海鳥の排泄物は窒素，リンなどの栄養分を多量に含んでおり，過去の植生調査によれば，海鳥の多い露岩

図 5-7 露岩域で多い鳥 2 種．(A) ユキドリ．(B) ユキドリの死骸．(C) ユキドリの捕食者であるナンキョクオオトウゾクカモメ．

地帯は蘚類，地衣類および藻類が特異的に豊富だという．雪鳥沢では，海鳥の影響が上・中流域で特に大きい．

　僕は，1986 年から 1990 年までの 5 か年計画で進められた陸上生物研究プロジェクト「南極陸上生態系構造の解析」の一環として，土壌動物相を調査することになっていた．蘚類や藻類と土壌を採取し，その中の微小動物を抽出するのだが，主な抽出方法には浮遊法とツルグレン法がある．浮遊法では，試料を水の中に沈め，浮遊物を顕微鏡の下で観察し，微小動物を拾い出す．ツルグレンというのは図 5-8 のような装置で，名前は考案者に由来する．試料を 24 時間以上白熱電球で少しずつ乾燥させ，乾燥を嫌って下へ移動し，メッシュを通って落下する土壌動物類を固定液入りのバイアル (小瓶) に集める．浮遊法は回収率が高いかわりに手間がかかるのに対し，ツルグレン法は回収率にやや難があるものの，手間がかからず，非常に便利である．南極では，特に蘚類群落やその周辺の土壌から土壌動物が多く発見されている．

南極の主要な土壌動物は，寄生性ではない自由生活型ダニとトビムシである (図 5-9)．これまでに，亜南極地域を含む南極域で約 150 種のダニ (主に前気門と隠気門) と 48 種のトビムシが報告されている．その多くは亜南極地域と海洋性南極地帯に分布しており，亜南極地域からは前気門ダニ 20 種と隠気門ダ

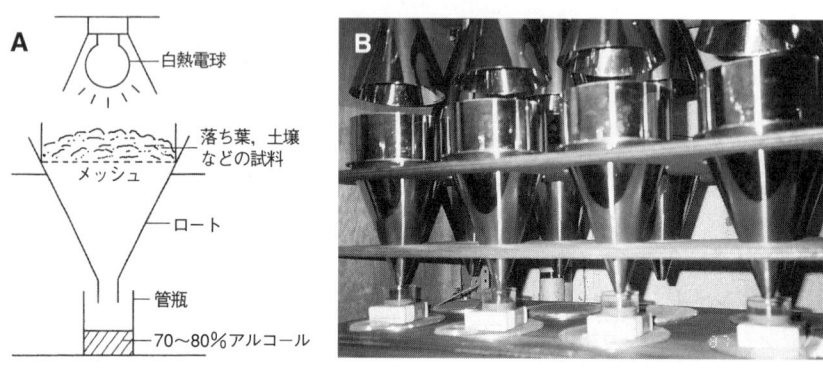

図 5-8 ツルグレン装置．(A) 白熱電球の熱で土や蘚類などの試料を乾燥させ，土壌動物が下に逃げる性質を利用する．(B) 越冬中に使用したツルグレン装置．

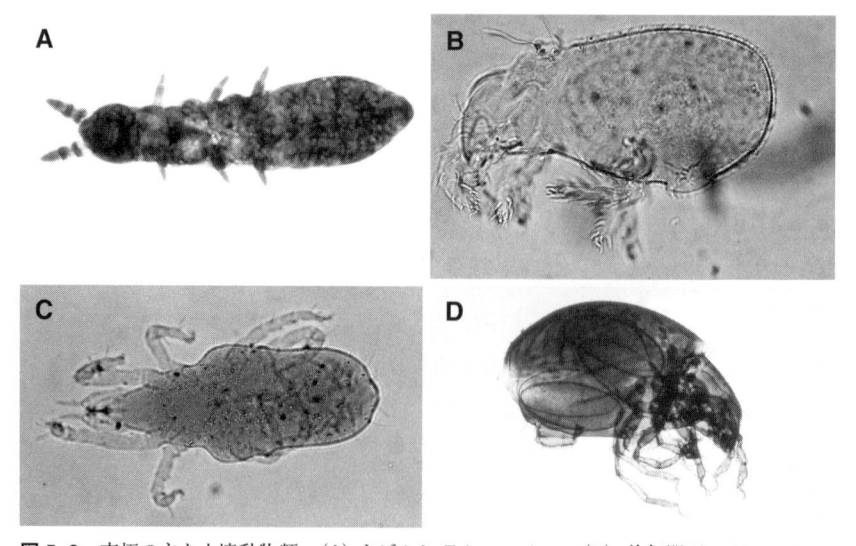

図 5-9 南極の主な土壌動物類．(A) トビムシ *Friesea grisea*．(B) 前気門ダニ *Nanorchetes antarcticus*．(C) 前気門ダニ *Tydeus erebus*．(D) 隠気門ダニ *Antarcticola meyeri*．

ニ 32 種，トビムシ 37 種，海洋性南極地帯からは前気門ダニ 10 種，隠気門ダニ 14 種，トビムシ 8 種が報告されている．最も自然条件の厳しい大陸性南極地帯でも前気門ダニ 18 種，隠気門ダニ 4 種およびトビムシ 12 種が採集されている．

昭和基地周辺の露岩域では，1986 年までに前気門ダニ 3 種 *Nanorchestes antarcticus*, *Tydeus erebus*, *Protereunetes minutus* しか報告されていなかった．トビムシは昭和基地から北東へ約 270 km 離れたマラジョージナヤ露岩域で *Friesea grisea* 1 種のみが採集されていたが，昭和基地周辺では，全く見つかっていなかった．

5-2 いざ，南極へ

準備万端，まずオーストラリアへ

治療施設の貧弱な南極での生活で病気ほどこわいものはない．そのため，越冬隊員候補者は日本を離れる前に徹底した精密検査を受けなければならない．数十名だけの狭い社会のなかでうまく生活できるかどうかを知るための心理テストも厳しい．これらの検査で，重篤になる可能性が高い病気の初期症状が見つかり，観測隊への参加を諦めざるをえなかった人もいたらしい．例えば，体調の異変に気づいたときにはすでに手遅れと言われているがんが精密検査で見つかり，緊急手術で命拾いをした人がいたという．異常がなくても，例えば腹膜炎につながりかねない虫垂は手術で除去しておくことを勧められるし，虫歯のある人は出発までに治療しておくことが求められる．

第 28 次南極地域観測隊は，37 名の越冬隊員と 21 名の夏隊員で編成された．夏隊は，夏の間だけ観測に参加し，冬を迎える前にしらせとともに帰国する．これに対し，越冬隊は，しらせが南極を離れてもそのまま南極にとどまって観測を続け，越冬後，次の越冬隊と交代して帰国する．第 28 次越冬隊は，8 名があすか基地で，29 名が昭和基地で越冬することになっていた．昭和基地越冬隊員のうち，12 名はいろいろな大学や研究機関から参加した研究者であり，オーロラや気象などの観測と，雪氷や生物などの調査を担当する観測部門を構成した．残り 17 名は観測部門の支援や基地機能の維持に当たる設営部門に所属した．

1986年11月14日,砕氷艦しらせは第28次観測隊員58名と,しらせの乗組員である海上自衛隊員約150名を乗せ,東京都港区の晴海埠頭を正午に出航した(図5-10).大勢の人の見送りを受け,「いざ,南極へ」という意気込みをもちながらも,長い航海を思うと意気込みも若干萎えていた.子どもの頃か

図 5-10 晴海埠頭に停泊中のしらせ.毎年11月14日にここから南極へと出航する(提供:東正剛).

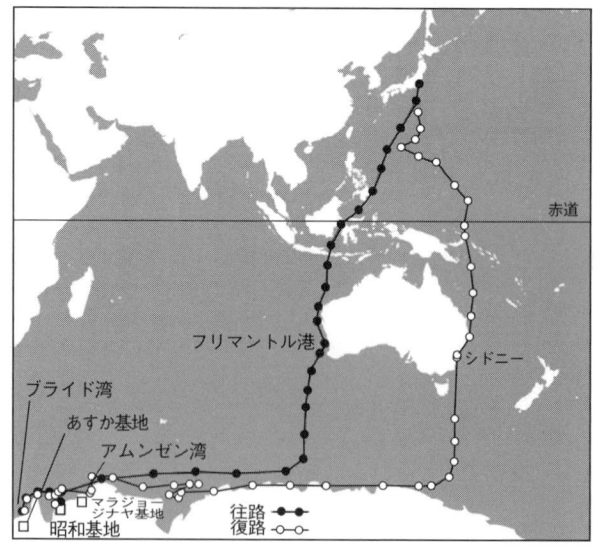

図 5-11 しらせの航路図.

らめっぽう車に弱く，車酔いに悩まされ続けていたからだ．これから赤道を越え，オーストラリアのフリマントル港に寄港し，そこから南極海を進んで南極大陸に着くという約40日間の船旅が始まる (図5-11)．成人して自分で車を運転するようになってやっと車酔いから解放されたが，長い船旅は初めてだった．

　しらせは，小笠原諸島の西方沖，フィリピン南端沖を経て，11月21日にボルネオ島とスラウェシ島を隔てる海峡に入り，赤道を通過した．早速，甲板で恒例の赤道祭が始まった．自衛隊有志で結成されたバンドが軽快なメロディーを演奏してくれ，さまざまに仮装した観測隊員や自衛隊員が独創性を発揮しながら踊った (図5-12)．美味しいワインや軽食も振る舞われた．夕方には，自衛隊の将校クラスだけが集うラウンジに招待され，楽しいひと時を過ごすことができた．船酔いの心配は無用のようだった．

　翌々日には，生物地理境界線として有名なロンボク海峡を通過．インド洋をかすめて11月28日，オーストラリア西端のフリマントル港に着岸した．ここで，新鮮な野菜，果物，肉類，魚介類，飲料を調達しなければならない．その作業は主に自衛隊の任務となっており，その数日間，観測隊員は港から車で約1時間の所にある西オーストラリア州都・パースに宿泊し，鋭気を養った．

　フリマントルでの食糧・飲料調達を終えたしらせは，12月2日に一路南極へ向けて再び出航した．激しい船酔いは南極海に入って間もなく始まった．

図5-12 しらせ船上での赤道祭．インドネシアのボルネオ島とスラウェシ島の間を通る頃に催される．これは第30次隊の様子 (提供：東正剛)．

吠える 40 度，狂う 50 度，絶叫する 60 度

　地球では，北半球，南半球を問わず，緯度 20～30 度付近に熱帯高気圧，極域に極高気圧が居座り，これらの高気圧に挟まれた緯度帯では低気圧が発生しやすく，荒れた天候になりやすい．ほとんど陸地がない南極海では特に荒れやすく，この緯度帯はしばしば「吠える 40 度，狂う 50 度，絶叫する 60 度」と呼んでいる．昭和基地は南緯 69 度に位置しているので，当然しらせは低気圧の墓場とも言われているこの暴風圏を通らなければならなかった．この暴風圏に入ると急に船の揺れが激しくなり，斜度 40 度近くに傾くことも多く，11,600 トンのしらせでも転覆するのではないかと心配になるほどだった．それでも，船の揺れは例年よりも激しいものではなかったそうだが，予想どおりわが胃は食べ物をほとんど受け付けず，せっかく海上自衛隊の給仕班が作ってくれた豪華な料理を，こっそりと捨てなければならない日々が続いた．料理を残すと「美味しくない」と受け取られかねないので，船酔いなどで食べられないときはこっそりと捨てるのが礼儀とされている．結局，こういう場合に備えてフリマントルで購入しておいた小さなリンゴなどで命をつないだ．お陰で，この航海だけで 6 kg 近く体重が減った．

　暴風圏を抜けると，海氷が多くなり，やがて氷山も見かけるようになった．同じ氷だが，海の水が凍ってできるのが海氷，大陸に降り積もった雪が圧力で

図 5-13　海氷を割りながら進むしらせ．

固まってできる厚い氷が海洋に流れ出たのが氷山である．その証拠に，氷山で採取した氷をコップの水に浮かべると，南極大陸の氷と同じように，パチパチと音を立てて泡が出てくる．氷山を見かけるようになると，海鳥も急に多くなる．時々，氷に乗ったペンギンやアザラシが迎えてくれる．太陽も水平線に沈まなくなった．南極圏に入った証拠だ．砕氷艦しらせは大きな氷山を避け，厚さ 1 m 以上の海氷をバリバリと割りながら一路南極大陸へと進んでいった (図 5-13)．

上陸開始

第 28 次隊では，クイーンモードランドに「あすか観測拠点」いわゆるあすか基地の観測棟建設を計画していたので，しらせは人員と物資を輸送するため，あすか基地に近い沿岸のブライド湾に 12 月 17 日から 1 月 6 日まで長期停泊することになっていた (図 5-3 A)．ブライド湾は昭和基地から南西に約 500 km の位置にある．12 月 19 日，いよいよ南極大陸に上陸開始．ただし，屈強な海上自衛隊員は，陸上での労働には一切参加しない．というよりも，できないのだ．国際条約の 1 つ南極条約により，南極大陸に上陸できるのは研究者とその補助員だけと決められており，軍人の上陸は一切禁止されている．もちろん，大型ヘリコプターによる荷揚げは一手に引き受けてくれたが，ヘリコプターから降りることはできないので，荷物の運搬は全て観測隊員だけでやらなければならなかった．

僕は 12 月 20 日から 1 月 3 日まで，この湾から約 140 km 内陸で進められたあすか基地建設作業用の物資輸送に従事した．すでに第 26 次隊が主屋棟を，第 27 次隊が発電棟を建設していたので，今回の観測棟建設でやっと第 28 次隊の 8 名による初越冬が可能となる．ブライド湾から内陸約 65 km の地点にはヘリコプターと雪上車の中継地点 L30 (30 マイル地点) があり，中継小屋が設置されていた．L30 まではしらせの甲板から発進する大型ヘリコプターが物資を運んでくれる (図 5-14)．しかし，そこからさらに 75 km 内陸にあるあすか基地までの物資輸送は人力と雪上車に頼るしかない (図 5-15)．当然のことながら，肉体労働とはほとんど縁のない大学院生活を送ってきた新参者には，仕事の手順が全くわからず，観測歴の古い先輩たちには随分と助けられた．

くつろぐ余裕のないかまぼこ型テントやL30地点の中継小屋での休憩と睡眠．しかし，太陽が1日中頭の上をぐるぐる回っているので，「就寝」といわれてもなかなか寝つけなかった．長い航海で体力もかなり落ち込んでいた．80kgほどの重さがある壁用のパネルを仲間と2人でたくさん運搬した翌日のこと．白い雪面で小用をたしたところ，雪が瞬く間に紅く染まった．腎臓病を心配し，すぐ医者に診てもらったが，単なる筋肉の疲労で，ミオグロビンが分解して赤色の色素が出ただけとのことだった．安堵したが，苦い思い出として残っている．この建設作業は，これまでの僕の人生のなかで最も過酷な労働だっ

図5-14　しらせの甲板から発進する大型ヘリコプター．

図5-15　物資を運ぶ雪上車の隊列．

たといっても過言ではない．その分，その後の厳しい作業もそれほど苦しいと思うことなく乗り切れたのかもしれない．

1987年1月8日，しらせは昭和基地の沖に移動した．早速，ヘリコプターによる輸送支援を受けながら，食糧や機材の運搬が開始された．今度は，陸上での輸送でも頼りになる仲間たちがたくさんいた．1年間にも及ぶ越冬を終え，今か今かとしらせの到着を待っていた第27次観測隊員たちである．輸送作業は一緒にするのだが，昭和基地の宿泊施設は両隊が一緒に生活するには狭すぎる．そこで，新しく到着した隊員たちは，本来の基地宿舎から少し離れた所にある夏宿舎「レークサイドホテル」に寝泊まりする慣わしになっていた．まるで湖畔の洒落たホテルを連想させるが，夏に雪解け水が溜まる小さな池の横にある2階建てのプレハブ小屋にすぎず，さまざまな娯楽施設が完備された基地宿舎に比べると，重労働の後の憩いの場所としてはきわめて居心地の悪い建物だった．しかし，僕は到着してまもなく沿岸露岩域での長期調査を命ぜられ，この伝統あるレークサイドホテルにはわずか10日間しか住めなかった．残念だったが，うれしかった．

調査開始

まず，1月9日から16日まで，大陸沿岸のラングホブデ露岩域での調査を命ぜられた．9日は，昭和基地に足を踏み入れることなく，ヘリコプターでしらせから直接調査地まで運ばれた．また，海水が溶けているこの季節には雪上車で移動することができないので，16日もヘリコプターが迎えにきて，昭和基地まで届けてくれた．この後しばらくはレークサイドホテルでの宿泊を余儀なくされたが，1月22日から26日までは，昭和基地から南西の大陸沿岸に点在する2つの露岩域，ルンドボークスヘッタとスカーレンで土壌動物調査を行った (図5-3 B)．

ラングホブデ露岩域の「やつで沢」河口には，第26次隊が作ってくれた生物観測小屋と発電小屋があった．小屋では引き継ぎのため，第27次隊の井上正鉄・秋田大学助教授らが迎えてくれた．井上先生は地衣類の分類学者で，雪鳥沢全域をくまなく踏査して大量の地衣類標本を段ボールに保管していた．南極の地衣類は岩石に付着しているものが多く，試料は相当な重さになってい

た．ヘリコプターの主目的は，僕を運ぶことよりも，この試料を運ぶことにあったのかもしれない．初日から井上先生の案内で雪鳥沢を踏査した．陸生動物相を調べるための蘚類や藻類さらには砂礫などを試料として採取し，クーラーボックスに保管した．

　昭和基地に入ると，早速オングル島を探索した．この島は東オングル島と西オングル島からなり，昭和基地は東オングル島の北端に位置している．両島は「中ノ瀬戸」と呼ばれる水路で隔てられているが，幅は約 40 m しかなく，夏でもボートで難なく渡ることができる．基地がある東オングル島では蘚類植生が発達しておらず，比較的大きな群落は中ノ瀬戸の斜面にあるヤノウエノアカゴケ優占群落だけだった．これに対し，西オングル島の蘚類植生は比較的豊かで，特にほぼ中央部と南西端斜面にヤノウエノアカゴケやオオハリガネゴケが優占する蘚類群落が分布していた．土壌試料を採取する調査地点を，西オングル島のほぼ中央部に分布する蘚類群落のうち数か所に設置した．

　土壌動物の抽出は基地内の環境科学棟で行った．当初抽出されたダニ類はすでに報告のある前気門ダニ3種 *Nanorchestes antarcticus*, *Tydeus erebus*, *Protereunetes minutus* ばかりだった．ところがある日，雪鳥沢上流で採取した試料を浮遊法で処理していると，今までの3種とは明らかに異なる茶褐色をした光沢のある大型土壌ダニが出てきた．これが昭和基地周辺の露岩域では初めての報告となる隠気門ダニの発見だった．昭和基地周辺では今までに体色が白色ないし赤色，緑色などの前気門ダニ3種しか報告されていなかったので，僕のみならず以前に前気門ダニを調査していた大山隊長も驚きを隠せなかった．同定の結果，*Antarcticola meyeri* と判明した (図 5-9 D)．このダニは，昭和基地から東北約 270 km のマラジョージナヤ露岩地帯と東北東 500 km のプリンスチャールズ山脈からも報告があり，この地域の固有種かもしれない．

　さらに驚いたことに，西オングル島の蘚類群落数か所からチャタテムシ *Liposcelis* sp. の成虫と幼虫数匹が採集された (図 5-16)．チャタテムシは有翅亜綱の昆虫だが，翅が退化した種も多く，本種の成虫にも翅がなかった．同じように無翅のチャタテムシ4種が亜南極地域の島々から報告されているが，*L.* sp. はそれら4種とは明らかに異なる系統だ．海洋性南極地帯のサウスシェトランド島からも3個体のチャタテムシが報告されているが，まだ同定されていない．

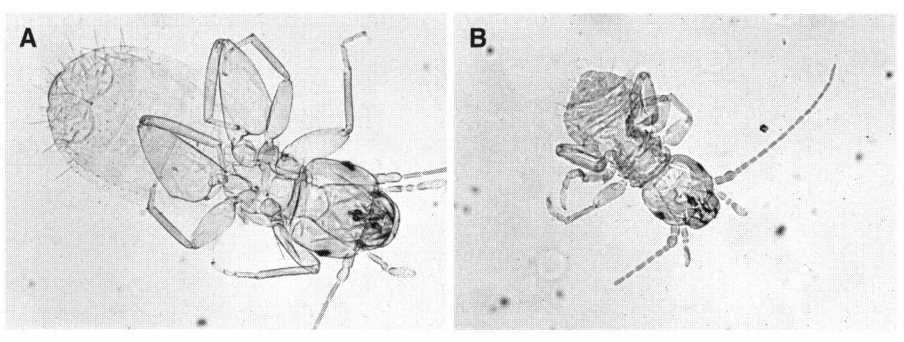

図 5-16 大陸性南極地帯で初めて発見された有翅亜綱昆虫，チャタテムシ *Liposcelis* sp. (A) 成虫．(B) 幼虫．

いずれにしても，大陸性南極地帯の蘚類群落から有翅亜綱の昆虫であるチャタテムシが見つかったのは世界初である．地球上で最南端，かつ最寒冷地に棲息する有翅亜綱昆虫と言える．

5-3 いよいよ，越冬生活が始まった

昭和基地の各種施設

　第28次越冬隊の基地生活は，第27次隊との越冬交代式が行われた2月1日から正式に始まった．昭和基地の主な建物として，各隊員の個室がある居住棟，調理室・食堂・サロン(娯楽室)がある主屋棟，基地の心臓部ともいえる新発電棟，第1次隊の旧主屋棟を改造した娯楽施設バー「ロスト・ポジション」，旧内陸棟を利用した「オングル体育館」，旧発電棟に各隊が冷蔵品や冷凍品を持ち込んでできた食糧庫，旧医務室はそのまま「オングル病院」に，また，雪上車や四輪駆動車の整備にかかせない「作業工作棟」がある (図 5-17)．これらの主要棟は，ブリキのような金属でできている丸い筒状の「コルゲート通路」で結ばれ，外に出なくても移動できようになっている．周りには，環境科学棟，情報処理棟，地学棟，気象観測棟などの観測棟が散在している．

　居住棟には，その棟を建設した隊次の名称が付けられていて，大陸側から第10居住棟，第13居住棟，そして第9居住棟が並んでいる．僕には第9居住棟が割り当てられた．どの居住棟も，直径50 cm×高さ2 mの円柱12本を長方

図 5-17 昭和基地の全景と主要棟．1：衛星受信棟．2：情報処理棟．3：観測棟．4：観測倉庫．5：環境科学棟．6：水槽 (130 kl と 100 kl)．7：新発電棟．8：バー「ロスト・ポジション」．9：食堂・調理室・娯楽室．10：一休広場 (食堂横の広場)．11：オングル体育館．12：作業工作棟．13：通信棟．14：倉庫棟 (食糧庫)．15：居住棟 (手前から ① 第 10 居住棟，② 第 13 居住棟，③ 第 9 居住棟)．16：気象棟．17：地学棟．18：荒金ダム．19：砕氷艦「しらせ」．(A) 全景．(B) 主要棟．

5-3 いよいよ，越冬生活が始まった

図 5-18　太陽が出ない真冬に行われた村対抗ソフトボール大会．

形に配置し，その上に長いプレハブ小屋を鎮座させたものである．なお日本の「プレハブ」というのは，インスタントラーメンやカイワレ大根と同じように，昭和基地用に考案されたといわれている．この高床構造には，大陸からのカタバ風を通し，飛雪が建物の風下側に溜まるのを防ぐ効果がある．ヌナタークや建物の風下に溜まってできる雪山をスノードリフトと呼ぶが，南極ではスノードリフトの成長が速い．このことを予測できず，ヌナタークの風下に作られた「あすか基地」は，スノードリフトに埋まってしまった (図 5-4 A)．そのためあすか基地は 1990 年代半ば以降，無人での気象観測が行われているだけで，現在はほとんど使われていないという．

　各居住棟の入り口には暖房機があり，ドアを開けるたびに入る冷気を暖めてくれた．入口を入ると 10 畳ほどの前室があり，住人が自由に読める本が棚に収められている．その奥の扉を開けると長い廊下が続いており，両側に 5 つの個室が並んでいる．各個人に割り当てられた個室はわずか 2 畳半で，ベッド，勉強机，椅子，備え付けの衣装庫，壁に取り付けられた 5 段の本棚，そして約 40 cm 四方の窓しかない殺風景な空間だ．それでもプライバシーを守ってくれる個室は，1 年以上に及ぶ基地生活のなかで癒しと安心を与えてくれる必要不可欠のものだった．

　各居住棟の住人は「村民」と呼ばれ，村民の推挙で選ばれた村長の下にグループを作っている．楽しい越冬生活を送るために催される各種イベントでは，村民が一致団結し，他のグループとの対決に臨んだ．例えば，村対抗卓球大

会が時々「オングル体育館」で開催された．また，海氷上でしばしば行われる村対抗ソフトボール大会も楽しみの1つだった(図5-18)．

基地生活で一番楽しみなのは何といっても食事だ．第28次越冬隊の「南極料理人」は東条会館からきた磯さんと海上保安庁からの平さん．その名前にちなんで主屋棟の食堂は「キッチン磯・平」と呼ばれていた．毎日，隊員のなかから選ばれる当直1名を加えた3名で3食を作り，配膳する．特に夕食は豪華で，品数が多く，味，ボリュームも申し分なかった．疲れた隊員にうれしかったのは，各自に毎日出された350 ml の缶ビール．日本酒が好きな隊員のために1合瓶20本も用意された．晩酌の習慣がない大学院生の僕は当初とまどったが，やがて違和感なく飲めるようになった．多少度を越すこともあったかもしれないが，定かではない．食堂の隣にあるサロンでは，週2回，映画が上映され，食後の憩いの場となっていた．

基地生活で食べ物の次に大事なのが，電気と水．新発電棟には基地で必要とする電気を賄える発電機が3機置かれていて，常時1機を待機させ，定期的に切り替えが行われていた(図5-19 A)．ヤンマーディーゼルから派遣されていた機械担当の曽根さんにとっては，停電を起こさないことが最大の使命だった．おかげで，越冬中に停電が起きたことは一度もなかった．

水道水は，新発電棟の南西側に置かれた130 kl と 100 kl の大きな水槽から供給された．130 kl 水槽には上蓋がなく，北東の大陸側から吹くカタバ風が新発電棟の南西側に作るスノードリフトを利用して，いつも大量の雪を溜めていた．近くには，水源となっている小さな池「荒金ダム」もあり，飛雪が少なくて水槽の水位が下がってくると，水の使用制限令が出されるとともに，手空き隊員総動員令も出され，130 kl 水槽への雪の投げ入れ作業が行われた．

新発電棟の2階には越冬生活で2番目に楽しみな風呂がある(図5-19 B)．真水節約のため基本的に週2回と制限されていたが，ブリザードが続いたときには130 kl 水槽から大量の水が供給されるので，1週間毎日入浴できたこともあった．風呂場の横の脱衣室には2台の洗濯機が置かれている(図5-19 C)．僕は必ず日曜日の早朝8時ごろ洗濯をしたが，早朝の洗濯組には僕も含めて2〜3人がいて，争奪戦になるのが常だった．洗濯時のすすぎは1〜2回に制限されていたが，南極では重労働でもしない限りあまり汗をかかないので，洗剤

図 5-19 新発電棟.（A）大型発電機（点検する機械部門の曽根さん）.（B）風呂.（C）洗濯機.

図5-20 バー「ロスト・ポジション」でくつろぐ隊員たち．

も少なくてすみ，このすすぎ回数でも十分だった．

　風呂場の近くには2室の水洗トイレがあり，ここでもしばしば争奪戦が起こっていた．小用トイレも2室あったが，小用は各居住棟入口付近に設置された「ションドラ」ですませることが多かった．これは，燃料用ドラム缶の口にチューリップ形の便器を取り付けただけの簡単なもので，特に，新発電棟の2階まで行くのがおっくうになる寒い日には重宝だった．

　バー「ロスト・ポジション」にはチーママがいて，週3回の開店日には結構繁盛していた．チーママといっても，もちろん男性だが，女装の似合う隊員が自薦他薦で選ばれていた．かなり怪しいチーママがほとんどだったが，時にはほれぼれするようなチーママもいた (図5-20)．バーにはビリヤード台も置かれていて，お酒を飲みながらカラオケで歌い，時にはビリヤードに興じる風景は和洋折衷で，とても楽しかった．

　すでに述べたように，越冬隊員は日本で厳しい健康診断を受けており，基本的には健康な者ばかりのはずである．また，極寒の南極ではウイルスやバクテリアも生き残りにくく，風邪，インフルエンザ，食中毒などはほとんどない．もちろん，もし腹膜炎でも起こしたら致命的だが，内科的病気で重篤な症状に陥った例はほとんどないようだ．むしろ建設作業や野外調査が多い南極では，

不慮の怪我が一番多い．そのようなときにすぐ駆け込むのが「オングル病院」で，第28次隊の医療担当は宮田ドクターと中村ドクターの2名だ．この病院にはほとんどの診療科に対応可能な器具・用具類が完備されていたが，2人とも外科医で，宮田ドクターは腎臓・肝臓の移植医，中村ドクターは小児心臓外科医だった．

　以前，観測隊編成時に医者を選ぶのが一番大変だという話を極地研究所の人に聞いたことがある．応募者は少なくないようだが，健康診断で否と判定される人が多いらしい．特に心理テストで「不適格」と判定されやすいというから面白い．お医者さんには社会生活不適格者が多いということだろうか．この話をあるお医者さんに聞かせたところ，「そもそも南極なんかに行きたいと思う医者が異常なんだ」と一蹴されたのを思い出す．

　ある日，日本でしっかりと治療してきたはずの歯が痛みだし，思い切ってオングル病院に行ってみた．中村ドクターは中ドクとあだ名がつくほどの酒豪だったので少々不安だったが，歯科にも十分に対応できるように訓練してきたようだ．治療してもらった歯の被せ物は，帰国後も数年間無事にその役目を果たしてくれた．

役割分担と消防訓練

　平日の日課は，当時の日本と同じように月曜から土曜日までの6日間勤務で，土曜日も午後5時までのフルタイム勤務．日曜日，日本の祝日，南極だけのミッドウインター祭などが休日となる．毎日，当直1名が割り当てられ，毎食時に調理担当隊員の配膳や食器洗いを手伝い，サロンや食堂など共用施設の掃除，風呂場やトイレの清掃を担当した．当直にあたった日は，ほぼ1日中忙しく，自分の仕事は二の次になるが，調理の手伝いなど，ルーチンワークと違う仕事はむしろ息抜きになった．

　基地での社会生活を円滑にするため，各人が当直以外にも何がしかの生活係を担当した．僕はソフトクリーム係を受け持ち，週に2回の映画日に合わせてソフトクリームを作った．粉末状の材料を水に溶かし，食堂に置かれていたソフトクリーム製造機で作るだけの比較的手間のかからない作業だった．しかし，すでに17〜18年にもなる旧式の製造機であったため，日によってソフトクリー

ムの硬さにむらがあった．突然動かなくなることもあるので，製造前に試運転しておく必要があった．映画終了後，製造機の中に残ったソフトクリームを取り除いて洗浄しておく必要もあり，この試運転と洗浄作業だけで1時間半近くを費やした．2,3年後には新しい製造機が持ち込まれ，準備や洗浄も随分楽になったようだ．

　南極の共同生活で一番の脅威は，大切な施設を失うかもしれない火災である．もし，主要棟を失ってしまったら，越冬自体できなくなるかもしれない．まだそれほどの大火事は起こしていないが，第1次隊と第25次隊でボヤ騒ぎを起こしている．低温・乾燥・強風の3大劣悪環境が火災を大きな脅威にしている．しかも氷はあっても消火に使う水がないという世界では，火災は絶対に起こしてはいけない代物だ．第28次隊では月に1度の消火訓練が予定されていたが，まだ越冬が始まったばかりの2月，予定外の消火訓練を予定日の前日に行うというアクシデントが起きてしまった．僕が住んでいた第9居住棟の前室にある暖房機が過熱し，警報機が作動してしまったのだ．警報機が鳴るや否や，誰が指示を出すわけでもなく，多くの隊員が消火器を片手に抱えて駆けつけた．それほど，基地内での出火は脅威となっている．

　翌日には第1回目の正式な消火訓練が実施され，銀色の防護服に身を包んだ2名が放水訓練を行った．この間，ホースを放水係まで届ける係，放水を行う係の連携が確認された．合わせて救護班も負傷者の救護訓練を行った．前日に暖房機の過熱騒ぎがあったことで，全隊員が身を引き締めて真剣に取り組んでいた．その後も越冬が終了するまで，月に1度のペースで消火訓練は続けられた．

越冬中で最大のイベント，ミッドウインター祭

　昭和基地は南緯69度にあるため，6月1日から7月13日まで太陽が水平線上に全く顔を出してくれない日々が続く．日本で夏至に当たる6月22日，昭和基地では冬至を迎え，正午ごろでもかろうじて新聞が読める程度の明るさしかない．越冬生活も4か月半をすぎるこの頃は，望郷心も最高潮に達しているし，太陽のない世界のなかで気分も沈みがちになる．この時期を乗り切るためのイベントがミッドウインター祭だ．6月22日前後の3〜4日間は，昭和基地

だけでなく南極の全ての観測基地が休暇日を設けている．東洋の正月，西洋のクリスマスのようなものだ．各国の基地間で年賀電報ならぬ「祝ミッドウインター」の電報を打ち合うのが恒例となっている．

　第28次隊でも6月20日から22日までの3日間が休日となった．19日は前夜祭で，実行委員会の数名と3居住棟の村長が「ふれ太鼓」で各居住棟や観測棟を回り，これから22日まで続くお祭りの幕が開いた．このときには，各居住棟からお酒が振る舞われるため，村長たちはほろ酔い気分で海氷上に作られたファイヤーストーム場へと向かって行った．ファイヤーストームといっても大きめのたき火といった程度のものだ．この晴れの日に何としても点火役を務めたいと志願した宮田ドクター，生物の持田さん，気象の荻原さん，設営主任で機械の馬場さんのお祭り4人衆が，聖火ランナーに扮し，ふんどし一丁で基地内を疾走したあと，ファイヤーストームに点火した(図5-21A)．この日の気温は $-20°C$，体全体にワセリンを塗りまくって臨んだ強者4人にも，この寒さはこたえたようだ．ファイヤーストームの周りでは花火に興じる者も多く，その火の子で化学繊維製のヤッケを台無しにする隊員が続出していた．僕のヤッケも全く使用できないほどにボロボロになってしまった．

　前夜祭の夕食は立食パーティーとなり，越冬に入ってから一番豪勢な料理が振る舞われた．調理担当の磯さんと平さんの2名による氷細工「寿」もパーティーに花を添えていた．パーティーを盛り上げるため女装した隊員も多く，前夜祭のメインであるカラオケ大会第1部では男女(？)のコンビがウィットに富んだ名司会を務めた．いずれの出場者も故国日本での練習の成果を存分に発揮していたが，まるで村対抗美人コンテストの様相も呈し，観客の喝采を浴びていた(図5-21B)．

　ミッドウインター祭初日の20日は，$-20°C$前後の気温のなかでいろいろな催しが目白押しだった．まず正午頃から海氷上で村対抗運動会が開催された．3村長による選手宣誓ののち，高齢者も多いということで，全員が準備体操でからだをほぐした．最初の競技は「ションドラころがし」．ほぼ無風とはいえ，薄暗く寒いなかで大きなドラム缶を転がす競技はあまりにも過酷で，多くの参加者が疲労困憊．そのため，第2試合の綱引き，第3試合の障害物リレーと競技が進むごとに参加人数が少なくなり，第4試合の村対抗リレーではわが第9居

図 5-21 越冬中最大のイベント，ミッドウィンター祭．(A) ふんどし姿で聖火ランナーを務めたお祭り4人衆．(B) カラオケ大会．(C) もちつきをする僕 (右)．(D) すしの出店で舌鼓を打つ隊員たち．(E) メインイベントである演芸大会．

住棟から参加できる者は4人しかいない有り様で，最下位に甘んじてしまった．

4時半からは吉例の餅つきが盛大に行われ，あんころ餅，納豆餅が振る舞われた (図 5-21 C)．そして，この日の夕食では，しゃぶしゃぶ鍋をつつきながら，写真クラブ主催の白黒写真とカラースライドのコンテストが行われた．白黒写真8点，カラースライド24点が出展され，自慢の作品にみんな熱心に見入っていた．夕食後，昨日同様，ウィットに富んだ男女 (?) の司会でカラオケ大会第2部が開かれた．29名全員が歌い終えたところで，各賞の発表があり，最優秀賞のカラオケレコード大賞はバー「ロスト・ポジション」で練習を重ねてきた宙空部門の稲森さん (通信総合研究所職員) が受賞した．実質的なNo.1美女 (?) を決める仮装賞はやはり宙空部門のチコちゃんこと斉藤さん (電気通信大学大学院生) が，独創性が問われる編曲賞は当初から最右翼と目されていた大山隊長がめでたく受賞した．

ミッドウインター祭の中日，21日は$-17°C$の比較的穏やかな天候となった．行事はブランチ後のゲーム大会で盛り上がった．各居住棟から3人が出場して争った将棋大会は，第9居住棟が完勝し，夜勤のため眠気まなこで臨んだ第13居住棟が2位，そして精鋭を揃えたはずの第10居住棟が3位となった．引き続き麻雀大会とビリヤード大会が行われた．麻雀大会の1位は機械担当の馬場さんで2位は大山隊長，いずれも過去に越冬した経験の持ち主だ．またビリヤード大会でも大山隊長が1位，やはり越冬経験のある気象担当の金戸さんが2位となり，長い越冬中の研鑽が功を奏したようだ．最後に，正装に身をかためた隊員一同が食堂に集い，「キッチン磯・平」特製の洋食フルコースを堪能した．ウエイター・ウエイトレス (?) は，当然のことながらお祭り4人衆が務めた．大学院生の僕にとってはめったに食べられない数々の料理だった．

最終日の22日には，ブランチ後に食堂の椅子とテーブルを片づけ，各居住棟が企画している出店の場所決めを行った．広さ20畳に満たない狭い空間に，各居住棟が2つずつ出店する (図 5-21 D)．ソフトクリーム係のパーラーも出店するのでぎゅうぎゅう詰めの状態だ．各居住棟の出店はいずれも本格的だ．第9居住棟が焼き鳥とスパゲティー，第10居住棟がお好み焼きとたこ焼き，第13居住棟は寿司とおでんを作った．どの出店も見事な味付けで，素人が作った料理とは思えなかった．

出店の料理に舌鼓を打つなかで，いよいよミッドウインター祭のメインである演芸大会が始まった (図 5-21 E)．居住棟部門と有志部門のそれぞれで演芸大賞などの各賞をめぐって争われた．居住棟部門は 3 居住棟とも演劇に挑戦した．各居住棟では夜な夜な前室に住人が集まり秘密裏に演芸大会の準備を進めていたが，ふたを開けてみると，3 居住棟とも初の女性隊員をモチーフにした演劇になっていた．6 月は次期南極観測隊の隊員が発表されることになっていて，第 29 次隊には日本の南極観測史上初の女性夏隊員が加わるらしいとのうわさが流れていたのだ．結局，第 13 居住棟の「近未来」が各隊員の役柄とストーリーの面白さで，居住棟部門の演芸大賞に輝いた．第 9 居住棟が努力賞で，第 10 居住棟はユーモア賞だった．有志部門の演芸大会では，観測棟内の有志による歌謡ショーや，誕生日が同じ日の有志 2 名による漫談が行われ，歓声と笑いが沸き起こっていた．

　演芸大会で最も注目を集めたのは，宙空部門主任で国立極地研究所の宮岡宏さんだった．カラオケ大会で名司会ぶりを披露し，演劇では名演技を見せ，さらには有志による歌謡ショー「ザ・オーディション」では薬師丸ひろ子になりきった歌謡で喝采をあびた．南極での越冬生活でさまざまな能力に目覚め，帰国後の生活復帰が最も危ぶまれた人かもしれない．しかし，宮岡さんは，帰国後には見事に社会復帰なされ，第 48 次の観測隊では隊長，兼越冬隊長を務められたとのことだ．

　翌日は「手空き総員」による片づけ作業に追われ，各部門の本来の業務はお休みとなり，結局，24 日から平常日課となった．日本でこれだけお祭り騒ぎが続くと，いいかげん飽きてくるものだが，太陽が昇らない暗黒の世界で，気分が沈みがちな時期のミッドウインター祭は，隊員たちの団結力をなおいっそう強めてくれたように思う．

南極新聞「こんぱにょれす 28」

　昭和基地では，歴代，基地内新聞が発行されており，隊員間の情報共有を図るうえで重要な役割を果たしてきた．わが第 28 次隊でも日刊新聞を発行することになり，気象庁の山本さんが社長，僕が編集長となり，社員 11 名で始めた．新聞名は「こんぱにょれす 28」と決まり，第 1 号を 1987 年 1 月 31 日に

発行，翌年1月31日の第356号まで続いた．「日記的な新聞」をモットーに，その日に起こったことを面白おかしく伝える新聞を11名が日替わりで編集した．当初は記事集めに苦労したが，だんだん軌道に乗ってくると記事を書きたいという隊員が増え，記者数も最終的には15名という一大勢力となっていた．

記事の内容はさまざまだった．当日の気象情報と翌日の天気予報は毎日必ず掲載したので，野外活動が活発化する時期には重宝された．各研究部門の活動計画や事後報告，休日に起こった珍事件など，日記的感覚で記事を掲載した．また，互いの仕事内容を理解するために研究の紹介をしてもらったり，時には各自の趣味を披瀝してもらったりした．

僕の仕事の内容をほかの隊員に理解してもらうきっかけを作ってくれたのも，この新聞によく掲載した野外調査の報告記事だ．例えば，「生物調査隊2班出発 —コケ採集の苦労— 同行取材報告」，「生物班 中ノ瀬戸の氷状偵察」，「苔の採集……ダニ！」，「飼育ダニ 相次ぎ死亡」，「微小動物分布調査」．「西オングル・カルベン生物調査出発」，「西オングル，ダニ採集……真の目的は !?」，「ラング・スカーレン生物調査隊 多大なる成果を満載して帰投」，「ラング生物隊出発」，「シャレーラング情報」などの記事を掲載した．後述するように，11月18日に昭和基地を離れ，ラングホブデの生物観測小屋で57日間滞在したが，無線によって取材された記事「シャレーラング情報」は，ラングホブデでの生活や調査状況を基地の隊員に知ってもらうよい機会になった．

野外でぶらぶらしながら土を集めている僕を見て，生物の研究は遊んでいるだけだと思っている隊員も少なくなかったようだが，新聞記事を読んで僕の研究に興味をもってくれる隊員が増えた．僕が，11月中旬からラングホブデ露岩域に57日間の長期滞在に向かうとき，設営部門で機械担当の曽根さんは実験道具を作ってくれ，調理担当の磯さんは物資の調達などで支援してくれた．

5-4 ついに，越冬終了！

5-4-1 ラングホブデ露岩域に57日間滞在

厳しい冬を乗り切り，生物調査に最適な季節を迎えようとしていた1987年11月，未記録の土壌動物が期待できるラングホブデ露岩域で約2か月の調査

をすることになった．当初，11月14日出発の予定だったが，ブリザードの吹き荒れる日が続き，出発延期を繰り返さざるをえなかった．11月ともなればそろそろ海氷が溶け出す時期で，出発が1日遅くなるごとに雪上車のルートを確保しにくくなる．とうとう壮行会をしてもらってから4日後の出発となった．

　11月18日は曇天ながら弱風で，雪上車の走行には支障のない天気となった．機械主任の馬場さん，機械の酒井さん，それと観測主任の山内さんの3人がラングホブデまで同行してくれ，無事にやつで沢の生物観測小屋に到達できた（図5-22 A）．この日から生物担当の持田さんと僕，サポート役としてきてくれた気象担当の荻原さんの3名で，約2か月の生活を始めた．

　初日と翌19日は，生活環境を整えることにほとんどの時間を費やし，野外調査に出ることはできなかった．そして20日には風速25 m以上の強風に見舞われ，小屋前の3張りのテントに保管していた生活物資の一部と，テント1張りが吹き飛ばされて海の藻屑と消えた．飛ばされた物資で最も悔やまれるのは，ほうじ茶だ．ほうじ茶が好きだという僕のために，調理担当の磯さんがわざわざ煎茶を煎って作ってくれたのだ．そのほかに，カップラーメンや海苔など軽めのものが強風によって飛ばされてしまった．飛ばされた先の海を見ると，3日前までは海面を覆っていた海氷が一部溶け，黒々とした海水面が顔をのぞかせていた．あと数日，昭和基地出発が遅れていたら，ラングホブデにはこれなかったかもしれない．

　何と言っても，まず生活に欠かせない水を確保しなければならない．南極の日射はとても強く，太陽が沈まなくなる12月に入ると雪解けも速まり，やつで沢の流水も勢いを増した．このやつで沢から約100 mのホースを使って水を引き，生活水に使った．冷たくて美味しかったが，上流部でオオトウゾクカモメが水浴びをしているのを見てからは，生で飲むのをやめることにした．

　長期滞在中の一番の楽しみはやはり食事だ．3人の日替わりで食事当番を決め，朝食から夕食までを担当した．朝食はご飯に味噌汁と何品かのおかず，昼食は野外でとるので，サンドイッチになることが多かった．夕食は各自が知りうる限りの知識を総動員して豪勢にするのが常だった．食材は調理担当の磯さんと平さんが冬の間に作って冷凍してくれたものや缶詰類で，各自これらを組み合わせて腕を振るった．僕が作った料理で2人が喜んでくれたのは，サンマ

のフライ，牛肉のタルタルソース添え，竹の子などの煮物だった．

　酒類は，滞在中に必要と思われる量の日本酒とビールが昭和基地から配給された．しかし，3人の酒量は予想より多く，滞在期間も終わりに近づくと配給品はほとんど底をつく有り様だった．この危機を救ってくれたのが，第27

図5-22 やつで沢の施設．(A) 1：発電小屋．2：食糧保存棚．3：生物観測小屋．4：ションドラ．5：トイレ．6：やつで沢．7：ドラム缶風呂．8：居住カブース(そり付き居住棟．昔の隊が旅行のときに使用していた)．菅原の実験室(ツルグレン装置)．9：物品保管用テント．(B) ドラム缶風呂でビールを堪能する僕．

次隊が残してくれたビールだった．ビールは賞味期限切れで若干の沈殿物が底に溜まってはいたが，美味しかった．それにしても，酒豪の井上先生たちが飲みきれなかったとは，第27次隊はいったいどれほど多くのビールを運び込んでいたのだろうか．

　食事の次に楽しみだったのがドラム缶風呂だった．ラングホブデ滞在中に6回もドラム缶風呂に入ることができた．この風呂につかりながら飲むビールの味は格別だった (図5-22 B)．しかし，南極の真夏である12月と1月でさえ外気温は0℃前後という寒さだ．ドラム缶風呂は小屋の外に設置されていたので，風呂に入るまでの準備中と，入浴後，真っ裸で小屋に戻るまでは寒さとの戦いだった．

　このドラム缶風呂は，機械担当の馬場さんが8月，9月の冬季に準備してくれたものだった．どのような物に使われていたのかは不明だが，小型のラジエータを湯船に入れてお湯を沸かす．電気は観測小屋の北側にある発電小屋から供給された．この小屋には，雪上車で運んできたガソリンで動く小型発電機が1つ設置されていた．

　観測小屋の横には，これまた馬場さん特製のトイレ小屋が設置されていた．横幅と奥行きは使用に支障がない程度確保されていたが，高さは150 cm程度しかなかった．トイレには頭を低くして入らなければならず，便座に座ると頭の上にかろうじて空間ができて，座ったときの目線の位置に小さな窓があるという，摩訶不思議な作りだった．しかしこの窓からの海の眺めは最高だった．設営部門からのこのような支援があってこそ長期滞在は可能だった．

　この長期滞在により隠気門ダニ *Antarcticola meyeri* を含む4属8種のダニ類を採集することができた (表5-1)．これまで報告のある前気門ダニ *Nanorchestes antarcticus* と *Tydeus erebus* に加え，*N. bellus*, *N. lalae*, *N.* sp., *T.* sp., *Eupodes* sp.を新しく採集できた．雪鳥沢は1987年の第14回南極条約協議国会議で特別科学的関心地区 (SSSI) に指定され，さらに，2000年の第12回南極条約協議特別協議会議で保護区の改定と管理計画が提案され，第141番目の南極特別保護区に決定した．その結果，日本の観測隊でさえ試料の採集が厳しく制限されるようになった．SSSI指定の直前に行われた本調査の結果は，非常に貴重なものとなるだろう．

表 5-1 昭和基地周辺の露岩域より採集された陸生節足動物 (菅原・大山 1994 を改変)

	昭和基地周辺の露岩域									他の南極地域		
	アムンゼン湾	とっつき岬	向岩	岩島	東オングル島	西オングル島	オングルカルベン島	ラングホブデ雪鳥沢	スカルブスネス	スカーレン	ルンドボークスヘッタ	大陸性南極	海洋性南極	亜南極
---	---	---	---	---	---	---	---	---	---	---	---	---	---	---
蛛形綱														
ダニ目														
隠気門亜目														
Antarcticola meyeri	●							●				○		
前気門亜目														
Nanorchestes antarcticus		●	●	●	●	○		●				○		
N. bellus			●	●	●			●				○		
N. lalae								●				○		
N. sp.					●									
Tydeus erebus		●	●		○	●	○	●	●	●		○		
T. sp.								●						
Protereunetes minutus					○	○						○	○	○
Eupodes sp.								●						
Stereotydeus meyeri	●											○		
昆虫綱														
トビムシ目 (粘管目)														
フシトビムシ亜目														
Friesea grisea	●											○	○	○
チャタテムシ目 (噛虫目)														
コナチャタテ亜目														
Liposcelis sp.						●								

●：新記録, ○：既報告.

5-4-2 さらば，南極

第 29 次越冬隊と交代

　1988 年 1 月 2 日, 第 29 次隊を乗せたしらせが約 1 年ぶりに姿を見せた. 僕はまだラングホブデに滞在中で, 正月は生物観測小屋で迎えていた. 1 月 7 日, 第 29 次隊の生物調査班で, 越冬隊員の神田啓史先生 (国立極地研究所助教授) と大谷修司さん (同助手), 夏隊員の伊野良夫先生 (早稲田大学教授) が自衛隊のヘリコプターできてくれた. 早速, 1 年 3 か月ぶりの再会を祝して乾

杯，生物観測小屋の使用方法について説明するなどの引き継ぎをすませた．3人は蘚類と藻類を研究するため，小屋にしばらく滞在するという．僕と持田さんも，迎えのヘリコプターがくる13日まで3人と一緒に滞在し，重量制限を越えないように注意しながらダニ類の調査試料などを採取した．

昭和基地に戻ってから18日までの6日間は実に慌ただしい日々だった．第29次隊との越冬交代日は例年どおり2月1日だったが，1月19日から24日までの6日間，大陸沿岸にあるスカルブスネス露岩域とスカーレン露岩域(図5-23)での土壌動物調査が計画されていたためだ(図5-3 B)．帰国に備え，私物の整理・荷づくり，実験器具や採取試料の荷づくりに明け暮れた．

2月1日午前8時40分，第28次越冬隊員全員が昭和基地にある福島ケルンにお参りし，1年間の無事に感謝した．福島ケルンというのは，1960年10月10日，ブリザードのなかで遭難，殉職された第4次越冬隊員・福島紳氏を

図 5-23　土壌動物調査地．(A) スカルブスネス露岩域のシェッゲ(海面からの高さ約400 mの垂直壁)．(B) スカーレン露岩域のスカーレン氷河．

5-4 ついに,越冬終了!

弔い建立されたものだ (図 5-24).基地から約 4 km 離れた遺体発見現場 (西オングル島) にもケルンはあるが,基地主要部からほんの 100 m ほどの場所が,福島隊員が最後に目撃された地点であることからこの場所にも石塚が作られ,福島ケルンと呼ばれるようになったようだ.この昭和基地にある福島ケルンは,南極条約の議定書に基づき南極の史跡遺産に指定されている.二度と殉職者を出さないことを誓い,節目のたびにお参りするのが恒例となっている.

越冬交代式は午前 9 時から,「昭和基地」と書かれた大きな看板が立つ基地の玄関口,一休広場で開かれた (図 5-25).1 年間の越冬生活を物語る風貌の第 28 次隊 29 名と,これからの越冬生活に意欲みなぎる第 29 次隊 27 名が一

図 5-24 東オングル島の福島ケルン.殉職された福島紳氏が最後に目撃された場所に建てられている.

図 5-25 「昭和基地」の看板が掲げられた基地の玄関口,一休広場 (提供:東正剛).

堂に会した．まずは，第28次隊・大山佳邦越冬隊長の挨拶に始まり，次期入村の第29次隊・渡辺興亜越冬隊長の挨拶が続いた．最後に，越冬隊長どうしが固く握手を交わして交代が無事終了した．両隊の隊員は祝杯を交わしながら談笑し，記念写真を撮り合う姿もあちこちで見られた．

　この後，残務整理がある5名を残し，第28次越冬隊と第29次夏隊の隊員は順次ヘリコプター2機に分乗して昭和基地を後にした．しらせに向かう途中，機長の計らいでヘリコプターは何度か昭和基地の上空を旋回してくれた．夏場であるこの時期，オングル島周辺は海氷が解け，島の輪郭がはっきりと見て取れた．これで見納めとなる昭和基地を写真とビデオに収めて別れを告げた．

　1年1か月ぶりにしらせに戻ると，懐かしい顔の自衛隊員たちが温かく迎えてくれた．2月3日に残留組5名も帰還し，しらせは，まず，あすか基地沖のブライド湾へと進路をとった．ブライド湾のL30地点には第29次夏隊の地学班8名が，セル・ロンダーネ山地の地質・地形調査を終えて，しらせの迎えを待っていた．2月7日，大型ヘリコプターが8名をピックアップして帰艦，しらせは帰国の途についた．

快適だったマラジョージナヤ露岩域調査

　帰国の途についても，調査が終わるわけではない．海洋調査は継続されるし，陸上生物と地質・地形の調査計画も，昭和基地から東北約270 kmのマラジョージナヤ露岩域と，東北東約500 kmのアムンゼン湾に連なるリーセル・ラルセン山麓露岩域で組まれていた (図5-3 A)．

　マラジョージナヤ露岩域には，調査班12名が2月14日から17日まで派遣された．ここには，ロシア(旧ソ連)の基地がある．今はほとんど閉鎖されていると聞いていたが，飛行場維持のため，機械・通信隊員約20名が生活していた．基地内には，食堂を中心に発電棟や居住棟など10棟ほどが並んで建っていた．幸運にも居住棟の一部を貸してもらえることになり，テントで寝泊まりすることなく，快適な4日間を過ごすことができた．基地に着いた日としらせに戻る前日には，基地の約20名と僕たち12名が食堂で会食し，親睦を深めた．最終日の会食後には映画も上映してくれ，言葉がわからないなりに楽しむことができた．

この沿岸調査ではテントでの自炊を覚悟していたので，相当量の食糧を持参していた．それを基地側に提供したところ，2日目からはロシア風の料理を堪能することができた．今でも思い出すのはロシア風のハンバーグと黒パンで，特に初めて食べた黒パンの味は今でも忘れられない．提供した食材には，ちくわ，明太子，筋子などがあったが，いずれも魚介類が原料であることを説明すると，彼らも抵抗なく食べてくれた．奇妙な料理として登場したのは，サラダの具となった米，焼かれたあんパン，豚パンに変身したあんまんと豚まんなどで，日本ではお目にかかれない珍料理だった．

　2日目の午後，基地隊長の案内で，アデリーペンギンのルッカリーを見ることができた．このルッカリーには約5,000羽の親子ペンギンがいた．ちょうど換羽の時期で，産毛がまだらに抜け落ちた雛が餌をねだって，鳴きながら母ペンギンを追いかける姿には，雛の必死さと滑稽さが感じられ，かわいかった．

　今回は，ツルグレンなどの土壌動物抽出装置がないので，砂礫・蘚類などの試料を採取し，ダンボールに保管してしらせの冷凍庫に運び込み，日本に持ち帰った．マラジョージナヤ露岩域からはこれまで珍しいトビムシ類やダニ類が見つかっているので期待したが，残念ながら，これらの試料からは土壌動物が全く採れなかった．

最悪だったリーセル・ラルセン山麓露岩域調査

　マラジョージナヤの沖を離れ，翌2月18日には次の目的地・アムンゼン湾に入った(図5-3A)．早速，22日までの4日間，リーセル・ラルセン山域の麓にあるリチャードソン湖の湖畔で調査した(図5-26)．この山域には，山麓傾斜地のスノードリフトや海霧などによって水分が供給されており，蘚類，地衣類，藻類の群落が発達していた．土壌の凍結と融解の繰り返しによってできる構造土地形も見られ，蘚類は主に直径2〜3mの構造土内の細砂上に群落を形成していた．地衣類は山麓一帯の岩石上に分布し，藻類は水が溜っている窪地に多かった．

　リーセル・ラルセン山域でのテント生活は，マラジョージナヤ基地での快適さに比べると，悲惨なものだった．2月18日午前にしらせからヘリコプターでリーセル・ラルセン山麓に輸送され，午後には山麓域を踏査した．やっと1日

図 5-26 アムンゼン湾にあるリーセル・ラルセン山麓.

の調査が終わり，テントを設営しようとしたが，設営に向いた場所が少なく，設営可能な場所でも，直径 10 cm 以上の岩石がゴロゴロしていた．何とか設営すると，大山隊長を含む生物班 4 名は 1 つのテントに集まり，夕食のすき焼きを堪能することができた．そして，割り当てられた 2 つのテントに 2 人ずつに分かれて寝た．僕は伊野先生と一緒だった．マットを敷いて寝袋に潜り込むと，岩石の凹凸が体にくい込み，きわめて寝心地が悪かった．

そして，悲劇が僕を襲ってきた．だんだんとお腹が痛くなり，腸がごろごろと鳴り出たのだ．便意ももよおしてきた．それからは眠ることもできず，大きな岩陰に自分専用のトイレを作り，そこに通い詰めなければならなかった．調査には何とか参加しようと頑張ったが，2 日半は寝込まざるをえず，本当につらい 4 日間だった．あのすき焼きの肉が原因としか考えられないのだが，不思議なことに食中毒のような症状を起こしたのは僕だけだった．ラングホブデでの長期滞在，昭和基地に戻ってからの帰国準備，マラジョージナヤでの沿岸調査，そしてリーセル・ラルセン山域での調査と，慌ただしい日々のつけがこういう結果を招いたのだろう．

この調査では，雪鳥沢で見つかった隠気門ダニ *Antarcticola meyeri* がたくさん採集できた．しかも，構造土内の岩石に付着していた幼虫から成虫までの全ステージを生きた状態で得られた．このことから，この隠気門ダニは東南極

の比較的広い地域に生息している可能性がある．また，南極ではこれまでマラジョージナヤ露岩域でしか見つかっていない前気門ダニ *Stereotydeus meyeri* も採集できた．このダニも東南極固有の種だろう．

さらにうれしかったのは，トビムシの一種 *Friesea grisea* を見つけたことだ．極地のトビムシは体色が暗化する傾向があり，南極域に出現するトビムシの大半は濃い青紫色をしている．この種も例外ではない．分布域も海洋性南極地帯から大陸性南極地帯までと広いが，昭和基地周辺では，*S. meyeri* 同様，マラジョージナヤ露岩域からしか報告がなかった．

さあ，シドニー，そして日本へ

調査中腹痛に悩まされた僕だったが，2月22日にしらせに帰還してから，また新たな悩みができた．入浴中には気づかなかったが，就寝のとき，異常に足が痒くなった．我慢できず，掻こうと両足を見て自分の目を疑った．両足とも全体が赤く腫れあがり，小さな水脹れが所せましと足全体に出ていた．これほどの水腫れと対面したのは初めてだった．実は，それまで水虫にかかったことがなく，水虫と認識するまでに相当な時間を要した．数日後にドクターに診察してもらうまで，単なる皮膚病と思っていたのだ．

原因はすぐに思い当たった．つま先に鋼鉄が装着されている安全靴．調査中ずっと履いていたが，中が蒸れるとなかなか乾燥してくれない代物で，つねにジメジメしていた．悲しいことにこの水虫とのつき合いは今でも続いている．10年ほど前にいったんは完治したと思ったが，ここ1年間は右足だけに時々出没している．南極での厳しさを思い出させてくれる水虫とは，今後も付き合い続けていくだろう．

調査を終了し，しらせは2月27日にアムンゼン湾を出航した．しばらく大陸沿いに海洋観測を続けながら東へと進み，やがて北方へと舵をきった．もちろんあの暴風圏を通らなければならなかったが，3月20日には無事シドニー港に到着した．今回はなぜか往路ほどの船酔いにはならなかった．体が揺れに慣れたのだろうか．もしかすると，大きな使命を果たしえたという満足感が，僕の心身を大きく変えてくれたのかもしれない．

僕たち南極観測隊員はシドニーでしらせを降り，飛行機で日本へと飛び立っ

た．機中から見た冠雪の富士山が，とてもまぶしかった．

5-5　大陸性南極地帯の土壌動物類の起源

大陸性南極地帯のトビムシ類の多くは遺存系統だろう

　南極地域からは，今までに6科27属48種のトビムシが報告されている (表5-2. Block 1984; Gressitt 1967; 東・菅原 1992; Wallwork 1973)．そのなかでも亜南極地域のトビムシ相は比較的豊かで，サウスジョージア諸島を中心に，6科19属37種が見つかっている．このうち21種は固有種だが，9種は南アメリカとの，また7種はニュージーランドとの共通種だ．種数の多い *Cryptpygus* 属や *Friesea* 属に代表されるように，南半球の温帯域以南に起源する系統が優占すると言われている．

　海洋性南極地帯に入るとトビムシも少なくなるが，1898年，ベルギーの探検隊が南極半島で *Friesea grisea*, *Cryptopygus antarcticus*, *Parisotoma octooculata* の3種を見つけて以来，今までに4科6属8種が報告されている．しかし，そのほとんどが亜南極地域，ニュージーランド，南アメリカとの共通種で，この地域に固有の種は今のところ見つかっていない．

　気象条件が最も過酷な大陸性南極地帯でも，1899年，イギリスの探検隊が北ヴィクトリアランド露岩域でツチトビムシの一種 *Isotoma klovstadi* を発見して以来，さまざまな種類のトビムシが報告されている．1960年には，アメリ

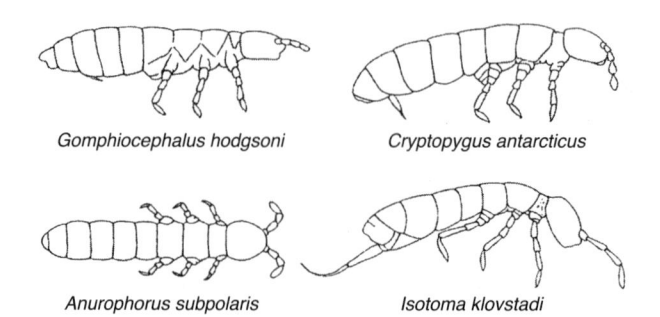

図 5-27　大陸性南極地帯で見つかってトビムシ類のうち4種．*Gomphiocephalus hodgsoni* は現存する昆虫のなかで最も古い系統の1つと考えられている．

図 5-28 セル・ロンダーネ山中で見つかった *Cryptopygus sverdrupi* (提供：東正剛).

カ・ビショップ博物館の生物調査隊が，南緯84度のバードモア氷河の露岩域でツチトビムシの一種 *Anurophorus subpolaris* とヒメトビムシの一種 *Biscoia sudpolaris* を採集した．これが最南緯で，しかも世界で最も寒い所に生息する昆虫とされている．現在までに大陸性南極地帯からは4科10属12種のトビムシが報告されている(図5-27)．固有性が高く，12種のうち10種，また10属中5属は，この大陸性南極地帯にしか分布していない．固有属はいずれも原始的な形態を保有しており，これらをゴンドワナ大陸起源の遺存系統，もしくは古い時代に南極で独自に分化したグループとみる学者も少なくない．例えば，最南緯の種 *B. sudpolaris* や南ヴィクトリアランドに生息する *Gomphiocephalus hodgsoni* などを含むヒメトビムシ科の頭部構造は，スコットランドのデボン紀層から見つかった最古の化石種とよく似ており，現存する昆虫のなかで最も原始的な系統の1つと考えられている．

　Friesea grisea のように亜南極地域で優占し，海洋性南極地帯や大陸性南極地帯にも分布する種は，氷河後退の後に侵入してきたとも考えられるが，乾燥に弱いクチクラの体表をもつトビムシにとって風による侵入は難しいだろう．大陸性南極地帯におけるこの種の発見地は，ロシアのマラジョージナヤ基地周辺の露岩域と，今回調査を行ったアムンゼン湾のみであり，この2露岩域は昭和基地の東側に広がるエンダービランドに含まれる．

　昭和基地から南東約670 kmに位置するセル・ロンダーネ山地では，この山地も含まれるドローニングモードランドの内陸露岩域で，固有種である *Cryp-*

表 5-2 南極のトビムシとその分布 (東・菅原 1992 より転載)

	大陸性南極	海洋性南極	亜南極	南アメリカ	ニュージーランド	アフリカ
イボトビムシ科						
Friesea grisea	●	●	●			
F. tilbrooki			●			
F. jeanneli			●			
F. multispinosa			●			
F. nigroviolacea			●			
Setanodosa steineni			●			
ヒメトビムシ科						
Biscoia sudpolaris	●					
Gomphiocephalus hodgsoni	●					
Hypogastrura viatica		●	●	●	●	●
H. antarctica		●	●			
Xenylla claggi			●			
ツチトビムシ科						
Antarcticinella monoculata	●					
Anurophorus subpolaris	●					
Archisotoma brucei		●			●	
Cryptopygus subantarcticus			●			
C. antarcticus	●	●	●	●	●	
C. caecus		●	●	●	●	●
C. cisantarcticus	●					
C. reagens			●			
C. sverdrupi	●					
C. tricuspis			●			
Gressittacantha terranova	●					
Isotoma klovstadi	●					
Neocryptopygus nivicolus	●					
Parafolsomia quadrioculata			●			
Parisotoma octooculata		●	●			
P. boerneri			●		●	
Proisotoma pallida			●	●		
Setocerura georgiana			●	●		
Sorensia atlantica			●			
S. subflava			●		●	
S. punctata			●	●		
Spinocerura dreuxi			●			
シロトビムシ科						
Dinaphorura spinosissima			●	●		
Tullbergia antarctica			●			
T. templei			●			
T. mixta		●	●			
T. bisetosa			●	●		
T. mediantarctica	●					

表 5-2 (続き)

	大陸性南極	海洋性南極	亜南極	南アメリカ	ニュージーランド	アフリカ
アヤトビムシ科						
Lepidobrya mawsoni			●		●	
Lepidocyrtus cyaneus cinereus			●	●	●	
マルトビムシ科						
Katianna banzarei			●			
K. kerguelenensis			●			
Metakatianna gressittii			●			
Polykatianna davidi			●			
Sminthurinus granulosus			●			
S. kerguelenensis			●			
S. jonesi			●			

topygus sverudrupi が採集されている (Somme 1986. 図 5-28). また, 前述したように *B. sudpolaris* と *A. subpolaris* が南緯 83 度 50 分のバードモア氷河の露岩域で採集されているが, 大陸性南極地帯にしか分布しておらず, 前者は南極固有属で後者は南極固有種である.

このように大陸性南極地帯の露岩地帯に生息するトビムシ類は, それぞれ孤立した生息域をもっている. これらの内陸露岩域は氷河期でも積雪に覆われなかった孤立峰 (ヌナターク) であり, その周辺はつねに氷河に囲まれていたため, 各露岩域で独自のトビムシ相を形成することになったのだろう. すなわち, これらのトビムシは大陸が氷河に覆われる以前には大陸全体に広く分布していた遺存系統と考えられ, 厳しい環境条件により生息域が分断・隔離され, それぞれの露岩域で特徴ある動物相を形成したのだろう.

大陸性南極地帯のダニ類も多くは遺存系統だろう

南極地域からは, 今までに隠気門ダニ 13 科 26 属 41 種, 前気門ダニ 8 科 14 属 41 種が報告され, 隠気門ダニの 64%, 前気門ダニの 95%が固有種と言われている (Block 1984; 菅原・大山 1994; Wallwork 1973). 亜南極地域のダニ相は比較的豊かで, サウスジョージア島を中心に, 隠気門ダニ 12 科 25 属

32 種，前気門ダニ 8 科 11 属 20 種が見つかっている．隠気門ダニ 32 種のうち 17 種は固有種だが，3 種は海洋性南極地帯との，6 種は南アメリカとの，4 種は南極半島周辺の海洋性南極地帯との，残り 2 種はニュージーランドとの共通種である．また，前気門ダニでは 20 種中 13 種が固有種であるが，5 種は海洋性南極地帯との，1 種は南半球温帯域との共通種で，残り 1 種は南極地域全域から発見されている．

海洋性南極地帯に入るとダニの種数は少なくなるが，1897～1899 年，ベルギーの探検隊が南極半島で，隠気門ダニ *Alaskozetes antarctica* と *Holozetes belgicae* の 2 種，前気門ダニ *Cyrtolaelaps racovitzai*, *Rhagidia gerlachei* および *Stereotydeus villosus* の 3 種を見つけて以来，今までにそれぞれ 4 科 8 属 14 種，6 科 8 属 10 種が報告されている．しかし，そのほとんどが亜南極地域，南アメリカ，ニュージーランドとの共通種で，海洋性南極地帯の固有種は両グループとも 4 種ずつしか発見されておらず，固有種率は前気門ダニで 40.0％，隠気門ダニでは 28.6％である．

気象条件が最も過酷な大陸性南極地帯でも，1898～1900 年，イギリスの探検隊が北ヴィクトリアランド露岩域で前気門ダニ *S. belli* を発見して以来，さまざまな種類のダニ類が報告されている．1964～1965 年には，アメリカ・ビショップ博物館の第 6 次夏季生物調査隊が，およそ南緯 85 度 32 分のスコット氷河の露岩域で，数種類のトビムシやクマムシとともに，前気門ダニ *Nanorchestes antarcticus* を採集した (Wise & Gressitt 1965)．これが最南緯種で，しかも世界で最も寒い所に生息するダニとされている．

現在までに，大陸性南極地帯からは隠気門ダニ 2 科 3 属 4 種と前気門ダニ 5 科 6 属 18 種が報告されている．いずれも固有性が高く，隠気門ダニ 4 種のうち 3 種，前気門ダニ 18 種のうち 17 種は，この大陸性南極地帯にしか分布していない．固有種は原始的な形態を保有しており，中生代に存在したゴンドワナ大陸起源の遺存系統，もしくは古い時代に南極で独自に分化したグループと見る学者も少なくない．例えば，海岸から約 300 km 離れた内陸の露岩域から発見された *Eupodes tottanfjella* や北ヴィクトリアランドに生息する *E. wisei* と *E. maudae* などを含むハシリダニ科 Eupodidae の外部形態は，スコットランドのデボン紀層から発見された最古の化石種とよく似ており，このハシリダ

ニ科は現存する前気門ダニとしては最も原始的な系統の1つと考えられている．また，隠気門ダニ4種のうち，*Antarcticola meyeri* と *Alaskozetes antarctica* は Podacaridae 科に属しているが，この科は南極地域周辺の南半球でしか見られず，この地域で独自に進化したと考えられている．現在，この科には4属13種19亜種が含まれており，これらは亜南極地域を中心に分布する．亜種は海洋性南極地帯に多い．

　自由生活性ダニ類の分布の要因として，風や海鳥による分散を重視する意見と，大陸移動による南極大陸のゴンドワナ大陸からの分断を重視する意見がある．南極大陸の沿岸部では大陸中央部からカタバ風がつねに吹き降ろしていることから，ダニ類が風による分散で移入することは難しいであろう．また，海鳥による持ち込みは主として寄生性のダニ類に限られており，仮に自由生活性のものが侵入できたとしても低温，乾燥，貧栄養といった過酷な環境条件下では定着できないと考えられる．

　昭和基地周辺から採集されたダニ類は，*P. minutus* を除き全て固有種であり，しかも分布域が大陸性南極地帯に限られていることからも，ゴンドワナ大陸が分断される以前からの遺存系統である可能性が高い．すなわち，陸地の分断とその後の数度に及ぶ氷河の前進と後退に伴い，より低温に耐性をもった種が淘汰され，固有性が高くなったのだろう．

大陸性南極地帯で初めて発見されたチャタテムシの起源は？

　今回採集されたチャタテムシ *Liposcelis* sp. は，これまで有翅亜綱昆虫類の報告が大陸性南極地帯からなかったこと，"book lice" と呼ばれるように人間の生活と密接に結び付いたグループに近いことから，人間による持ち込みも疑われるかもしれない．しかし，ツルグレン装置は生きている個体だけを抽出する装置であり，偶然持ち込まれた死亡個体を抽出することはない．しかも，成虫だけでなく幼虫まで採集されており (図 5-16)，この種が西オングル島で繁殖しているのは間違いない．人間による持ち込みの可能性はない．

　また，採集日が 1987 年 3 月 4 日および 15 日であり，しかも 3 月 4 日には遠く隔たった異なる蘚類群落で発見されており，偶発的な侵入個体とも考えられない．実際，西オングル島にはユキドリなどの海鳥がほとんど飛来してこな

いこと，この辺一帯の主な風向きが大陸側の北東であることから，海鳥や風によって分散・侵入するのは難しい．一般に温帯域の野外に生息するチャタテムシは地衣類を摂食すると言われているが，西オングル島の蘚類群落上には地衣類が着生しており，餌は十分にある．したがって，*Liposcelis* sp. は西オングル島の蘚類群落内に適応・定着していると思われる．

本種は，これまで亜南極地域から報告されている3種とは全く異なるグループに属していることから，本種も遺存系統である可能性が高い．しかし，採集個体数や採集地点数が少ないため，その起源はさらに詳細な調査により明らかにされる必要があるだろう．

残された課題

このように，大陸性南極地帯に生息する土壌動物類のほとんどが固有種であり，海洋性南極地帯や亜南極地域との共通性は小さい．海洋性南極地帯や亜南極地域の種が大陸性南極地帯に分布を拡大できないのは，カタバ風など，大陸性南極地帯の厳しい環境条件によるのだろう．では，大陸性南極地帯の固有種は，なぜ北方の海洋性南極地帯や亜南極地域に分布を広げないのだろうか．1年中雪と氷に覆われた極限環境への特殊化が，より温暖な環境への適応を阻んでいるのだろうか．あるいは，競争種の存在しない大陸性南極地帯の種は，海洋性南極地帯や亜南極地域では種間競争に弱いのだろうか．この不思議な現象の原因解明は，今後の重要な課題である．

エピローグ

僕が第28次南極地域観測隊に参加し，昭和基地で越冬生活を送ったのは25年も前のことだ．この原稿を書くようにとの依頼が舞い込んだときには，正直なところ越冬生活のほとんどのことが記憶から消えていた．しかし幸いなことに，野外調査時のフィールドノート，時々書いていた日記，それと何と言っても昭和基地新聞社発行の「こんぱにょれす28」が手元にあったお陰で，何とか昭和基地での生活を思い出すことができた．

記憶というものは実に曖昧なもので，資料と照らし合わせると記憶と違うことが数多くあり，記録をとることの重要性を再認識させられた．本章では，特

エピローグ

に印象に残っていることをピックアップして書いたので全体像が理解しづらいと思うが，昭和基地での生活や南極の自然を少しでも理解してもらえれば幸いである．

　南極での共同生活を送るうえで最も大切なことは，やはり人間関係だ．一時期，人間関係が煩わしいと思ったこともあるが，生活面，研究面で多くの隊員に支えられたことで，充実した越冬生活を過ごすことができた．僕はこの第28次南極地域観測隊の越冬隊に加えてもらったことを一生の宝物として感謝している．

　博士号の取得後，北海道の公立高校の教員に採用されて2つの高校を経験し，通算して19年の教員生活を送ってきた．学年の終了時には，越冬中に撮りためたビデオを編集して作った約50分の映像を見せ，南極での越冬生活を生徒に紹介している．視聴後の反応はまちまちだが，南極の自然，南極の生き物，南極での生活などの映像を見ても，南極という極寒の特殊な環境に対して興味が湧かない生徒が年々増えているように思う．南極，昭和基地などといった言葉自体に関心を示さないようだ．だからこそ，南極という未知の世界の素晴らしさを若い世代にこれからも伝えていきたい．

　最後に，南極越冬の機会を与えて下さった大山佳邦先生と福田弘巳先生，第30次南極観測夏隊に参加され，写真を補足していただいた東正剛先生，および図表の作成を手伝っていただいた佐藤宏明氏に心より感謝いたします．

第二部
多様な生物を求めて

6 海産緑藻類の繁殖戦略——雄と雌の起源を求めて
　　富樫辰也（千葉大学）

7 いじめに一番強いモデル動物，ヨコヅナクマムシ
　　堀川大樹（パリ第5大学）

8 真社会性と単独性を簡単に切り替えるハチ，シオカワコハナバチ
　　平田真規（札幌大谷高校）

9 アルゼンチンアリの分布拡大を追う
　　伊藤文紀（香川大学）

10 潜葉性鱗翅類で何ができるか——独創性との狭間のなかで
　　佐藤宏明（奈良女子大学）

11 幻の大魚イトウのジャンプに導かれて——絶滅危惧種の生態研究と保全の実践記録
　　江戸謙顕（文化庁記念物課）

12 モズとアカモズの種間なわばり——修士大学院生の失敗と再起の記録
　　高木昌興（大阪市立大学大学院）

13 タンチョウに夢をのせて
　　正富欣之（タンチョウ保護研究グループ）

14 エゾシカの遺伝型分布地図が語ること——野生動物管理に貢献する保全遺伝学
　　永田純子（森林総合研究所）

著者の紹介（東 正剛）

富樫辰也くん

柔道場に通う姿が，私を動かした

「先生，推薦状を書いて下さい」．富樫くんは，私の部屋に入ってくるなり，言った．

富樫くんは私が助手時代の修士課程学生だ．しかし，藻類の研究をしていることからもわかるように，植物学系の先生の指導を受けており，私との接点は少なかった．植物学系の学生でも矢部和夫くん（現在，札幌市立大学教授），松尾和人くん（農業環境技術研究所上席研究員），植村滋くん（北大准教授），露崎史朗くん（北大教授），工藤岳くん（北大准教授），和田直也くん（富山大学教授）など，「問題児」の投稿論文や博士論文は校閲してやったことがあったが，優良児だった富樫くんの論文は看た覚えがない．その彼に私は北大理学研究科の博士課程に進むように勧めた．

富樫くんは室蘭にある北大理学部附属海藻研究施設に籍を置き，かなり過酷な環境のなかで研究を続けた．定期的に札幌に来て，北海道警察の柔道場で汗をかいていたようで，札幌の地下街で，稽古に向かう彼と偶然に何度か会ったことがある．柔道が終わったら，札幌に1泊し，北大で最新の論文を集めて室蘭に戻るのだという．博士課程では順調に学位を取得したが，折しも「博士過剰時代」に入り，さらに数年間，海藻研で研究を続けなければならなかった．何度か大学教官公募に応募したようだが，いつも数十名の応募者があり，「二番はビリと一緒」の世界，就職することはできなかった．大学院生やPDにはよくある選択だが，ある国立大学医学部を学士受験して合格，研究者ではなく医者の道に進むことを考え始めていたようだ．

その彼が，「研究職に応募するのはこれが最後」と決め，千葉大学の助手公募に応募しようとしていたのだ．最初は，植物学系の先輩でもある和田直也くんと成田憲二くん（秋田大学准教授）に推薦状を依頼したようだが，彼らから「そういうことは東先生に頼むのが一番いいよ」と入れ知恵されたらしい．私には彼の博士課程進学に関わった責任があったし，何よりも「文武両道」は私の母校である宮崎県立高鍋高校の校是，それを実践する富樫くんのことが大変気に入っていた．早速，自分の推薦状を仕上げるとともに，富樫くんの研究に関心をもっていた九州大学の巌佐庸教授にも推薦状を依頼した．推薦状がどの程度役に立ったかは知らないが，富樫くんは見事にこの「ラストチャンス」をものにした．

6 海産緑藻類の繁殖戦略
——雄と雌の起源を求めて

(富樫辰也)

プロローグ

　僕が藻類の繁殖戦略，特に有性生殖の研究を始めたのは，北海道大学大学院の理学研究科生物科学専攻博士課程に入学した1994年の春からである．大学院博士課程で受け入れてくれる研究室を探していた1993年の冬，僕は当時所属していた北大大学院環境科学研究科のある札幌市から，百数十キロメートル離れた同大学の理学部附属海藻研究施設を訪ねるべく室蘭へ向かおうとしていた．自分の車で行くことも考えたが，吹雪のなか，雪と氷に覆われた路面を長距離運転するのは危険と思い直し，列車に飛び乗った．

　数日前，僕はその年限りで定年退官される指導教官・伊藤浩司教授と，節目のたびに意見を聞いていた東正剛教授に，博士課程での進学先について別々に相談していた．二人の先生の意見は偶然にも全く同じで，「理学研究科へ行ったほうがよい」とアドバイスされた．次に両先生がとった行動も同じで，理学部の吉田忠生教授に電話し，私の受け入れを打診して下さった．北大理学部は藻類，なかでも大型海藻類の分類と系統進化に関する研究では日本を代表する研究機関である．翌日，僕は理学部（現在博物館になっている大理石造りの旧館），で吉田教授と当時助教授だった堀口健雄先生（現在，教授）を前に，自分のそれまでの研究について話していた．

　修士課程では，北海道東部の釧路湿原をフィールドにして，微細藻類である珪藻の分布とそれを決めている環境要因を明らかにしようとしていた．札幌から300 km以上離れた釧路に車で通い詰め，1年で約3万km走ったにもかかわらず，研究成果は満足のいくものではなかった．藻類を研究材料に選んだ

理由は，未開拓な領域がたくさん残されており，より基本的で重要な発見ができ，それをもとにして新しい研究領域を開拓できるのではないかと期待したからだった．しかし，修士課程では採集した標本を整理するのに精いっぱいで，自分を興奮させてくれる新しい発見などありそうにもない行き詰まりの状況だった．当然，将来に対する漠然とした不安と研究テーマに対する強い不満を抱いていた．

「この研究テーマでは藻類を研究材料に選んだ利点が全く生かせていない．もっと魅力的なテーマはないものだろうか？」．隣の研究室では，教授に昇任されたばかりの東正剛先生がアリの行動生態を中心とした研究を活発に展開していた．僕の周囲にいた多くの先輩たちもいつの間にか東研に所属し，成果を上げていた．先輩の論文が国際誌に受理されたと聞くたびに，アリの研究は大変魅力的なもののように思えた．「植物と違って，アリでは行動や生態が手にとるように観察できる．ファーブル昆虫記の世界を彷彿とさせる魅力的な研究ができそうだ．それこそ生態学の醍醐味ではないか．これなら研究成果も上がるだろう」．今考えれば恥ずかしい愚にもつかない研究テーマを披露しては，東先生から「それでは空中分解する！！！」と一喝されたりしていた僕は，いっそのこと東研に入れてもらおう，とも考えた．その一方で，藻類の可能性も依然として感じていたし，まだまだ音を上げてたまるかという気持ちも強かった．

僕が行動や生態に強く引かれていると察した吉田先生と堀口先生は，「それなら海藻研 (現在の北大北方生物圏フィールド科学センター・室蘭臨海実験所) へ行ったらどうか」とアドバイスしてくれた．「海藻研？」，それまで聞いたこともない研究施設の名前だった．しかも，住み慣れた札幌からは随分離れた室蘭にあるという．不安が解消されることはなかったが，とにかく目前に迫った修士課程修了後の行き先を決めなければならず，複雑な気持ちで室蘭に向かうことにしたのだった．季節は冬，北海道では根雪の降る12月になってしまっていた．

6-1 北大理学部附属海藻研究施設

僕は海藻研究施設の最寄り駅だという室蘭本線の母恋駅へと降り立った．

地図を見ると，駅から目指す研究施設まではさらに数キロメートルはありそうだ．柔道四段，体力に自信のあった僕だが，その日の寒さと雪には早々に降参することにして，タクシーに乗り込んだ．人家のある町を抜けると車は海沿いの断崖の上の人気のない道路を随分と走る．（これは歩かなくてよかった．想像以上に辺鄙な場所だな．それにしても遠すぎないか？）と感じつつ海を見ていたが，案の定，車は研究施設へと下っていく細い坂道を通りすぎてしまっていたのだ．運転手はしばらくして間違いに気づき，引き返したが，帰路の上り坂を登れなくなることを恐れ，坂の上で僕を降ろした．坂の上から建物が見えるわけもなく，本当にこんな場所で研究をしている人たちがいるのだろうかと思いつつ，その後何千回となく上り下りすることになる凍った坂を，転ばないように用心しながら下りていった．冬の海のはるか向こうには，雪に覆われた渡島半島が見えた．

　海藻研究施設は坂を下りきった所にあった．敷地は海に直接面しており，平地は狭く，これ以上大きな建物は建てられないような所だ．意外にも車が何台も止まっており，人が居そうな気配はあった．玄関を入ると中では何人かの人が忙しそうに動き回っていた．事務室で挨拶すると，教授の館脇正和先生（現在，名誉教授）の部屋に案内された．そうこうするうちに事務室に人が集まってきた．挨拶をすませて，コーヒーが出されると早々に館脇先生から，「君は市村先生（当時助教授）のもとで研究するように」と言われ，いろいろなことがどんどん決まっていくような雰囲気になった．当時海藻研にいたのは，5人のスタッフ（教授，助教授，助手，技官，事務官）とPDだった峯さん（現在，高知大学），修士課程の有賀さん（現在，ライフ・テクノロジーズ社）の7人だった．軽い気持ちで見学にきたつもりだったが，これはもう引くに引けないかもしれないと思い始めていた．コーヒーを飲み終えて2階の実験室にいくと，当時助手（現在，教授）だった本村先生から「ここで仕事をしたらいいよ」と言われ，全てが決まった．

　札幌への帰路についたときには，室蘭で研究をやってみることに腹を決めていた．この日のことを詳細に記憶しているのは，よほど印象が深かったためだろう．振り返ってみると，これが果てしなく続く本当の意味での研究生活の始まりだった．

6-2 ハネモの繁殖

緑藻との出会い

　札幌に戻ったあと，博士課程の入学試験と修士論文発表会のために数か月が慌ただしくすぎた．一段落すると，住む部屋を決めるため，再度室蘭を訪れた．市村先生が付きあってくださり，まず，町の不動産屋を訪れた．いくつか貸部屋の情報を見せられたが，札幌と違って，学生に適した部屋は皆無だ．しかし，先生の判断基準はただ1つ，「一番安い所にしろ」．札幌では北大恵迪寮に住んでいた僕だったが，一番安い部屋を見に行ったところ，これはひどいなというのが第一印象だった．家賃は月額1万1千円で，窓は一重で，しかも隙間風が吹き込んでくる．あとでよく見ると，廊下の壁板の間から外が見えていた．真冬には室内でも氷点下10度を下回ってしまうかもしれない．先生は，今後最悪の資金難に見舞われてもしばらくはやっていけるようにと配慮してくれていたのだ．後にこれが幸いすることになるとは思いもよらなかった僕は，先生の言葉に「少し慎重すぎるのではないか」と思ったが，素直にこの部屋に決めた．

　3月の修士課程修了式を終えて，本格的にこの部屋に移ってくると，予想どおりさまざまな不便に直面した．しかし，朝起きたらすぐに研究室に行くようにすると，あまり気にならなくなった．夜は，近くの銭湯が10時に終わるので，できるだけそれに間に合うように帰宅した．風呂からあがると一目散で部屋に戻り，冷えないように電気毛布を敷き込んだ布団に潜ってすぐに寝た．この電気毛布は大変有難かった．あれがなかったらとてもあの部屋で冬は越せなかっただろう．実際，厳冬期には室内に汲んでおいた水が凍り，とんでもなく厚い氷ができていた．とてもシンプルなライフスタイルで，友人との楽しい時間はなかったが，生活費を最小限に抑えることができたし，研究のための時間だけはふんだんにあった．惜しまず投入してもお金がかからない「時間」は，研究成果を上げたい僕にとって最大の武器だった．食事もシンプルで，2, 3日に一度，夕方遅くにスーパーに食料の買い出しに行き，海藻研の宿舎の食堂で簡単な煮炊きをしてしのいだ．毎日がキャンプのような，自然に同化した生活

6-2 ハネモの繁殖

図 6-1 僕が世界で初めて海産緑藻で性フェロモンを発見した室蘭チャラツナイのハネモ (提供：北海道大学室蘭臨海実験所).

だった．

　そんな生活を始めて程なく，市村先生に呼ばれて研究テーマを相談した．先生の研究材料は主に淡水産緑藻類で，なかでもミカヅキモの有性生殖機構に関する研究が専門だった．先生は緑藻の入った腰高シャーレを僕の前に3個置いた．いずれも海産緑藻ハネモとのことだった (図 6-1)．このハネモを使って，性に関連した研究をしてみないか？ との提案だったが，気になることが2つあった．1つはこれまで珪藻の研究しかしたことがないが大丈夫だろうか，すなわちこれまでの研究が無駄にならないかということ．もう1つは，もし緑藻の研究を始めるとしたら具体的に何をやったらよいのだろうかということだった．先生は単純明快に答えてくれた．「やってみなければわからない．このことに対する答えがすでにわかっているとしたら，面白くないだろう」．至極もっともな回答だ．僕は思い切って研究材料を珪藻から緑藻に変える決心をした．

　その後，このことは僕にとって貴重な教訓となった．それは，「手詰まりの閉塞的な状況では，全く考えを変えて，サイコロを振り直してみるのも，局面を打開する1つの手段になりうる」というものだ．しかし，これには1つ条件

があると思っている．それは，「それまでに自分がどれだけ努力したか」がその後の結果に決定的な影響を及ぼすということだ．その意味では，珪藻の研究も決して無駄ではなかったと信じている．

ハネモの雌雄配偶子

　こうしてハネモの入ったシャーレを 3 個もらった僕だったが，何をやったらよいのか，何もわからなかった．それまで珪藻の同定に四苦八苦していた僕は，そもそも性に関する研究の歴史や意義さえわかっていなかった．もらったハネモはすでに単藻培養の状態になってはいたが，ボサボサでまだ雄か雌かさえわかっていなかった．そこで，はじめにシャーレに入っているこれらの株が雄か雌かを決めることから始めた．ハネモは一部の種を除いて雌雄異体で，いずれの種も異型配偶子接合を行っている．したがって，雄か雌かを決めるのはいたって単純で，配偶体を成熟させて，小型の雄性配偶子を出すか，大型の雌性配偶子を出すかを見ればいいだけだ．しかし，言うは易で，何の情報もない初心者には難しかった．

　そこで，培養の条件として重要な光条件，温度条件，栄養塩の条件をいくつかに分け，それらを組み合わせて最適条件を決めることにした．良くない条件を消去しながら絞り込んでいくと，程なくして配偶体の最適な成熟条件が明らかになった．このやり方を取ったことは，長い目で見ると良かったのではないかと思っている．はじめに最適条件を決めたため，その後時間を無駄にしなくてすんだからである．

　もらった 3 株が雄か雌かを決める実験を始めた当初，全ての株が雄か雌かどちらか一方かもしれないなと心配した．その確率は，性比が 1：1 だとすると，$(1/2)^3 \times 2 = 1/4$ であり，これに当たるとしたら運が悪い．しかし，幸いもらったシャーレには雄も雌も含まれており，やれやれと安心した．また，この実験をしていると，見ていて飽きないシーンがあった．それは，配偶子が放出されるシーンである．ハネモの仲間では，成熟した配偶子嚢に光刺激を与えると，静止していた配偶子が動き始め，雌雄の配偶子嚢からほぼ同時に配偶子が放出される (図 6-2)．倒立顕微鏡を使ってじっと観察していると，止まっている「植物」細胞が動き始める．正確に言うと，その株が雄か雌かは，配偶子嚢が

6-2 ハネモの繁殖　　　　　　　　　　　　　　　　　　　　　　　　　213

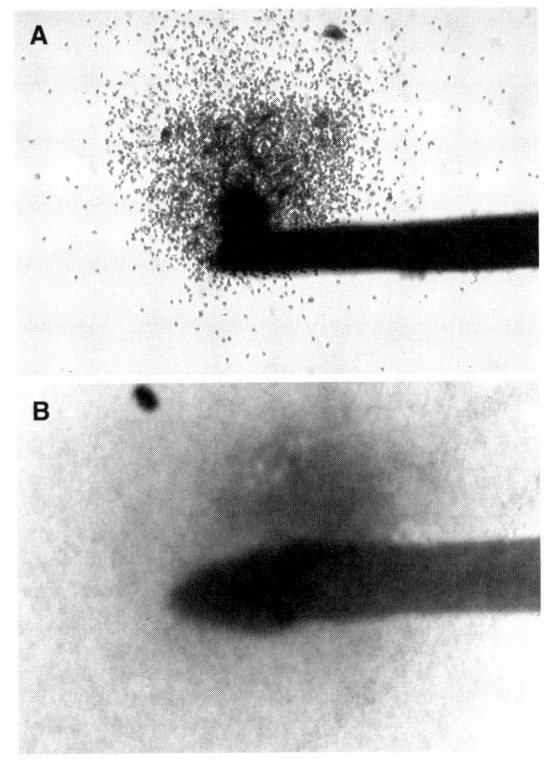

図 6-2　光刺激によって動き始めた雌雄の配偶子を放出中のハネモ．(A) 雌．(B) 雄．

　成熟した時点でその色に違いが出るため，配偶子放出の前日にはわかるのだが，僕は性の判別だけでは飽き足らず，配偶子放出の瞬間を繰り返し観察し，放出までの時間を測ったりしていた．
　雄株，雌株の両方が手に入ると，放出された配偶子をもっとよく見てみたくなった．配偶子はとても小さく，雌でも長さ $10\,\mu m$ 以下で，雄はもっと小さく $5\,\mu m$ くらいの長さしかないため，正立顕微鏡の高倍率のレンズを使って観察する必要がある (図 6-3)．よく観察してみると，雌には他の多くの緑藻でも報告されているように，眼点が見えた．この眼点は，それ自体が光受容器官ではないものの走光性に不可欠なもので，「多くの緑藻類では，放出された直後の配偶子は正の走光性を示す」と藻類学の教科書には書いてある．「ふーんこ

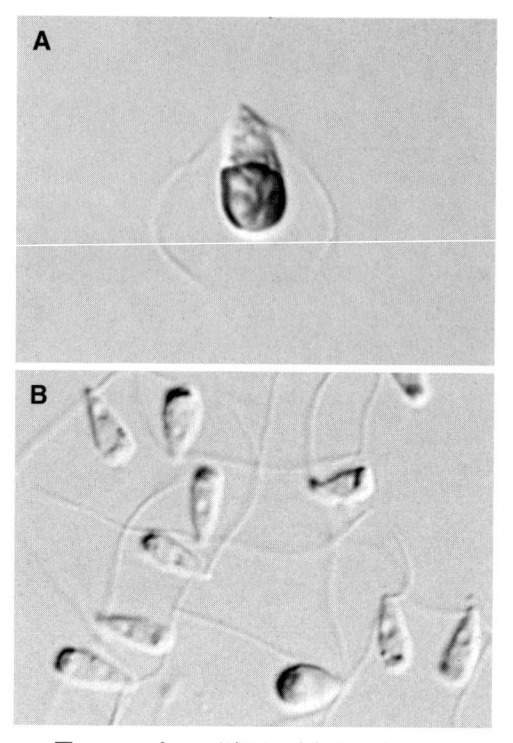

図6-3 ハネモの配偶子．(A) 雌．(B) 雄．

　れが眼点か」と思って眺めたあと，実際に雌の配偶子を走らせてみたくなった．確かに，光のほうに向かって走る．小さいのによくできているなぁーと思ってしばらく見入ってしまった．
　さて，雄はと思って顕微鏡をのぞくと，まず，はじめに目に飛び込んできたのは，雌では大きかった葉緑体がとても小さいことだった．この違いが成熟した配偶子嚢の色の違いになっているようだ．そのうえ，眼点も見えない．本当に眼点はないのだろうかと思い，館脇先生に聞いてみた．ない「かもしれない」という答えだった．翌日，雌と同じようにファイバー照明で一方から光を当てながら観察したが，案の定，光の方向に行かずランダムな動きを示している．やはり，おそらく眼点は見えないのではなく，ないのだろう．これは問題だ．

なぜなら，雌雄で配偶子の行動が異なっていたら，そのままでは配偶子にとって重要な目的であるパートナーとの接合がうまくいかないからだ．これは何かあるかもしれない．

藻類学の常識を覆した性フェロモンの発見

翌日，今度は，雄と雌の配偶子を同じ場所で泳がせてみた．僕は，このとき少し横着をして，前日から暗い箱の中に入れておいた雌雄の成熟した配偶子嚢を一緒に観察用のカルチャーチェンバーに投入した．いつものように顕微鏡の照明を当てながら配偶子が泳ぎ出すのを下から倒立顕微鏡で観察しながら待ったが，雌の配偶子がうまく配偶子嚢の外に出られない．これは雌の配偶子嚢だけを見ていたときもしばしば起こることだった．しかし，今度は雄の配偶子嚢も一緒に入れてあった．そして，何とスムーズに放出された無数の雄の配偶子が雌の配偶子嚢の周囲に集まってくるではないか．程なくして，放出された雌の配偶子にもやはり雄の配偶子が群がっていた．性フェロモンだ．性フェロモンとは，雄の配偶子を誘引するために雌の配偶子から分泌される物質のことである．雌の配偶子の放出が遅れたため，僕は幸運にも大変わかりやすいシーンを世界で初めて見ることができたのだった．

性フェロモンは，カイコなどでよく知られているものの，海藻では，これまで褐藻類でしか報告されていないことは藻類学の教科書を読んだことのある人には常識中の常識だった．この発見に恵まれた夜中，まだ研究室に残っていた一人の先輩にも顕微鏡をのぞいてもらったが，「海産緑藻に性フェロモンがあるはずがない．教科書をよく読め．確かに雄が集まっているが，何か別の走化性だろう．自分の仕事をちゃんとやれ」と叱られた．僕も，何かあるのではないかと考えて捜していたこと，偶然とてもわかりやすいシーンを見てしまったことの2点がなければ，海産緑藻に性フェロモンはない「はずだ」と考えて見過ごしてしまったかもしれない．しかし，雌雄の配偶子の行動の分化がどのように結び付けられているかを見つけた僕は，先輩の言葉とは逆に，心の中でこの発見の重要性を確信していた．

翌日から，この発見が間違いないことを確かめる実験を数えきれないくらい行ったが，僕の予想どおり，結果は，100発100中だった．この間に，培養庫

で材料を育て続け，実験室でハネモの生活史を完全に制御する技術を身に付けた．最終的には，雌の配偶子を泳がせた後の海水を使った cell free のバイオアッセイでも，自由に雄の配偶子を呼び寄せることができるようになっていた．ただし，これら一連の実験を終えて，論文を投稿するまでは，他人に先を越されるのではないかと気が気ではなかった．実際，ある日研究室で学術雑誌を開くと他人の論文に先を越されているのを見つけるという悪い夢を見た．しかし，幸いにしてこれは正夢にならず，僕は世界で初めて海産緑藻の性フェロモンを報告することができた (Togashi et al. 1998)．最近，研究費の削減が議論された折，「2番ではいけないのか？」という質問が有名になったが，この例を読んでいただければ，科学の世界では，「2番はビリと一緒」であることは明白だ．

6-3 海産緑藻類の生態

よし，植物の行動生態学を開拓しよう！

こうして，海産緑藻に性フェロモンを見つけた僕だったが，これからの研究をどのように進めていくか，いったん立ち止まって考えた．当時博士課程の学生だった僕にとって重要だったことの1つは，研究をまとめて「卒業」することだった．大学院にこれから行こうという若い人のために，1つ注意しておこう．大学院は普通の「学校」とは少し違っている．大学院で一番大切なのは，間違いなく「自分のオリジナルな研究」である．授業もあるが，自分の研究に役に立つ知識を吸収しようという気持ちで聞いたほうがよいと思う．先に書いたように，研究には「1番かそれ以外」しかないのだから，他人と同じ答えを求めてはいけない．だからこそ，大学院は自分の独創性を発揮することができる素晴らしい場所なのだと思う．

しかし，授業に出席して出席点を稼ぎ，「最後に」試験を受けて合格すれば全てが完結するという，学部までの単純すぎる図式に馴らされきった学生のなかには，大学院にきても何が重要なのかわからず，ポカーンとしながら授業に出てノートを取って安心しきっている人がいるようだ．僕に言わせれば，出席点など椅子をどれだけ温めたかであって何の意味もないし，試験は知識と思考力を確認しているにすぎないのだ．授業に出るなとは言わないが，出方が問題

だ．大学院では，授業は出発点であり，終着点ではない．これがわからないといつまでたっても，研究は進まないし，最も大事な独創性も出てこない．したがって，大学院では他人と同じである必要は全くないし，孤独を恐れる必要もない．一人室蘭に行くことを決めたあとで「しっかりやらないと富樫のように室蘭送りだぞ」という声も聞こえたが，それはおそらく生ぬるい学生生活を送りたいだけの人だ．僕は，その意味で「きちんと」卒業するために，よい研究をしたかった．

　ここで多くの人が考えるのは，自ら見つけた性フェロモンの化学構造式を決定することかもしれない．これは確かに優れた研究になりうるだろう．しかし，僕がやりたかったのは，化学ではなく，生物学，なかでも生態学だった．性フェロモンの発見を生かして，何か新しい研究ができないだろうか？　と考える日々が続いた．本当に自分がやりたかったのは何なのか？　そのとき，アリの研究を素晴らしいと思っていたときの気持ちがよみがえった．自分がやりたかったのは，行動学ではないか？　植物を材料にして，行動学は本当にできないのか？　藻類の配偶子は，動物の卵や精子と違って，特異な行動を示す．それが，これまで紹介してきた走光性と走化性(性フェロモン)だ．これらの行動は何を意味しているのか？　藻類学の教科書を見ても，性フェロモンについてはその発見の経緯を述べているだけだし，走光性についても関連した器官の微細構造やその生理的なメカニズムが述べてあるだけで，その行動学的な意義や進化的な意味に関する記述はほとんどなかった．そこで，藻類における有性生殖の行動学的意義や進化的意味に関連した研究を深めていくことにした．こうして僕は，「植物の行動生態学」の開拓を独自に始めた．

生息場所の環境条件と配偶子

　異型配偶子を作るハネモでは，小さな雄配偶子には眼点がなく，走光性も見られなかったが，多くの海産緑藻類では雌雄の配偶子ともに走光性を示す．まず明らかにしようと考えたのは，走光性と生息場所の環境条件，なかでも水深との関係だった．雌雄の配偶子がともに親の体から海中に放出された後に正の走光性を示すと，これらの配偶子は海面直下の2次元平面に集合する(Togashi et al. 1997)．3次元空間から2次元平面に集まることよって，雌雄の

配偶子の密度はともに飛躍的に高められる．僕は，これが小さな配偶子にとっては宇宙にも等しい広い海の中で，効率的に接合を行うために大変役立っていることを，さまざまな条件で接合実験を行うことによって確かめた (Togashi et al. 1999)．

　観察していると，雌雄の配偶子は，光の方向に向かって泳いでいる間，たとえすぐ隣にパートナーが泳いでいても接合しない．しかし，海面直下でひとたびパートナーと接合すると，接合子は直ちにその走光性を負に切り換えて親が棲んでいる場所に戻る．この切り換えの速さは実に見事だ．接合してもなお走光性を正のままにして海面を漂っていると，親が棲んでいない深い場所に流されてしまうだろう．こんなことをしてまでいったん海面までいくのは，やはり接合効率を高めるためなのだろう．ヒトエグサ，アオサ，アオノリなど僕たちがよく目にする海産緑藻の配偶子の多くがこのような行動をとる．これらの配偶子は，雌雄の大きさが全く同じ (同型配偶) か，もしくは一回りほどしか違わない (わずかな異型配偶)．これらの種では，先に紹介したハネモと違って，配偶子の行動に雌雄の差が見られない．したがって，性フェロモンは必要とならない．実際このような種では，性フェロモンの存在を示す証拠は全く見つからない．これが，これまで海産緑藻で性フェロモンが見つからなかった理由の 1 つだ．

　また，海産緑藻の場合，走光性ははじめに「正 (光の方向に向かっていく)」が基本になっているようである．このため，特に雌雄ともに走光性を示す配偶子を作る種はたいてい海面までの距離が短い波打ち際近くの浅い場所に生育している．これに対して，同じ海藻でも，褐藻類の配偶子には，負の走光性や海底を 2 次元平面として利用している種が多く見られる．これは褐藻の生息場所が緑藻に比べるとより深い場合が多いことと関係しているのだろう．実際に，緑藻のなかでもタイドプール (潮だまり) の底などの深い場所に生息している種類では，雌雄の配偶子はともに走光性器官を失っていた (図 6-4)．

　藻類が有性生殖を効率的に行うためには，配偶子の行動と並んでもう 1 つ重要なことがある．それは，雌雄の配偶子を同時に放出することだ．配偶子の同時放出は，自ら移動したり情報を交換したりできる多くの動物ではそれほど重要ではないかしれないが，動くこともできず知能ももたない植物にとっては重大な問題になりうる．いくら正の走光性を使って海面直下に集まったとして

6-3 海産緑藻類の生態

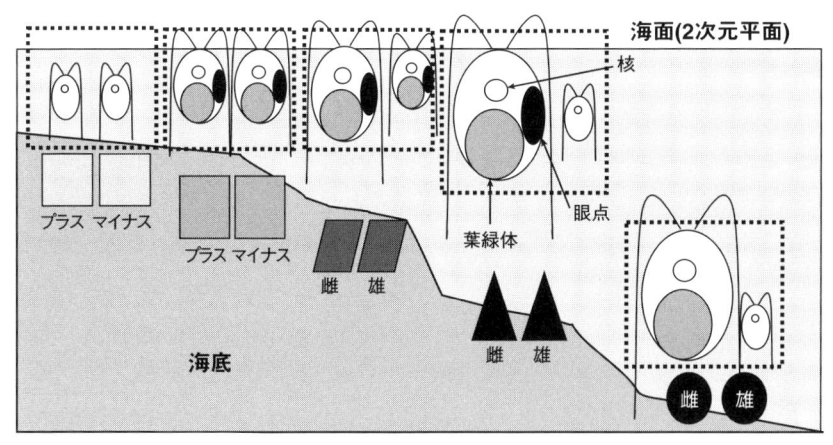

図 6-4 海産緑藻の配偶システムと生息環境.

も，パートナーがこなくては接合できない．配偶子が泳ぎ続けることのできる時間を考慮すると，雌雄の配偶子の放出が1日でもずれていたら，効率的な接合はおぼつかない．海藻では，雌雄配偶子のさまざまな同時放出システムが見られるが，それらは生息場所の環境条件と密接に関係している．特に海産緑藻の場合，この配偶子の雌雄同時放出システムは，生息場所の環境条件，なかでも水深と密接な関係があるばかりでなく，ここまで見てきた配偶子の行動とも関係が深い．

先に，雌雄の配偶子がともに正の走光性を示す種では，その生息場所が浅いと述べた．そのような種であるアオサでは，雌雄の配偶子の放出を抑制する物質が2層の細胞層の間に満たされており，潮位がいったん引いた後の満ち潮によってこの物質が洗い流されて，雌雄の配偶子が同時に放出されることがわかっている (Stratmann et al. 1996)．ところが，アオサと配偶体の形状が似ているヒトエグサでは細胞層が1層しかなく，この物質を貯蔵できる空間がない．そのうえ，ヒトエグサの配偶体は冬から春にかけての大潮に合わせて成熟するが，潮が満ちてきたときではなく，潮が引いていくときに配偶子が放出されていることに気がついた．

そこで，海藻研の前の磯にたくさん生育しているエゾヒトエグサを使って，この海藻の雌雄配偶子の同時放出システムについて調べてみることにした．な

かでも，走光性を有効に使うことのできない夜間に配偶子が放出されない仕組みがあるのかどうかには特に興味があった．なぜなら，この海藻の繁殖期がすでに始まっている冬には，夜間に大きな干潮がくるからである．こうして冬の夜の室蘭の海でこの研究は始まった．幸いにしてこの海藻は潮間帯の上部の浅い場所に生息していたので，大しけで危険な日を除き，朝と晩の干潮に合わせて毎日海に入って調査することができた．その結果，夜間の干潮では，予想どおり配偶子は放出されないことがわかった．

春になると，実験室でそのメカニズムを解明する仕事に取りかかった．海藻研には，この実験をできる大型培養庫がたくさんあった．その結果，エゾヒトエグサの配偶子形成部位から，光照射条件下でのみ配偶子の放出を促進する物質が分泌されていることがわかった．雌雄で同じ物質かどうかはわからないが，同じ植物体からの分泌物質がどちらの性にも機能した (Togashi & Cox 2001)．このメカニズムでは，走光性を使える昼間に雌雄の配偶子を同時に放出できるので，雌雄配偶子の出会いの頻度を上げることができる．また，潮が引く干潮時ならこの物質の濃度が高まるし，正の走光性を用いて海面に集合する場合，海面までの距離も最短ですむ．さらに，波の力で海水が押し上げられてしまう悪天候下では，干潮時でも海面があまり下がらず，たとえ一部の藻がこの物質を出したとしても濃縮せずに洗い流されるため，配偶子の放出を見送ることもできる．僕の野外での調査結果は，これらの仕組みが全て野外で実際に機能していることを示唆している．

干潮時でも海面下にあるような深い場所に生息する種はこのシステムを使うことができない．例えば，そんな場所に生息している種のなかに，さきほど性フェロモンを紹介したハネモがある．ハネモでも示されたように，潮間帯の下部以深に生息する種でも，もっぱら光刺激による雌雄配偶子の放出システムが採用されており，ここでも走光性を最も効率よく利用できる昼間に雌雄の配偶子を同時放出させるシステムになっていることは，注目に値するだろう．

6-4 有性生殖の起源を探るために

配偶子の異型性

　以上，海産緑藻を中心とした藻類の繁殖戦略をその環境との関わりのなかで見てきたが，僕はこれだけではテーマとしては少し散漫な気がしていた．研究全体を結び付け，さらに大きな議論にもっていけるような柱が必要だと感じていた．そこで目をつけたのが，「配偶子の異型性」だ．同一種内の雌雄の配偶子にサイズの異型性 (異型配偶) が存在する場合，小型配偶子は限られた繁殖投資資源から多数生産されるのに対し，大型配偶子は初期発生に必要な資源を多く保有し，子どもの生存率に大きく関わっている．この配偶子の異型性が極端に進むと，雄性配偶子は精子，雌性配偶子は卵となり，数が多く，高速で遊泳できる精子はより多くの資源を蓄えた大型卵をめぐって激しく競争することになる．ダーウィンは，この競争が性淘汰を引き起こし，生物の雌雄間に広く見られる形態的・行動的な性的二型の進化を促したとする説を唱えた (Darwin 1871)．数の競争において無性生殖に劣る有性生殖がなぜ存在しうるのかはいまだに謎とされているが，配偶子異型性の進化機構を明らかにすることが，生物に広く見られる雌雄の違い (男と女がなぜ違うか) を理解するための鍵になる極めて重要な研究テーマであることは間違いない．

　従来，この異型配偶がより原始的とされる同型配偶からどのような機構で進化してきたのかについては，主に理論的な手法によって研究が進められてきた．なかでも最も広く受け入れられているのが「パーカー・ベイカー・スミス (PBS) 理論」である．この理論は，パートナーとの効率的な接合と，接合子の初期発生に必要な資源の確保という相反する 2 つの淘汰圧によって異型配偶の進化を説明する (Parker et al. 1972)．このほかに，もともと宿主である細胞とは別の生き物であった細胞内小器官の利己的な振る舞いや，細胞内寄生者の伝播を防ぐために一方の配偶子が極端に小型化したとする理論 (核・細胞質対立仮説．Cosmides & Tooby 1981) や，ウニを対象とした研究から導き出された考え方で，精子が不足した状況では，ターゲットサイズを大きくするために卵サイズが増加するという理論 (精子制限要因仮説．Levitan 1996) がある．

これに対して，僕は，極端な異型配偶(卵配偶)のみしか見られない動物と異なり，同型から異型まで変化に富んだ配偶システムを有する海産緑藻は，異型配偶の進化機構を解明する研究により適した研究材料だと考えた．褐藻類も多様な配偶システムをもつが，褐藻の生息場所は一般に緑藻より深く，やはり緑藻が最適だ．ここで，先に述べた配偶子の行動と配偶子のサイズの関係について整理してみよう．雄性配偶子は，小型化する際に配偶子内のスペースの都合で走光性器官を捨てることがある．これに対して，雌性配偶子は大型化し，雌雄の配偶子の行動の分化を補うために，性フェロモンを分泌して雄を誘引することができる．ただし，走光性を使うのに不適当な深い場所では，配偶子内のスペースの問題とは無関係に雌も走光性器官を捨てる．このことから，海産緑藻の場合，異型配偶の進化も環境と密接に関係していることがわかる(図 6-4)．現在，さらに理論と実験のギャップを埋める研究を進めている．

国際共同研究

　僕は，博士号を取得すると，日本学術振興会の特別研究員 (PD) となったが，この頃からアメリカ，イギリスを中心とした海外の研究者との国際共同研究体制の構築を始めた．これも，修士課程の頃札幌で見た東正剛教授とその研究室のメンバーの影響が強かった．自分も博士論文をまとめたら外国に行こうと思っていた (ただし，それまでは室蘭を動かないつもりだった)．これまでに，PBS 理論のパーカー教授 (リバプール大学)，精子制限要因仮説のレヴィタン教授 (フロリダ州立大学) をはじめ，異型配偶に関する研究を行っている名だたる研究者のもとはたいてい訪れた．その後の大親友となるポール・コックス博士，ジョーン・バーテルト博士ともこの時期に一緒に研究を始めた．2005 年にウイーンで開かれた第 17 回国際植物学会議では，これらの研究者が一同に会する異型配偶の進化機構に関するシンポジウムを主催し，活発な議論が行われた．海外では優れた研究者から多くのことを学んだ．さらに，目標にもすることで自分の原動力を得ることにもつながっている．最近では，コックス博士とアイスランドを訪れ，海産緑藻と近縁でありながらいまだその生活史に謎の多いマリモの調査を行った (図 6-5)．

図 6-5 どこまでも青いアイスランド・ミーヴァトン湖におけるマリモの調査．マリモは遊泳細胞の存在が観察されているにもかかわらず，配偶子か遊走子か確認されておらず，その生活史は謎につつまれている．左がエルニ・アインアルセン博士 (アイスランド大学)，中央がポール・コックス博士，右が僕．

エピローグ

　今回本書に執筆の機会をいただいたことをきっかけに，これまでの僕の研究生活を振り返ってみた．それは海藻の繁殖戦略であると同時に自分自身の生き残り戦略を考えることでもあった．どちらについても共通しているのは，環境に対していかに適応するかがその成否を決めるということではなかろうか．最近，さらに重要だと思っているのは，環境は一定ではなく変化するということであり，自分の生き方においてもこれは当てはまるだろう．これからの時代，状況の変化にいかに柔軟に対応していくかがますます大切になってくることと思う．この研究を通して，藻類の理解を深め，その知識を活用して藻類をもっともっと人間生活に生かしていく道を探っていこうと考えている．

著者の紹介（東 正剛）

堀川大樹くん

世界が注目するモデル動物，札幌で誕生

2012年，東大理学部や農業生物資源研究所の研究チームが中心となって進めていたヨコヅナクマムシの全ゲノム判読が終了した．第二世代，第三世代のDNAシーケンサーが現れてからは全ゲノム判読が比較的短時間でできるようになり，モデル生物も急速に増えている．しかし，少なくとも日本人だけの手でモデル化された真核多細胞生物のなかで，ヨコヅナクマムシは世界的に最も注目されるモデル生物になる可能性を秘めている．体内水分の100%近くを能動的に失って乾眠状態に入るメカニズムが遺伝子レベルから明らかになれば，その応用範囲は計り知れないと予想されるからだ．例えば，精子や卵子をはじめさまざまな細胞の乾燥保存が可能になれば，冷凍保存にかかっている莫大な費用とスペースを劇的に節約することができるだろう．実際，他の動物では見られない遺伝子がいくつか見つかっており，そのなかには乾眠に関わっていると思われるものもあるという．

そのヨコヅナクマムシを世に出したのが堀川大樹くんだ．その経緯は本文中に書いてあるとおりだが，飼育系統が最初に豊平川・水穂大橋の道路端で採集されたことは，読者のみなさんに是非覚えておいていただきたい．堀川くんによると，飼育系ヨコヅナクマムシと遺伝的に同じ系統は，今や水穂大橋でも見つけることができないという．この橋は，将来，ヨコヅナクマムシ誕生の地として知られるようになるだろう．

日本学術振興会特別研究員に早くから採用されたこともあり，堀川君は博士課程をほとんどつくばの農業生物資源研究所や東大理学部で過ごした．その間に私がしたことと言えば，研究費獲得に必要な書類にサインをしたり，推薦状を書くことぐらいだったと思う．いつまでも出身研究室にしがみつき，指導教官の苦労も知らずに研究費を浪費するばかりの学生やPDにはぜひ見習ってほしい生き方だ．

2006年に学位取得後は，アメリカに渡ってNASAで研究し，現在はフランスのパリ大学で研究を続けている．ゲノム解析チームにも所属していたので，ぜひ，遺伝子レベルで乾眠メカニズムを明らかにしようとする研究に参加してほしかったが，そちらにはあまり興味がないようで，相変わらず極限環境耐性の研究を続けている．彼なら，地道な極限環境耐性研究のなかから，次のブレークスルーにつながる発見をしてくれるかもしれない．

7 いじめに一番強いモデル動物, ヨコヅナクマムシ

(堀川大樹)

プロローグ

「クマムシは 6,000 気圧の中でも生きている」．大学時代に恩師の関邦博先生からこう聞かされたときから僕はこの小さな動物に強く引かれるようになった．しかも，先生のその論文はあの *Nature* に掲載されたのだ．さらに，クマムシは世界でもあまり研究されていない生物だった．僕はニッチなモノが好きだったこともあり「よし，大学院でクマムシの研究をしよう」と決意した．クマムシ研究者がいる大学院もあったが，どうせやるなら自分で課題を設定して自由にやりたい．ただし，それなりに設備が整った大学でなくては困る．ネットでいろいろな大学院を調べた末に，比較的自由に課題を設定させてくれそうな研究室を見つけた．そこの先生は社会性昆虫の専門家らしいが，学生たちはアリやハチだけでなく，テントウムシ，水生昆虫，サクラマス，イトウ，オオジシギ，ヒグマ，エゾシカ，テングザルなどいろいろな動物を研究材料にしていた．海外では材料にはあまりこだわらない研究室も少なくないが，日本では極めて珍しい．

2002 年 4 月，北海道大学大学院地球環境科学研究科生物圏科学専攻の東正剛研究室に進学した．クマムシには東先生も興味を示され，僕の希望をすぐに受け入れて下さった．しかも，この専攻にはクマムシの極限環境耐性にも興味をもたれていた昆虫生理学者・片桐千仭先生もおられ，実験指導を快諾して下さった．先生は低温科学研究所に所属され，そこは低温耐性用の実験設備が充実していた．

修士課程では野外から採集したオニクマムシの低温耐性を研究した．博士課

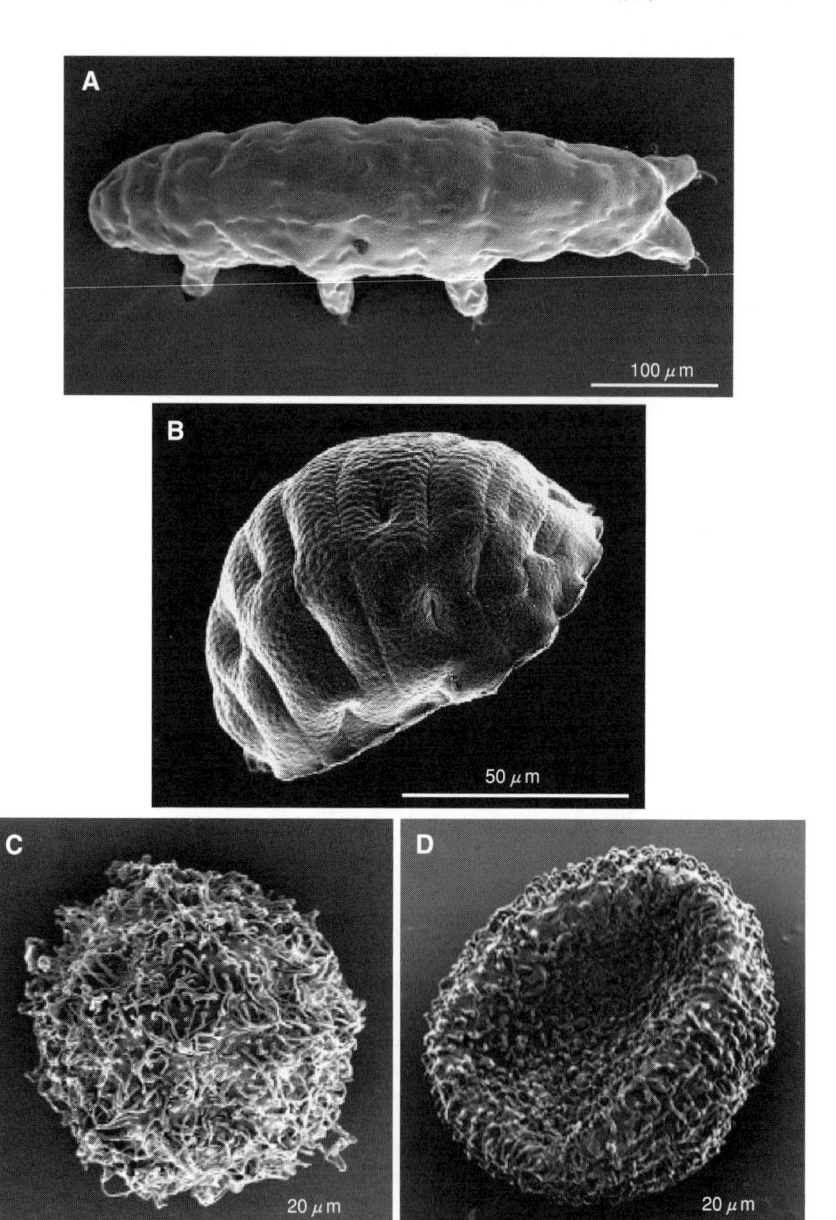

226　　　　　　　　　　　　　　　　　　　7　いじめに一番強いモデル動物，ヨコヅナクマムシ

図 7-1　ヨコヅナクマムシの成体 (A, B) と卵 (C, D) の電子顕微鏡写真．A, C：活動状態，B, D：乾眠状態 (撮影協力：行弘文子・田中大介)．

程に進んでからは，このクマムシへの放射線の影響を調べるため，飼育実験を開始した．オニクマムシの飼育系は，慶応大学の鈴木忠博士によって構築されたものであり，寒天培地の上に，オニクマムシの餌となるヒルガタワムシと水を入れて飼育する (Suzuki 2003; 鈴木 2006)．ところが，ヒルガタワムシは死ぬとすぐに腐敗するため，オニクマムシの飼育系を維持するには頻繁な培地の交換が必要だった．また，オニクマムシは培地中の個体密度が高くなると産卵数が極端に減少するなど，問題点があった．そのため，鈴木博士自身さえ「オニクマムシは容易に大量培養できるような種ではない」と話されていたほどだ．

　僕も昼夜を問わず餌換えが必要なオニクマムシの飼育に疲れ果て，このクマムシで実験を続ける自信を失っていた．そこで，オニクマムシに代わって飼育可能なクマムシ種を探すことにした．東先生の研究室では，フィールド調査を大変重要視していたため，僕もその教えに従い，とにかく札幌市内の路上に生えるコケを採りまくった．ヨーロッパの北極圏でも探索した．「頭はついていればいい．頑張れ！」．東先生独特の言い回しだが，新しい材料探しはまさにパワー・エコロジーの実践だった．結局，札幌で探索した約 200 地点の 1 つ，豊平川にかかる水穂大橋の道路脇で採集したコケの中から出てきたクマムシが飼育しやすいことを見つけた．同定したところ，*Ramazzottius varieornatus* という種であることがわかった (図 7-1 A〜D)．このクマムシは肉食性のオニクマムシと違い，藻類食であるため飼育培地の交換頻度も少なくてすみ，個体密度の高い飼育条件下でも順調に繁殖した．しかも，全個体が遺伝的に均一になる単為生殖だ．その後の研究によって同種が顕著に高い環境耐性をもつことも判明したので，相撲力士の最高位である横綱にちなんで，僕が「ヨコヅナクマムシ」という和名を付けた．

　2012 年，日本人だけの手で全ゲノムの DNA 塩基配列が判読され，ヨコヅナクマムシは環境耐性研究用のモデル生物として，その地位を確立した．

7-1　クマムシとは

分類と生理

　クマムシは緩歩動物門 (Tardigrada) に分類される動物群の総称で，これま

でに1,000種以上が記載されている．その体長は成体でも0.1～1.0 mm，4対の肢をもつ．生息域は深海から高山までさまざまな環境にわたり，世界中に分布している．市街地でも，乾燥したコケの中にクマムシを見いだせることが多い．クマムシは陸域に生息する種でも，活動のためには周囲に最低限の水の薄膜がなければならない．このため，全てのクマムシは基本的には水生生物とみなせる．また，陸生クマムシには，極限環境耐性が見られる．乾眠と呼ばれる乾燥した無代謝状態に移行すると，−273℃の低温，+151℃の高温，ヒトの致死量のおよそ1,000倍に相当する線量の放射線，アルコールなどの有機溶媒，紫外線，7.5 GPaもの高圧，真空などさまざまな極限環境に耐性を示す (Wright 2001)．2008年には，クマムシが宇宙空間に10日間暴露された後に生存したという驚くべき研究結果が，ヨーロッパの研究グループによって報告された (Jönsson et al. 2008)．

クマムシは，このように高い環境耐性能力をもつため，地球外環境への生物の進出可能性や，地球外生命体の存在を考えるうえでの指標となりうる生物といえよう．ところが，クマムシの容易な実験室内飼育系がほとんど確立されてこなかったことから，今世紀になるまでこの生物に関する生理学的研究が遅々として進まなかった．ヨコヅナクマムシがこの状況に一石を投じることになった．

ヨコヅナクマムシの飼育系と生活史

ヨコヅナクマムシは，寒天培地の上で藻類のクロレラ *Chlorella vulgaris* を餌として成長・繁殖する．図7-2に本種の生活環についての概略を示す．孵化直後の幼体は透明で体長はおよそ150 μmほどである．成長するにつれて体が褐色を帯びるようになり，孵化4週後には体長が300～400 μmになる．また，脱皮もたびたび観察されたが，透明な脱皮殻を緑色のクロレラの中から見つけるのは困難なため，生涯に何回脱皮するかは不明のままだ．

ヨコヅナクマムシは培地上に1個体のみで飼育をしても次世代を残せること，また，個体中に精子が見られないことから，本種の札幌個体群は単為生殖を行う雌のみで構成されることがわかった．25℃の条件で寒天培地に孵化幼体10個体を入れて飼育し，生活史を記録した．ヨコヅナクマムシの最初の産卵は孵化後9日目から起こり，生涯で1個体当たり平均8.3個の卵を産んだ．ヨ

7-2 環境耐性実験

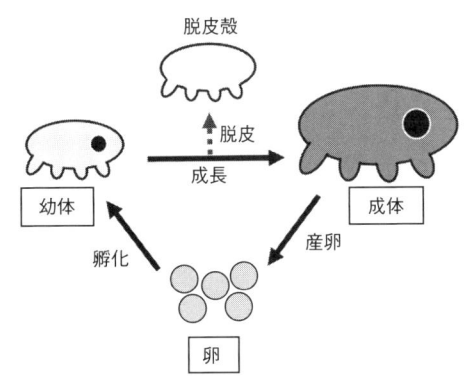

図7-2 ヨコヅナクマムシの生活史の概要．

コヅナクマムシの平均寿命はおよそ35日で，これはオニクマムシも含め今までに実験室下の飼育系で研究されたクマムシのなかで，最も短い寿命だった．寿命が短いほど，実験動物に向いている．

オニクマムシは産卵に同調して脱皮し，卵を脱皮殻の中に産み落とすが，ヨコヅナクマムシでは体の外に卵を産み落とす．また，オニクマムシの卵の表面は平滑なのに対し，ヨコヅナクマムシの卵には細い毛のような突起がびっしりと生えている (図7-1 C)．これは，卵がコケにうまい具合にくっつき，降雨などの水流で流れ出るのを防ぐための仕掛けだと思われる．また，培地中ではヨコヅナクマムシの成体同士が1か所に集合しているのがよく観察される．このような場所には，しばしば卵が産み落とされていることから，雌同士が何らかのフェロモンを放出して集合するのではないかと考えているが，詳細はまだ不明だ．

7-2　環境耐性実験

ヨコヅナクマムシの乾眠

陸生のクマムシは，周囲の環境に水がなくなると体が樽型 (tun) に変形しながら脱水して乾眠と呼ばれる無代謝状態に移行する．一方で，池や川，海のように，恒常的に水が存在する環境に生息するクマムシには乾眠形質が見られ

ない．乾眠状態のクマムシは，体内の水分含量が活動状態時のおよそ1～4%にまで低下するが (Wright 2001)，水を与えると吸水して活動を再開することができる．野外の生息環境では，陸生クマムシは降雨などで水を利用できる時期は活動し成長・繁殖するが，水が蒸発して乾燥すると乾眠状態に移行し，次の雨まで乾眠状態で待つ，というような活動・乾眠サイクルを繰り返しているのだろう．

さて，ヨコヅナクマムシを飼育できるようになったので，飼育された個体が乾眠に移行する能力をもつかどうか確認することにした．まず，いずれの発生段階でも乾眠できるかどうか検証するため，卵，幼体 (3 日齢)，成体 (20 日齢) を乾燥させた後に水を与え，その後の孵化あるいは活動再開を観察した．クマムシを乾燥させるため，個体をパラフィルムの上に置いて相対湿度85%で24時間放置した後，さらに相対湿度0%で10日間乾燥させた．乾燥処理後の幼体と成体を観察すると，典型的な樽状に変形しているのが確認できた (図7-1 B)．また，卵は中心がくぼんだ形になった (図7-1 D)．給水すると，幼体と成体ではほぼ全ての個体が活動を再開し，卵では80%が孵化した (図7-3. Horikawa et al. 2008)．この卵の孵化率は，乾燥処理をしなかった場合の卵の孵化率とほぼ同じ値である．この実験により，ヨコヅナクマムシはあらゆる発生段階で乾眠に移行できることが示唆された．

次に，上述の乾燥処理によってヨコヅナクマムシがどの程度脱水しているのかを調べることにした．乾燥処理をする前と後の成体のヨコヅナクマムシにおける水分含量の変化を精密電子天秤で測定したところ，通常の活動状態では

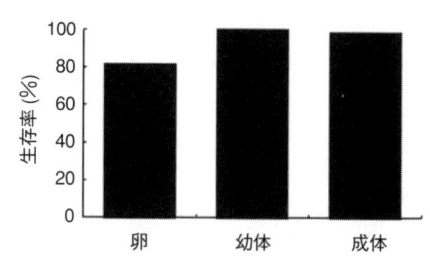

図7-3 異なる3つの発生段階のヨコヅナクマムシにおける10日間の乾燥処理後の生存率．卵の場合は蒸留水を与えて10日以内に孵化した個体の割合を，幼体と成体の場合は蒸留水を与えて24時間後に活動している個体の割合とした．

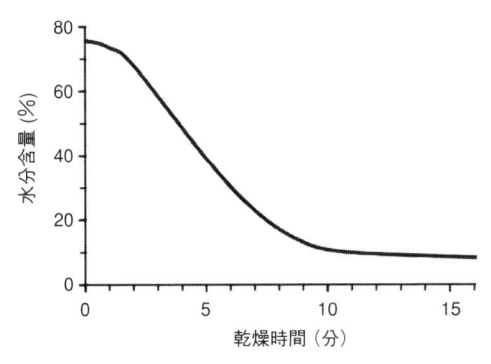

図 7-4 相対湿度 85% 下における乾燥処理開始後のヨコヅナクマムシの成体の体内水分含量の推移.

水分含量が 78.6% だったが，乾燥処理後には 2.5% wt/wt まで減少していることがわかった (Horikawa et al. 2008). では，どの程度の速度で水を失っていくのだろうか．これを調べるため，相対湿度 85% に調節したデシケーターの中に精密電子天秤を置き，天秤の上に活動状態のヨコヅナクマムシをのせて乾燥させ，重量の減少を記録した．その結果，乾燥開始から 5 分後に最初に保持した水分量の半分が失われ，16 分後には水分含量がおよそ 10% wt/wt まで減少することがわかった (図 7-4)．これらの結果から，ヨコヅナクマムシは，センチュウやネムリユスリカなどの他の乾眠動物に比べ，より急速な脱水でも生命を維持したまま乾眠に移行できることが確認された．

極限環境耐性と繁殖能力の維持

すでに述べてきたように，乾眠状態のクマムシはさまざまな環境ストレスに対して高い耐性をもつ．しかし，これまでの研究では安定した飼育系が欠如していたこともあり，環境ストレスに暴露した直後の個体の生存を確認するのみで，暴露された個体がどれほどの期間生きられるか，あるいは，繁殖能力を維持できるかについて検証されたことはほとんどなかった．クマムシの環境耐性を評価するうえで，繁殖能力の有無を検証することはとりわけ重要だろう．というのも，クマムシが本当の意味で耐性をもつかどうかを判断するには，この生物が次の世代に子孫を残せるかどうかを指標にすべきだからである．

そこで，さまざまな極限環境ストレスに暴露した後のヨコヅナクマムシの生存能力と繁殖能力の評価を行うことにした．まず，乾眠状態に移行した幼体 (7日齢) のヨコヅナクマムシを高温 (100℃)，高圧 (1 GPa = 10,000気圧)，およびイオンビーム (5,000 Gy) に暴露した．その後，25℃にて生存個体を毎日飼育観察し，処理後の生存期間および産卵数と孵化幼体数を記録した．その結果，高温と高圧に暴露された個体は，されなかった個体と同等あるいはそれ以上の期間にわたって生存した (図7-5 A)．そのうえ，これらのストレスに暴露された個体から次世代の個体が生まれた(図7-5 B)．これとは対照的に，イオンビームを照射された個体は，されなかった個体に比べて生存期間が短く，次世代の個体数もわずかしか得られなかった (図7-5 A, B)．環境ストレス曝露後の生存期間と繁殖能力を耐性能力の指標として考えた場合，乾眠状態のヨコヅナクマムシは，高温 (100℃) や高圧 (1 GPa) で処理してもほとんど損傷を受けないが，イオンビーム (5,000 Gy) で処理されると生体に相当な損傷を受けることが推察できる．

生物は通常，100℃の高温や1 GPa (= 10,000気圧) の高圧に暴露されると，タンパク質などの生体分子が変性して生命活動を維持できなくなり，最終的に死に至る．この理由は，多量の水分子と結合した生体高分子が熱により変性しやすいためだが，乾眠状態のヨコヅナクマムシは体内に水をほとんど含まないため，このような高温や高圧に暴露されても損傷をほとんど受けなかったのだろう．一方，イオンビームなどの電離放射線は，DNAなどの生体分子を直

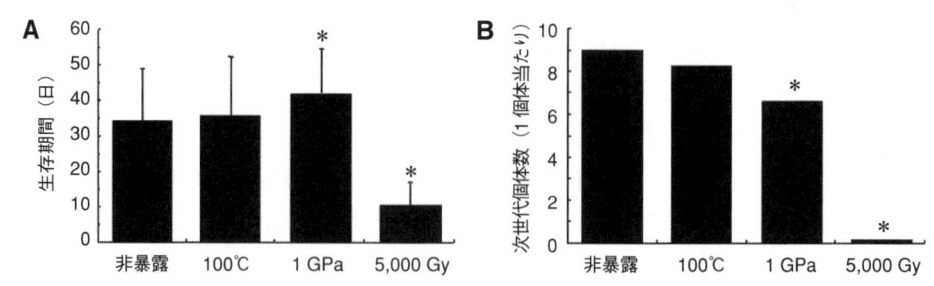

図7-5 乾眠状態のヨコヅナクマムシを高温 (100℃)，高圧 (1 GPa)，イオンビームに暴露 (5,000 Gy) 後の生存能力および繁殖能力の比較．(A) 生存期間，(B) 次世代幼体数．＊は統計的有意差を示す．

接的あるいは間接的に破壊する作用をもつ．このため，イオンビーム照射を受けた乾眠状態のヨコヅナクマムシには，正常な生命活動に支障をきたすような損傷が蓄積し，寿命や生殖能力に負の影響が出たものと思われる．しかし，5,000 Gy ものイオンビームに曝されても，一部の個体が生き残り，子を残すことこそ驚くべきことなのかもしれない．

いずれにせよ，今回の実験によって，ヨコヅナクマムシがこれらの極限環境ストレスに暴露された後でも，次世代の個体を残せることがわかった．このような高温や高圧にさらされた動物が次世代個体を残したという報告は，本研究が初めてであり，極限環境生物学および宇宙生物学に重要な知見を追加した．

ヨコヅナクマムシの凍眠

乾眠能力をもつ陸生クマムシのなかには，体内の水分が凍結しても耐えられる種類がいることが知られている．クマムシが凍結状態で生命を維持する状態は凍眠と呼ばれている．上述のように，ヨコヅナクマムシには高い乾眠能力，すなわち乾燥耐性能力が備わっている．そこで，同種の飼育個体がどの程度の凍眠能力をもつかを評価するため，異なる冷却速度 (毎分 −0.2℃, −1℃, −5℃)で凍結させる実験を以下の要領で行い，凍結後の生存能力を評価した．

(1) まず，活動状態の成体を蒸留水とともに 2 枚のカバーガラスで挟み，−1℃でカバーガラスの端に氷を接触させて蒸留水を凍らせた．これを植氷という．クマムシの体内や周りの水は −1℃でも自発的に凍ることはない．氷点下以下でも水が凍らない状態を過冷却状態というが，この状態で氷を接触させると水はたちまち全体が凍り出すのである．(2) これらの標本を各冷却速度で−2 から −20℃まで冷却して凍結させた．(3) −2 から −20℃の最低温度でそのまま 15 分間保持した後，1 分当たり 2℃の速度で 0℃まで昇温して融解し，クマムシを水の入ったシャーレに移して常温で保管した．(4) 24 時間後，ヨコヅナクマムシが動くかどうかをしばらく観察し，生死を確認した．

その結果，全ての条件において生存個体が確認された (図 7-6 A)．また，ヨコヅナクマムシは冷却速度が 1 分当たり −1℃のときに最も高い生存率を示し，1 分当たり −5℃のときに最も低い生存率を示す傾向が見られた (図 7-6 A)．さらに，各凍結条件の最低温度下にて，ヨコヅナクマムシの体内が凍結するかを

倒立顕微鏡で観察した．ヨコヅナクマムシは半透明だが，体液が凍ると光の屈折率が変わり，黒く見える．いずれの凍結条件下でも，体表に氷が接触すると，そこから体内へと氷が成長して凍結する個体が多かった (図 7-6 B)．凍結個体の割合は，冷却速度が速いほど高い傾向が見られた．

　実際の生息環境 (札幌市) における冷却速度は，今回の実験条件よりはるかに緩やかであり，野外のヨコヅナクマムシが凍結死することはほとんどないと思われる．また，冷却速度によって生存率が異なり，1分当たり-1℃のときに最も高い生存率を示したことは，凍結後の生存に最適な冷却速度が存在することを示唆している．一般的に動物の凍結では，体内で生じる氷の成長が遅いほど細胞からの脱水が促され，致死的な細胞内凍結を引き起こしにくいと考

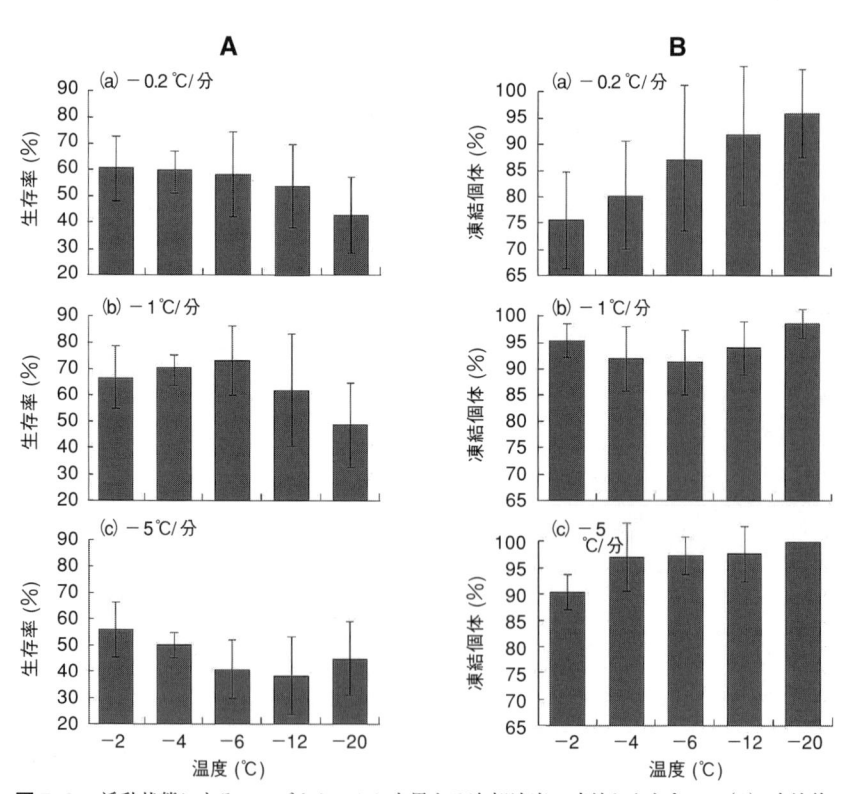

図 7-6　活動状態にあるヨコヅナクマムシを異なる冷却速度で凍結したときの，(A) 凍結後の生存率，(B) 凍結個体の割合．

えられる (Storey & Storey 1992)．そのため，最適冷却速度が存在するとしたら，何らかの要因がクマムシの生存を高めていると考えられるが，現在のところこの要因は明らかとなっていない．

　他の動物の凍結耐性とは異なり，クマムシの凍眠には許容限界最低温度 (lower lethal temperature) が存在しないことが大きな特徴だ．例えば，クマムシの一種 *Ramazzottius oberhauseri* は，−253℃で凍結しても生存できる (Rahm 1921)．このような極低温は，地球上で最も寒冷な地域においても存在しないため，クマムシの凍結耐性は低温が淘汰圧となり獲得された形質では決してない．一方で，陸生クマムシに見られる乾眠は海や湖沼に生息するクマムシには見られないため，クマムシが陸に進出する際に獲得された形質と考えられる．また，乾燥と凍結は，ともに細胞の脱水が生じるという点で相似の現象とみなせるため，乾燥耐性と凍結耐性には部分的に共通の生理機構が関わっていることが示唆されている (Storey & Storey 1992)．これらのことから，陸生クマムシは脱水耐性である乾眠形質を獲得した結果として，副次的に凍眠形質を獲得したと考えるのが妥当だろう．

7-3　クマムシと宇宙生物学

　近年，宇宙生物学という分野が注目されるようになってきた．地球外生物の探索やその存在可能性の検証をしたり，生命の起源を探ったりする学際的な学問分野である．これまで，宇宙生物学では，地球外生命としてバクテリアのような単細胞生物だけを想定してきた．実際，バクテリアはさまざまな極限環境に耐えうることがわかっている．しかし，クマムシは真核多細胞生物ながら，バクテリアに勝るとも劣らない極限環境耐性能力をもつことが明らかとなってきた．つまり，クマムシの極限環境耐性を研究することは，地球外に動物のような形態や体制をもつ複雑な生命の存在可能性を推定することにつながるのである．

　僕はこのことを主張するため，自らのクマムシの研究成果を NASA 宇宙生物学研究所が主催した宇宙生物科学会議 (Astrobiology Science Conference) で発表した．博士課程 2 年の終わりの 2006 年 3 月のことである．本会議で多細

胞生物について発表をしたのは僕一人だけだったが，発表内容が評価され，学生発表部門の第2位に選ばれた．この入賞がきっかけとなり，2008年からNASA宇宙生物学研究所のポストドクトラルフェローとして赴任することになった．

　NASA宇宙生物学研究所本部は，カリフォルニア・シリコンバレーのNASAエームズ研究所内にある．NASAのセキュリティ管理は非常に厳しく，外国人は原則としてNASA職員のエスコートがなければ敷地内に入れない．好きなときに研究室に行って研究することができず，もどかしさを感じた．また，研究設備も日本の大学に比べると充実しているとは言い難く，天下のNASAが思いのほか貧乏で，少なからずショックを受けた．

　そんなNASAで，僕はヨコヅナクマムシの紫外線耐性を研究した．オニクマムシは乾眠状態において，宇宙環境で7,577 kJ/m^2 という線量の紫外線 (波長116.5〜400 nm) を照射されても，一部の個体が生存したことが報告されている (Jönsson et al. 2008)．1日当たりの地上における自然の紫外線量 (UV-B) は5〜30 kJ/m^2 程度だから，これはとてつもなく高い線量だ．このことから，クマムシは他の生物に比べて高い紫外線耐性能力をもつことが伺える．宇宙空間や地球以外の惑星では，地球に比べて高い線量の紫外線が降り注いでいる．ヨコヅナクマムシの紫外線耐性能力とそのメカニズムを調べることで，地球外環境に存在できるであろう生命体の特徴の割り出しを試みた．

　まず，活動状態と乾眠状態のヨコヅナクマムシに紫外線 (UV-C; 波長254 nm) を照射し，その後の生存と繁殖を追跡調査した．その結果，ヨコヅナクマムシは乾眠状態において，活動状態よりも顕著に高い紫外線耐性を示した．乾眠状態では20 kJ/m^2 もの線量の紫外線を照射された場合でも産卵能力を維持したのに対し，活動状態では5 kJ/m^2 以上の線量の紫外線を照射されると照射10日後には90％以上の個体が死滅し，産卵も観察されなかった．

　次に，紫外線照射後のヨコヅナクマムシのDNA損傷について解析した．高線量の紫外線照射は，生物に致死的なDNA損傷を引き起こす．紫外線を照射すると，隣接した塩基 (特に，チミンやシトシンなどのピリミジン) が結合し，二量体を形成して突然変異を誘発するなど，生物に有害な影響を及ぼす．ヨコヅナクマムシに紫外線を照射し，DNAに生じたチミン二量体の頻度を定

7-3 クマムシと宇宙生物学

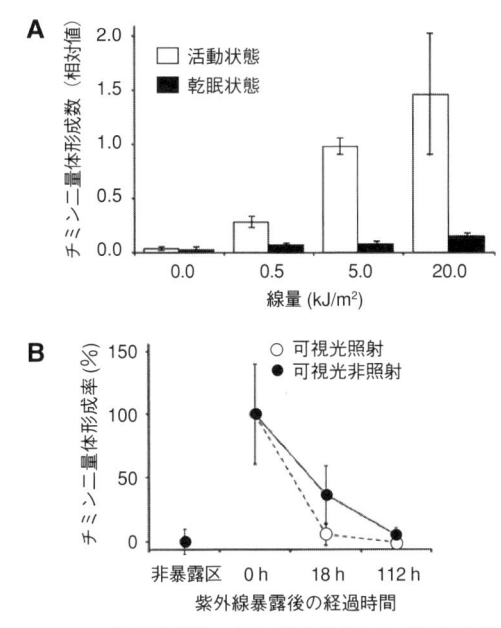

図 7-7 ヨコヅナクマムシの紫外線耐性．(A) 活動状態および乾眠状態にあるヨコヅナクマムシに紫外線を照射した後の DNA で測定したチミン二量体の形成頻度．チミン二量体形成数は，$20\,\mathrm{kJ/m^2}$ の紫外線照射後における大腸菌 DNA のチミン二量体数を 1 とした場合の相対値．(B) 活動状態のヨコヅナクマムシに $2.5\,\mathrm{kJ/m^2}$ の紫外線を照射後，可視光を照射した場合と照射しなかった場合の DNA のチミン二量体の除去効率．

量的に解析した結果，乾眠状態では活動状態に比べチミン二量体の形成がほとんど起こらないことがわかった (図 7-7 A)．これは，乾眠状態時において，チミン二量体が形成されるのを防ぐ機構が存在することを示唆している．

また，活動状態のヨコヅナクマムシでも，$2.5\,\mathrm{kJ/m^2}$ の紫外線照射後に生成したチミン二量体が 112 時間後にはほぼ完全に消失したことから (図 7-7 B)，DNA 修復能力の存在が確認された．ヨコヅナクマムシのゲノムデータベースを用いた検索およびポリメラーゼ連鎖反応 (PCR) による解析から，ショウジョウバエの光回復型 DNA 修復酵素 PHrA のホモログ遺伝子をもつことが明らかになり，ヨコヅナクマムシの DNA 修復機構にこの酵素が関わっている可能性が示唆された．

このヨコヅナクマムシの紫外線耐性の能力とその機構を考慮すると，多量の紫

外線が降り注ぐような環境をもつ地球以外の惑星には，バクテリアのような単細胞生物だけではなく，多細胞生物のようなより複雑な生命体が，クマムシと似た生存戦略機構をもち繁栄しているかもしれないと思えてくる．火星の地表やそれに近い環境からクマムシ型生命体が発見されても，僕は驚かないだろう．

エピローグ

　本章では，ヨコヅナクマムシの生活史と極限環境耐性に関するこれまでの知見を紹介した．このほど，僕も一員として参加しているヨコヅナクマムシの全ゲノム解読が終了し，この生物の乾眠や凍眠のメカニズムを分子レベルで解き明かすための基盤が整備された．現在，最も支持されているクマムシの乾眠メカニズムのシナリオは，ある種のタンパク質や糖類 (LEA タンパク質やトレハロースなど) が細胞の構成物を保護することにより，乾燥中もそれらの機能を保持する，というものである (Schokraie et al. 2010; Westh & Ramløv 1991)．ヨコヅナクマムシでは最近，92℃もの高温でも沈殿しない新規のタンパク質である CAHS (cytoplasmic abundant heat soluble) タンパク質と SAHS (secretory abundant heat soluble) タンパク質が同定された (Yamaguchi et al. 2012)．これらのタンパク質は LEA タンパク質と同様に乾燥すると三次構造を変化させて生体分子を保護する役割があると予測されるため，ヨコヅナクマムシの乾眠を成立させるのに欠かせない因子である可能性がある．

　しかし，クマムシは，そのような機構とは別に，もっとシンプルな，それでいて僕たちの常識が及ばないような機序を用いて，極限的な環境に耐えているのではないか，と個人的には思う．彼らが生き抜く術にはどんな秘密が隠されているのか？　今後，ヨコヅナクマムシの極限生物学に携わり，この秘密の解明に挑む研究者が増えるとすれば，僕にとってこれ以上の喜びはない．

　現在，ヨコヅナクマムシのゲノム情報も手に入り，分子生物学の手法を用いて本種の耐性に関する研究も効率的に遂行できるようになってきた．しかし，この研究システムの構築は，もとをたどればフィールド調査から始まったものである．モデル生物を用い，ハイスループットな実験技術を用いた研究がもてはやされ，フィールド調査を主軸とする生態学的研究を軽く見る生物学者も少なくない．しかし，現在実験室で使われているショウジョウバエ，センチュウ，

マウスなどのモデル生物は，もともとはフィールド調査で採取されたものなのだ．生態学者たちはこれからもいろいろなモデル生物を見つけてくれるだろうし，それなくして新たな研究はなかなか芽生えてこないだろう．東研で育った先輩や同僚たちのように，フィールドに出向き，生き物と直に接する生物学者がこの国にはもっといてもよいのではないだろうか．

著者の紹介（東 正剛）

平田真規くん

「世界一の昆虫学者になります！」

　1998年9月から翌年1月にかけて，私は南オーストラリア州の州都・アデレードに滞在した．幻のアリ・アカツキアリの探索も目的の1つだったが，主な使命は12月下旬から1月上旬にかけてこの地で開催される国際社会性昆虫学会で，次期大会を札幌で開催すべく誘致活動をすることだった．滞在中，時々フリンダース大学のミッシエル・シュヴァルツ博士の研究室にお世話になっていた．彼はハナバチの研究者で10名前後の学生やPDを抱えていたが，そのなかに，イギリス系の典型的な白人がいた．そのツンとした態度から「アジア人をあまり好きではないな」というのが私の印象だった．誘致合戦に勝利して帰国後約1年経って，その彼から「日本学術振興会の外国人研究員募集に応募したいので，北海道で研究したらよいハナバチを教えてくれ」というメールが届いた．私は恩師・坂上昭一先生のフィールドワークを手伝い，越冬中のホクダイコハナバチを掘り出したことがあり，それ以来，原始的な真社会性のコハナバチに興味をもっている旨の返事と推薦状を送った．どうやらアジア人嫌いではなかったようだ．こうして，アダム・クローニンは2000年4月から私の研究室に所属することになった．そうなると，彼と一緒にコハナバチを研究してくれる学生が必要だ．私にはある学生の姿が心に浮かんでいた．

　「僕は，世界一の昆虫学者になります！」．修士課程入学試験の面接試験で一人の受験生が力強く宣言した．筆記試験の結果は中位程度だったが，このひと言が試験官の心をとらえ，合格した．こうして，平田くんは「飛んで火に入る夏の虫」となった．

　昆虫を見つける平田くんの動物的勘は大いにクローニンを助けた．平田くんも苦手の英語力を上げていった．かくしてクローニンは日本での研究を成功させることができたし，数年後には札幌の女性との結婚というおまけまでついた．平田くんも博士課程に進学し，最短で博士号を取得することができた．クローニンと平田くんの二人三脚は，大成功だったと言えるだろう．

　博士過剰時代のなか，恋人との幸せを第一に考えた平田くんは，高校教師の道に進んだ．生物学が目覚ましいスピードで発展している今日，生物学を学ぶだけでなく，実践する場である大学院で鍛えられた高校教師は，これからますます必要になってくるはずだ．高校教育の場で大いに活躍してほしい．

8 真社会性と単独性を簡単に切り替えるハチ，シオカワコハナバチ

(平田真規)

プロローグ

　僕は昆虫が大好きだ．中学から高校にかけてはスキーや卓球にも夢中になったが，休日にはいつも札幌近郊の山々に出かけ，カミキリムシ，クワガタそしてトンボなどを採集した．特に夢中になったのはカミキリムシとトンボだった．カミキリムシは高校があった藻岩山周辺に多くの採集ポイントがあり，夏には朝早く登校してクリの花を回り，授業が終わった放課後にはポイントの木を回って採集した．トンボ採りには自宅そばの西岡水源池に通った．この水源池は，北海道で一番多くの種類が発見されている場所である．コシボソヤンマやエゾコヤマトンボなど珍しいトンボがたくさん生息している場所だが，一番好きなトンボはルリボシヤンマだ．透き通った水色の眼が印象的な大型のトンボで，飛んでいる姿がとても美しかった．

　大学では，トンボ研究の権威・生方秀紀先生のもとでエゾカオジロトンボを追いかけた．毎日のように自転車で片道約 25 km の道のりを 2 時間半かけて釧路湿原に通い，一日中池の中に入ってトンボの行動を観察した．この研究では，雄のなわばり選好性を，雌の産卵場所，ヤゴの生息場所，羽化場所との関係から明らかにしようとした．大学での研究から，さらに深く昆虫の研究をしたいと思い，大学院進学を希望するようになった．

　2000 年 4 月，北海道大学大学院の東研究室に進学した．そこで，東先生から「コハナバチの研究をやってみないか」ともちかけられた．聞けば，間もなくオーストラリアからハナバチ研究者がくるという．南オーストラリア州アデレードのフリンダース大学で，ハナバチ研究者として有名なミッシェル・シュ

ヴァルツ博士に学んだ若手研究者らしい．日本学術振興会招聘外国人研究員として少なくとも2年間東研究室に滞在し，北海道産コハナバチを研究するという．1998年，アカツキアリ探索のために東先生がシュヴァルツ博士の研究室でお世話になったときに知り合ったようだ．もしかしたら「外国からくるお客の面倒をみろ」ということかとも疑ったが，コハナバチには大変興味があった．生方先生や東先生の恩師でもある坂上昭一先生が長年取り組まれた材料だ．社会性昆虫の研究が急展開している現在，そろそろ新しい視点から原始的社会性昆虫を見つめ直すのも悪くない．無料で英会話を学べるのも魅力的だ．その場で，「やります」と答えた．

間もなく，その若手研究者がやってきた．名前はアダム・クローニン，30歳くらい．祖父母がイギリス出身で，物静かなオーストラリア人．ビールとカレーとのり巻きを好み，個性的であるが，親しみやすい研究者だった．早速，二人三脚の研究生活が始まった．

8-1 単独性，社会性，そして真社会性

ほとんどの動物は単独で生活し，親が子を産み，子どもは一生のほとんどを単独で生き抜き，孫を残す．子どもは親を助けようとはせず，親が一方的に子どもを援助するのが普通だ．一方で，親が子育てにかなりの時間とエネルギーを費やす動物も多く，その間は親子の共存が見られる．

動物のなかには，さらに，子どもが親の手伝いをするようになったものもいる．鳥類や哺乳類のいくつかの種では，ヘルパーと呼ばれる個体がごく短期間，親のもとにとどまって弟や妹の育児を分担することが知られている．ヒトでは，親子の協力関係が一生続き，最初は親に依存するだけの子どもたちが，やがて親の仕事を手伝い，その老後の面倒までみる者も少なくない．老人は孫の面倒をみて，子どもを助けることもできる．親と子が同居し，両者の分業が始まると，いよいよ「社会性」への扉が開く．

親子だけでなく，兄弟姉妹などの血縁者が集団で分業社会を形成すると，社会性はさらに高度化する．そして，時には，血縁関係のない個体も含んだ高度な分業社会さえ見られるようになる．ヒトの社会がその典型だ．さまざまな

職業の人々が助け合い，今では地球全体にネットワークが広がった巨大な分業社会を築き上げてしまった．ヒトは自分たちの社会こそ動物界で最高の社会だと自負しているが，生物学的に見るとそれほどでもない．

まず，血縁関係のない他人が集まって作る社会は，生物学的に不安定だ．例えば，農民と漁民の物々交換を考えてみよう．農民は野菜には困っていないが，タンパク源である魚がない．漁民は魚には困っていないが，ビタミン C 源である野菜がない．両者の物々交換では，いずれも自分にとって価値の低い物 (C: cost) を失って価値の高い物 (B: benefit) を得るので，物々交換をしないときの利益 0 より大きな利益 $B-C$ (>0) を得ることができる．両者が利益を得るのだから，互恵的利他行動の進化にはこれ以上の説明はいらないように見える．

しかし，ヒトは相手に何もあげないで，もらったものだけを持ち逃げすることもできる．この裏切り行動を考慮して，農民 (自分) と漁民 (相手) の関係を考察してみよう．(1) 相手が協力してくれた場合：自分も協力すれば $B-C$ の利益を得られるが，相手を裏切って野菜をあげなければ $C=0$ となり，一番大きな利益 B を得られる．(2) 相手が裏切った場合：自分も裏切れば，損得なしで利益 0 となるが，もし自分だけが協力して野菜をあげてしまったら利益は $-C$ となり，大赤字だ．(1) と (2) から導かれる結論は，「相手が自分に魚をくれようが，くれまいが，自分は相手を裏切って野菜をあげないほうがよい」ということになる．自分が漁民だったとしても当然「魚をあげないで裏切るべし」という結論に達するから，互恵的利他行動は進化しえない！　これが，ゲーム理論の一つの結論だ．互恵的利他行動の進化は，いわゆる「囚人のジレンマ」に阻まれてしまう．

実は，このゲームは自分と相手が一度しか出会わないことを前提としており，何度も出会う場合には，「過去の相手の行動」を記憶し，適切に対応することによって互恵的協力は進化しうるという結論が得られつつあるらしい．もしそうなら，ヒトはその抜群の記憶力と判断力を使ってこの高度な互恵的分業社会を築き上げたということになる．一方で，ヒトの協力社会にはつねに「裏切り」が潜んでおり，不安定な社会であることは間違いない．実際，裏切りへの恐怖心は兵器を高度に発達させ，例えば核戦争による自滅の危険性さえ抱え込んでいる．

また，ヒトの分業は「労働分業」に限られている．職業は違えども，生物が遺伝子を残していくうえで最も重要な生殖に関しては，いずれの個体も生殖可能な平等社会だ．ところが，生物にとっての聖域でもある生殖にまで分業を広げてしまった動物たちがいる．その社会では，生殖可能な個体はごく一部に限られ，他の個体は子どもを残せず，一生，生殖以外の労働に従事する．これを「生殖分業」という．生物学的に見て生殖分業こそ究極の分業であり，生殖分業を含む協力社会を「真社会」と呼んでいる．真社会性昆虫であるアリ，シロアリ，一部のハチたちのコロニーでは，女王が産卵し，ワーカー (働きアリ，働きバチ) が子育て，餌集め，巣造り，巣の防衛などの労働に従事している．ワーカーは子どもを残せない不妊のカーストだ．

8-2 アリやハチの進化に潜む謎とハミルトン則

真社会性昆虫の存在はかのダーウィンを大いに悩ませた．彼の進化論によると，「より多くの子どもを残す個体の遺伝的形質や性質が後世代に広がり，進化が起こる」のだから，一生子どもを残さない不妊のカーストなど存在しえないはずだ．しばしば，「子どもを残さない個体の性質は，どのように遺伝し，進化するのか」と表現される難問がダーウィンの前に立ちはだかった．

この難問に理論的解答を与えたのが，ハミルトンだ．彼は，まず，アリやハチの性決定機構である単数倍数性と個体間血縁度に着目した．単数倍数性では雄は未受精卵から発生するので，一組の染色体セット (n) しかもたない，つまり，1個体の雄が作る精子の核型は1つしかないことになる．この雄と交尾した雌が産む娘は，どの個体も父親からのnを共有するので，姉妹同士の血縁度は必ず0.5以上になる．姉妹は母親 (2n) からの染色体も共有する可能性があり，これを加味すると，姉妹の平均血縁度は0.75となり，母子の血縁度0.5を上回る．つまり，アリやハチの雌は，自分の子どもよりも妹を育てるほうがより多くの遺伝子を後世代に残せるというわけだ．このように，自分の直系の子孫以外の血縁者を通じて後世代に自分の遺伝子を残そうとする淘汰を血縁淘汰という．

しかし，例えばシロアリは，雄も受精卵から発生する両性倍数性であるにも

かかわらず，不妊カーストをもつ．同じく両性倍数性である哺乳類や甲殻類でも真社会性の種が見つかった．また，血縁者をどの程度助けるべきかは，利他行動の効果やコストにも大きく左右される．そこで，ハミルトンはさらに理論的考察を深め，利他行動進化のための一般規則 $Br > C$ を導き出した．ここで，C は利他行動をすることによって自分が失う適応度，B は自分から利他行動を受けることによって血縁者が増やすことのできる追加適応度，r は援助する自分から見た血縁者との血縁度である．適応度はおおざっぱにいえば次世代での子どもの数を指す．つまり，個体の適応度には，自分で稼ぐ直接適応度に，自分が助ける血縁者を通じて得る間接適応度 (追加適応度×血縁度) を加えなければならないことになる．直系子孫の数に基づいた古典的適応度に対し，間接適応度も加えた適応度を包括適応度という．不妊カーストを含む利他行動の進化は，このハミルトン則を軸に説明されるようになった．

8-3　なぜコハナバチか

しかし，少なくとも膜翅目 (ハチ目) 昆虫において B と C と r を正確に測定し，ハミルトン則を実証した例はまだない．したがって，単独性から真社会性に至った道筋を明らかにすることもできない．多くの真社会性種では分業がすでに高度化しており，ワーカーはもはや産卵を選択できないし，女王は一般労働を選択できない．つまり，単独性であるか，あるいは真社会性であるかは種レベルで明確に分かれており，1つの種を使って，単独性になる条件と真社会性になる条件を検証することができないのだ．この問題を解決するには，単独性と真社会性を使い分ける種を見つけるのが一番の近道だ．そこで，僕たちは原始的なハナバチである「コハナバチ」に着目し，その生態を詳しく観察してみた．

コハナバチ *Lasioglossum* 属は，種間だけでなく種内でも単独性と真社会性を示す種が知られており，日本では特に 1950 年代より研究が進められてきた．代表的な研究者の一人，北海道大学の坂上先生は，農学部附属植物園でたくさん営巣していたホクダイコハナバチ *Lasioglossum (Evylaeus) duplex* や北海道の山々で営巣しているタカネコハナバチ *L.(E.) calceatum* の生活史を研究した．そして，函館の横津岳山頂のタカネコハナバチはワーカーカーストを出さない

単独性なのに対し，小樽・奥沢の個体群ではワーカーを含み，真社会性であることを発見した．しかし，同じ種であっても個体群が異なるため，生息条件も異なり，どのような要因が真社会性を引き起こしているのかを検証することはできなかった．海外でも，近縁種間で単独性と真社会性に分化している例が *Dialictus* 亜属と *Evylaeus* 亜属 (Michener 2000; Danforth et al. 2003) などで，また個体群間で単独性と真社会性に分化している種さえ *L.(E.) albipes* (Plateaux-Quénu et al. 2000) などで見つかっていたが，単独性と真社会性がやはり異所的に分布するため，厳密な比較ができなかった．しかし，近縁種間や個体群間で分化しているということは，同一個体群内で単独性と真社会性が混在している種もいるかもしれない．僕たちは，新しい視点からコハナバチの研究を試みることにした．

8-4　シオカワコハナバチの生態

生活史

コハナバチは，深さ約5〜40 cmくらいの地中に，土を材料にして巣を造る(図8-1)．花粉と花蜜を混ぜて作る「花粉団子」を幼虫に餌として与えるため，花が咲く時期にのみ活動する．曇りなどの天気が悪い日や，晴れていても気温が低い日には活動しない．

札幌では，越冬した雌が4月中旬〜下旬に活動を開始し，単独で複数の巣房からなる巣を造る．各巣房に花粉団子を1個ずつ作り，その表面に卵を1個ずつ産みつけると，巣房を土で閉じていく．全ての巣房に卵を産み終わると，巣穴も閉じてしまい，母親は巣内にとどまり，じっとしている．この時期を「不活動期」と呼ぶ．コハナバチの巣は，不活動期に入る前に巣を見つけてマークを付けておかないと，活動が再開されて，巣穴が開くまで発見するのはほとんど不可能だ．

不活動期は種によって多少異なるものの，おおむね5月中旬から7月上旬までの期間がこれに当たる．その後，第1ブルード(卵・幼虫・蛹などの幼態)が花粉団子を食べ尽くして成虫になると，母親も子どもと一緒に活動を再開する．このとき，母親は羽化からすでに1年近くたっているため翅や大顎がボロ

8-4 シオカワコハナバチの生態

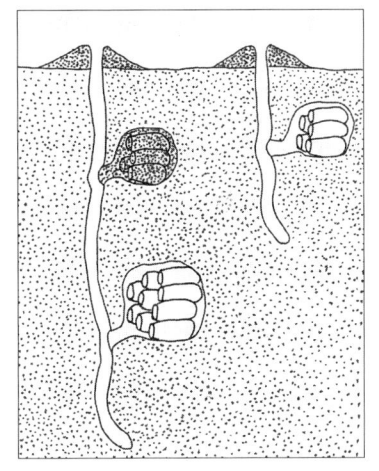

図 8-1 コハナバチの巣の構造.

ボロになっているのに対し，羽化したばかりの第1ブルードの翅や大顎はほぼ無傷で，両者を見分けるのは容易だ．

　この第1ブルードの行動によって，単独性になるか真社会性になるかが決まる．真社会性の場合，創設雌は巣外での活動をほとんど行わず，旧巣を再利用し，あるいは新しい巣房を造り，新生虫となる卵を産むことに専念する．第1ブルードの雄たちは巣から飛び立つ．雌のなかには雄と交尾する個体もいるが，ほとんどの個体は交尾後も母巣にとどまって巣造りや採餌などの労働を担当する．ただし，後述するように，交尾後に母巣を離れ，単独で独立巣を造り，産卵して子どもを育てる雌もいるが，極めて珍しい．

　真社会性の巣群では，創設雌は「女王カースト」となり，第1ブルードの雌たちは「ワーカーカースト」となるわけだ．そして，第1ブルードの雌たちに育てられた新生虫たちを「第2ブルード」と呼ぶ．第2ブルード用の花粉団子づくりと産卵は7月中旬から8月上旬にかけて行われ，8月下旬から再び巣穴を閉じて不活動期に入る．「女王カースト」は越冬期までに死亡する．「ワーカーカースト」の多くも越冬前に死亡するが，後述するように，第2ブルードの新生雌たちとともに越冬し，翌春，自分の巣を創設する個体も少なくないと思われる．越冬する雌のほとんどは越冬前に交尾をすませていると思われるが，越

冬後の交尾も否定はできない．

　これに対し，「ワーカーカースト」が出現しない単独性の巣群では，創設雌は第2ブルードを産むことなく死亡する．第1ブルードの羽化雌個体は巣外で交尾し，直後にその一部が単独で独立巣を造る可能性も否定はできない．しかし，後述するように，単独性巣群は子育てを8月下旬までに終えるだけ十分な積算温度が得られない環境にあるため，受精嚢に精子を溜めた雌のほとんどは長い休眠と越冬を経て，翌春，巣を創設する．これらの巣の巣穴は閉じられており，活動期に単独性巣群を見つけてマークをしておかない限り，長期休眠中の新生雌を発見するのはまず不可能だ

　コハナバチのなかには単独性で年1化性の種と真社会性で年2化性の種がいるが，僕たちが研究対象としたシオカワコハナバチは，後述するように単独性巣群と真社会性巣群からなる「一部2化性」だった．いずれにしても，土中営巣性であるため，生活史を追って単独性と真社会性を区別するには多大な労力を要するので，もう少し簡単な見分け方を紹介しよう．

単独性と真社会性の見分け方

　コハナバチの単独性と真社会性を見分けるには，カーストの有無を調べるのが一番確実だ．そのためには，第1ブルードが羽化する6月下旬から7月にかけて巣を掘り，以下の点を調べればよい．

(1) 体サイズ

　単独性コハナバチでは，第1ブルードの雌が越冬して翌年の創設雌となるため，創設雌と第1ブルードの雌の大きさに差は見られない．つまり，創設雌は自分とほぼ同じ大きさの娘を作る．これに対し，真社会性種では，第1ブルードの雌は創設雌よりも小さい傾向がある(図8-2)．これは，創設雌が第1ブルードの雌をコントロールし，ワーカーとして働かせやすくするためと考えられている．しかし，第2ブルードの雌は，翌年の創設雌となるため，創設雌とほぼ同じ大きさを示す傾向がある．したがって，第1ブルードの雌が創設雌よりも小さい場合，この巣は真社会性である可能性が高い．

(2) 第1ブルードの性比

　性比とは，子どもに含まれる雄と雌の割合を意味する．多くの生物は1:1の

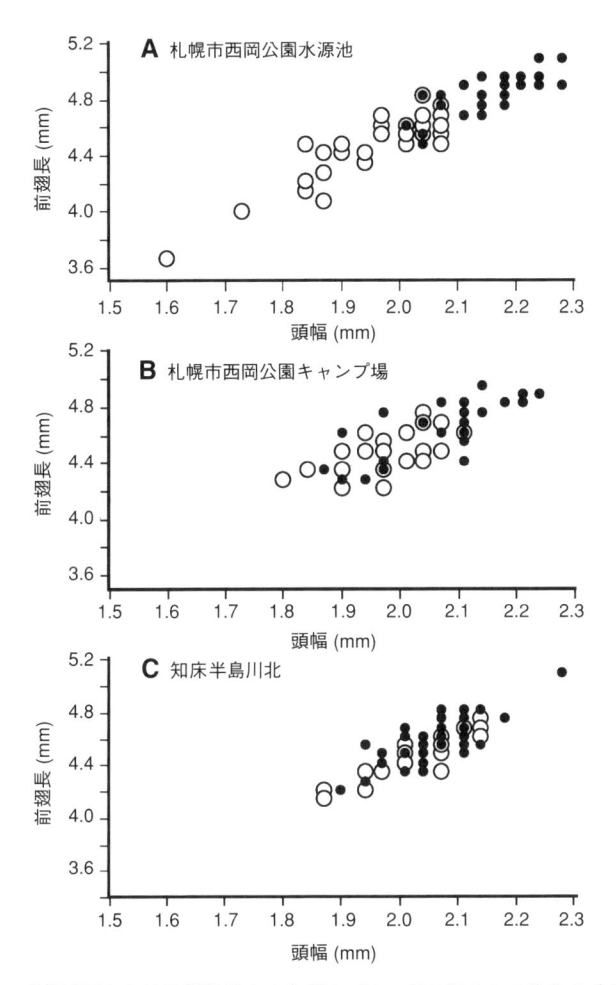

図 8-2 各調査地における創設雌 (●) と第 1 ブルードの雌 (○) の体サイズの比較.

性比を示すが，これはフィッシャーの性比理論で説明がつく．両性倍数性の動物では，いずれの子どもにも父と母が必要であるため，個体数の少ない性はもてる，つまり繁殖価が高くなり，より多くの子孫を残すことができる．結果的に自然淘汰は性比を 1:1 で安定化させることになる．

実際，単独性のコハナバチでは，第 1 ブルードの性比はほぼ 1:1 であることが多い．これに対し，真社会性コハナバチの第 1 ブルードでは，性比が雌に偏っ

表 8-1 真社会性コロニーにおける創設雌 (女王) とワーカーの大きさの比較. 平均値 ± 標準誤差 (mm)

階級	前翅長	頭幅	卵巣サイズ
女王	4.88 ± 0.05	2.20 ± 0.02	1.14 ± 0.12
ワーカー			
交尾済み	4.56 ± 0.06	2.12 ± 0.02	0.38 ± 0.15
未交尾	4.54 ± 0.07	2.06 ± 0.07	0.22 ± 0.03

ている．これは，自分の直接適応度を上げるために，創設雌がより多くのワーカーの産生を好むためと考えられている．膜翅目昆虫の雌は雌雄を産み分けることができるし，創設雌は，給餌を通じて第 1 ブルードの生育をコントロールできる．小さな花粉団子を与えれば，体サイズの小さな雌，つまりワーカーを作ることができるのだ．

(3) 産卵能力

高度真社会性昆虫であるアリ，ミツバチ，スズメバチなどでは，産卵は女王カーストが独占し，ワーカーカーストはほとんど不妊である．しかし，原始的な社会段階にあるコハナバチでは，両者の産卵能力にかなりの重複が見られる．種によっては 40% 近いワーカーが交尾をして貯精嚢に精子を溜めており，受精卵を産卵する能力は有していると思われる．しかし，個体マークによってワーカー行動を確認した多数の雌を解剖してみると，卵巣は創設雌ほど発達しておらず (表 8-1)，産卵経験の証拠となる黄体もないことから，実際には産卵していないと考えられる．このことから，卵巣にほとんど成熟卵がなく，黄体もない雌はワーカーと判定しても間違いない．

2 つの個体群

2000 年春から秋にかけて，アダムと 2 人でコハナバチの営巣地を求めて北海道中を車で回った．コハナバチが営巣しているのは，日当りが良く，岩を含まない粘り気のある土が露出した斜面だ．山の中の林道に片っ端から車を乗り入れ，止まってちょっと掘ってはまた進む，また掘る，を繰り返し，毎日泥まみれになって探した．その日の調査が終われば無料の温泉を巡り，露天風呂で疲れをいやした．

図 8-3 西岡公園のキャンプ場集団.

　ある日，知床半島にある無料の温泉「川北温泉」に入った帰り，川沿いにある林道の山側斜面で体長 8 mm 程度のコハナバチの巣群を発見した．どうやらシオカワコハナバチ L. (E.) baleicum の巣群らしい．過去の調査でしばしばワーカーらしい個体も見つかり，単独性と真社会性の両方を示すと考えられていた．

　さらにある日，自宅から歩いて 1 分足らずの所にある札幌市西岡公園でもシオカワコハナバチを発見した．まさに，灯台下暗し．巣を求めて探し回ったが，ホクダイコハナバチやタカネコハナバチの巣がほとんどで，シオカワコハナバチの巣はなかなか見つからなかった．しかし，ようやくキャンプ場そばの斜面に小さな巣群を見つけた (図 8-3)．僕たちは，ここのシオカワコハナバチ個体群と知床半島川北の個体群を比較することにした．札幌と知床では温度条件がかなり違うため，異なる生態を示す可能性が高いと考えたからだ．単独性と真社会性を示すこのコハナバチは僕たちの研究目的に合致していた．

(1) 知床半島川北の個体群

　知床半島の川北個体群は，2000, 2001, 2003 年の 3 年間調査した (Cronin & Hirata 2003; Hirata & Higashi 2008)．知床半島の気候は冷涼で，雪解けが遅く降雪が早い．したがって，餌となる花が咲いている期間が短く，コハナバチの活動期間は 5 月下旬から 8 月下旬までの 3 か月しかない．創設雌は 5 月下旬から 6 月上旬にかけて越冬からさめて花粉を集め始め，6 月上旬から産卵を開始した．第 1 ブルードの個体数は平均 3 個体，性比は雄：雌 ≒ 1：1 だった．

第1ブルードは7月頃に蛹になり，8月上旬に羽化を始めて成虫が出現した．第1ブルードの雌と創設雌の体サイズに有意差はなかった．雌成虫は，交尾後，活動せずに越冬した．知床の個体群では，全ての巣が単独性だった．

(2) 札幌市西岡公園の個体群

札幌市西岡公園のキャンプ場集団は2000〜2001年にかけて調査した (Cronin & Hirata 2003)．創設雌は4月下旬頃から花粉集めを開始し，5月上旬頃から産卵を始めた．6月上旬頃まで活動したあと，不活動期に入った．第1ブルードは平均2個体，雌が多く，個体群性比は雄：雌≒1：4だった．第1ブルードは7月上旬から中旬にかけて羽化を始めた．新生雌は創設雌より4.5%小さく(図8-2)，その多くが巣外で花粉を集め始めた．明らかにワーカーだ．創設雌は巣内にとどまって産卵に専念したことから，キャンプ場集団は真社会性と判定された．ワーカーの活動は8月上旬まで続き，その後不活動期に入った．

第2ブルードの個体数は平均7個体，8月下旬から9月上旬にかけて羽化した．性比は雄：雌≒1：1で，新生雌は交尾後，活動をせずに越冬した．創設雌と新生雌の体サイズに有意差は認められず，新生雌が翌年の創設雌になることは確実だった．

真社会性集団が単独性集団になった！

川北個体群と西岡公園個体群の比較から，シオカワコハナバチでは，冷涼な気候に伴う活動期間の短さが単独性に，温暖な気候下での長い活動期間が真社会性に導くことが示唆された．つまり，創設雌が自分の第1ブルードをワーカーにするか，翌年の創設雌にするかは，越冬からさめた活動開始時期による可能性が示された．

しかし，個体群が異なっているため，その他の環境条件が関係している可能性も排除できない．また，キャンプ場集団の巣がかなり少なくなっていた．そこで，2003年，西岡公園をさらに詳しく探索したところ，キャンプ場集団から約500m離れた西岡水源池のそばでシオカワコハナバチの巣群を見つけた(図8-4)．マーク個体の往来を確認したので，両集団が同じ個体群を作っていることは明らかだった．また，キャンプ場集団が森林に囲まれているのに対し，この水源池集団の周りは開放環境で，日照時間が長かった．両集団の生活史

図 8-4　西岡公園の水源池集団.

を比較し，日照条件や温度条件の影響を明らかにするには好都合だった．その比較研究を，2003 年と 2004 年の 2 年間行った (Hirata & Higashi 2008)．

　生活史の調査を始めて，大変驚いた．2001 年まで真社会性だったキャンプ場集団が，単独性に変わっていたのだ．これは，同じ巣群であっても年によって真社会性と単独性の切り替えが可能であることを示している．しかも，水源池集団は真社会性であり，同一個体群内に真社会性と単独性が混在しうるのだ．また，同一公園内であり，餌環境は同じと考えられることから，局所的な環境要因が真社会性と単独性の決定に関係していると考えられた．

　そこで，両集団の微環境要因を比較してみると，「日当たり」の程度に大きな違いがあることに気がついた．水源池集団は，コハナバチの活動時間中，ずっと太陽からの日差しを浴びていた．他方，キャンプ場集団はこの 2 年間で急速に成長したヤナギ，ミズナラ，シラカバなどの陽樹に囲まれ，日当たりが悪くなっていた．特に，葉が茂り始める 6 月はじめ頃からは，日中でも巣群が日陰に覆われた．当然，地温の違いが，幼虫の発育速度に影響を及ぼすはずだ．

　コハナバチでは，過去の研究からも温度条件が社会性の決定に影響を与えている可能性が示唆されていた (Sakagami & Munakata 1972; Eickwort et al. 1996; Soucy 2002)．次に，幼虫の発育速度と温度の関係を明らかにすることにした．

発育零点と有効積算温度の測定

　昆虫は変温動物のため，外部の環境の温度によって体温が変化し活動が制限される．特に，幼虫の発育速度は温度にほぼ比例し，その比例直線が発育速度ゼロの線と交わる点の温度を発育零点 (T_0) と呼ぶ．生育温度 (T) から発育零点 (T_0) を引いた有効温量 ($T-T_0$) に，昆虫の発育期間 (日数：D) を掛けた値を有効積算温度 (日度：K) と言い，$K = D \times (T - T_0)$ で表される．

　シオカワコハナバチで発育零点と有効積算温度を求めるためには，恒温器内で第1ブルードを卵から飼育し成虫まで羽化させる必要がある．当初，この実験は簡単だろうと考えていた．なぜなら，コハナバチの巣塊は簡単に取り出すことができるので，これを恒温器で飼育すればよいだけだと思っていたからだ．早速，恒温器の温度を16℃，17℃，23℃，25℃に設定して，それぞれの恒温器に5つの巣塊を入れて飼育を始めた．各巣塊には1～3個体の第1ブルードが入っていた．しかし，時間がたつとカビの発生が始まり，これを抑えることができなかった．これは巣の掃除をする創設雌を入れなかったためだろうと考え，今度は創設雌を入れて飼育した．これがまた失敗だった．なんと，創設雌は自分の子どもが入っているにもかかわらず，巣を壊し始めたのだ．恒温器の微妙な振動などに反応したのかもしれない．このように失敗を繰り返しながらも，なんとか16℃で1個体，17℃で1個体，25℃で2個体の合計4個体の飼育に成功し，発育零点を10.33℃と推定できた．これは中緯度地域に分布する他の昆虫とほとんど同じであり，データ量は少ないものの，信頼性は高いと思われた．これを使って有効積算温度を求めたところ，340日度だった．

　そこで，川北個体群，西岡個体群のキャンプ場と水源池そばに自動で地温を計測できるデータロガーを設置し，実際の巣が影響を受ける深さ約3cmの日平均地温 (T_i) を測定した．そして，第1ブルードの個体が卵から成虫になるまでの日数を $D = 340/\sum(T_i - 10.33)$ により推定した．巣の採集や創設雌の採餌行動の観察より産卵開始日を設定すると，川北個体群で $D = 62$ 日，西岡公園のキャンプ場集団で $D = 69$ 日，水源池集団で $D = 53$ 日となった．水源池集団では第2ブルードについても同様の推定を行い，$D = 38$ 日が得られた．

予測羽化日と実際の羽化日が完全一致

　2003年夏,水源池集団では5月15日が産卵観察日だったことから,7月6日が羽化日と予測された.その10日くらい前から,ドキドキしながら巣群を観察していた.羽化したばかりの個体は翅がつやつやと光っており,見た目で簡単に区別できる.そして,7月6日がやってきた.天候は晴れ,気温も十分上昇しており,ハチの活動には最適の日だった.巣の周りを注意深く観察していると,羽化したてのハチが巣口から顔を出しており,これが最初の羽化個体だった.まさに予測どおりだった.今度は産卵観察日がやはり5月15日だったキャンプ場集団で待った.予測羽化日は7月21日,そして最初の羽化成虫が出てきたのは7月20日だった.川北個体群,水源池集団の第2ブルードの羽化日もほとんど予測どおりだった.これらの結果から,コハナバチの羽化は有効積算温度によって決定されていることが明らかになった.

母と娘の対立

　ここで1つの疑問が生じる.創設雌(母)は第1ブルードの雌(娘)をワーカーに育てようとしたのだろうか,それとも最初から翌年の創設雌に育てようとしたのだろうか.創設雌がいずれを選択したのかは,第1ブルードの性比と新生雌の体サイズから判断できる.活動期間が短く,単独性しか示さない川北個体群との比較も含め,検証した.まず,川北個体群では,予想どおり性比に偏りがなく,新生雌の体サイズも創設雌と有意差がなかった(表8-2, 8-3).これに対し,真社会性を示した西岡の水源池集団では性比が雌に偏り,新生雌の体サイズも創設雌より有意に小さかった.これも予想されたとおりだった.より重要なのは,単独性だったキャンプ場集団でも性比が雌に偏り,新生雌が小さかったことだ.つまり,キャンプ場集団の創設雌は娘をワーカーとして育てようとしたことになる.にもかかわらず,娘たちはワーカーにならず,交尾後巣内にじっととどまり,越冬して翌年の創設雌になることを選択した.

娘たちの選択を促す究極要因と至近要因

　それではなぜ,娘たちはワーカーとして働くことを拒否したのだろうか.す

表 8-2　各個体群における第 1 ブルードの性比 (雄の割合)

	雄の割合	1 標本 t 検定
単独性 (川北)	0.47 ± 0.08	NS
真社会性 (札幌)	0.21 ± 0.06	$P < 0.01$
単独性 (札幌)	0.08 ± 0.06	$P < 0.01$

表 8-3　各個体群における創設雌と第 1 ブルードの雌の頭幅比較. 平均値 ± 標準誤差 (mm)

	創設雌	第 1 ブルード	ANOVA
単独性 (川北)	2.06 ± 0.01	2.03 ± 0.02	NS
真社会性 (札幌)	2.15 ± 0.01	1.95 ± 0.02	$P < 0.01$
単独性 (札幌)	2.07 ± 0.02	1.98 ± 0.02	$P < 0.01$

でに述べたように，コハナバチは餌資源を花に依存しているため，花がない時期に活動することはできない．温度にも敏感なため，少しでも寒くなると活動を停止し，巣から出てこない．そこで，もしキャンプ場集団の娘たちが採餌活動を行い，第 2 ブルードを育て始めたと仮定して，彼女たちは活動期が終わる 8 月下旬までに妹や弟たちを羽化させることができるかどうかを推定してみた．その結果，樹木の陰となるキャンプ場の地温では，活動が終わる 8 月下旬までに羽化に必要な有効積算温度に達しないことが明らかとなった (図 8-5).

では，何を基準に，娘たちはワーカーとして働くか否かを決めているのだろうか．北海道では夏でも温度は大きく変動するので，温度は基準にならないだろう．多くの生物はフェノロジーを決めるのに日長を利用している．コハナバチに花粉や蜜を提供する植物も，日長を基準に資源を花にまわすか成長にまわすかを決めているという．シオカワコハナバチについてはさらに詳しい調査が必要だが，気になることが 1 つあった．すでに述べたように，水源池集団のワーカーは 2003 年 7 月 6 日に羽化したが，その頃の気温や餌資源量は活動に十分だと思われたにもかかわらず，しばらく巣内にとどまり，採餌活動を開始したのは 7 月 15 日からだった．翌 2004 年もワーカーの活動が始まったのは同じ 7 月 15 日だった．日長を活動開始の基準にしている可能性は低くない．2003 年，キャンプ場で最初の羽化成虫が見られたのは 7 月 21 日だったことを思い出してほしい．羽化雌たちは，日長を基準に「ワーカーになるにはすでに遅し」

と察知したのではないだろうか.

いずれにしても,川北個体群の観察から,娘だけが選択権をもっているのではないことは明らかだ.シオカワコハナバチにおける真社会性と単独性の切り替えポイントは複数あり,温度,日長,餌資源量などの環境要因が大きく関わっていると思われる.

ワーカーが翌年創設雌になった

巣を出入りする個体にカラーペイントで個体マークを付け,複数年にわたって多数の巣を観察するなかで,シオカワコハナバチの生活史が想像以上に多様であることもわかってきた.まず,これまでワーカーの多くは越冬前に死亡す

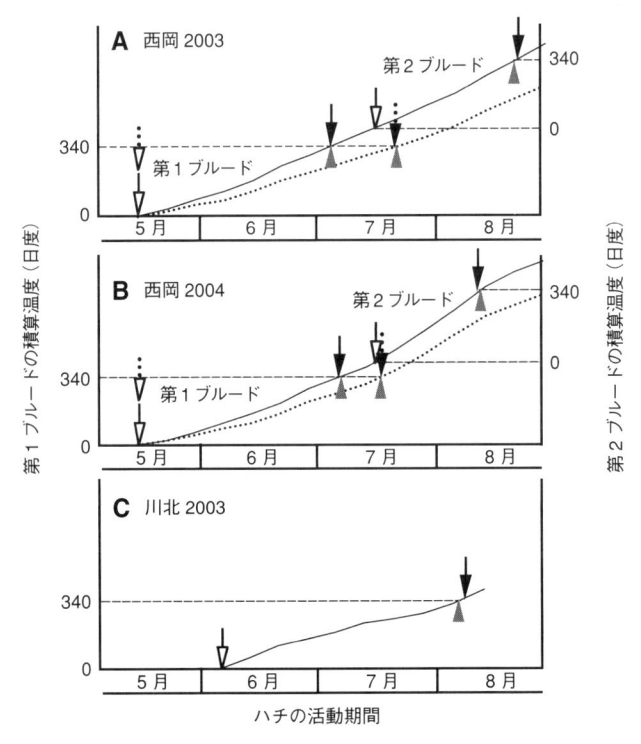

図8-5 各個体群における地温から求めた有効積算温度(日度).▽:産卵日,▼:羽化観察日,▲:羽化予想日,———:水源池,……:キャンプ場.

ると考えられてきたが，明らかに越冬し，翌春，創設雌として巣を造っている個体を6個体見つけた．うち，1個体は8月に掘った巣から見つかり，新生雌1個体と雄1個体と同居していた．これらの創設雌は受精嚢に精子をもっており，新生虫は明らかに自ら産み育てた子どもと思われる．全く偶然に見つけたにしては，6個体というのは少なくない．つまり，羽化した初年度はワーカーとして間接適応度を稼ぎ，翌年度は創設雌として直接適応度を稼ぐ個体も少なからずいると言える．

すでに述べたように，第1ブルードの雌の多くは，ワーカーになるか (真社会性)，越冬までじっと巣にとどまり，翌年創設雌になる (単独性)．しかし，これらの雌とは全く異なり，羽化直後 (7月中旬) に母巣を離れ，交尾後すぐに独立巣を創設した雌を2個体見つけた．巣群内の各巣にはマークを付けているので，新しく作られた巣はすぐに見分けることができた．それぞれの独立巣では，4個体と8個体の子どもが育っていた．早く羽化してもワーカーへの道を選ばず，その年のうちに独立巣を造って直接適応度を稼ぐ個体もいるのだ．彼女らの多くは分散すると考えられるので，そのような新生雌がどの程度いるのかはわからないが，これまでに約200巣をマークし，観察してきたにもかかわらずわずか2巣しか発見されていないことから考えて，極めて少ないことは間違いないだろう．

さらに，翅がボロボロで，黄体と精子をもち，明らかに創設雌だったと思われる個体がワーカーとして働き，代わりに交尾した新生雌が女王として産卵している巣も1つ見つけた．両雌の体サイズにはほとんど差がなく，そのような場合には女王の交代も起こりうるということだ．逆に，そのような交代を防ぐために，創設雌は小さな娘を育てようとするのかもしれない．創設雌が子育ての途中で死んだと思われる孤児巣も2つ見つけた．いずれの巣でも新生雌のうちの1個体が女王として振る舞っていた．

8-5 シオカワコハナバチでハミルトン則が証明された？

最近，シオカワコハナバチを材料に，ハミルトン則を証明したという論文が出た．このハチの詳しい生態を初めて明らかにした者として，他の研究者がこ

の原始的社会性昆虫を材料に独創的な研究を展開してもらえるのはうれしい限りだ．同じ東研出身の堀川大樹くんが豊平川の水穂大橋で見つけ，飼育系を確立したヨコヅナクマムシはゲノム解析も行われ，極限環境耐性研究用のモデル動物として，世界中の研究者に利用されるようになった (7章参照)．シオカワコハナバチもぜひそうなってほしいと思う．

　Yagi & Hasegawa (2012) は，春にシオカワコハナバチの巣群を2か所で見つけ，第1ブルードが羽化する7月上旬に新生雌に個体マークを付けて，8月下旬にそれらの巣群を掘り起こした．そして，計33巣から90個体の雌成虫と264個体の蛹 (雄145，雌119) を採集し，各巣の巣房数を記録した．さらに，5つのマイクロサテライトDNA遺伝子座を使って，同巣個体間の血縁関係を測定し，その結果と巣内の個体構成から，33巣を (1) 前年羽化雌 (女王) とワーカーからなる創設巣 (24巣)，(2) 当年羽化した単独雌による独立巣 (5巣)，(3) 創設雌が死亡し，ワーカー2個体からなる孤児巣 (1巣)，(4) 血縁関係のない侵入個体だけからなる乗っ取り巣 (3巣) に分けた．もちろん，DNA分析の結果から個体間の血縁度が計算できるので，各成虫の包括適応度も計算できる．明らかに真社会性巣群だけを対象としているため餌量や温度などの環境条件は同じと考えられるし，(なぜか) 産卵雌とワーカーの体サイズにも有意差は認められなかった．そのため，少なくとも当年新生雌のうち，母親のもとにとどまってワーカーになった個体と，独立して単独雌になった個体の間に見られる包括適応度の違いは，利他的行動と利己的行動の影響だけを反映しており，All else being equal (他の条件は全て同じ) と考えられる．そこで，雌グループ間で適応度を比較したところ，ワーカーの適応度が独立巣を造った単独雌を有意に上回った．まさに，ハミルトン則の証明だ．シオカワコハナバチ，万歳！

　しかし，論文をよく読むうちに，彼らの結果が僕たちの結果とあまりにも違いすぎることに気づいた．なぜだろうか．彼らのデータを見ると，独立巣を造った単独雌の子どもが極端に少なかったことがハミルトン則の証明に至った最大の要因であるのは一目瞭然だ．彼らが定義した独立巣5巣のうち，子ども (第2ブルード) がいたのはただ1巣のみ，それも雄1個体だけだった．しかも，子どもがいなかった巣のうち1巣には11個もの巣房があった．実は，「生活史」の項でも書いたように，第2ブルードを育てるのに第1ブルードで使用した巣

が再利用されることがしばしばあるのだが,この論文では古い巣房と新しい巣房の区別がなされていない.僕たちは5年間巣を掘り続けてきたが,新しく造った巣房が11個もあって子どもがゼロの巣は見たことがない.2個体の第1ブルード雌がいた巣だけを孤児巣としているが,雌1個体だけの孤児巣だって,あってもおかしくない.また,血縁関係のない複数の雌たちだけがいる巣を乗っ取り巣としているが,1個体だけからなる乗っ取り巣があってもおかしくない.ワーカーのなかには交尾している個体も少なくない.巣の履歴を追いながら行った僕たちの研究では,およそ200巣のうち独立巣はわずか2巣しか見つかっていない.しかも,それらの巣は,それぞれ4個体と8個体の子どもを育て上げていた.期待される直接適応度がほとんどゼロなのに単独で独立巣を造ろうとする雌などありえないだろう.彼らが巣を掘り返した8月末なら,第2ブルードの多くがすでに羽化し,分散している可能性だって低くない.

「産卵雌とワーカーの体サイズに有意差なし」とした統計検定でも,測定した個体の数が少なすぎる.単独雌はわずかに5個体ではないか.また,僕たちの研究によると,真社会性巣群と単独性巣群の環境条件は明らかに異なる.前者はワーカーになったほうが有利である環境に造られているとも考えられるので,All else being equal ではないかもしれない.実際,ワーカーにならないほとんどの雌は,長期休眠に入って翌年の創設雌になる道を選んでいるのだ.ワーカーのなかにも,越冬に成功して,翌年の創設雌になる個体だって少なくない.ハミルトン則の証明に至る道はそれほど平坦ではなさそうだ.

エピローグ

残念ながら,僕は研究者の道を諦め,高校教師になった.シオカワコハナバチのことは気になるが,当面は遠くから見ているしかないだろう.しかし,大学院で学んだからこそ得ることができたものがある.まず,未知なる世界での経験である.大学院では,ここに紹介したコハナバチのほかに,オオタニワタリ,アルゼンチンアリ,アシナガキアリなど多くの課題を与えていただいた.これらの研究は主にインドネシア,インドなど海外で行った.インドネシアでは,熱帯雨林の中で現地の方々と慣れないインドネシア語を話しながら調査した.文化や習慣の違いから,衝突することもあった.しかし,一緒に生活する

ことで信頼関係を築き，周りの方のサポートもありながら円滑に研究を行うことができた．このような体験を生徒に紹介すると，目を輝かせながら，普段の授業以上に集中して聞いている．一般の旅行者ではなかなか得られない経験であり，大学院で研究をした教師だからこそもっている経験ではないだろうか．

また，学問の素晴らしさを再発見することができた．「僕は昆虫が大好きだ」．ここで止まっていたら，今でもただの自称「虫博士」でしかなかったと思う．しかし，研究を通して学ぶことの楽しさ，そして生物の奥深さを知った現在，少年の頃に憧れた本当の「昆虫博士」となった．高校の教え子たちには，教科書の内容だけでなく生物の面白さや不思議さを紹介しながら，学ぶことの楽しさを理解してもらえるよう，授業を行っている．少しでも理科離れの防止につながれば幸いである．

現在，高校の理科教育は大きく変わろうとしている．平成 24 年度新入生より新学習指導要領が実施され，教科書の内容も「脱ゆとり教育」に伴い，大幅に増量された．当然といえば当然である．それまで使用された教科書の内容は僕が高校生だった 17 年前とさほど変わらない内容だったからだ．1990 年代頃より分子生物学が劇的に発展し，新しい発見や理論が数多くあるのに！ この事実は，僕が高校教師になって一番驚いたことである．

そして，大学や社会でごく普通に用いられている PCR 法，遺伝子解析，遺伝子組換えなどが，ごく当たり前に教科書に登場するようになった．しかし，これらを実際に行った経験のある高校教師はごくわずかではないだろうか？ それがあるのとないのでは，理解の深さが断然違う．今後は，大学院で学んだ者が高校教師になる必要性がさらに高まるだろう．

本文中では，シオカワコハナバチを簡単に見分けられるかのように書いたが，コハナバチの分類は非常に難しい．複数の近縁コハナバチ種が同所的に分布している西岡公園のような場所では，特に気をつけなければならない．同定はできるだけ自分たちで行ったものの，最終的な確認は九州大学の多田内修教授にお願いした．多数の標本の同定依頼を快く引き受けていただいた多田内教授に心から感謝いたします．

著者の紹介（東 正剛）

伊藤文紀くん

自分の年齢と同じ数の論文を公表して卒業

　1984年，札幌に帰省中の島根大学3年生が私を訪ねてきた．蒼白い顔をした，自信のなさそうな学生だった．卒業研究でアリを調べたいので，アドバイスがほしいという．西日本には研究に適したアリがたくさんいるが，竹林で容易に採集できるオオハリアリを1年間研究すれば面白いことがわかるだろうと助言した．島根に戻って早速このハリアリを探したが，なかなか見つからなかったようで，結局，竹林にたくさんいるミカドオオアリを研究した．

　その伊藤くんは，私が所属する北大環境科学研究科の修士課程を受験した．当時の私は助手で，大学院生の指導教官になれる立場にはなかった．実際，その数年前，琉球大学生・福元勇司くんにも「北大環境研の修士課程に進学してトゲオオハリアリの研究を続けたい」と相談されたのに，受け入れられなかった苦い経験があった．助教授は承諾してくれたのだが，植物生態学を専門とする教授に「アリの研究は環境科学ではない」と断られたのだった．そこで，今度は「植物とアリの相互作用に興味をもっているようです」と教授を説得し，何とか伊藤くんの受け入れに成功した．アリの研究を実質的に指導する最初の学生だった．大事に育てたかった．アリと植物の相互作用を修士論文のテーマにしながらも，彼が本当に興味をもっていたアリの生活史や行動などの研究も並行して進めさせるつもりだった．ちなみに，その数年後，アリと植物の相互作用を研究したいという北大農学部生の受け入れは，教授だけでなく助教授にも拒絶された．伊藤くんは幸運だったと言えるだろう．

　1986年4月，早速，私は入学してきた伊藤くんにミカドオオアリの生活史を投稿論文としてまとめるように指示した．大学院生に自信をつけさせる一番よい方法は，自分の論文を国際誌に投稿させ，論文掲載の喜びを味わってもらうことだ．ところが伊藤くんは消極的で，データさえ机の中に仕舞い込み，見せてくれない．ハナバチの専門家であった島根大の指導教官から，「ほとんどの巣で女王アリを採れていない不十分なデータでは話にならない」と言われ，自信を失っていたのだ．「なるほど，多巣制のアリか．これはいける」．机の中に隠していたデータを半ば強制的に出させ，論文として仕上げさせた．

　その論文が国際社会性昆虫学会誌 *Insectes Sociaux* に受理されて以来，伊藤くんは論文掲載の喜びを知り，和文を含めて29編の論文を公表，29歳で東研を去っていった．

9 アルゼンチンアリの分布拡大を追う

(伊藤文紀)

プロローグ

　1999年の夏，香川大学農学部の卒業生で，現在(株)フマキラーにお勤めの杉山隆史さんが見慣れぬアリを持って僕の研究室を訪れた．フマキラーの社員住宅がある広島県廿日市市の一地域で，家屋内によく侵入してくるそうだが，日本産アリ類の検索表で同定できないという．確かに見たことがないアリだった．そこで，ボルトンによる世界のアリの検索表を使って調べたところ，すぐにこれがアルゼンチンアリ属だとわかった (Bolton 1995)．また，ちょうどその頃，ある雑誌の表紙にアルゼンチンアリの写真が載っていたことを思い出し，それと比較してみると，どうやらアルゼンチンアリそのもののようだ．念のため，アリの分類学者である寺山守さんに標本を送り確認していただき，アルゼンチンアリに間違いないことが判明した (図 9-1)．これがアジアで最初のアルゼンチンアリの記録となった (杉山 2000)．

　アルゼンチンアリは世界有数の侵略的外来生物で，侵入地では在来の生態系に著しい悪影響を及ぼすと言われている．このアリが侵入している廿日市ではどうなのだろうか．その年の10月，当時香川大学教育学部の3年生だった三宅耕輔くんとともに廿日市を訪れ，杉山さんに発生地を案内していただいた．このときの衝撃は忘れられない．最初の発見地である廿日市市の住吉地区の住宅地を見て回ったところ，目にするアリは全てアルゼンチンアリだった．西南日本の住宅地では，たいていクロヤマアリとトビイロシワアリを見ることができる．多少なりとも樹木があり，日陰があればアミメアリやオオズアリ，トビイロケアリも生息している．これらのアリが全く見当たらないのである．

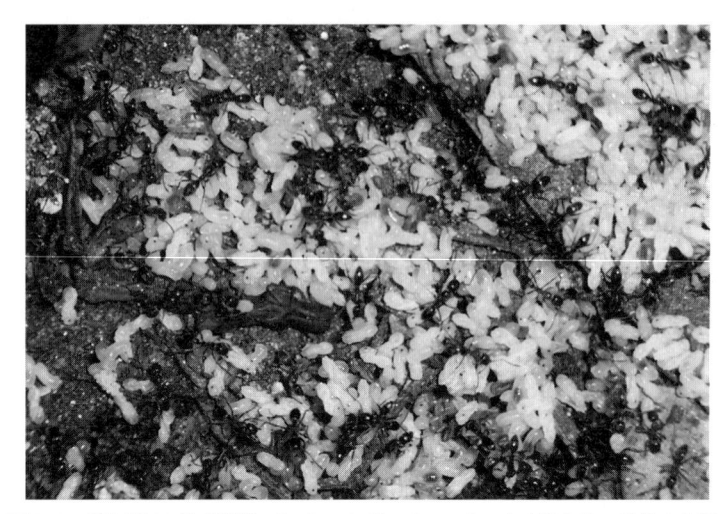

図 9-1 落ち葉の下に営巣していたアルゼンチンアリ．白く見えるのは幼虫と蛹．

　当時，僕はアリがもつ外分泌腺の機能に興味をもち，ベルギー・ルーベン大学のヨハン・ビレン博士のもとで8か月間にわたって研究した直後で，日本や東南アジアのアリの防衛に関係する分泌腺の効果について調査していたところだった．西南日本の宅地周辺で見られるアリのなかにも，かなり強力な防衛機構を備えているアリがいる．例えば，オオズアリは働きアリに大型と小型の2型があり，大型の個体は強力な大顎をもち，まさに兵隊アリと言ってよいほど強い．この兵隊アリにもまして強いのは，意外なことにアミメアリである．この一見動きの鈍いアリは，腹部にある極めて特異な形態のデュフール腺でリモネンをはじめとするモノテルペンを生産し (Billen et al. 2000)，外敵に対して腹部末端から噴射して撃退する．オオズアリの兵隊アリもこのアミメアリにはかなわない．このような観察をしていたときだっただけに，これだけ強い日本産アリ類が根こそぎ駆逐されている様子は衝撃だった．当時は主に東南アジアのアリ類を対象に研究を続けていたが，この光景に心打たれ，アルゼンチンアリを研究してみようと決意した

9-1　アルゼンチンアリとは

　アルゼンチンアリを材料にした研究は，その社会生物学的な側面についてフランスのパッセラとそれに連なるヨーロッパの研究者たちが精力的に行い，侵略生物としての生態学的な研究はアメリカのゴードンたちとホーロウェイたちのグループが活発に進めていた．この状況は現在でも変わらず，これらの研究グループが基礎研究のほとんどを担っている．国際的に生物多様性保全と外来生物の生態リスクが注目され，保全生物学的研究が支援されやすくなっているという社会情勢も影響しているのだろう．とにかく，これらのグループを中心に世界各地の研究者がアルゼンチンアリの研究に取り組んでいる．

　アルゼンチンアリは，日本国内では主に住宅地の公園や人家の庭などに生息している．廿日市市では隣接する竹林やクヌギ林にも侵入しているが，その密度は住宅地に比べると低く，特に林床の暗い林内ではほとんど見ることはない．北アメリカでの研究によると，本種はもっぱら湿潤な河川沿いに分布するとされているが，日本ではむしろ乾燥した場所に多いという印象がある．北アメリカでよく調査されているカリフォルニア州は全般的に乾燥が著しいので，河川沿いに分布が限られているのだろう．コロニーは土中や石の下，枯れ枝など，普通のアリ類が営巣するような場所のほか，空き缶の中や段ボール箱内，はては駐車中の乗用車内など，さまざまな所に営巣する．

　巣内には通常複数の女王が含まれており，おおむね全ての女王が産卵する多女王制である．5～6月頃，新生殖虫である女王アリと雄アリが生産されるが，女王アリは翅があるものの飛行はせず，もっぱら巣周辺で交尾を行い，交尾した女王は巣に戻る．そのため，多くのアリで知られているような有翅女王の飛行による分散は起こらず，巣別れで巣を増殖し，分布を拡大する．したがって，自然条件下での分散は，アリが歩行できる範囲に限られる．近隣巣間での敵対性はなく，ある地域の全ての巣が1つのコロニーに属するスーパーコロニーを形成する．この特性が本種の侵略性，特に，在来アリを競争的に排除するのに大きく貢献しているらしい．

　アルゼンチンアリは雑食性で，さまざまな昆虫類，アブラムシなどが排出

る甘露，植物の花蜜や花外蜜を餌として利用する．なかでも甘露や蜜を好む傾向がある．最近，グロウバーたちは，ショ糖餌の量がアルゼンチンアリの活動性と攻撃性に著しく影響していることを実験的に示しており，餌選好性も本種の著しい侵略性と深く関係しているらしい (Grover et al. 2007)．ティルバーグたちはアルゼンチンアリの侵入履歴と利用餌の関係を安定同位体により解析し，侵入直後は昆虫餌などが多いらしいが，その後甘露などの液状餌に変わっていくことを示した (Tillberg et al. 2007)．そのメカニズムは十分明らかではないが，餌資源利用法の可塑性も侵略性を支える1つの要因だろう．

9-2 僕たちの調査

廿日市周辺における長期アリ相調査

すでに多くの研究がなされているアルゼンチンアリを材料に，どれほど独自性の高い研究ができるかは自信がなかったが，なにしろ心打たれた以上は自分の手で調べてみたい．また，日本の自然環境にこのアリが及ぼす影響は未知だし，生息地の一番近くに住んでいるアリ学者として，なんらかの貢献をする必要があると考え，研究に着手した．

その時点で公表されていた論文を調べると，アルゼンチンアリの生態リスクに関する研究は比較的短期間の調査結果に基づくものがほとんどだった．当時富山大学におられた辻和希さん (現在，琉球大学教授) や多くの方々との議論を通じ，これまで定説とされてきた「アルゼンチンアリの侵入による在来アリの駆逐」という現象でさえ，確たる証拠が少ないことがわかった．僕たちが研究を始めてすぐにゴードンたちによる長期動態の研究結果が *PNAS* に載ったが (Sanders et al 2003)，まだまだ長期的なアリ相変遷の調査によるデータの蓄積が必要と思われた．そこで，廿日市市に住む香川大学卒業生の亀山剛さんと広島市にお住まいの頭山昌郁博士に声をかけ，アルゼンチンアリが在来アリに及ぼす影響に関する長期調査を開始した．

できれば10年は続けたいと思っていた．そのためには，研究費がなかったり，多忙だったりしても継続できるように，毎年の調査にかかるコストが小さく，簡便な方法がよい．そこで，アリを5分間探し回ってなるべくたくさんの

9-2 僕たちの調査　　　　　　　　　　　　　　　　　　　　　267

図 9-2　調査地の公園でくつろぐ学生たち．廿日市市内にはこのような公園が多数ある．

種を採集する定時間採集を，各調査地で 3〜10 回繰り返すという方法を採用することにした．廿日市市周辺の 77 か所の公園 (図 9-2) を調査地として選び，毎年 9〜10 月ごろ実施するという計画を立てた．アリ相の調査には，砂糖水をおいたベイトトラップや落とし穴を使ったピットフォールトラップがしばしば用いられるが，2 つの方法とも植物上のアリを採集するには不向きであり，住宅街の公園にトラップを放置するのは好ましくない．

　5 分間採集法は，しばしば「小学生の夏休みの自由研究みたい」と揶揄されたこともあるが，簡便で低コスト，さらに多少の経験があれば誰でも調査できる．より多くの種を採集するには，トラップ法よりも効果的だ．僕はこの調査に限らずアリ相調査によく用いている．

西南日本における広域分布調査

　僕たちが調査を始めた時点で，本種の分布は廿日市市周辺と，頭山さんによって発見された広島市宇品周辺と岩国市周辺，亀山さんが発見した柳井市のごく一部に限られていた．スアレッズたちは，博物館所蔵の標本などに基づ

いて，アメリカ国内のアルゼンチンアリが約100年間でどのように分布を拡大したかを検討しているが (Suarez et al. 2001)，自分たちで実際に調査して分布拡大過程を明らかにした例は少ない．そこで，長期的な分布拡大の様相を追跡するための第一段階として，まず現時点での分布を明らかにしておこうと考え，当時大学院生だった岡上真之君とともに瀬戸内海沿岸各都市を調査した．各市町で，公園など目印になる場所を10～20か所選んでアルゼンチンアリの在・不在を記録した．

この調査では折り畳み自転車が大活躍した．市街地の公園を車で調査して回るのは神経を使う．駐車場所を見つけるのも容易ではない．特に大都市ではほとんど不可能だ．その点，自転車は坂がない限り快適に調査できた．また，体力は使うものの，調査にかかる時間は車とさほどかわらない．さらに，調査が終わった夕方に一杯やるという楽しみもあるので，たいていの都市では電車などで自転車を運んで調査した．総走行距離は，自転車だけで約400 km，電車での移動も入れると約6,000 km，調査に費やした時間は約400時間に達した．

9-3 日本における分布の現状

自転車による調査は快適ではあったものの，この調査自体は退屈極まりないものだった．幸か不幸か，ほとんどの都市でアルゼンチンアリを発見することはできなかった．「いない」ことを記録するだけの調査は，いかにもつまらないものだ．かといって，他の調査項目を加えると時間がかかる．途中何度も挫折しかけながらも，2005年に66都市の調査を終えることができた．この間，害虫防除会社などの情報により，数か所の新たな生息地を記録することはできたが，残念なことに，僕たち自身で新たな分布地を見つけることはできなかった (Okaue et al. 2007)．この調査を終えてから，大竹市，呉市，大阪市の3都市で，僕たちが調査した地点からわずか100～500 mほど離れた場所でアルゼンチンアリが発見された．1都市で10～20地点しか調べていないのだから，このような発見漏れは仕方ない．

いずれにしても，廿日市市のように広範囲にこのアリが分布している地域は，今のところ瀬戸内海沿岸にはない，とは断言できる．労力はさておき僕た

ちにとっては決して少なくないお金がかかったわりにはたいした成果ではないが，将来同じ地点を定期的に調査することで分布拡大の様相を描くことができるはずだ．

僕たちはもっぱら市内の公園を中心に調査したが，最近，他の研究者によって，より水際での発見と防除を目指し，海外からの物流が活発な港湾を探索する調査もなされている．その結果，横浜港や東京湾大井埠頭への侵入が確認された (砂村ほか 2007，など)．また，アルゼンチンアリの侵入がしばしばマスコミで取り上げられたお陰か，一般の方々からの情報によって分布が確認された所もある．これまでにアルゼンチンアリが発見されている都市を図 9-3 に示す．宇部から東京まで，本州の瀬戸内海－太平洋沿岸地帯に分布していることがわかる．また，2010 年夏には，四国から初めて徳島市で侵入が確認された．

各個体群の起源はまだ十分明らかにされていないが，海外のアルゼンチンアリも含めた分子系統解析によると，少なくとも数回独立に侵入した個体群が基になって分散・定着したらしい (Sunamura et al. 2009; Inoue et al. 2013)．特に興味深いのは神戸市ポートアイランド周辺で，ここには少なくとも 4 つの異なる遺伝子型をもつスーパーコロニーが共存しているという．そのうちの 1 つは廿日市をはじめとする広島県周辺に生息しているものと同一である．

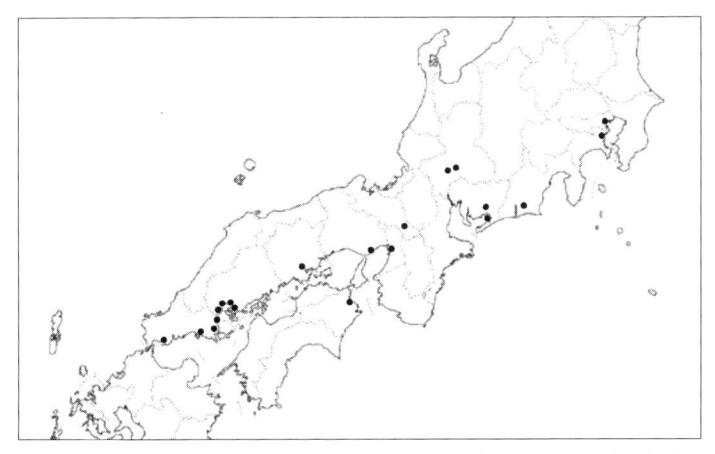

図 9-3 2011 年までにアルゼンチンアリの侵入が確認されている主な都市．

9-4 廿日市市周辺における現状と今後

分布拡大状況

　もう少し範囲を限って分布拡大状況を見てみよう．2000年の定期調査の結果と2011年の結果を図9-4に示す(伊藤ほか，未発表)．調査を開始したとき，アルゼンチンアリはわずか26公園で見つかっただけだが，11年間で侵入公園数はほぼ倍増した．それでも，思ったほど拡大速度は速くはなかったというのが正直な感想だ．分布状況を細かく見ていくと，河川や幹線道路が分布拡大の障壁になっていた．先に述べたように，人為的な運搬がない限り，本種は働きアリを引き連れ，歩いて新たな生息地に侵入し，少しずつ分布を広げるしかない．河川や道路は分布拡大を阻害するうえで十分な障壁なのだろう．実際，ある公園では，河川をはさんだ対岸に高密度のアルゼンチンアリが生息していながら，長期間侵入が見られなかった．しかし，歩行者専用の橋がかかる別の場所では侵入が確認された．詳細な住宅地図にアルゼンチンアリの有無を記録しながら1年間追跡調査をしても，最大20mほどしか分布は拡大しなかった．

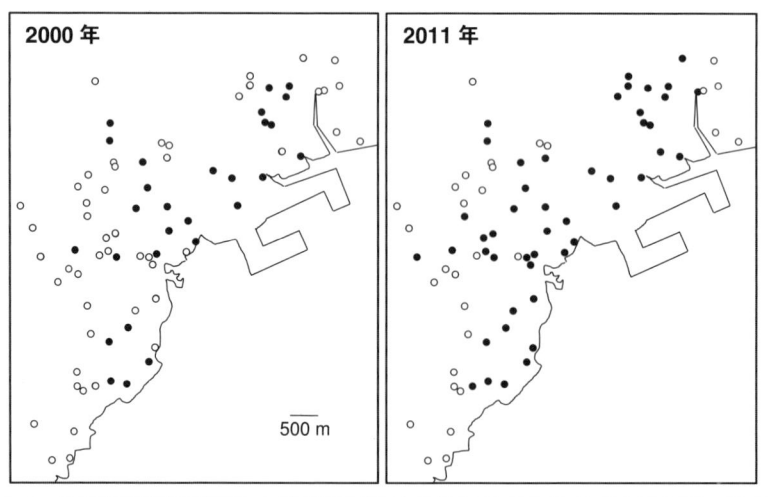

図 9-4　廿日市市周辺に設置した定点調査地における2000年と2011年のアルゼンチンアリの分布．●：アルゼンチンアリ侵入，○：未侵入．

市街地では，そう容易には分布が広がらないようだ．

　このデータから廿日市にいつ侵入したのかを推測してみると，控えめに見積もっても約30年前には侵入していた可能性がある．その頃すでに定着していたという確証がないので，この推測年の信憑性はなんとも言えない．はっきりしているのは，1993年頃には家屋内侵入があったことである．それから杉山さんによる報告まで7年，市役所に多くの苦情がくるまで10年かかっている．たぶん，住民の多くはアルゼンチンアリの家屋侵入に困惑していたのだろう．それでも苦情が少なかったのは，被害の程度がまだ許容範囲だったからかもしれない．あるいは，実際に被害の程度が2003年以降急劇に増したのか，またはマスコミなどによって外来種であることが喧伝され，不満の矛先が市役所に向かったのかもしれない．

　実際，日本のマスコミの騒ぎ方は度を超しているようにも見える．侵入の歴史が長い北アメリカやヨーロッパでさえ，アルゼンチンアリの家屋侵入が新聞に取り上げられることはほとんどない．病院へ侵入したアリによる病原菌伝播の可能性を強調する報道さえ日本にはある．それくらい騒がれてこそ，行政が動き対策が取られるという割り切った考え方もありうるが，研究者としては，以下に見ていくように正確かつ客観的に生態リスクを明らかにする姿勢が大事ではないだろうか．

在来アリに及ぼす影響

　プロローグで述べたように，アルゼンチンアリの侵入地では在来アリの多様性が著しく低く，多くの場合，ごくわずかな小型種の共存が報告されているだけである．しかし，在来アリがいない理由として，アルゼンチンアリに駆逐された，あるいは在来アリがいない所にアルゼンチンアリが侵入した，の2つが考えられるが，いずれであるかを明らかにした例は，調査開始当時，まだほとんどなかった．これを考察するため，侵入公園と未侵入公園のアリ相を比較するとともに，侵入後の経過年に従ってどのように在来アリ相が変化したかを概観してみよう．

　2000年に調査した時点で，侵入公園と未侵入公園では在来アリの種数が有意に異なり，さらに種構成にも大きな相違があった (図9-5. **Miyake et al.**

□ アルゼンチンアリがいない公園
■ アルゼンチンアリがいる公園

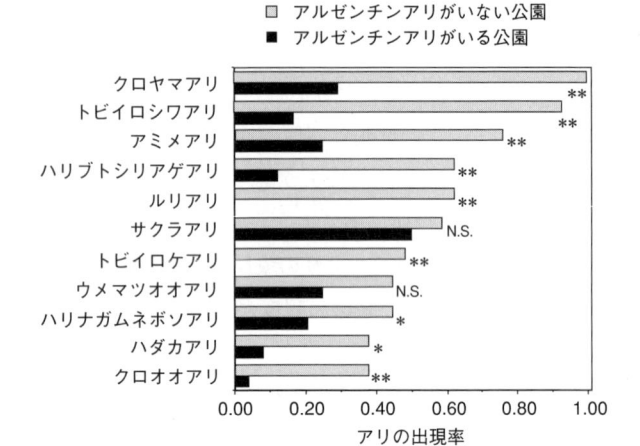

種	有意差
クロヤマアリ	**
トビイロシワアリ	**
アミメアリ	**
ハリブトシリアゲアリ	**
ルリアリ	**
サクラアリ	N.S.
トビイロケアリ	**
ウメマツオオアリ	N.S.
ハリナガムネボソアリ	*
ハダカアリ	*
クロオオアリ	**

アリの出現率

図9-5 侵入公園と未侵入公園の在来アリ出現率の比較. 2000年の調査結果に基づく.
**：$P < 0.01$, *：$P < 0.05$, N.S.：有意差なし.

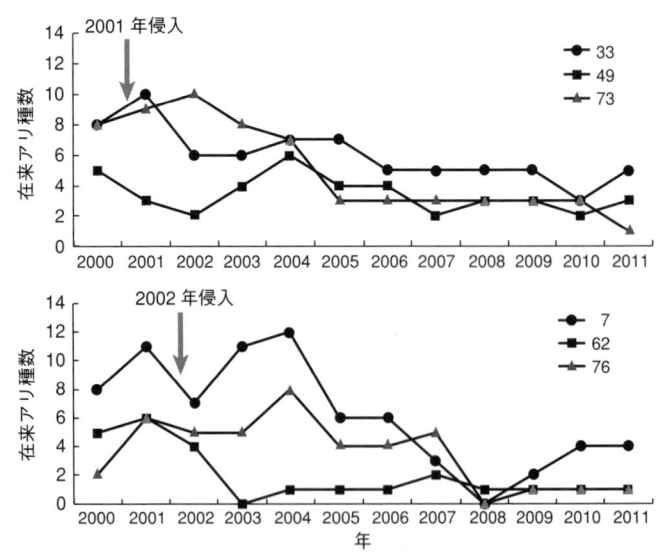

図9-6 2001年と2002年にアルゼンチンアリの侵入が確認された6つの公園 (公園番号 33, 49, 73 および 7, 62, 76) における在来アリ種数の変化.

9-4 廿日市市周辺における現状と今後

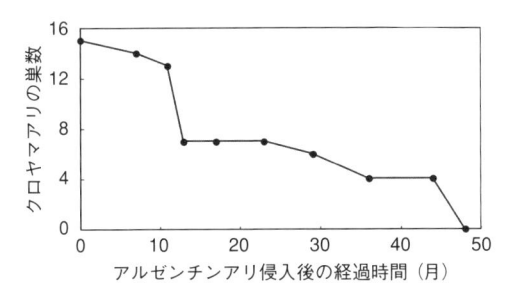

図 9-7 扇園第一公園におけるクロヤマアリ巣数の変化.

2002).未侵入公園では 8～13 種程度のアリが生息しているが,侵入公園では種数が少なく,アルゼンチンアリしかいない公園さえあった.在来種が共存している場合,最も共存頻度が高いのがサクラアリで,次いでウメマツオオアリ,ムネボソアリ属の 2 種が続く.サクラアリはアルゼンチンアリの分布拡大に伴って生息公園数も増加しているように見える.アルゼンチンアリがいても種数が維持されている公園もあった.このことは,侵入後の時間経過によってアリ相が変化することを示唆している.11 年間のデータに基づいて侵入後の種数がどのように変化しているのかを見てみると,採集種数には大きな変動があるけれど,およそ 5～7 年程度で在来アリの種数が半減していた(図 9-6).2000 年以降にアルゼンチンアリが侵入して,在来アリが完全に駆逐された公園はわずか 1 か所であった.この公園は面積が非常に小さいにもかかわらず,調査開始時には 10 種程度の在来アリが生息していたが,2004 年にアルゼンチンアリが侵入してから 5 年間で在来種が全くいなくなった.しかし,これほど短期間に在来アリがいなくなる場所は稀である.

この調査には,僕や頭山さん,亀山さんなどのベテランとともに,調査経験のない学生たちも毎回参加した.そのため,特に小型アリは見逃された可能性がある.これが図 9-6 のように「不自然」に種数が変動している理由の 1 つかもしれない.そこで,生息していればほぼ確実に記録できている大型種にしぼって,その変動の様子を調べてみた.図 9-7 は,扇園第一公園におけるクロヤマアリの巣数の変動を示している.これを見ると,15 個あった巣がアルゼンチンアリの侵入後 4 年で完全に消失しているのがわかる.図 9-8 は,アルゼンチン

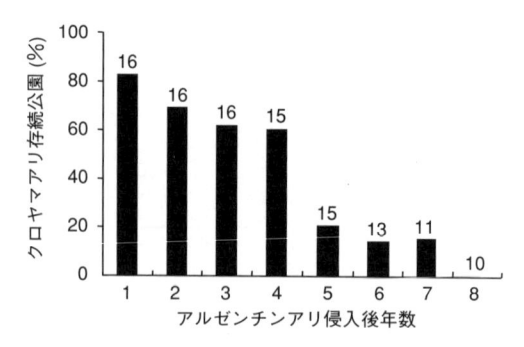

図9-8 アルゼンチンアリ侵入後にクロヤマアリが存続していた公園の割合．棒グラフの上の数字は対象公園数．

アリ侵入後の各公園におけるクロヤマアリの存続率を示している．公園ごとにどの程度クロヤマアリの巣があったかは記録していないが，図9-7と同様に，侵入後数年間でクロヤマアリが全くいなくなった公園が多い．これらの結果と海外での研究結果から，アルゼンチンアリの侵入が在来アリの大部分の種を駆逐しているのは間違いない．

興味深いのは，アルゼンチンアリの影響が一様ではなく，共存可能，あるいは長期間共存する在来種もいることである．海外での調査例も考慮すると，ほとんど地表に出ない土中性アリに対する影響は軽微であり，地表活動性種では，小型種や，冬季活動性のウワメアリのようにアルゼンチンアリと活動時期が著しく異なる種が共存しやすい．北アメリカでも，日本と同様に，ムネボソアリ属やアメイロアリ属などの小型種は共存しているらしい．その点，アルゼンチンアリよりもはるかに体サイズの大きいウメマツオオアリが共存しているのは興味深い．

このように，アルゼンチンアリが在来種を駆逐することはよく知られているが，そのメカニズムについての研究はいまだに不十分だ．アルゼンチンアリは歩行速度や動員速度が速いうえに，スーパーコロニーを形成するため「数のパワー」でも在来種に優る．そのため，餌をめぐる種間の競争に勝ち，餌資源を在来種から奪うことによって在来種を駆逐すると考えられてきた (Holway et al. 2002)．侵入後に直ちに在来種がいなくなるわけではないことを考え合わせる

と，餌資源の略奪を通じた間接的影響が重要であるという議論は説得力があるように見える．しかし，共存可能種の習性を見ると，この餌資源競争説にも疑問が残る．日本産種でアルゼンチンアリと共存できるアメイロアリ属の2種やウメマツオオアリは，餌上で他種と遭遇するともっぱら逃亡する「臆病な」アリだ．餌をめぐる競争が重要ならば，真っ先にいなくなってしまいそうな種だが，しぶとく共存している．

　餌資源をめぐる競争説に対し，アルゼンチンアリが直接在来アリを捕食しているという説も有力だ．実際，実験室内で在来アリの成虫死骸や生きた幼虫を与えると，アルゼンチンアリは直ちに巣に持ち帰る (河村ほか，未発表)．9-1節で述べた安定同位体を用いた研究によると，侵入直後は動物食でその後植物食へシフトするらしい．アルゼンチンアリが侵入しても餌となる節足動物の多様性がそれほど影響されないという多くの報告と考え合わせると (Holway et al. 2002)，侵入直後の動物食は在来アリに対する捕食である可能性がある．

　一般に，小型アリの巣穴は小さく，アルゼンチンアリでも侵入しにくいだろう．日本産の中～大型アリでアルゼンチンアリと共存できる種はウメマツオオアリと，データ数は少ないもののヒラズオオアリである．これらオオアリ属2種の大型働きアリは，巣の入り口を巧みに頭部で栓をすることが知られている．これらのことから，アルゼンチンアリによる在来アリの駆逐は，餌をめぐる競争だけではなく，巣への直接的侵入にもよるのかもしれない．ただし，同じオオアリ属でも，スペインでは，樹上性の2種 *Camponotus lateralis* と *C. truncates* はアルゼンチンアリに駆逐されてしまうらしい (Carpintero et al. 2005)．

　僕たちは，巣に侵入しようとするアルゼンチンアリをクロヤマアリが防ごうとしている場面を何度も観察しているが，実際に侵入した例はまだ見ていない．また，クロヤマアリの巣場所を記録し，これがアルゼンチンアリに置き換わるかどうかをいくつかの公園で長期的に記録したが，置き換わりは多くはなく，巣への侵入が駆逐の要因になっているという確たる証拠は得られなかった．確証を得るには，アルゼンチンアリが侵入したばかりで，まだ在来アリと共存している場所を見つけ，アリ相の変遷を詳しく記録する必要があるが，残念ながら香川県に住む僕たちにはできそうもない．

アリ以外の生物に及ぼす影響

在来アリへの影響に比べると，他の生物への影響はあまりよくわかっていないが，影響が顕著な例もある．例えば，本来はアリが生息していない島などで進化した固有の昆虫は減少するようだ．そのような島の1つハワイでアルゼンチンアリの侵入地と未侵入地で節足動物相を比較した研究がある．外来節足動物の密度や多様性は2つの場所でほとんど変わらないが，ハワイ固有の在来種は侵入地で著しく減少していた．ハワイ固有の種はアリに対する防衛手段を進化させていないため，アルゼンチンアリから負の影響を受けたのだろう (Cole et al. 1992)．

また，在来のアリ類とある程度特殊化した関係をもっている生物も激減するようだ．カリフォルニアに生息するコーストツノトカゲは，もっぱら大型のシュウカクアリを捕食する．アルゼンチンアリを食べることはほとんどなく，アルゼンチンアリだけを与えて飼育するとどんどんやせ細る．したがって，アルゼンチンアリの侵入地では，コーストツノトカゲが本来の餌である在来アリの減少に伴って激減し，絶滅危惧種になっているという (Suarez et al. 2000)．

一方で，多種の在来アリを捕食するアリ専門捕食者である小型のクモ・アオオビハエトリ (図9-9) の場合は，広島県のアルゼンチンアリ侵入地で出現率が

図9-9　アルゼンチンアリを捕食しようとしているアオオビハエトリ (撮影：頭山昌郁)．

図 9-10 樹幹を歩行中のムラサキツバメ幼虫に随伴するアルゼンチンアリ．

高く，個体数も多い (Touyama et al. 2008)．広食性のウスバカゲロウの幼虫は，アルゼンチンアリを摂食したほうが成長がよい (Glenn & Holway 2007)．やはり多種のアリ類を捕食するニホンアマガエルは，アルゼンチンアリをそれほど好むわけではないが，著しくまずい在来アリ (例えばクサアリモドキ) よりは多数捕食している (Ito et al. 2009)．

シジミチョウ科の幼虫やアブラムシ，カイガラムシはアリに蜜や甘露を与える代わりに天敵から保護される相利共生関係を結んでいる．したがって，在来アリを駆逐するアルゼンチンアリは，これらの共生昆虫に間接的な影響を及ぼすと危惧されているが，具体的な研究例は限られている．例えば，シジミチョウ科数種の幼虫は，アルゼンチンアリにも随伴されるという観察例が報告されている．僕たちも，最近，マテバシイを食樹とするムラサキツバメとアルゼンチンアリの関係を観察した．ムラサキツバメの幼虫はアルゼンチンアリを含む 12 種のアリに随伴されており (図 9-10)，幼虫や卵の密度と寄生バエによる寄生率は，アルゼンチンアリ侵入地と未侵入地の間で差がなかった (池永ほか，未発表)．ムラサキツバメはアリが随伴しなくても単独で生活できる，いわゆる

条件的共生昆虫であり，このようなシジミチョウにはアルゼンチンアリも在来アリと同等の随伴能力を発揮できるのかもしれない．

　寄主特異性の違いは，シジミチョウと同じ好蟻性動物であるアリヅカコオロギの運命にも影響を及ぼすようだ．例えば，トビイロシワアリの巣の中には，翅が退化したサトアリヅカコオロギがしばしば共存している．このコオロギは寄主特異性が高く，もっぱらトビイロシワアリの巣の中でしか見ることができない．廿日市市でアルゼンチンアリの巣に生息する動物類を調査したところ，このコオロギは全く見つからず，トビイロシワアリとともに駆逐されたと考えられた．実際，サトアリヅカコオロギを室内条件下でアルゼンチンアリの巣に導入すると，全ての個体が2日以内に殺される．これに対し，寄主特異性の低いミナミアリヅカコオロギを導入すると，生存率は決して高くはないが，サトアリヅカコオロギよりははるかに高い生存率を示す(高橋ほか，未発表)．

　9-1節で述べたように，アルゼンチンアリはアブラムシやカイガラムシの甘露を好んで食べるため，侵入地ではこれらの好蟻性昆虫が増殖し，農作物をはじめとする植物に悪影響を及ぼすという説がある．例えば北カリフォルニアでは，ヤナギに寄生するアブラムシの一種は，在来のウメメアリ *Prenolepis imparis* の随伴よりも，アルゼンチンアリの随伴が個体数をより効果的に増加させるという (Nygard et al. 2008)．また，2種のアブラムシ *Aphis gossupii* と *Toxoptera aurantii* では，在来のコヌカアリ *Tapinoma sessile* よりもアルゼンチンアリのほうがより効果的に天敵から保護してくれるらしい (Powell & Silverman 2009, 2010)．しかし，これらの農業害虫に対するアルゼンチンアリの効果を在来アリと比較した研究は，重要な課題であるにもかかわらず，驚くほど少ない．

　種子にエライオソーム(種枕)と呼ばれる付属体を付けてアリを誘引するアリ散布型植物は多数知られている．したがって，アルゼンチンアリの侵入はこれらの植物の種子散布にも大きな影響を及ぼすと考えられる．例えば南アフリカでは，アルゼンチンアリの侵入による植生の劇的変化が報告されている (Christian 2001)．これほどではないにしても，一般に侵略アリによる種子散布距離は在来アリの1/3程度で，散布割合も低い傾向がある (Ness & Bronstein 2004; Rodriguez-Cabal et al. 2009)．しかし，少なくとも日本ではアリによる分散の程度は植物の種類や種子の大きさによって異なるので，アルゼンチンア

リによる植生への生態リスクを議論する場合は，在来植物種別の丁寧な検討が必要だろう．

アルゼンチンアリに立ち向かうには

　アルゼンチンアリの侵入がもたらす生態系被害以上に重要なのは，家屋などへの侵入による不快昆虫としての被害である．廿日市市の侵入地では，建築後の年数が長く，隙間の多い家にはたちどころに入り込んでくる．比較的新しい住宅であっても，基礎部分から軒下へ侵入し，そこから家屋内のあちこちに出没することもある．家屋内に侵入したアリは餌を求めて部屋の中を探索し，台所などで食品や生ごみ用のごみ箱に多数の個体がたかっている場面をよく見かける．そのため，生態系被害に対する評価にかかわらず，不快昆虫としての防除は必要である．国内に侵入しているアルゼンチンアリを根絶することが理想だが，そもそもアルゼンチンアリは難防除害虫で，これまでのところ，根絶に成功した国はない．廿日市周辺や愛知県田原市などの分布状況を見ると，膨大な量の殺虫剤を散布しても根絶は困難だろう．ただし，分布範囲がきわめて限られていた横浜港の個体群は，殺蟻剤と合成道しるべフェロモンの併用により，著しく個体数が減少している (環境省 2010)．このように分布範囲が狭く，早期に発見されれば，根絶は可能かもしれない．

　すでに述べたように，瀬戸内海沿岸域における僕たちの調査では，発見漏れかもしれない例が少なくとも3例 (大竹市，呉市，大阪市) あった．このように，専門家による調査だけでは，かなりのエネルギーをかけても，新しい侵入地の発見は難しい．重要なのは多くの人々による監視であり，一般市民への啓蒙活動が必要である．2007年以来，香川県への侵入を監視するため，僕たちの研究室では市民教育に力を入れている．例えば，さまざまな機会に講演会を開くとともに，県内の高校で生物多様性の保全と外来生物問題について講義し，宿題として，調査用ハガキ (図 9-11) を配布して家の周りのアリを採集しセロテープで貼り付けて提出するように呼びかけている．高校生を含め，聴衆の多くは深い関心をもって耳を傾けてくれる．しかし，調査ハガキは，受け取ってはくれるものの，なかなか提出までは至らない．大学でも同様に講義のあとにハガキを配布しているが，「成績に加味する」とでも言わないかぎり，提出

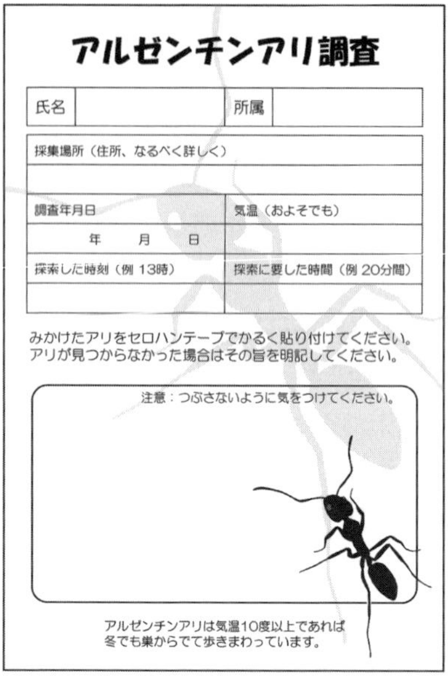
アルゼンチンアリ調査

氏名		所属	

採集場所（住所、なるべく詳しく）

調査年月日	気温（およそでも）
年 月 日	
探索した時刻（例 13時）	探索に要した時間（例 20分間）

みかけたアリをセロハンテープでかるく貼り付けてください。
アリが見つからなかった場合はその旨を明記してください。

注意：つぶさないように気をつけてください。

アルゼンチンアリは気温10度以上であれば
冬でも巣からでて歩きまわっています。

図 9-11 調査用ハガキ (デザイン：国立環境研・井上真紀)．セロテープでアリを貼り付けて提出してもらう．

者は極めてわずかである．それでもこれまでに 1,000 地点程度のデータが集まり，まだ香川県からは記録されていない．

このような取り組みによる発見の可能性は，労力の割には低いのかもしれない．しかし，最近四国で初めてアルゼンチンアリの侵入が確認された徳島県の例では，一般市民からの問い合わせがきっかけだったことを忘れてはいけない．マスコミなどによる報道も含め，啓蒙活動が侵入被害の軽減に効果的であることは間違いない．

エピローグ

廿日市市周辺公園の定期調査は，レンタカーを借りて 2, 3 人の学生と実施している．この 11 年間に 20 名以上の学生が手伝ってくれただろうか．公園の大きさと参加人数にもよるが，たいてい 5 分間採集を 1 人 1 回か 2 回行ったら次の公園へと移動し，同じ調査を 20 か所程度の公園で繰り返す．朝から夕

方まで，ほぼ1日かかる作業だ．

　アルゼンチンアリが侵入してすでに年数を経ている公園では，在来アリはせいぜいサクラアリかウメマツオオアリくらいしか採集できず，ほとんどアルゼンチンアリしか採れない公園も少なくない．単調な調査に，学生たちはいかにも退屈そうだ．一方で，アルゼンチンアリ未侵入公園での採集は楽しそうで，多くの学生が「クロヤマアリがいるとほっとしますね」と言う．クロヤマアリが日本人の原風景として心に刻み込まれているとは思わないが，学生たちは彼らなりに生物多様性の価値を感じてくれているようだ．

　調査に参加した学生のなかには，卒業後，アルゼンチンアリ新分布地の発見に貢献してくれた者もいる．これから何年この定期調査を継続できるのかわからないが，「薄くても長く」データを蓄積させることは大事だし，参加した学生たちの熱心な取り組みを見ると，しばらく続ける価値はありそうだ．大学教育に「質保障」が課せられている今日，僕の研究室の学生たちが卒業研究で何を身につけたかと問われると心もとないが，アルゼンチンアリの調査を通じて自分なりに生物多様性がもつ意味を考えてくれたらと願っている．

著者の紹介（東 正剛）

佐藤宏明くん

NHK『きょうの料理』が全ての始まり

1982年，日本学術振興会からケニアのICIPE (国際昆虫生理生態学センター)に派遣されることが決まっていた私は，ある問題を抱えていた．当初は，妻と娘を連れていく予定だったが，妻は絶対に行かないという．娘がまだ2歳にも満たないというのが表向きの理由だったが，「世界中で札幌が一番」と信じて疑わない妻は，旅行嫌いだった．アフリカなんて，とんでもなかった．いろいろな所に出かけて，「やっぱり札幌が一番」と言うのならわかるのだが…．いずれにしても，家族と一緒は諦めざるをえなかった．そうなると，困るのは「料理」．私には全くできなかった．

ある日，学生の部屋を回っていると，本棚に面白い本を並べている修士1年生がいた．NHKテレビテキスト『きょうの料理』．愛読書だという．かなりの料理好きだ．その瞬間思った．「よし，こいつをケニアに連れて行こう！」．

その新入生が佐藤宏明くんだった．笑い声が気合い十分だ．北大では昆虫同好会に属しているのも気に入った．ICIPEでは農業害虫である蛾の一種を研究することになっていたので，佐藤くんに「蛾を研究しないか」ともちかけた．彼は，修士1年目には札幌市近郊の蛾相を調査し，そのデータをもって，1983年3月にケニアに向かった．

ケニアでは，佐藤くんの美味しい料理のお陰で大変楽しかった．ICIPEでの仕事も一段落したある日，日高敏隆さんの紹介状をもって学振ナイロビ事務所に現れた昆虫写真家・今森光彦さんと出会った．訊けば，フンコロガシの写真を撮りにきたのだが，観察を手伝ってくれる人を探しているという．佐藤くんは，今では蛾の研究よりもフンコロガシの研究で世界的に有名だが，そのきっかけになったのがこの出会いだった．

「野幌森林公園における蛾類群集の生態学的解析 (英文)」という修士論文をまとめ，指導教官に送るべく，郵便局に行った．応対してくれた局員は非常に親切で，「私が投函してやる」というので，"by Airmail"と書かれた郵便物と高額の航空郵便代を渡して帰った．その1か月後に帰国して驚いた．修士論文発表会が近いというのに，まだ論文が届いていなかった．慌てて私が持っていたコピーをもとに，修士論文を再度完成させ，提出した．

発表会が終わって間もなく，あの修士論文が届いた．格安の船便だ．"by Airmail"の上には一番安い切手がたくさん貼られ，文字が読めなかった．

10 潜葉性鱗翅類で何ができるか
── 独創性との狭間のなかで

(佐藤宏明)

プロローグ

　小さい頃から虫は好きだったが，昆虫少年といわれるほど虫採りにのめり込むことはなかった．大学時代，友人に誘われて昆虫同好会に入ったが，虫採りよりも酒飲みに熱心だった．大学院生になり，野外でたまたま目にした潜葉性鱗翅類の幼虫を飼育し，成虫を羽化させたとき，昆虫に対するそれまでの中途半端な態度が一変した．その生態の妙と斑紋の美しさにたちまち魅了された．研究の構想が浮かんだわけでもなんでもないのに，潜葉性鱗翅類を研究することに決めた．

10-1　潜葉性鱗翅類への招待

　潜葉性昆虫 (leafminer) とは一般に幼虫期の一時期あるいは全期間を通じ葉に潜って葉組織を摂食する昆虫をいい，幼虫が潜っているその箇所を潜孔 (mine) と呼ぶ．成虫が葉に潜る昆虫も知られているが (Kato 1998)，ここでは無視する．潜葉性昆虫は身の回りの植物の葉に普通にいるのだが，多くの人は気づかない．ヒメジョオンやハルジオンなどの雑草の葉に，曲がりくねった細くて白っぽい模様があったら，それは潜孔であり，中にハモグリバエの幼虫がいるはずだ．植物図鑑を開いて，特にブナ科の葉の写真に目を凝らせば，斑状あるいは蛇行状の茶色みがかった潜孔がきっと見つかるはずだ．それらはたいてい蛾の幼虫が作った潜孔である．

　潜葉性昆虫を含む主要な分類群は双翅目 (ハエ目)，膜翅目 (ハチ目)，鞘翅

目 (コウチュウ目), 鱗翅目 (チョウ目) の4つである. このうち僕が研究対象としてきたのは鱗翅目である. 他の分類群にも興味がないわけではなかったが, いくつかの理由が重なって大学院時代から現在までの四半世紀, ずっと潜葉性鱗翅類の分類学と生態学に携わってきた. 思うに, 対象とする生物を研究者が決めるとき, その理由には大きく2つある. 1つは, その生物が示す形質に魅せられた, という情緒的理由である. もう1つは, ある課題解決のためにはその生物が最適である, という合理的理由である. 僕の場合, 野外でたまたま目にした潜葉性鱗翅類の潜孔を持ち帰って飼育し, 成虫を羽化させたとき, その生態の妙と翅の斑紋の美しさにたちまち魅了され, 研究対象とすることに決めた. 研究のきっかけは確かに情緒的理由ではあったが, この蛾の研究を今日まで続けてきた理由は, この蛾が生態学や系統進化学だけでなく進化発生学の発展にも寄与するかもしれない優れた特性をもった昆虫である, という認識を研究の過程で深めたからにほかならない. 野外で偶然目にした潜孔は潜葉性鱗翅類の研究への招待状だった.

　本章では, まず, 鱗翅目の上科の分岐図から見えてくる原始的摂食様式としての潜葉性を紹介する. 次に, 潜葉性に特化したホソガ科 Gracillariidae の幼虫に見られる過変態 (hypermorphosis) を詳述し, 進化発生学の観点からこの過変態に関して僕が夢想する研究課題を述べる. 転じて, 生態学の研究対象としての潜葉性鱗翅類の優秀性を記し, それを生かした研究の1つとして, 潜葉性鱗翅類による葉の早期脱落の抑制に関する研究を紹介する. 最後に, 潜葉性鱗翅類の研究に長く関わってきた身にとって, 独創的研究とは何か? という, 僕の悩みを打ち明ける.

10-2　鱗翅類が生葉を食べるために採用した最初の摂食様式

　鱗翅目は全世界からおよそ16万種が記載され, 47上科124科に分類されている (Kristensen et al. 2007). 図10-1に鱗翅類の基部をなす上科の系統関係および幼虫の基本的摂食様式を示す (Kristensen & Skalski 1998; Powell et al. 1998; Grimaldi & Engel 2005; 駒井ほか 2011). 鱗翅目は便宜上5つの群, すなわち, 口吻をもたない鱗翅類 (non-glossatan Lepidoptera), 同脈有吻類

10-2 鱗翅類が生葉を食べるために採用した最初の摂食様式 　　　285

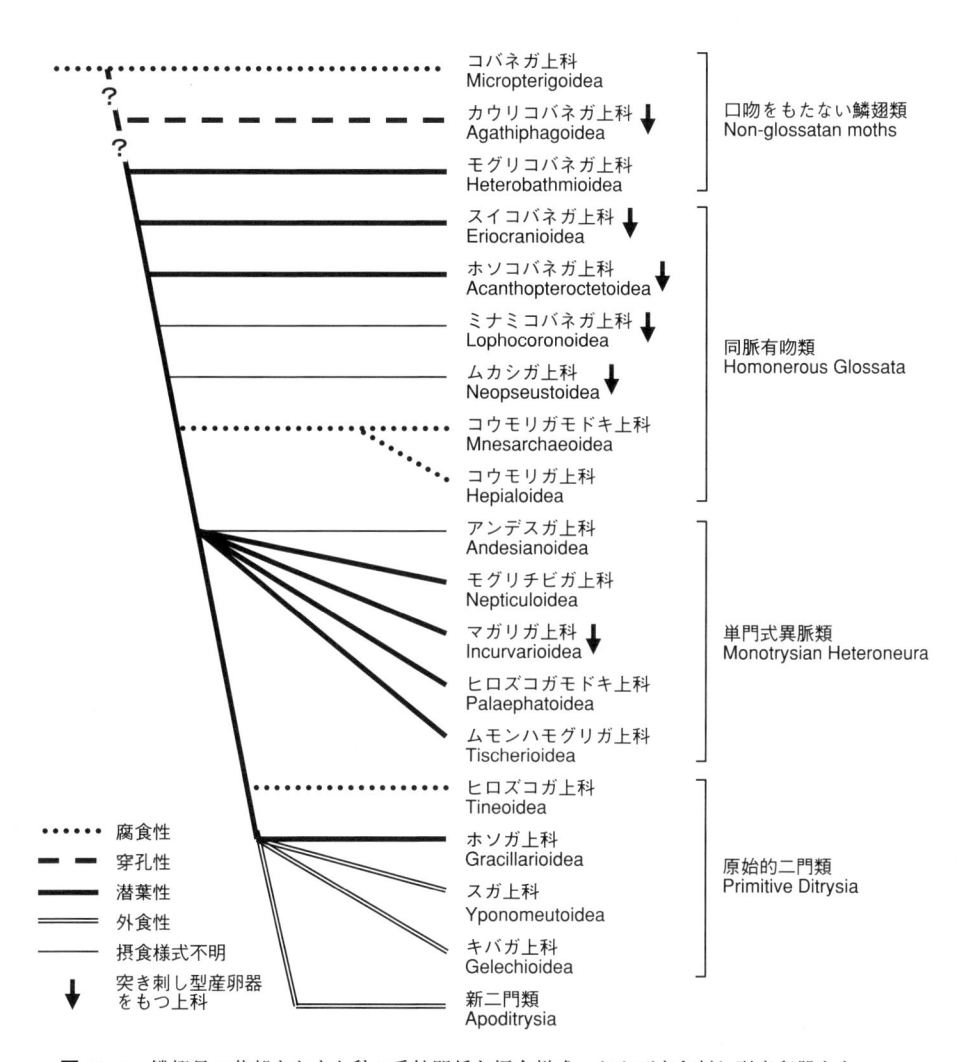

図 10-1 鱗翅目の基部をなす上科の系統関係と摂食様式，および突き刺し型産卵器をもつ上科．外食性とは，葉の上に普通に見られるイモムシやケムシのように葉を外側から食べる摂食様式を指す．摂食様式不明とあるミナミコバネガ上科，ムカシガ上科は突き刺し型産卵器をもつことから，穿孔性あるいは潜葉性と推定されている (Kristensen & Skalski 1998; Powell et al. 1998; Grimaldi & Engel 2005; 駒井ほか 2011 を参考に描いた).

(homoneurous Glossata)，単門式異脈類 (monotrysian Heteroneura)，原始的二門類 (primitive Ditrysia)，新二門類 (Apoditrysia) に分けられる (Grimaldi & Engel 2005). ここでいう便宜上とは，これらの群は必ずしも単系統群 (同一の祖先種から分岐した全ての子孫種を含む群) ではないが，共有する形質をもとに分類するとわかりやすい，という意味である．

口吻をもたない鱗翅類である3上科 — コバネガ上科 Micropterigoidea，カウリコバネガ上科 Agathiphagoidea，モグリコバネガ上科 Heterobathmioidea — の成虫は，鱗翅目の特徴とされる吸収式口器である口吻をもたず，咀嚼式口器である大顎をもつ．これに対し，口吻をもつ鱗翅類を有吻類 (Glossata) と称し，全鱗翅類の99.9%以上の種が有吻類である (駒井 1998). 有吻類のうち初期に分岐したスイコバネガ上科 Eriocranioidea，ホソコバネガ上科 Acanthopteroctetoidea，ミナミコバネガ上科 Lophocoronoidea，ムカシガ上科 Neopseustoidea，コウモリガ類 (Exoporia：コウモリガモドキ上科 Mnesarchaeoidea とコウモリガ上科 Hepialoidea) は同脈有吻類と称され，口吻をもたない鱗翅類と同様に，成虫の前翅と後翅の脈相が類似しているという原始的特徴をもつ．

前翅と後翅の脈相が異なる鱗翅類は異脈類 (Heteroneura) と称され，雌交尾器の形態から単門式異脈類 (monotrysian Heteroneura) と二門式異脈類 (ditrysian Heteroneura) に二分される．単門式交尾器とは交尾口と産卵口を同一の開口部が兼ねるものをいい，二門式交尾器とは交尾口と産卵口がそれぞれ別の管 (交尾管と輸卵管) から開口するものをいう．単門式交尾器は原始的形質であり，コウモリガ類を除く同脈有吻類と口吻をもたない鱗翅類も単門式交尾器をもつ．コウモリガ類の雌交尾器は外溝式交尾器と称され，相近接する交尾口と産卵口が受精溝でつながっている．単門式異脈類はアンデスガ上科 Andesianoidea，モグリチビガ上科 Nepticuloidea，マガリガ上科 Incurvarioidea，ヒロズコガモドキ上科 Palaephatoidea，ムモンハモグリガ上科 Tischerioidea からなる．これらの上科および二門式異脈類の系統関係には諸説あり (Nielsen 1989; Kristensen & Skalski 1998; Davis 1998)，このため図 10-1 では6分岐で示している．二門式異脈類は第2腹板の内側に1対の短くて基部が太い突起があるかないかによって新二門類と原始的二門類に分けられる．

原始的二門類はヒロズコガ上科 Tineoidea，ホソガ上科 Gracillarioidea，スガ上科 Yponomeutoidea，キバガ上科 Gelechioidea からなり，新二門類は他の全ての鱗翅類 29 上科を含む．

　以上長々と鱗翅目の基部をなす上科の系統関係を記した理由は，潜葉性という幼虫の摂食様式が鱗翅類の系統進化のごく初期に現れ，後に新二門類が分岐するまでずっと受け継がれた形質であることを明示したかったからである．図 10-1 に示したとおり，潜葉性の摂食様式はモグリコバネガ上科の分岐点で登場し，新二門類の分岐点まで継承されている．この間に分岐した上科のほとんどが潜葉性を示す．よく目にする鱗翅類の幼虫は葉を外からガシガシ，ムシャムシャ食べるいわゆるイモムシやケムシであるため (図 10-1 では外食性と称した)，潜葉性の摂食様式は本来の姿から外れた派生的な様式であるとつい思いたくなる．しかし実際は，鱗翅類が進化の途上で植物の生葉を摂食する際に最初に採用した様式なのである．

　潜葉性の摂食様式の採用は，初期鱗翅類が小型であったことが大きく関係していると思う．口吻をもたない鱗翅類の成虫の開帳は最大でも 15 mm，終齢幼虫の体長はせいぜい 10 mm であり (Kristensen 1998)，初期鱗翅類の幼虫は微小であったと想像できる．それに応じて幼虫の口器は強度も噛む力も弱く，硬いクチクラ層で覆われた葉を丸ごと摂食することは物理的に難しかったであろう．そこで初期鱗翅類が採用した様式が，葉に潜り込み比較的柔らかい葉内部の組織を摂食することだったのではないか．

　もちろん葉内部を摂食するには，クチクラ層をなんらかの方法で突破しなくてはならない．最初に分岐した潜葉性鱗翅類であるモグリコバネガでは，卵は葉の表面に産みつけられ，孵化した幼虫はクチクラ層を食い破って葉に潜り，内部を摂食する．この幼虫は，後に分岐した潜葉性鱗翅類とは異なり，潜孔を出て別の葉に移り，再度潜って摂食を続けることができる (Kristensen 1998)．一方，次に分岐した潜葉性鱗翅類であるスイコバネガやホソコバネガでは突き刺し型の産卵器をもち，卵は葉内に産み込まれ，幼虫はクチクラ層を突破することなく葉の内部を摂食できる．潜葉性ではないが，より原始的鱗翅類であり，幼虫が果実に潜るカウリコバネガでも突き刺し型の産卵器をもつ．つまり，初期鱗翅類はクチクラ層を突破し葉内部の摂食を可能にする方法とし

て，1つは体が小さいながらも口器をある程度強くし，クチクラ層を食い破ること，もう1つは雌成虫が卵を葉内に産み込むこと，のいずれかを採用したのかもしれない．この後，前者の方法はヒロズコガモドキとムモンハモグリガ，モグリチビガ，ホソガが採用し，後者の方法はマガリガが採用したと言えるのではないか．摂食様式だけでなく卵の産みつけ場所も考慮して，幼虫の口器の形態と筋肉配置を詳細に比較，検討すれば，摂食様式の適応進化の様相を明らかにできると予想するのだが，いかがだろうか？

10-3 ホソガからの空想

葉もぐりのスペシャリスト──ホソガ

　この表題は，僕が恩師と勝手に慕っている久万田敏夫先生の論文 (久万田 1998) から拝借した．久万田先生は言わずと知れたホソガ科のスペシャリストである．

　潜葉性鱗翅類には，幼虫の全齢期を潜孔内で摂食し，発育を完了する種のほかに，幼虫の若齢期だけ潜孔内で摂食し，その後，潜孔から出て葉を外部から摂食する種もいる．スイコバネガ上科，ホソコバネガ上科，ムモンハモグリガ上科およびモグリチビガ上科の全ての種と，ホソガ上科のほとんどの種は前者であり，マガリガ上科とヒロズコガモドキ上科は後者である．マガリガ上科の幼虫では若齢期は潜葉性であるが，その後，葉の一部を切り取ってポータブルケースを作り，身をそこに隠して葉を外部から摂食するのが一般的である．またヒロズコガモドキ上科では，幼虫は潜孔から出た後，葉を綴ってシェルターを作り，その中で摂食する (Davis 1998)．

　こうした潜葉性鱗翅類のうち僕が研究対象としてきたのはムモンハモグリガ上科，モグリチビガ上科のモグリチビガ科 Nepticulidae，そしてホソガ上科のホソガ科 Gracillariidae である．これらのうちホソガ科の幼虫は潜葉性の摂食様式に極めて特化した形態を示す．

　ホソガ科はホソガ上科の主要な科であり，全世界に分布し，およそ 80 属，1,800 種以上が記載されている (De Prins & De Prins 2005)．大半の種が潜葉性であるが，種子や樹皮に潜る種もいる．ホソガ科の最大の特徴は，ほとんど全

ての種において幼虫が形態および習性の全く異なる少なくとも 2 つの発育型を経ること，すなわち過変態することである．過変態を示す鱗翅類は，ほかにチビガ科 Bucculatricidae，ナガヒゲコガ科 Amphitheridae，セミヤドリガ科 Epipyropidae などで知られているにすぎない．

ホソガ科の幼虫の発育型には次の 4 型が認められる (Kumata 1978; 久万田 1998)．

吸液型 (図 10-2 A, C)　　体型は非常に扁平で，胸脚および腹脚を欠き，刺毛は退化傾向にある．頭部は楔形で，口器が頭部の前方に開口し，大顎は平たい丸鋸状で側方に広がり，上唇は扁平で口器を覆う．吐糸管を欠く．体の前にある植物の細胞膜を大顎で切り開き，湧出する液を吸う．

咀嚼型 (図 10-2 B)　　体型は他の鱗翅目幼虫と同様の形態をなし，円筒状で，一般に胸脚と腹脚を有する．口器は頭部の下方に開口し，上唇には吐糸管が発達，通常の大顎を備え，植物組織を咀嚼して摂食する．

吐糸型 (図 10-2 D)　　体型は円筒状でしばしば胸脚を欠き，時に腹脚も欠く．大顎は退化傾向にあり，吐糸管が発達する．営繭に特化し，摂食はしない．

静止型　　体型は咀嚼型に似るが，全体が薄い一枚皮で覆われたような状態にあり，動きが完全に停止する．各器官は一般に退化し，運動能力をもたない．時にファレート状態にあり，前の齢期である吸液型幼虫の体内に静止型様の幼虫が形成され，さらにその中に吐糸型幼虫が形成される．この場合，静止型様幼虫は外には出てくることはなく，吐糸型幼虫が脱皮して出てくる．

幼虫期の齢数は 4～11 で，ほとんど全ての種で最初は吸液型を示し，その後 1 つあるいは 2 つの発育型へ過変態する (図 10-3)．例外はカキノキの葉に潜るアシブサホソガ属 *Cuphodes* とコミカンソウ科 Phyllanthaceae の種子に潜るハナホソガ属 *Epicephala* で，これらには吸液型がない (久万田・佐藤 2011)．

過変態は，(1) 吸液型から咀嚼型に過変態する，(2) 吸液型から吐糸型に過変態する，(3) 吸液型から静止型を経て，吐糸型に過変態する，の 3 つに大きく分けられる (図 10-3)．(1) は摂食場所と蛹化場所によって次の 3 つに細分される．

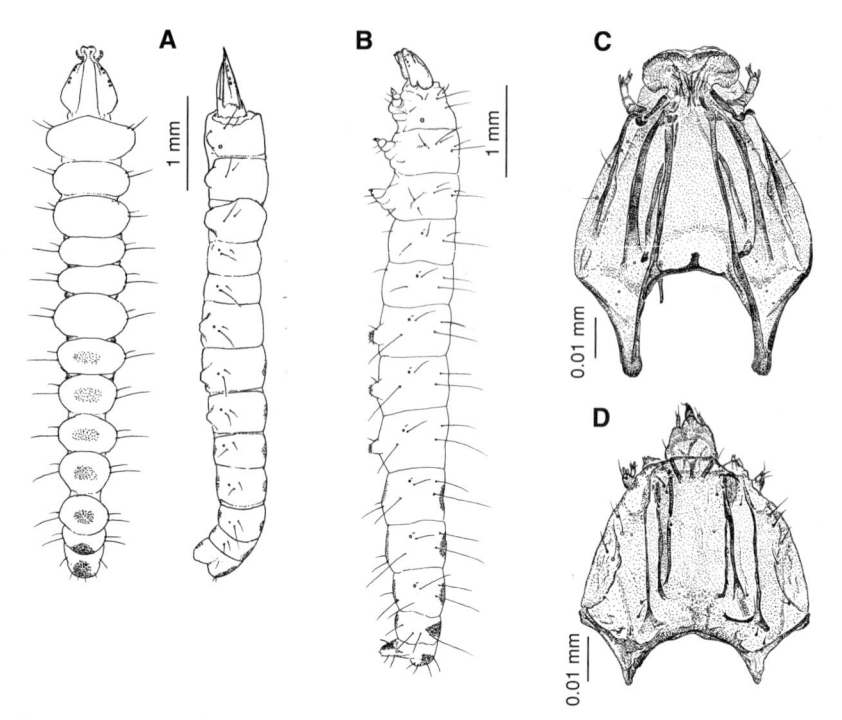

図10-2 ホソガ科の幼虫. (A) 吸液型幼虫 (左：背面観, 右：側面観. いずれもクヌギキンモンホソガ *Phyllonorycter nipponicella*). (B) 咀嚼型幼虫 (側面観. クヌギキンモンホソガ). (C) 吸液型幼虫の頭殻 (背面観. モミジニセキンモンホソガ *Cameraria niphonica*). (D) 吐糸型幼虫の頭殻 (背面観. モミジニセキンモンホソガ). (A, B：久万田・佐藤 2011; C, D：佐藤原図)

(1A) 幼虫は全齢期を潜孔内で過ごし, 蛹化も潜孔内で行う.

(1B) 幼虫は全齢期を潜孔内で過ごすが, 蛹化は潜孔から出て, 葉上や枝の裂け目で行う.

(1C) 咀嚼型へ過変態した後, 1齢のみ潜孔にとどまって摂食を続け, その後潜孔を出て葉の一部を巻いてその中で摂食し, その葉巻から外に出て葉上などで蛹化する.

一方, (2) と (3) はいずれも, 幼虫は全齢期を潜孔内で過ごし, 蛹化も潜孔内で行う (図10-3に示したギンモンカワホソガ *Dendrorycter marmaroides* は例外).

ホソガが葉もぐりのスペシャリストと称される理由は特異な発育型, すなわ

ち，潜葉性の摂食に特殊化した吸液型，営繭に専念する吐糸型，吸液型から吐糸型への変態を橋渡しするいわば「吐糸型の蛹」ともいえる静止型，の存在にある．吸液型幼虫は潜孔内でのみ摂食が可能で，幼虫を潜孔から取り出し葉の上に置くと，葉を摂食できずに餓死する．吸液型幼虫は摂食しながら潜孔を広げていくが，咀嚼型に過変態した後の幼虫は潜孔を広げることはなく，すでに作られた潜孔の中の組織だけを摂食する．また，年2化で，全幼虫齢が潜葉性であるキンモンホソガ属 *Phyllonorycter* では，初夏に出現する第1世代の吸液型は3齢であるが，晩夏の第2世代では4齢であり，咀嚼型はいずれの世代も2齢の種が知られている（図10-3のカシワミスジキンモンホソガ *P. persimilis*）．そして成虫は第1世代より第2世代で一回り大きくなる．すなわち吸液型の齢数を増やすことで潜孔の面積の拡大をはかり，咀嚼型幼虫が摂食できる葉面積を大きくすることで成虫の大型化を達成していると言え

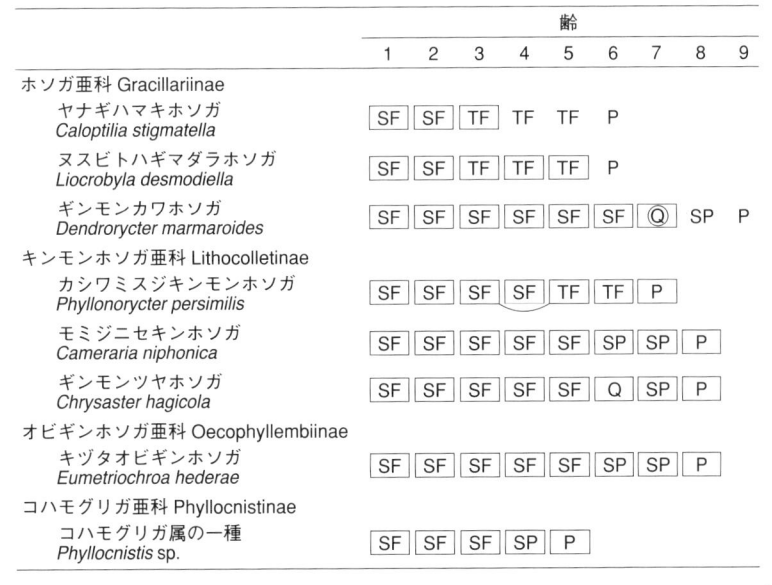

	齢								
	1	2	3	4	5	6	7	8	9
ホソガ亜科 Gracillariinae									
ヤナギハマキホソガ *Caloptilia stigmatella*	SF	SF	TF	TF	TF	P			
ヌスビトハギマダラホソガ *Liocrobyla desmodiella*	SF	SF	TF	TF	TF	P			
ギンモンカワホソガ *Dendrorycter marmaroides*	SF	SF	SF	SF	SF	SF	Ⓠ	SP	P
キンモンホソガ亜科 Lithocolletinae									
カシワミスジキンモンホソガ *Phyllonorycter persimilis*	SF	SF	SF	SF	TF	TF	P		
モミジニセキンモンホソガ *Cameraria niphonica*	SF	SF	SF	SF	SF	SP	SP	P	
ギンモンツヤホソガ *Chrysaster hagicola*	SF	SF	SF	SF	SF	Q	SP	P	
オビギンホソガ亜科 Oecophyllembiinae									
キヅタオビギンホソガ *Eumetriochroa hederae*	SF	SF	SF	SF	SF	SP	SP	P	
コハモグリガ亜科 Phyllocnistinae									
コハモグリガ属の一種 *Phyllocnistis* sp.	SF	SF	SF	SP	P				

図10-3 ホソガ科における幼虫の過変態様式．SF：吸液型，TF：咀嚼型，Q：静止型，Ⓠ：ファレート状態にある静止型で，独立した齢ではない，P：蛹．☐ は潜孔内であることを示す（久万田・佐藤 2011 を改変）．

る．このことは，吸液型幼虫が形態だけでなく機能のうえでも，葉もぐりに特化していることを物語る．

　吸液型から直接蛹になることは決してない．必ず吐糸管を有する咀嚼型か吐糸型で繭を紡いで蛹化する．繭の粗密の程度は種によって異なり，一般に潜孔から外に出て蛹化する種では繭は綿密に作られるが，潜孔内で蛹化する種では比較的粗である．潜孔内の繭は粗に作られてはいるが，潜孔が絹糸によって裏打ちされ，容易に破れない構造になっているため，蛹が外気に直接触れることはない．直接的証拠はないが，繭や錦糸で裏打ちされた潜孔が乾燥や天敵，病気から蛹を守っていることは確かであろう．この繭を紡ぐためにホソガの幼虫は，吐糸管をもたない吸液型からどうしても吐糸管をもつ咀嚼型あるいは吐糸型に過変態しなければならない．吸液型のみで幼虫の成長を完了する種にとっては，吐糸型への過変態は潜葉性の摂食様式に特殊化したことへの代償と言えそうだ．

　ギンモンツヤホソガ *Chrysaster hagicola* やギンモンカワホソガでは，吸液型の形態をさらに特殊化させた結果，1回の脱皮では吸液型から吐糸型に変態できなくなってしまい，静止型という吐糸型の蛹ともいえる齢を介在させている．この段階に至り，葉もぐりへの特殊化は極みに達した．ただし，ギンモンカワホソガはハンノキの若枝の樹皮に潜るので，厳密には葉もぐりのスペシャリストとは言えないことを付記しておく．

ホソガと寄主植物の共種分化

　昆虫と植物の相互作用や共進化の研究は進化生態学の主要な課題の1つである．ホソガ科全体で見ると寄主植物は広範囲にわたるが，種レベルで見ると大半が1属の植物，時に1種の植物しか利用しない．このことに着目し，ホソガの系統樹をDNAの塩基配列に基づいて推定し，寄主植物の系統樹と比較することによって，ホソガの種分化と寄主転換の関係や，ホソガと寄主植物の共種分化の様相を進化生態学的に解析する研究がなされている (Lopez-Vaamonde et al. 2003; Kawakita et al. 2004; Kawakita & Kato 2009. Kawakita ほかの論文については，のちほどもう一度触れる)．ホソガ科を対象としたこうした研究は今後も重要な貢献をこの分野で果たしていくと思う．

これに加え僕は，進化発生学の観点から，ホソガ科における過変態様式の進化過程も追究に値する課題だと思う．久万田先生の一連の論文を読めば，このことに誰もが思い至ることだとは思うけれど，以下に僕が夢想する研究課題を2つ記す．1つは仮説に近いが，もう1つは空想に近いかもしれない．

進化発生学への挑戦 —— 仮説に近い課題

ホソガ科は主に成虫の形態的特徴から，ホソガ亜科 Gracillariinae，キンモンホソガ亜科 Lithocolletinae，オビギンホソガ亜科 Oecophyllembiinae，コハモグリガ亜科 Phyllocnistinae の4亜科に分けられる (図 10-3)．オビギンホソガ亜科とコハモグリガ亜科の種は全て吸液型から吐糸型に過変態するが，キンモンホソガ亜科では吸液型から吐糸型に過変態する種と吸液型から咀嚼型に過変態する種が混在している．ホソガ亜科では，ほとんどの種が吸液型から咀嚼型に過変態するが，先に記したように過変態せず，全齢期を咀嚼型で過ごすアシブサホソガ属やハナホソガ属が混じっている．さらに，ギンモンカワホソガ (ホソガ亜科) とギンモンツヤホソガ (キンモンホソガ亜科) はそれぞれ別の亜科に属するにもかかわらず，吸液型から静止型を経て吐糸型に過変態する．4亜科の系統関係はまだ明らかになっていないが，4亜科がそれぞれ単系統群であることを前提に話しを進める．

仮に吸液型から咀嚼型への過変態がホソガ科の基部で1回のみ生じたとすると，吸液型から静止型を経て吐糸型へ過変態する様式は少なくともホソガ亜科とキンモンホソガ亜科でそれぞれ独立に1回生じたと考えるのが合理的である．変態は個体発生上の大規模な体制変換であり，進化の途上で同じ変態様式が独立に生じたはずはない，とつい思いたくなる．しかし，潜孔内での摂食という強い制約条件を考慮すれば，同じ過変態様式が独立に進化することは案外ありうるのかもしれない．その一方，せっかく獲得した吸液型を捨て，過変態せず，咀嚼型のみで摂食するという，いわばホソガ科以前への先祖返りも生じているようだ．この想像を仮説の域に引き上げる方法として，DNAの塩基配列を用いたホソガ科の系統樹を作成し，この系統樹に過変態の様式をマッピングすることがまず思い浮かぶ．この夢想は仮説に昇格できると思うのだが，どうだろうか？

進化発生学への挑戦——空想に近い課題

　担当する講義の関係でホメオティック遺伝子を調べるために，発生学の教科書として定評のあるギルバートの *Developmental Biology* (第7版) をめくっていたら，鱗翅目幼虫の腹脚 (通常第3〜6腹節にある) の形成に関与する遺伝子の発現領域を表したカラー写真が目にとまった (Gilbert 2003: p. 757, figs. 23.4, 23.5)．それらの遺伝子が発現している腹節には腹脚が形成されるというのである．すぐに空想が浮かんだ．

　外食性で咀嚼型の摂食方式をとるたいていの鱗翅目幼虫は第3〜6腹節の各節に腹脚を備える．これに対し，ホソガ科の咀嚼型幼虫のほとんどは第6腹節の腹脚を欠き，第3〜5腹節にのみ腹脚を備える (図 10-2 B)．キンモンホソガ亜科のツヤホソガ属 *Hyloconis* ではさらに第5腹節の腹脚を欠き，第3, 4腹節にしか腹脚がない (久万田・佐藤 2011)．逆に，ホソガ亜科の *Artifodina* 属は他の鱗翅目幼虫と同じく第3〜6腹節に腹脚を備える (Kumata 1985)．そもそも，ホソガ科の吸液型幼虫では，腹脚だけでなく胸脚も消失している．オビギンホソガ亜科の吐糸型幼虫ではほとんどが第3〜6腹節に腹脚を備えるが，例外的に第2〜6腹節あるいは第2〜7腹節に腹脚を備える種もいる (Kumata 1998)．科レベルではもちろん，亜科レベルでもこれだけ腹脚の数と位置に多様性のある鱗翅類は他には見当たらない．この理由として，幼虫が潜孔内にとどまる限り，腹脚の数は摂食のための移動に大きな影響を及ぼさなかったことが考えられる．腹脚の形成に関与する遺伝子に突然変異が生じ，腹脚の消失や付加が生じたが，そのことで運動機能が低下することがなかったが故に負の淘汰を受けず，なかば偶然に集団中に固定したのかもしれない．腹脚の減少については，無駄な器官に投資しない分だけ，有利だったと考えることもできる．

　進化の動因はどうであれ，ホソガ科では腹脚の増減が比較的容易に生じたとは言えるだろう．ここで，ショウジョウバエの突然変異として有名なアンテナペディア変異体 (触角が生えるべき所に胸脚が生える変異体) や，ウルトラバイソラックス変異体 (第3胸節に平均棍の代わりに翅が生える変異体) を思い起こしてほしい．これらの変異体は体制の構築に関わる遺伝子——ホメオティック遺伝子——の突然変異に基づくものであり，体制構築の発生学的研究を大いに

促進した．一方，ホソガ科の種間で見られる腹脚の数と位置の違いは，発生上の異常でも何でもなく，単に種の形質の違いである．しかし，鱗翅目の基準に反して本来腹脚が形成されるべき体節に形成されなかったり，逆に形成されるべきでない所に形成されたりする点で，アンテナペディア変異体やバイソラックス変異体となんら変わりがない．

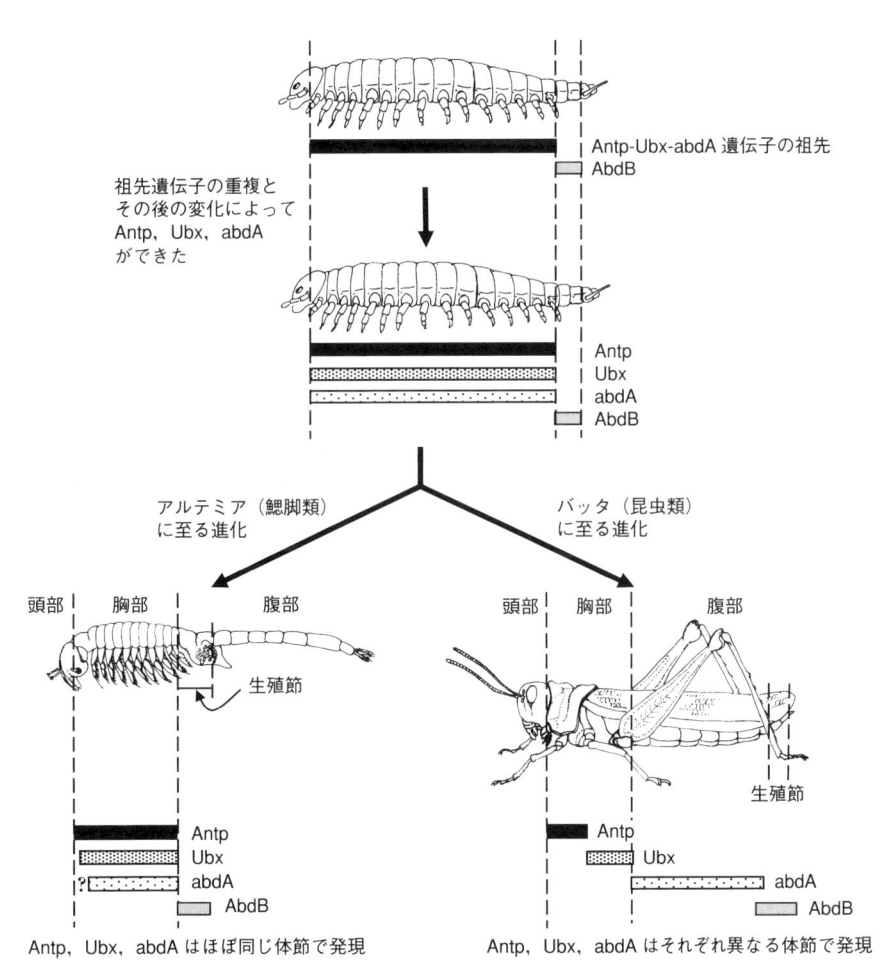

図10-4 鰓脚類と昆虫類におけるホメオティック遺伝子の発現領域と共通祖先からの進化過程の想像図 (Averof & Akam 1995; Gilbert 2003 を参考に描いた).

進化発生学における重要な成果として，共通の祖先から昆虫と鰓脚類 (甲殻類の一分類群で，カブトエビやアルテミアを含む) がどう進化したかをホメオティック遺伝子の体節ごとの発現様式から推定した研究がある (図10-4; Averof & Akam 1995). しかし，昆虫と鰓脚類が一足飛びに共通祖先から分岐した訳はなく，途中いくつもの段階があったはずである．ホソガ科の幼虫の腹脚形成過程を進化発生学の観点から分子生物学的手法を駆使して明らかにすれば，この途中の段階を推定する手掛かりが得られるかもしれない．これは空想のままとどまる課題だろうか．

　本書の主題である生態学からだいぶ話がそれた．以下，話を生態学に戻す．

10-4　空想から現実へ —— 植物との相互作用

生態学研究における潜葉性鱗翅類の利点

　潜孔はいったん形成されてしまえば葉から消え去ることはないので，野外において潜孔を継続観察することにより，その中にいる幼虫の生残過程を記録することができる．蛹化も潜孔の中で行う種の場合は，孵化直後から羽化までの死亡要因，死亡時期，死亡齢をかなり厳密に特定できる．しかし，言うは易く行うは難し，である．潜葉性鱗翅類の寄主植物は広葉樹が主であるため，手の届く範囲に葉があるのは稀であり，目的とする潜孔を野外で十分な数だけ標識し，それらを定期的に見て回るのは至難である．潜孔の密度がもともと低い場合はさらに難しい．

　その点，日本海に臨む北海道石狩浜のカシワ林は例外である．この林はカシワ *Quercus dentata* の純林であり，強い浜風に絶えずさらされているため矮小化し，樹高はせいぜい4 mほどである．手の届く範囲に葉が生い茂る稀な林である．加えて，潜孔の密度も極めて高く，例えばホソガ科のカシワミスジキンモンホソガとキンスジシロホソガ *Phyllonorycter leucocorona* 2種の平均潜孔密度は葉1枚当たりそれぞれ1〜2個である．

　そこで僕は大学院生のとき，まだ潜孔が現れない初夏に12本のカシワおのおのから5〜7本のシュートを適当に選び，合計約3,400枚の葉に標識して，それらの葉に形成された潜孔を5〜10日に1回の頻度で定期的に観察した．

しかし結果はとても信頼がおけるものではなかった．第1世代では総計6,339個のキンモンホソガ属の潜孔が観察され，そのうち成虫の羽化が確認できたのはわずか13個であり，生存率は0.2％にすぎなかった．これでは雌成虫は次世代に同じ数だけの子を残すには約950個の卵を産まなければならず，この産卵数は鱗翅類にしてはあまりにも多すぎる．さらに，これらの葉に形成された第2世代の潜孔数は第1世代の半分以下であった．同時期に行った定期採集による別の密度調査では第2世代は第1世代の2倍以上の密度を示しており，両者の結果は明らかに矛盾していた．

この原因として，調査時に手で葉に直接触り，表にしたり裏にしたりして潜孔を観察したため，葉質が変化したことが考えられる．植物の物理的刺激に対する応答は接触形態形成 (Jaffe 1973) として知られ，シュートの成長や葉の展開が抑えられたり葉が硬化したりする．葉質のどのような変化がホソガ幼虫の死亡率や成虫の産卵選好性に影響したのかは不明であるが，葉に直接触れる調査手法の誤りを肝に銘じた．この経験は次に述べるように20年後に生かされ，決して無駄ではなかった．

葉の早期脱落は潜葉性鱗翅類を殺すための適応戦略か？

外食性の昆虫に食害を受けた葉は，食害を受けていない健全な葉よりも早期に脱落することはよく知られている (Strauss & Zangerl 2002)．では潜葉性昆虫に食べられている葉，すなわち潜孔が形成されている葉はどうだろうか．この疑問に最初に答えたのが Faeth et al. (1981) である．彼らは，北カリフォルニアの落葉性カシ林に落葉トラップを設置し，潜孔が形成されている葉の割合を，脱落した葉と樹に着いている葉で比較した．その結果，潜孔のある葉はない葉よりも脱落しやすいことがわかった．このことから彼らは，植物は潜孔のある葉を早期に脱落させることによって中の幼虫を殺し，潜葉性鱗翅類の個体群を抑制しているとして，葉の早期脱落 (early leaf-abscission) の適応的意義を示唆した．その後，これを支持する研究が欧米で相次いだ．これらの研究では，脱落した葉は早晩枯れるので，その中にいる幼虫もいずれ死ぬことが暗黙のうちに了解されている．

これに異を唱えたのが Kahn & Cornell (1983, 1989) である．彼らは，アメリ

カヒイラギ *Ilex opaca* に寄生するハモグリバエの一種 *Phytomyza ilicicola* では，幼虫は葉の脱落前に成長をほぼ完了しているので，葉の早期脱落が幼虫の死を招くことはないこと，そして落ち葉の中の幼虫や蛹は寄生蜂の探索から逃れ，寄生を受けにくいことを示し，葉の早期脱落は潜葉性昆虫にとって重要な死亡要因ではないとした．落ち葉の中で発育を完了する潜葉性鱗翅類は古くから知られていた (Hering 1951)．そうした鱗翅類のうち，ポプラ，カバノキ，ブナをそれぞれ寄主とするヨーロッパのモグリチビガ (*Ectoedemia argyropeza*, *E. occultella*, *Stigmella tityrella*) の幼虫では，植物ホルモンの一つで，葉の老化を抑える働きをするサイトカイニンに似た物質を分泌し，落葉後も潜孔内の葉組織を緑に保ち，摂食を続けていることがわかった (Engelbrecht et al. 1969)．これらの幼虫にとっては，生育完了前の通常の季節的落葉でさえ重要な死亡要因ではない．さらに Stiling (1996) は，葉の早期脱落に Faeth et al. (1981) が示唆するような適応的意義があるとするならば，早期脱落する樹木個体とそれをしない樹木個体が同時に存在した場合，後者は前者の分け前にあずかるとともに，葉を残す分だけ有利であるとして疑問を投げかけ，葉の早期脱落は単に食害に対する生理的応答にすぎないと主張した．

　ここで疑問がわく．落葉中でも成長できるように葉組織を新鮮に保つ手法を進化させている種がいるくらいなら，寄主植物に早期脱落をさせないような手法を進化させることぐらい訳がないのではないか．Faeth et al. (1981) の研究は，潜孔の有無を落ち葉と樹上の葉で比較しているだけで，幼虫が死んでいる潜孔と幼虫が生きている潜孔を区別していないのではないか．もしそうなら，幼虫が死んでいる潜孔のある葉が早期に脱落しやすいだけで，幼虫が生きている葉はむしろ脱落しにくいのではないか．これらの疑問は，潜孔のある葉とない葉を長期にわたり継続観察し，葉の脱落過程を比較することで検証できるはずである．

　僕の研究室の院生がこの疑問に答えてくれた (Oishi & Sato 2007)．対象とした潜葉性鱗翅類はヒサカキ *Eurya japonica* を食樹とするヒサカキムモンハモグリ *Coptotriche japoniella* (ムモンハモグリガ科 Tischeriidae) である．

葉の早期脱落を抑制する潜葉性鱗翅類

　ヒサカキは常緑の低木広葉樹で，近畿地方では野山の林床に普通に見られる．ヒサカキの新葉は5月に展開し，シュートが伸長するにつれて葉が順に出現する順次開葉型である．葉の寿命は3年以上，寿命が尽きた葉の脱落期は4月下旬から7月である．奈良市近郊の高円山 (標高461 m) は頂上付近にスギの植林地があり，林床にヒサカキが優占している．理由はわからないが，高円山は他の場所と比較してヒサカキムモンハモグリの潜孔の密度が高い．

　ヒサカキムモンハモグリは年1化で，産卵期は6月，卵は前年までに展開した葉 (旧葉) の裏面に1個単独で産みつけられる (Oishi & Sato 2009)．8月に孵化，幼虫は卵の下面から直接葉に食入し，柵状組織を摂食しながら潜孔を拡大していく．5齢で越冬し，冬期は摂食活動が低下するが，休眠はしない．3月中旬になると摂食活動が上昇し，6齢に脱皮すると急激に摂食量が増え，それに伴って潜孔が急速に拡大する．ホソガとは異なり，幼虫は過変態せず，摂食様式は咀嚼型のみである．蛹化は潜孔の中で行われ，5月中旬から始まる．羽化期は6月である．このようにヒサカキムモンハモグリの幼虫は約10か月もの間，1枚の葉の中で過ごす．ヒサカキの葉は脱落すると潜孔の有無にかかわらず乾燥し，幼虫は早晩死ぬので，もしヒサカキが潜孔のある葉を早期脱落させているのであれば，それによるヒサカキムモンハモグリの死亡は相当数にのぼるはずである．はたしてそんなことはあるのだろうか．

　この研究には，院生時代の苦い経験が生き，文明の利器が威力を発揮した．越冬が始まる11月，林床に2 m×15 mの方形区を設定して，その中の全てのヒサカキ69本の各樹について，手の届く範囲にあるシュート3〜6本を適当に選び標識した．これらのシュートには，潜孔のある葉96枚，潜孔のない葉627枚，計723枚の旧葉が付いていた．そして翌年の3月まで2週間ごとにデジタルカメラでこれらのシュートを撮影し，デジタル画像をもとに葉が脱落していないか，潜孔の拡大が止まっていないか確認した．潜孔の拡大が止まっている場合は，幼虫が死亡したと判断した．こうして葉に直接触れることなく幼虫の生死を確かめつつ，冬期間の葉の脱落過程を追うことができた．

　結果を表10-1に示す．723枚のうち冬期間に21枚が脱落したが，潜孔のあ

表 10-1 11月中旬から翌年の3月中旬における，潜孔のある葉とない葉，潜孔内の幼虫が生き残った葉と途中で死亡した葉での脱落数の比較 (Oishi & Sato 2007)

	脱落	着接	計	Fisherの正確確率
潜孔のない葉	18	609	627	0.751
潜孔のある葉	3	93	96	
潜孔のある葉のうち幼虫が生き残った葉	1	50	51	0.598
潜孔のある葉のうち幼虫が途中で死亡した葉	2	43	45	

る葉とない葉，3月まで幼虫が生きていた葉と途中で死亡した葉，いずれにおいても脱落率に有意差は認められなかった．この結果は，潜孔の有無と幼虫の生死は冬期間の葉の脱落率に影響しないことを示唆している．しかし，冬期は通常の落葉期から外れており，気温が低いため葉の生理活性も弱く，また，潜孔自体が小さく，葉面積のわずか十数パーセントしか占めていないので，もともと葉が脱落しにくい可能性がある．したがって，ヒサカキが潜孔のある葉を早期に脱落させる傾向を示すかどうかは，冬期の調査結果からは断定できない．そこで次に，潜孔が急激に拡大する4月以降の脱落過程を調査した．

4月上旬，適当に選んだヒサカキ9本それぞれで，1個の潜孔が形成されている葉20～30枚，計200枚を標識した．そのうち104枚については潜孔内の

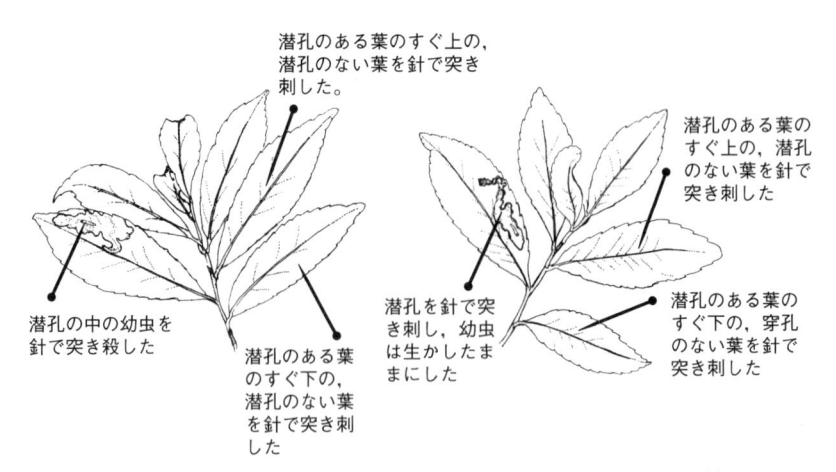

図 10-5　ヒサカキムモンハモグリの幼虫が葉の早期脱落を抑制していることを検証するための実験方法 (佐藤原図)．

幼虫を針で突いて殺し，他の96枚については潜孔に針で穴を開けるだけにし，幼虫は生かしたままにした．さらにそれぞれの葉のすぐ上とすぐ下の節に付いていて潜孔がないことを確認ずみの葉も針で突いて穴を開けた (図10-5)．以上3種類の葉，計600枚を7月末まで1週ごとに見て回り，脱落の有無を記録した．幼虫を生かした潜孔については，枝を指でつまみ，葉の下から懐中電灯の光を当て，幼虫の生死を確認した．また，蛹化の際に形成される潜孔表面のシワと，羽化後に残される潜孔から突き出た蛹殻の有無も記録した．1年だけのデータでは信頼性に欠けるので，翌年も同様の調査を4月下旬から7下旬まで行った．

結果を図10-6に示す．ただし，調査期間中に幼虫が何らかの原因で死亡した葉と葉面積の30%以上が他の植食性昆虫に食われた葉は除外している．調査期間を幼虫が全て蛹化する前と後の2つに分けて見てみると，いずれの年においても，蛹化前では，幼虫を生かした葉と潜孔がない葉ではほとんど脱落が

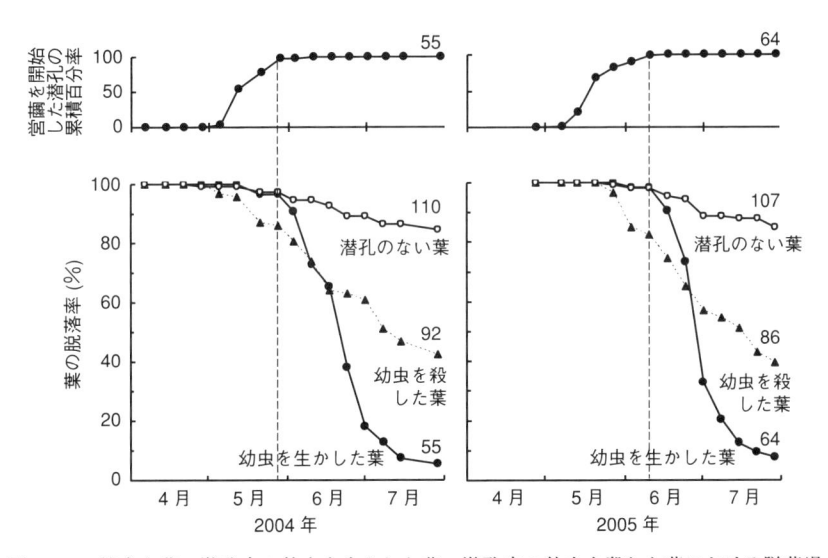

図10-6 健全な葉，潜孔内の幼虫を生かした葉，潜孔内の幼虫を殺した葉における脱落過程と，営繭を開始した潜孔の累積百分率．期間中に他の植食性昆虫によって葉面積の30%以上が食害を受けた葉は除外している．また，潜孔内の幼虫を生かした葉については，幼虫が途中で死亡した葉も除外している．数値は最初に標識した潜孔あるいは葉の数 (Oishi & Sato 2007 を改変).

ないのに対し，幼虫を殺した葉では3,4週目から脱落が見られ，以後毎週数枚の葉が脱落した．蛹化後では，潜孔のない葉でわずかに脱落が見られたが，幼虫を殺した葉では継続して脱落が続き，最終的には潜孔のない葉で10％，幼虫を殺した葉では60％が脱落した．これに対し，幼虫を生かした葉では，全ての幼虫が蛹化したあと急激な脱落が見られ，最終的には95％の葉が脱落した．詳細は省くが，幼虫を生かした葉のうち約90％が成虫の羽化後に脱落したこともわかった．

以上の結果は，幼虫と蛹が生きている限り潜孔のある葉は早期脱落しにくいことを明瞭に示している．このことは，ヒサカキムモンハモグリの幼虫と蛹は早期脱落を抑制する何らかの働きかけをヒサカキにしていることを示唆する．すなわち，幼虫が死んでいる潜孔のある葉が脱落しやすいのであって，幼虫が生きている潜孔のある葉は脱落しにくいのである．したがって，幼虫の生死を確認せずに早期脱落の有無を議論することは誤りを招く．

ここで新たな疑問がわく．葉の早期脱落の抑制が幼虫の摂食を保障するためとするならば，摂食が終了した蛹化から羽化までの期間は早期脱落を抑制する必要がないのではないか？　この疑問に答えるために，蛹化が始まった時期と羽化が始まった時期それぞれにおいて，潜孔のある葉154枚と108枚を地上に1週間おき，その死亡率と死亡要因を，同じ時期に標識した樹上の葉210枚，154枚と比較した．その結果，蛹化開始期の死亡率は地上で53.4％，樹上で30.0％であり，地上での死亡率が有意に高かった．これに対し，羽化期の死亡率は地上で41.2％，樹上で39.7％であり，その差は有意ではなかった．蛹化開始期の地上での高い死亡率は，潜孔の食痕から，歩行性甲虫による捕食が原因と考えられた．羽化期では，歩行性甲虫に捕食される前に成虫が羽化してしまうので，捕食を免れ，樹上と同程度の死亡率ですんでいると考えられた．したがって，羽化するまで葉の早期脱落を抑制することは，ヒサカキムモンハモグリにとって地上での歩行性甲虫による捕食から逃れるという適応的意義があると言える．

後日談

この研究が論文になってからしばらくして，菊沢喜八郎先生の『葉の寿命の

生態学』を読んでいたら，植食性昆虫の食害と葉の脱落について記した項に，タマバエの大家である湯川淳一先生が 1986 年に書かれた論文が引用されているのに出くわした．そこには，タマバエ *Contarinia* sp. の虫こぶが形成されたアラカシ *Querucus glauca* の葉は早期に脱落するが，ほとんどの幼虫は脱落前に脱出するので，大きな死亡要因にはならない，とあった (Yukawa & Tsuda 1986). 思わず「えっ！」と声を上げてしまった．すでにタマバエで葉の早期脱落の抑制は明らかになっているの！? 引用文献を見たら鹿児島大学農学部紀要に掲載されているという．どうりで目に止まらなかったはずだ……などという言い訳は通用しない．第一，菊沢先生のこの本は，論文を書く前に出版されていたのだから，すぐに買って読むべきだったのだ．とにかく，湯川先生に事情を書いた電子メールを送り，あわせて別刷をお送りいただくようお願いした．

　まもなく届いた別刷をおそるおそる開くと，図 10-6 に似た図が目に飛び込んできた．まぎれもなく，タマバエが葉の早期脱落を抑制していると読みとれる図だった．頭をガーンとぶん殴られた思いがした．唯一の救いは，タマバエが葉の早期脱落を抑制していることを示唆する文が見当たらないことであった．後日学会で湯川先生にお会いしたとき，大要「タマバエが葉を落ちないようにしているのは当たり前のことだから，僕はあの研究はあれでおしまいにした」とおっしゃられた．虫こぶの中で生きた葉組織を食べるタマバエの幼虫も，潜葉性の幼虫同様，葉が脱落して枯れてしまったら生きていけないのだから，早期落葉の抑制はあって当然であり，それを明らかにしてもたいして面白くない．そのように僕には受け取れ，二度目のガーンをくらってしまった．

10-5　独創的研究とは何か —— 青臭いと言われようが

　この例からもわかるように，潜葉性昆虫と虫こぶ形成昆虫は幼虫期のほとんどを生きた葉の中で過ごすので，潜葉性昆虫の生態学的研究課題は虫こぶ形成昆虫と多くの部分が重なる．本章では触れなかったが，葉を単位とした分布様式の解析 (Sato 1991) や，寄生蜂群集への迫り方 (Sato et al. 2002) は，潜葉性昆虫と虫こぶ形成昆虫とでほとんど同じである．また，寄主植物が虫こぶ形

成時に示す細胞死は虫こぶの形成を阻害するための過敏感応答として知られているが，この応答は潜孔の形成時にも観察される (Oishi et al. 未発表)．となると，潜葉性昆虫を生態学的に研究することの独創性はどこにあるのだろう？ 本章で語った進化発生学的研究に向かうしかないのだろうか？ それとて二番煎じにすぎないのではないか．

　こんなことで悩むのは僕の頭が悪いからだ，と言ってしまえばそれまでだ．それを物語る例として，ホソガ科のハナホソガ属とコミカンソウ科の植物の間に成立した絶対送粉共生系の研究をあげることができる (Kawakita et al. 2004; Kawakita & Kato 2009)．前述したように，ハナホソガ属はホソガ科では珍しく，幼虫が葉ではなく種子に潜り，過変態せず，吸液型のない咀嚼型のみの摂食方式を示す．雌成虫は受粉の際に，卵を子房に産みつけ，幼虫は果実が膨らみ始める頃に孵化し，発達途中の種子に潜って摂食する．コミカンソウ科の植物はハナホソガに受粉を絶対的に依存し，ハナホソガ幼虫もまたコミカンソウ科の種子に絶対的に依存している．そして驚くべきことに，ハナホソガ属の種とコミカンソウ科の種は，ほとんど一対一の絶対的相互依存関係にあるというのである．ホソガに長く携わってきた僕にとって，この研究はまさに仰天ものだった．

　こう書くと「絶対送粉共生系といったって，ユッカガとユッカ，イチジクコバチとイチジクですでに知られているじゃない」と言う読者もいると思う．となると，独創的研究とはいったい何なのだろう？ 「そんな青臭い疑問は，研究を始める前に片づけておくべきだ」という声が聞こえてきそうだ．潜葉性鱗翅類にどっぷりつかった僕は，この悩みの中であえいでいる．

エピローグ

　大学院生になりたての頃，東正剛先生に「生態学にカミソリは必要ない．必要なのはナタだ」，「頭はついてりゃいい．まずは体を動かせ．頭の中身はあとからついてくる」と言われた．ぶつかり稽古で鍛えた頭 (僕は高校時代相撲部だった) にはこれが効いた．体力にまかせて，とにかくデータをとった．深く考えていなかったから，後にゴミとなったデータもたくさんあった．頭の中身はあとからついてくることを信じた結果だ．体力がおとろえ，教員としての業務

も増えたため，自分でデータをとることはめっきり減ったが，研究は体力勝負であることを女子学生 (僕は女子大の教員である) に徹底させている．では，頭の中身はついてきたのだろうか．少なくとも，研究の根源について悩むだけの力はついたと思いたい．

著者の紹介（東 正剛）

江戸謙顕くん

「僕を留年させてください！」に感動

　1995年12月，修士課程2年目の江戸くんは，そろそろ修士論文を書き始めなければならない時期に入っていた．彼は2年間フィールドにはり付き，イトウに関するデータを集めていた．おそらく，これまで東研で修士課程を修了した学生のなかでもデータ量は多いほうだった．しかし，その彼が「留年させてください」と言い出したのだ．データがほとんどないのに，「卒業させてください」と言ってきたり，かなりいい加減な論文を仕上げた学生は少なくないが，データが十分なのに留年を希望する学生は初めてだった．自分のデータに納得できないと言うのだ（本文参照）．

　江戸くんは北大法学部から私の研究室に進学してきた．司法試験用の受験勉強を始めることも考えたそうだが，どうしても幻の魚・イトウの生態を研究したくて理系大学院への進学を決意したらしい．その理由が，釣り逃がしたイトウの大魚に魅せられたためというのも面白い．彼が受験勉強に集中すれば，司法試験に難なく通るだけの能力をもっていることは間違いなく，イトウ研究にかける思いは本物だと感じた．それは，文系のハンディキャップをはね返して瞬く間に生物学や生態学を修得したことや，修士課程を自ら選んで留年した姿勢に如実に現れている．

　学位論文でも頑固さを発揮した．特に，自分の考えをまとめるDiscussionには非常にこだわった．私も根負けし，やや英文に不満もあったが，Discussionはほとんど彼の文のまま認めることにした．2000年に博士号を取得したあと，イトウの研究をさらに発展させるとともに，生息環境の保全を進める活動にも力を入れている．例えば，イトウが生息する町村で保全条例づくりを手伝っているが，これは法学的知識と生態学的知識をあわせもつ江戸くんにしかできない仕事だ．その間，北大空手部OBとして師範を務め，後輩たちを全道優勝に導き，全国大会で活躍させている．まさに文武両道．何事も，いったんやり始めたらとことん突き詰めるタイプの男だ．

　現在，文化庁記念物課に所属し，天然記念物に指定されている194種（うち特別天然記念物21種）の動物の保全管理責任者として，北海道から沖縄まで全国の現場に足を運んでいる．法学部で得た知識と，東研で培ったさまざまな動物に関する知識を生かすには，絶好の職場だ．彼の活躍は，「急がば回れ」の大切さを我々に教えてくれる．

11 幻の大魚イトウのジャンプに導かれて
── 絶滅危惧種の生態研究と保全の実践記録

(江戸謙顕)

プロローグ

　きっかけは，大学3年の秋，空手部の仲間たちと一緒に行った初めてのイトウ釣りだった．場所は北海道の北部に位置する宗谷郡猿払村．稚内市に隣接し，オホーツク海に面している，ホタテ漁などの水産業や酪農が盛んな日本最北の村だ．村名の由来はアイヌ語の「サラ・プツ (葦原の河口)」と言われている．その猿払村を流れる猿払川は，その名のとおり葦原を擁する広大な湿原の中をゆったりと蛇行して流れる典型的な湿原河川で，当時からイトウ釣りで有名だった (図11-1)．雪虫も舞い始める10月，総勢6名で札幌から夜通し5時間以上車を走らせて到着し，早朝から釣りを開始した．

　北国の秋は日差しが弱く天候も変わりやすいが，その日は朝から風もなく穏やかに晴れわたっていた．しかし，穏やかすぎる天候のためか，夕方近くなっても誰もイトウを見ることさえできずにいた．そもそも僕も含め仲間内でイトウを釣った経験のある者はおらず，釣り雑誌から得たわずかな知識をもとに皆我流でルアーのキャストを繰り返しており，そうやすやすと幻の魚がその姿を見せてくれるはずもなかった．湿原河川特有の茶褐色の水の中には無数の倒木が沈んでいて，僕たちはすでに相当数のルアーをそれらに引っ掛けてなくしていた．

　ルアーが残り少なくなってきた頃，たまたまたどり着いたとあるポイントがふと気になり，それまで温存していたお気に入りのルアー (アブ社トビー) を選んでキャストした．数投したがアタリはなく，やはり駄目かと思いながら，ロスト覚悟でこれまでよりも深くルアーを沈めてリーリングを開始したときだった．突然，ロッドの先端がガンガンと激しく揺れ動き始めた．合わせる間もな

図 11-1 夕暮れの猿払川．国内でも有数の豊かな自然が残された素晴らしい河川である．イトウが数多く生息する．

くロッド全体が強烈に引き込まれ，満月にしなり，今にも折れそうになった．そのとき使用していたロッドは後輩から借りた6フィートのライトアクションで，トビーをくわえた大物には不十分な装備だった．ラインは2号だったが，あわてていてドラグをうまく締めることができず，リールからジージーと音を立てて引き出された．

　猛烈な野生の力に圧倒され，ただ必死にロッドを支えていたときだった．突然，そのイトウがジャンプしたのだ．そのときの光景を今でも忘れることができない．湿原の暗く冷たい流れから一気に飛び出したイトウは，空中で鮮やかにその巨体を2, 3度くねらせた．まるでイルカのようなそのジャンプの頂点では，一瞬時間が止まったように感じられた．その瞬間，鮮やかな野生の生命の躍動と，淡い光に照らされた湿原の静寂が，不思議と調和していて，まるで1枚の美しい絵を見ているかのようだった．その絵の中に森羅万象が凝縮され，あらゆる生命や物質が互いにつながり，存在すべくして存在しているというような，不思議な感覚にとらわれたのだ．次の瞬間，激しく水しぶきを立てて着水したイトウは，そのまま水中を高速で移動し，今度は違う場所で違う方向に再び大きくジャンプした．猛烈な2度のジャンプの後もイトウは力を弱めることがなく，川の中を縦横無尽に駆け巡った．

　しばらくすると突然目の前の水面が濁り，その濁った水面を割って，イトウ

の巨大な背中が現れた．オリーブ色とも黄金色ともつかない濃緑色に光る背中に，僕たちは思わず息をのんだ．その迫力と存在感に畏怖の念さえ抱き，完全に主導権を奪われた僕には，もはや為すすべがなかった．目の前で巨大な背中を見せつけた大物は，その後さらに圧倒的な力を発揮して強引にラインを引き出していき，そのまま水中の倒木の中に潜り込んで，ついにラインは切れた．

　帰りの車の中，仲間に運転を任せて，僕はその日の出来事を思い返していた．イトウがジャンプしたときの光景が頭から離れなかった．あの瞬間，野生の生命の存在理由を直観した，と言ったら言いすぎだろうか……．そして同時に，その尊さ，美しさに，畏敬の念を抱いたのだ．これほどすごいことが世のなかにはあるのだ，という驚きと新たな「気づき」を得た喜びがあらためて心の奥底から湧きあがった．もともと自然や動物が好きで，将来は自然保護や環境保全に関する仕事に就きたいと夢想し，環境関連法に精通した法律家を目指して，当時は法学部で学んでいた．しかし，あのイトウのジャンプで全てが変わってしまった．法律を介してではなく，もっと直接的に自然に関わりたい，もっと深く自然を理解したい，と思うようになった．あらためて自分の進路について深く考えるようになり，いろいろと調べた結果，フィールドで生物や環境について研究することができる生態学が琴線に触れた．その後，北海道大学大学院地球環境科学研究科で生態学を学べることがわかり，法学から生態学に転身することを決めた．

　一般に，イトウはほとんどジャンプしないと言われる．その後イトウは何匹も釣ったが，あのようなジャンプは見ていない．あのイトウが僕の人生を変えたと僕は今でも信じている．あのイトウが見事なジャンプで生態学の世界にいざなったのだ．

11-1　希少種の研究は難しい

転　身

　生態学への転身を決めた後，サークル (北大自然保護研究会) の先輩に紹介されて東正剛教授の研究室を訪問した．東教授のパワフルな人柄とフィールドワーク重視の方針，そして研究室の自由な雰囲気が性に合い，すぐに目指すべ

図 11-2 イトウ．サケ科イトウ属に属し，全長 2 m にもなるといわれる日本最大級の淡水魚．国内では現在北海道にのみ分布する．長寿で 20 年近く生き，多数回繁殖する．数が減少しており，環境省や国際自然保護連合のレッドリストでは絶滅危惧種に選定されている．

き研究室は決まった．法学部の仲間たちが就職活動や資格試験の勉強に励むなか，僕は一人で図書館に通い，東教授から教えてもらった生態学の教科書をひたすら読んで，大学院入試に備えた．そして 1994 年 4 月，なんとか修士課程から東教授の研究室に滑り込むことができた．

　しかし，大変なのはその後からだった．イトウがきっかけで生態学の世界に入ったので，やはりイトウの生態や保全について研究をしたいと考えていた (図 11-2)．しかし，イトウはその時点ですでに希少種であり絶滅危惧種であった．普通種を対象とした研究でも必要なデータをとることは決して簡単ではないのに，数の少ない希少種を対象にすれば，そもそも必要なデータをそろえることさえ困難であることは容易に予想された．何より，本来は対象種に基づいてテーマを定めるのではなく，解明したいテーマに適した対象種を選択すべきであると，多くの先輩方から指摘を受けた．さらに，当時は今ほど保全生物学が認知されておらず，そもそも保全は学問ではないという雰囲気も強かった．そうしたなかで，希少種であるイトウを対象に，生態学の素人が一からフィールドワークを始めてまともな研究を成し遂げるのは，我ながら至難の業のように思われた．

しかし，あのイトウのジャンプのおかげか，自らの研究の方向性については全く揺らぐことがなかった．また，先輩方の指摘はもっともだったが，一方で，希少種も普通種も生物としては同じ一つの種だ．そもそもイトウは普通種だったものを人が数を減らし，希少種として認定しただけではないか．数の問題さえ克服できれば，そこから一般則を導くことは可能だと考えた．研究テーマは，論文や本からだけでなく，興味をもってフィールドでイトウをじっくり観察していれば，解明したいと思うオリジナルのものが見つかるはずだ．

何より幸いだったのは，東教授が，「希少種の研究は難しい．でもそこまでやりたいならとりあえずやってみろ！」と言ってイトウの研究を認めて応援してくれたことだ．他の大学院や研究室であれば当時は自由にイトウの研究をすることは難しかったかもしれない．恵まれた研究環境を得て，かなり楽観的な考えのもと，何とかまともな成果を出したいと思った．そして，イトウ研究の第一人者である道立水産孵化場の川村洋司氏の指導を受け，北海道中央部の南富良野町を流れる空知川をフィールドとして，研究を開始することにした．

空知川で研究開始

南富良野町は富良野市の南部に隣接している，森と水の豊かな美しい町だ．林業と農業が盛んで，特にジャガイモは種イモの生産で有名である．一級河川の空知川が流入する「かなやま湖」があり，カヌーやラフティング，釣りなどのアウトドアスポーツも盛んに行われている．町内の幾寅駅は映画『鉄道員(ぽっぽや)』のロケ地ともなった．この自然豊かな南富良野町を流れる空知川の上流部で，当時まだ詳細が不明だったイトウの繁殖行動と稚魚の流下分散行動をまず研究することにした (図 11-3)．

しかし，すぐに研究を始められるわけではなかった．フィールドでは，研究を続けるための体制づくりが大変であることがわかってきた．まず，長期滞在する場所が必要だ．最初はとりあえずテント泊でやろうと思い，耐久性のある高価なテントを奮発して買った．これを現場に張り，研究を開始した．食事は当然自炊．しかし，雨風の強いときや気温の低いとき，蚊やブヨなどの吸血昆虫の多いときなどに野外で料理を作るのは容易ではなかった．さらに，付近はヒグマの生息域でもある．なるべく明るいうちに自炊をすませていたが，そう

図 11-3 空知川上流．森が豊かで水の透明度が高く，魚類の産卵行動などを観察するのに適している．

すると昼間フィールドに出られる時間が限られた．そして，ある日，大雨が降りテント内に水がしみてきたので車に避難し，数時間テントを離れた．その隙に，高価なテントを盗まれてしまった．

結局，地元の人にお願いをして，国道沿いのドライブインの敷地内にあるガレージをしばらく借りることにした．物置として使われていたため，有機塗料の匂いが漂っていたし，実際に使えるスペースは畳1帖ほどしかなかった．天井も低く，つねに屈んでいなければならなかった．それでも，ヒグマを気にする必要はなかったし，テント生活よりは遥かに快適だった．なんといっても，雨風を完全にしのぐことができ，物を盗まれる心配もなく，安心だった．おまけに隣はドライブイン，格安の値段で食事までお世話になった．このガレージは1年ほど使わせていただいた．

しかし，フィールドからやや距離があるのはやはり不便だった．そこで2年目には，野外活動の指導者育成を目的として設立された，全国的にも有名なNPO法人「どんころ野外学校」のバンガローを借りることにした．さらにその後，フィールドのすぐ近くにある，地元の方が使わなくなった一軒家を丸ごと借りることができた．

結局，10年以上も南富良野町で研究を継続することができたが，長期にわ

たってフィールドワークを継続させるには，まず衣食住を全うできる研究拠点を設けることが大切だ，とつくづく思う．そのためには，地元の方々の理解と協力を得ることが不可欠である．坂井夫妻，三浦夫妻，目黒夫妻，永井夫妻をはじめ，お世話になった地元の方々には本当に感謝の念に絶えず，この場をお借りしてあらためてお礼を申し上げます．

度重なる不運

春，雪解けが進み，やがて増水が収まり通常の流量に戻る直前，イトウは河川上流域の本流や支流に遡上し，産卵する．空知川では，4月下旬にはイトウの産卵が始まる可能性があった．大学院に進学したばかりの僕は，早速，川村氏とともに産卵河川へと調査に向かった．しかし，現地に到着するとまだ流量が多すぎて産卵は始まっておらず，川村氏は一度札幌に戻り，僕だけ残って産卵の開始を待つことになった．その間，周辺の地理や河川の状況を調査していたが，あの高価なテントを盗まれてしまったのはこのときだった．

まだ，研究拠点を作る以前のことであり，新たなテントを用意するため，一度札幌に戻るしかなかった．そして，今度は不注意にも交通事故を起こし，車を廃車にしてしまった．幸い怪我人はなかったが，新しい車を用意するのに手

図 11-4 浅瀬に定位するイトウの稚魚．体長 3 cm 程度．稚魚期にはサケ科特有の小判状の模様 (パーマーク) が体側に並ぶ (撮影：秋葉健司).

間取り，空知川に戻ったときにはすでに産卵は終わっていた．それでも，産卵した痕跡である産卵床の形態や分布を調査することはできたはずだが，当時の僕はまだイトウの産卵床をまともに読み取る能力がなかった．結局，1994年の産卵期はほとんど何もできないまま終わってしまった．

このままではまずい．しかし，夏季になれば産卵床で孵化した稚魚が浮上してくる．イトウの稚魚は流下分散行動やなわばり行動を示すといわれているが，その詳細は明らかになっていない．「よし，稚魚の行動を調べよう」と計画を練り直した (図 11-4)．早速，稚魚を捕獲するための流下トラップを用意したり，稚魚数を数えるための河道区間を設定するなどの準備を進めた．しかし，不運は続いた．稚魚の浮上に合わせて調査を開始して間もなく，すさまじい大雨が降り，一晩にして調査河川内の稚魚は大量に流下してしまった．その後調査河川内では稚魚を確認することができず，結局，夏季の稚魚期も目ぼしいデータがとれないまま終了してしまった．

春の繁殖期，夏の稚魚浮上期と，データを比較的とりやすい時期を逃し，僕はかなり意気消沈していた．秋以降になると，イトウの稚魚はそのほとんどが産卵支流から流下して本流に出てしまうが，川幅 30 m 以上の本流は河川規模が大きすぎて，まともな定量調査ができない．それでも，本流の流れの緩い場所でタモ網や釣りなどで魚類の捕獲を試みたが，捕れるのはほとんどフクドジョウやハナカジカ，エゾウグイばかりだった．たまに捕れるサケ科もアマメスかオショロコマで，イトウはほとんど捕れなかった．「やはり希少種を研究対象とするのは難しいのか」という思いが頭をよぎった．

秋になり，調査目的が定まらないまま，川沿いをさまよい歩く日々がしばらく続いた．その間，この大きな本流に流下した稚魚はいったいどこに行ってしまったのだろう，とぼんやり考えていた．そして，ようやく運が開けてきた．

11-2　イトウの生態

11-2-1　稚魚と氾濫原

あるとき，川で偶然出会って仲良くなったアマチュアカメラマンが「本流脇の浅い水たまりのような場所に魚がいたので釣りをしてみたら，イトウの稚魚

が釣れたよ」と教えてくれた．そういえば，稚魚は数センチメートルしかない小さな体だ．あれだけ強い流れの本流で定位できるのだろうかと疑問に思っていた．イトウの稚魚は他のサケ科の稚魚と比べても遊泳力が弱い．しかし，本流脇の小さな水たまりのような所であれば，イトウの稚魚でも定位できるかもしれない．もしそういう所にいるのであれば，個体数や生息環境について定量的な調査ができる．なんとなく可能性を感じ，さっそく本流沿いの水たまりを求めて調査を開始した．

　良好な自然が残されている空知川本流の上流域を注意深く歩いていると，河岸周辺に，湿生植物が生い茂り増水時には冠水する，いわゆる氾濫原が所々に残されていることに気づいた (図11-5)．そうした氾濫原の内部に分け入ってさらによく観察すると，本流と枝分かれして流れている狭い分流，流量の少ない幅1～2mほどの小支流，岸際にできる止水 (ワンド)，湧水や伏流水が流入する水たまりなど，実に多様な水環境があった．そうした環境を調査すると，これまで本流の流れからはほとんど見つからなかったイトウの稚魚が高密度で生息していた．普通種よりもイトウの稚魚のほうが優占する小支流さえあった (図11-6)．

　そうした氾濫原の小支流などの環境条件を本流や産卵支流と比較するため，

図11-5　氾濫原に見られる水辺環境．流れが緩やかで，湿生植物が生い茂り，イトウの稚魚に格好の隠れ場所を提供する．

図 11-6 氾濫原で捕獲されたイトウの稚魚．上：1 歳魚，下：0 歳魚．

　流速や水深などいくつかの環境要素を定量的に計測した．その結果，本流や産卵支流に比べ，氾濫原の小支流などは流速，水深，底質サイズなどの値が非常に小さく，隠れ場所となる水没草木など，カバーの面積は大きかった．明らかに，イトウ稚魚のように遊泳力の小さい魚が定位し，隠れるのに適している．実際，個体密度を季節ごとに調査したところ，イトウの稚魚は秋から翌春まで，本流や産卵支流ではなく，より流速が緩やかでカバーが豊富な氾濫原の小支流などを選択的に利用していることがわかった．

　上記の調査結果から，氾濫原内の水環境は，川 (水域) と岸 (陸域) との境界上に作られるため，川や岸とは異なる特徴をもっているといえる．保全生物学では，性質の明瞭に異なる環境が接して推移していく部分をエコトーン (推移帯) と呼び，それぞれの環境の中央部 (深部) とは異なる特性を有するものとして区別している．エコトーンでは，環境が特異的であるため，特有の生物群集が成立する (Rosenberg & Raphael 1986; 樋口 1996)．イトウの稚魚が選択的に利用する氾濫原の小支流などは，明らかにエコトーンといえるだろう．

　このように稚魚の生息環境を明らかにすることは，絶滅危惧種イトウの保全を効果的に実施するうえで不可欠だ．稚魚の生息に必要な氾濫原とそこに形成される小支流などが保全上重要であることはいうまでもない．しかし，こうし

た河川周辺の氾濫原は近年急速に減少している．治水などを目的としたダムなどの人工構造物が次々と河道に設置され，本来の水位の変動が失われて，氾濫原の冠水頻度が低下しているのだ．また，河道の直線化とそれに伴う護岸工事が延々と施され，周辺の農地化や宅地化はもとより，土地の有効活用の一環で公園やゴルフ場なども河川敷内に造成される．

　特に，護岸工事は河川と陸地との境界をコンクリートなどで分断するため，エコトーンの形成そのものを阻害する．さらに，護岸工事は本流のみならず小支流にまで及び，湿生植物が繁茂し多様な生物が生息していた貴重な環境が，短期間で生物相の乏しいコンクリート水路と化している例を多く目にする．そのようなコンクリート水路ではカバーが少なく流速も大きいため，イトウの稚魚は定位することができない．

　イトウに限らず，氾濫原に生活史の一部を依存している種の多くは，近年減少の一途をたどっている．国の天然記念物に指定されている魚類で絶滅危惧種のイタセンパラやアユモドキは，繁殖の際に氾濫原を特異的に利用することが近年の研究により明らかにされている (小川・長田 1999; 阿部ほか 2004)．魚類以外でも，例えば植物では，河川周辺を主要な生息場所とする種がレッドリストに多数掲載されており，国内の氾濫原植物は危機的な状況に陥っている (鷲谷 1999)．氾濫原という極めて変化に富む環境とそれに起因する生物多様性の価値を理解し，それらを適切に保全することは，僕たちに課せられた急を要する重大な責務であるといえるだろう．

11-2-2　困難と危険を伴う生態調査

過酷な産卵期の調査

　秋から初冬にかけてイトウ稚魚とその生息環境となる氾濫原を調査し，まだわずかではあるがデータを集めることができた．少し手応えを感じた僕は，2年目の春から本格的に産卵期の調査を開始した．産卵期には，普段は規模の大きな河川の下流域や湖にいる大型のイトウ親魚が，比較的小さな上流域の本流や支流に遡上して特定の場所に集まるため，観察がしやすく，データを収集する絶好のチャンスである．

一方で，産卵期の調査は，まだ残雪があり気温も低い雪解けの時期に3週間以上，日の出から日の入りまでずっと川に張りついて観察を続けなければならず，肉体的にも精神的にも相当に厳しかった．産卵の瞬間を見逃さないためには，毎日，約3kmの調査区間を何度も往復しなければならなかった．川岸はもちろん平坦ではなく，斜面や倒木，ぬかるみなどさまざまな障害物を避けながら，ヒグマと突然遭遇しないよう周囲の藪にも気を配りつつ，毎日川に沿って10km以上の距離を歩き続けるのは骨が折れた．

　産卵を開始したイトウのペアを見つけたときは，イトウに気づかれないよう川岸を匍匐前進するなどして接近し，そのままの姿勢で繁殖行動を記録した．雨の場合はもちろん，時には残雪の上に腹ばいになったまま何時間も行動を観察して逐一記録しなければならず，寒さや眠気との格闘は常だった．

　産卵中の親魚を捕りやすいこの時期は，密漁者が横行する季節でもある．観察中の親魚を捕られたらたまらない．夜間は，密漁者対策のため，川のすぐ近くに車を止めて車中泊をしていた．車が普通のセダンだったので，寝ている間は身体を真っすぐ伸ばすことができなかった．寝袋を使っていたが，あまりの寒さで目が覚めることもしばしばあった．そのうえ，夜間のパトロールもある

図 11-7 産卵河川に設置した調査用の簗．遡上個体は全て簗で一時捕獲し，標識などにより個体識別をして，その後の行動を追跡した．

ので，日中は寝不足の状態で川を歩き，観察を続けることになった．これをほぼ毎日繰り返したため，疲労はなかなか抜けず，日に日に蓄積していった．

さらに，次年度からは産卵河川に簗（やな）を設置して，遡上した個体を全て捕獲し，タグなどで個体識別をしてその行動を追跡したが，簗の管理も大変だった (図 11-7)．数時間おきに川を仕切る柵の掃除をしないと，流木やゴミが引っ掛かってすぐにオーバーフローし，せっかく簗に入ったイトウが逃げてしまう．特に雨が降ると川が増水して流木などが一気に増えるため，夜間でも出動しなければならなかった．昼間に疲労し切った後，どしゃ降りの真夜中，ヒグマが生息する河川に入り，小さなヘッドライトの光を頼りに，ずぶぬれになりながら流木などを取り除き，延々と土のうや巨石を積んだ．疲労，冷え，睡眠不足，恐怖といったマイナスの感覚が，いくつも重なって襲ってきた．

こうした過酷な条件が重なってある一線を超えると，極端な心理状態の転換が起こることがある．この「ナチュラルハイ」的な状況を，過酷な調査中に何度か経験した．何かの拍子に，守りの姿勢が解けて，開き直るような感覚に変わる．気分が高揚してきて快感すら覚え，それまで重かった体と心が驚くほど軽くなるのだ．人間の体はうまくできているらしい．どうやら，心身の内部構造（？）は重層的になっており，よほどの状況でないかぎり，到底その最終段階にはたどり着かないのではないか……．

もちろん，「やりたいことをやっている」という思いが根底にあることが，しばしば訪れるピンチを切り抜ける決定的な原動力となっていたことは間違いない．イトウの調査に何か使命感のようなものさえ感じていたし，それが自分を後押ししていたのかもしれない．当時，過酷さは感じつつも，調査中に何かを妥協するということはまずなかった．そして，過酷さのなかに充実感さえ感じていた．自分のやっていることが全て腑（ふ）に落ちていたのだ．

ヒグマの恐怖

産卵期の調査では毎回ほぼ同じルートを歩くため，次第に細い小道が川岸にできあがる．時々そのルート付近でヒグマの足跡や糞を発見した．どうやら僕が作った「けもの道」をヒグマも利用しているらしい．イトウの産卵河川周辺には良好な自然が残されており，当然ヒグマも生息している．特に僕が調査し

図 11-8　ヒグマ．言わずと知れた北海道の森の主．イトウの生息する河川の周辺には数多く生息している．写真は親子連れの2頭．目が光っている (撮影：大光明宏武).

ていた河川の周辺には，ヒグマが数多く生息していた (図 11-8)．当時，地元の方々から，僕の調査地の近くで 20 年以上前に起こった悲劇を何度も聞かされた．釣り人がヒグマに殺されて食われたという話だ．釣り人の遺体は半分以上食われた状態で発見され，その後射殺されたヒグマの胃の中では，人肉とフキなどの植物質が交互に層になっていたという．

　しかし，その頃の僕の中では，ヒグマへの恐怖よりも好奇心のほうが勝っていた．フィールドワーカーたる者，野生のヒグマと近くで遭遇するくらいの経験が必要だなどと勝手に思っていたのだ．ある日，調査河川を歩いていると，川岸の泥の上にヒグマの足跡を見つけた．ツメの先端の穴まで奇麗に残っている真新しいやつだ．まだ野生のヒグマを見たことがなかった僕は，そのとき愚かにも，その足跡を追跡してしまった．

　足跡はしばらく川に沿って続いていた．なにか冒険をしているような気になって少しドキドキしながら進んでいくと，突然足跡が消えた．どうやらここから川の中に入ったようだ．そんなことでまかれてたまるかと思い，しばらくその周辺の探索を続けた．かなり下流側に進んだ所で，足跡ではないが，川岸の

石が不自然にぬれている場所を発見した．なるほど，石に上がって足跡を付けないよう，クマなりに気をつけているらしい．しかし，これではバレバレだなどと思いつつ，さらにその周辺を探し回り，ついに足跡の続きを発見した．ヒグマとの知恵比べに勝ったような気がして，何か感覚が麻痺していたのだろう．そのまま足跡を見逃さないよう下を向いて歩いていくと，目の前に大きなクマザサの塊が現れ，足跡はそこで消えていた．ヒグマはクマザサの藪の中に入っていったようだ．

顔を上げてよく観察して見ると，正面の草の一部が不自然に倒れている．しかし，藪の中まではよく見通せない．辺りは妙に静まりかえっていた．なんとなくヤバイ雰囲気を感じ始めたそのとき，一陣の風が吹き，異様な獣臭が強烈に鼻を衝いた．「目の前に，いる……！」．直観が囁き，恐怖が蘇った．背筋に冷たい電気のようなものが流れ，体の力が抜けた．自分の愚かさを呪ったが，いまさらどうしようもない．身動きがとれないまま，さまざまな考えが一瞬で頭を駆け巡った．そして，後ろを見せたり走って逃げたら襲われると本能的に感じた．

最悪の今，できる最善は，後ろを見せずゆっくりこの場を立ち去ることしかない．前を見据えながら，転ばないようゆっくりと後ずさりを始めた．川に入ってもそのまましばらく後ずさりを続け，十分な距離をとった後，初めて振り向いて猛ダッシュした．車にたどり着いたときには，もはや精も根も尽き果てていた．しばらく放心状態が続き，落ち着くまでに時間がかかった．フィールドでは，正しさから少し外れただけで大事故になることがある．もちろんヒグマには全く罪はない．彼らはただ自然の摂理に従ってつつましく生きているだけである．ヒグマの生息域で無謀な行動をとった自分が120%悪いのだ．万一殺されたとしても文句は言えまい……．自然をなめていたことを猛省した．そして，生かしてもらったことを天に感謝した．

その後，ヒグマへの恐怖を感じつつも，イトウの調査を続けなければならなかった僕は，ヒグマとの突然の遭遇を避けるため，川の中のイトウだけでなく周囲の藪などにもかなり気を配るようになった．そして，クマよけ鈴を鳴らし，いつでも使えるようにクマ撃退スプレーを腰にぶら下げて，調査ルートを歩き続けた．

しかし，どんなに気をつけていても，イトウの調査地でヒグマと遭遇することを完全に避けることは困難である．特に，川は蛇行していて先が見通せないことが多く，カーブの先に突然ヒグマが現れる可能性も考えられる．気をつけてはいたものの，実際，調査中にそのような状況でヒグマと遭遇したときには，さすがに驚いた．川の蛇行部を抜けてふと前を見ると，わずか20 mほど先に巨大なヒグマがいたのだ．そのときは強風が吹いており，草木が擦れる音で鈴の音も届かなかったのだろう．幸いにして自分が風下にいたため，ヒグマはこちらに気づいていない様子だった．焦りつつも，気づかれないようにゆっくりと後ずさりして，何とか河畔の木の後ろに身を隠した．

　目の前にある普段自分が歩き慣れたルートの上を，2 m以上もの茶色い巨体がゆっくりと歩いているさまは，まさしく壮観だった．木の陰からしばらくその巨体を観察したところ，前足の太さが自分のウエストくらいあり，恐怖を感じる以前に，襲われたら確実に終わるだろうということを素直に理解した．不思議なもので，自分の呼吸がヒグマに聞こえるとは思わなかったが，自然と呼吸を抑えていた．「息を殺す」とはこういうことを言うのだろう．しばらく観察していると，ヒグマは周囲の匂いを嗅ぎながら斜面を登り始め，その場を去っていった．

　以前，林道を車で走行中に，突然ヒグマが林道に飛び出してきたことがあった．そのまま目の前を走り出し，車で追走するような形になったが，そのときのスピードは相当なものだった．ヒグマは時速50 kmで走ると言われている．もし，あの巨体がそんなスピードで突進してきたら，はたしてクマ撃退スプレーを噴射できただろうか……．もはや為すすべはないだろう．やはり至近距離で唐突にヒグマと遭遇することが最も危険であり，それを事前に回避することがなによりも重要だ．

　以後はさらに慎重になり，できるだけ単独ではなく複数で行動し，クマよけ鈴などで派手に音を出してこちらの存在をアピールした．周囲により気を配るようになり，足跡や糞など，ヒグマが残すフィールドサインにも敏感になった．

続・ヒグマの恐怖
　それにしても，恐怖という感覚は，多分に精神的な要素が大きいのだろう．

フィールドで実際にヒグマに遭遇する恐怖は何度か味わったが，それと同等かもしくはそれ以上の恐怖を，当時フィールドで借りていた一軒家の中でも感じたことがある．その一軒家は離農した地元の方から借りた，開拓時代を思わせるような古い家だった．周囲数キロメートルの範囲に人家がなく，すぐ近くを僕の調査河川が流れていて，完全にヒグマの生息域内に建てられていた．静かで趣があり，個人的にはその家を大いに気に入っていた．

ある日の晩，調査も一段落ついたので，家の中で一人くつろいでいた．ふと，家主が残していった本棚に置かれた1冊の本が目にとまり，何気なく読み始めた．それは吉村昭著『羆嵐』(新潮文庫) だった．大正4年 (1915年)，道北の苫前村三毛別 (現在，苫前町三渓) で，たった1頭のヒグマが開拓民の集落を数度にわたって襲撃し，わずか2日で7人を殺害し，3人に重傷を負わせるという事件があった (三毛別羆事件)．この，実際に発生した日本獣害史上最悪の惨劇をモデルに描かれた小説が，『羆嵐』だった．最初はそれほど真剣に読むつもりはなかったが，読み始めると「怖いもの見たさ」からか止まらなくなり，夜中までそのまま読みふけってしまった．

その小説に，巨大なヒグマが開拓民の家の壁を突き破って侵入し，家の中にいた人を次々に殺して食べるシーンがあった．ヒグマが人間を貪る様子などもリアルに描写され，読んでいて次第に怖くなってきた．いったん読むのを中断し，ふと顔を上げた．すると，寝転がって本を読んでいる自分のすぐ目の前にある，たった1枚の薄い窓ガラスが気になった．そのすぐ外はヒグマの生息域ではないか．ヒグマにとって，こんな薄いガラスや壁を破って中に侵入するのはたやすいことだろう．徐々に恐怖が自分の心に広がり始めた．

フィールドでヒグマの恐怖は何度も経験しているし，この家に一人で泊まる孤独にも十分慣れているつもりだった．しかし，ヒグマが壁を破って家の中に侵入することまでは考えたことがなく，この家の中は安全であると信じきっていた．一度そうした想像を始めるとキリがなくなり，そのうち本当に怖くなってしまった．今にも巨大なヒグマが突入してくるのではないかという恐怖にとらわれ，眠れなくなった．そして，ついに一人ではその家に居られなくなり，大急ぎで車に乗り込んで発進した．峠を越え，街中の人家が密集していてヒグマがいないであろう場所に車を止め，その日はそのままそこで車中泊した．

不思議なことに，その家の中に居てあれほどヒグマの恐怖を感じたのは後にも先にもそのときだけだった．翌日からはまた普通にその家で寝泊りできるようになった．このことは僕にさまざまなことを考えさせた．確かに，『羆嵐』がそれだけリアルで，十二分な迫力があったのは間違いない．しかし，そのとき実際にヒグマが壁を破ってその家に侵入してきたわけではなかった．あれほどの恐怖を感じて急いで家を出る必要まではなかったはずだ．結局，自分の心の中で恐ろしい想像をして，自分で怖がっていたにすぎない……．まるでマッチポンプではないか……．恐怖の多くは人の心が勝手に創り出した根拠に乏しいものであり，必要以上にそれにとらわれると正しい行動がとれなくなるのかもしれない．やはり，事実に基づいて冷静に行動を定める理性が必要なのだろう．

……しかし……これには後日談がある．その後，実際にその家の庭から巨大なヒグマが現れたのを後輩が目撃したのだ．また，その家の壁の外側に立て掛けてあった，倒れるはずのない重い鉄板が，夜間に突然大きな音とともに反対側に倒れたこともあった．あのとき一人で家にいて感じた恐怖は，あながち的外れではなかったのかもしれない．生物の生死に関わるようなギリギリの状況では，理性だけに頼っていては判断が間に合わないこともあるだろう．結局，理性と感性の絶妙なバランスこそが，フィールドでは求められるのかもしれない．

密漁者対策

疲労や寒さ，ヒグマなどのほかに，産卵期の調査で特にやっかいだったのは，釣り人や密漁者への対応だった．当時はイトウの各個体をタグなどで標識し，個体識別しながら行動を追跡していたため，それらが捕獲されてしまうと，もちろんまともなデータがとれなくなる．そこで，昼間はもちろん，夜間にも眠気を抑えつつパトロールを実施した．釣り人などを発見した際には事情を説明して，ここでイトウの捕獲をしないようお願いしていた．当時はまだ南富良野町においても繁殖期のイトウ釣りは違法ではなかったため，違法な道具を使っていない限り強制的にやめさせることはできなかった．イトウの剥製が一部で取引されているという背景もあった．それでも，たいていの人は話を聞いてくれて，そこでの釣りや捕獲をやめてくれた．しかし，なかにはタチの悪そうなチンピラ風の者や，いわゆる筋者風の者さえいた．捕獲をやめるようお願いす

るうちに口論となり，喧嘩寸前となることも何度かあった．

　そうした状況が夜間に発生すると最悪だ．あるとき，真夜中に，迷彩服を着た筋者風の男と川岸で喧嘩寸前となった．いきなりありったけの罵声を浴びせられたうえ，調査などとぬかすならこの川のイトウをメチャメチャにするぞ！などとドスの効いた声で脅された．説得不可能であることはすぐに悟った．さりとて引くわけにはいかない．互いににじり寄り，間合いが詰まった．相手は腰にナタをぶら下げており，一瞬，最悪の事態が頭をよぎった．しかし，自分で言うのも気が引けるが，当時の僕はかなり気合が入っていた．ヒグマの生息域で，いわば「命懸け」でイトウの調査をやってきたのだ．こんな輩(やから)に絶対に妨害させない，という信念が生まれていた．イトウを守り，自分の身を守るためにはやむをえない．相手が本気で仕掛けてきたら，相手より圧倒的に速く，自分の突きを相手の顔面に叩き込むのだ！　相手の初動を押さえるべく，さらに間合いを詰めた．すると，必倒の気合を察したのか，急に相手は間合いから外れた．イトウのためにそこまでするのは割に合わないと思ったのかもしれない．もしくは，気がふれた学生とは関わっていられないと思ったのか？　もうここではやらないなどと言い残し，相手は消えていった．その後，その男は二度と現れなかった．

　無謀ともいえる努力が功を奏したのか，噂が広まったためか，当地の産卵期における釣り人や密漁者の数は次第に減っていった．しかし，今思うと，当時の行動は若気の至りであり，無事にすんだのも，たまたま運がよかっただけかもしれない．その何年か後，イトウも生息する道内の別の水系で，サケの密漁をとがめた人が，密漁者に刺されて重症を負う事件も発生している．サケなどの密漁をめぐる暴行や傷害などのトラブルは後を絶たないようだ．ヒグマも怖いが，人間はもっとやっかいだ．やはり，無謀な行動は禁物であり，危険を感じたときには直ちに引く勇気が必要である．違法行為を確認したら，下手に自分で注意をするより，直ちに警察に通報するほうが賢明だろう．

　その後，南富良野では北海道内水面漁場管理委員会による指示が出され，産卵期のイトウの捕獲が禁止された(1999〜2008年)．さらに，後述するように，2009年には南富良野町イトウ保護管理条例が制定され，当地において産卵期にイトウを捕獲しようとする者はほとんどいなくなった．

11-2-3 イトウの産卵行動

産卵期の魅力

　上述のとおり，イトウの産卵期の調査はさまざまな困難を伴ったが，この季節ならではの魅力もあった．何よりも，婚姻色の出た立派なイトウ親魚の繁殖に関するさまざまな行動を間近で観察することができ，醍醐味にあふれていてやりがいがあった (図 11-9)．生活史のなかでも特に繁殖には，その種のみがもつさまざまな特性が顕著に現れる．適応度を上げるために，繁殖に際してどのような戦略や戦術がとられているのかを明らかにすることは，生態学の重要なテーマの一つである．

　イトウの産卵期における調査の目的は，雌雄の繁殖戦略・戦術の詳細を明らかにし，繁殖成功に影響を及ぼす要因を特定することだった．調査河川に産卵遡上したイトウ親魚を個体識別してその行動を追跡し，ペアの組み合わせや雄間の攻撃行動，雄の雌に対する求愛行動，雌の産卵行動，産卵回数，産卵場所の環境条件などを詳細に記録した．そして，産卵期終了後に卵を全て掘り返し，生卵や死卵の数を数え，どの個体がどれだけ子を残せたのかを定量的

図 11-9 繁殖期のイトウのペア．大型の雄には鮮やかな婚姻色が現れるが，雌は大型の個体でもごくわずかに色がでる程度である (撮影：大光明宏武).

図 11-10 イトウの卵.正常に発生が進んだ卵は外側から仔魚の眼が確認でき,発眼卵と呼ばれる (撮影:大光明宏武).

に評価しようと考えた.生卵は発生が進んで外側から仔魚の眼が確認できる発眼卵であり,眼の確認できない死卵と容易に区別がつく (図 11-10).もちろん生卵は調査終了後,元の場所に埋め戻した.

イトウの調査を通じて,僕は生態学へのロマンと,フィールドワークの楽しさや厳しさを強烈に体感することができたが,産卵期の調査はその「原点」だったといえるかもしれない.魅力的で過酷なこうした調査を,多くの仲間や地元の方々の協力を得ながら 5 年以上続けた.その結果,イトウの繁殖生態に関するさまざまなことが次第に明らかになってきた.

雌の繁殖戦略

イトウの産卵は,サケなどと同様に,雌が河床の礫を尾鰭で叩いて産室となる穴を掘り,その中に雌雄同時に放卵・放精する.産卵後は,雌がその穴の上流側の河床を尾鰭で叩いて礫で埋め戻す (図 11-11).そうした一連の行動により造成される,河床の窪み (ポット) とマウンド上の盛り上がり (テール) の連なりを産卵床という (Ottaway et al. 1981).完成したイトウの産卵床は,V

図11-11 イトウの産卵行動．雌は尾鰭で河床の礫を叩いて産室を造る．その間，雄は雌に対して求愛行動を示し，他の雄が現れると攻撃行動をとる(撮影：秋葉健司)．

字型の窪み(V字型ポット)をもつことがわかった(Edo et al. 2000．図11-12)．これは本種特有のもので，他のサケ科魚類の産卵床では報告されていない．一つの産卵床の中に複数の産室が含まれていることもあるが，V字型ポットの形状とテールの重なり具合から産室数を推定できた．途中まで掘ったが産卵しなかった偽産卵床は，V字型ポットをもっていなかった．

　個体識別をした雌を多数追跡したところ，1個体当たり平均3個の産卵床を造り，それぞれを平均200 m以上分散させていることがわかった．したがって，産卵床の数を合計して3で割ると，雌の個体数を推定できた(Edo et al. 2000)．また，1産卵床の産室数は平均2個以下で，0項の切れたポアソン分布に従っており，1か所での産卵回数はランダムであることが示唆された(Edo 2001)．このように産卵床を分散させ，かつ1か所につきランダムに産卵するという報告も他のサケ科魚類では例がなく，イトウ特有の行動であった．

　サケやカラフトマスは産卵後死亡する1回繁殖型で，雌は産卵床を他の雌から防衛し，しばしば他の雌を攻撃する．せっかく埋めた卵を，同じ場所で産卵床を造ろうとする他の雌に掘り返されることがあるからだ．これに対し，イトウは産卵後も生存し，数年以上にわたり産卵する多数回繁殖型だ．雌は産卵床

11-2 イトウの生態

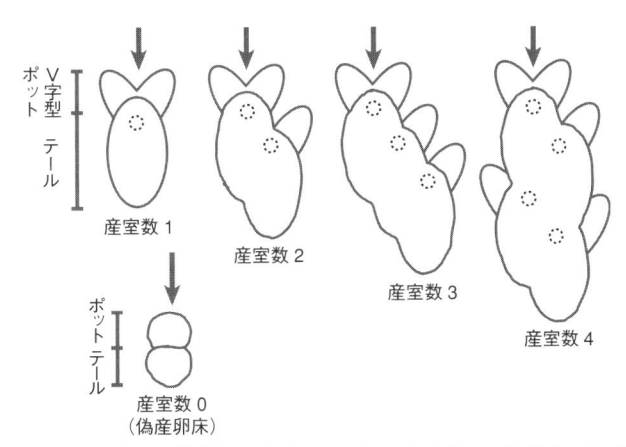

図 11-12 イトウの産卵床の模式図 (平面図). 点線の丸は産室の位置を，矢印は流れの方向を示す．産室の数によって産卵床の形状は変化する．完成した産卵床はV字型ポットをもつが，掘ったが産卵しなかった偽産卵床はV字型ポットをもたない．

を防衛せず，他の雌を攻撃することも一切なかった．これは，産卵個体の密度が低いため，産卵場所を巡る競争の必要性が低く，他の雌に産卵床を掘り返される危険性も低いためと考えられる．実際，産卵床の重複率は1割に満たなかった．典型的な多数回繁殖型の生活史を有することも，その要因の一つかもしれない．産卵床の防衛行動や他個体への攻撃行動は，エネルギー消耗や負傷などのコストを伴う．掘り返しを受ける危険性が低いならば，防衛行動はとらず，産卵後はできるだけ早く本来の生息場所に移動して翌年以降の繁殖に備えるほうが，長期的な繁殖成功度を高めるうえで有利だと考えられる．実際に，イトウの雌が産卵河川内で費やす日数は3日程度であり，サケやカラフトマスよりかなり短く，産卵終了後は直ちに下流に移動することが明らかとなった．

産卵数は雌1個体当たり平均約3,000粒だったが，雌の体サイズと有意に相関していた (Edo 2001)．例えば，90 cmを超える雌は5,000粒以上の卵を産んでいたが，60 cmほどの雌の産卵数は2,000粒に満たなかった．したがって，産卵数で評価すると，イトウの雌は，大型の個体ほど高い繁殖成功を得ていたと言える．さらに，雌の体サイズと卵サイズにも有意な相関が認められ，大型の雌ほど大きな卵を産んでいた (Edo 2001)．大きな卵からは大きな稚魚が生まれるが，その後の生残に有利である．そのため，産卵数だけでなく卵サイズか

らも，大型の雌のほうが繁殖において有利と予測された．なお，卵数と卵サイズはトレードオフの関係にあるとされ，大型個体が数だけでなくサイズにも投資する理由については，さまざまな最適化モデルが考えられており，重要なテーマの一つである．

　一方，卵の生残率は産卵場所によって大きく異なっていた．その結果，生卵 (発眼卵) の数で評価すると，産卵場所によっては，大型の雌でも子 (生卵) をあまり残せないこともありうる．そこで，卵の生残率に影響を及ぼす要因を明らかにするため，生残率を従属変数として個体差や各環境変量との関係をステップワイズ法による共分散分析などを用いて調べたが，有意なモデルは得られなかった．しかし，階層分散分析の結果，雌間の個体差よりも産卵場所の違いのほうが，卵の生残率により大きく影響していたことが示唆された．すなわち，雌にとっては，大型であることだけでなく，どの場所で産卵するかということも，高い繁殖成功を得るうえで重要であることがわかった (Edo 2001)．

　産卵支流で捕獲し標識後に放流した個体が，翌年以降に同一の産卵支流に再び遡上していることも明らかとなった．しかし，これは偶然の可能性もある．もしかすると多くの雌は戻ってこないのに，マーク個体が，たまたま戻ってきたわずかな雌の中に含まれていただけかもしれないからだ．そこで，全産卵雌のうちマーク個体が全く偶然に同一の支流に遡上する確率を計算したところ，5％以下にすぎなかった．すなわち，イトウの雌は，同じ支流に同じ個体が遡上して産卵する，いわゆる「母川回帰性」を有するといえる (Edo 2001; 江戸・東 2002)．

雄の繁殖戦術

　雄には，大型で朱色またはオレンジ色の婚姻色を濃く出す個体と，小型でほとんど婚姻色を出さない個体の2タイプがいる．前者は他の雄に出会うと積極的に争って，特定の雌に寄り添うペア雄の地位を獲得しようとする戦術をとる (図11-13)．このペア戦術をとる雄同士が出会うと，まず2尾は側面誇示を行って大きさを競い，その後双方ともに直接的な噛みつきなどの激しい攻撃行動を示す．雄間の順位は体サイズに基づいており，通常，体サイズのより大きな個体が劣位個体を追い払い，最終的に優位となる (Edo 2001)．

11-2 イトウの生態

小型でほとんど婚姻色を出さないタイプの雄は，ペア戦術をとる大型雄と出会っても積極的に争うことはせず，攻撃されると逃げる．しかし，ペアの周囲につきまとい，自分より大きな雄がいなくなるとすかさず雌とペアを組んで放精しようとする，いわゆるサテライト戦術をとっている (図 11-14)．サテライト雄同士が出会うと，攻撃行動は観察されるが，追ったり逃げたりを繰り返す

図 11-13 ペア戦術をとる雄．全長 65 cm．胸鰭の付け根から尾鰭にかけてオレンジ色の鮮やかな婚姻色が現れている．

図 11-14 サテライト戦術をとる雄．全長 40 cm．婚姻色はほとんど現れていない．

だけで，噛みつきにまで至ることはほとんどない (Edo 2001).

　雌とペアを組んだ雄は，雌に体をすり寄せて小刻みに体全体を震わせる行動や，雌の魚体を左右に乗り越えるように泳ぐ行動などの求愛行動を頻繁に示し，雌の産卵を促す．他のサケ科では通常，多数の雄と雌が集まって繁殖グループを形成するが，イトウの放卵・放精はつねに雌雄1尾ずつのペアのみで行われた．産卵がつねにペアのみで行われることも，イトウの繁殖生態の特徴といえるかもしれない．サテライト雄はいるものの，ペアが放卵・放精する瞬間に飛び込んできて放精する，いわゆるスニーク戦術をとる雄は，1例も確認されなかった (Edo 2001).

　産卵河川に遡上してくる個体の性比は年によってばらつきがある．雄が多い年は大型でペア戦術をとる雄が有意に高い繁殖成功を収めていたが，雌が多い年は小型のサテライト雄も大型のペア雄に近い確率で繁殖に成功していた．イトウは雄と雌で繁殖開始齢が異なるので，各年級群 (同じ年に生まれた個体の集団) の稚魚期生残率が天候などで大きく変動すると，繁殖個体の性比がばらつくことになる．例えば，空知川水系では雄4歳，雌6歳で繁殖を開始するので，ある年の稚魚の生残率が極端に低いと，4, 5年後の繁殖雄の数は平年より少なくなるだろう．その結果，小型のサテライト雄でも繁殖に成功しやすい状況が生じるかもしれない．実際，産卵河川に遡上した繁殖個体の齢構成を調べたところ，各年の繁殖集団を構成する年級群は雌雄で異なっていた．また，雌雄ともに，特定の年級群が集団の50%以上を占めており，特定の年級群が繁殖集団を主に構成していることも明らかになった．このことは，イトウの生残が年によって大きく変動することを示していると考えられる．なお，繁殖が支流ごとの比較的小さな集団内で行われるため，偶然の効果が性比の変動を大きくしている可能性もある．

　総じて，イトウの繁殖生態はサケ科のなかでも典型的な長寿・多数回繁殖型の生活史を反映していると言えるだろう．これまでに確認された空知川水系のイトウの最高齢個体は18歳だった．このため，短期的な調査では検出できない特徴もあると考えられるので，さらに長期的なフィールド調査が必要であることはいうまでもない．

11-3 絶滅危惧種イトウの保全

11-3-1 保全のための基礎データ

北海道全域のイトウの数を数える

　すでに述べたように，産卵床の数を3で割ることでイトウ(雌)の個体数を推定できた．この方法を用いて，北海道全域のイトウの個体数を推定できないだろうか？　もちろん，多数の河川で産卵床を数えるのは大変な力業ではあるが，イトウの保護管理を適切に実施するうえで，どの水系に，どれくらいの数の個体がいるのか，絶滅リスクはどのくらいなのか，といった個体群の大きさや存続可能性に関する情報を正確にモニタリングすることは不可欠だ．イトウは当時から年々数を減らしていると危惧され，「絶滅寸前」もしくは「幻の魚」とまで言われていた．しかし，その生息状況について，定量的に調査されたことはなかった．

　そこで，イトウ好きの秋葉健司氏，川原満氏，大光明宏武氏ほかとともに調査研究グループを結成し，北海道全域のイトウ個体数の定量化に取り組んだ．広大な北海道全域を対象とした過酷な調査は，彼らの卓越した調査能力なくしては成し得なかったものである．この大変なパワーと技術を要する大規模な調査は，以下の4つの段階を経て実施された．

(1) 北海道全域におけるイトウ生息水系の把握

　まず，水系スケールでイトウ生息の有無を判別する方法を確立する必要があった．僕たちは，それまでのイトウ調査の経験から，稚魚，特に産卵床から浮上して流下したばかりの0歳魚に着目した．なぜなら，イトウの0歳魚は以下の3つの特徴をもっているからだ．

　(1) 個体数が非常に多い．1尾の雌が平均約3,000粒の卵を産むため，卵が正常に発生して0歳魚が産卵床から水中に浮上した直後は，非常に多くの個体を河川内で確認することができる．

　(2) 広範囲に分布する．0歳魚は長距離を流下分散するので，産卵場所付近に集中して分布するのではなく，下流の河道まで分布する．したがって，事前に産卵場所がわからなくても，下流から徐々に上流に向かって調査すること

図 11-15 電気ショッカーを用いた稚魚の調査．手に持ったポールの先端 (円形の部分) から電気を流して魚類を捕獲する．電圧などを一定以下に調整しているため魚体への影響はまずない．背負っている本体部分は約 15 kg もあり重い (撮影：秋葉健司).

で，比較的容易にその生息を確認できる．

(3) 生息環境がわかっている．0 歳魚は河川内で特定の微環境要素 (流速，水深，カバーなど) が一定の条件を満たす場所を選択的に利用する．したがって，そうした特定の環境を調査することで，比較的容易に生息の有無を確認できる．

いずれも，空知川における産卵期や稚魚期などの調査から明らかになったことだ．なお，0 歳魚の確認は繁殖の確認を意味するため，0 歳魚の生息域の把握は，その水系における産卵支流の特定につながるという利点もあった．

過去にイトウの生息が報告されている主要な水系について，事前に，地図上で河川規模や河床勾配などを勘案し，支流または水系当たり数か所の稚魚採集地点を定めた．次に，各採集地点で目視の予備調査を行い，ダムで河道が分断されていたり，河床にシルト (砂より細かく粘土より粗い砕屑物) が大量に堆積しているなど，イトウの産卵に適さない河川は除外した．残った採集地点で，電気ショッカーなどを用いて 0 歳魚の生息確認調査を行った (図 11-15)．確認後，採集魚は元の場所に放流した．

この調査結果は，僕たちにあらためて重い事実をつきつけた．それまで危惧されていたように，支流や河川スケールだけでなく，水系スケールでもイトウの絶滅は進行していたのだ．調査を実施した水系の約 1/4 ではイトウを確認する

ことができなかったし，確認できた水系でも，絶滅に近いと思われる水系がいくつもあった．以前はイトウが数多く生息していたといわれている道東地方の結果は特にひどく，上流域を自衛隊の矢臼別演習場で守られている別寒辺牛川や風蓮川などを除くほとんどの水系で，絶滅または絶滅に近い状況だった．

(2) イトウ生息水系における産卵支流の特定

イトウの生息を確認した水系において，稚魚採集地点の位置などから産卵支流を特定した．その結果，産卵支流の数は水系によって大きく異なり，20本以上ある水系もあれば，1本しかない水系もあった．例えば，僕がメインの調査地としていた空知川水系では，比較的容易に0歳魚を確認することができたが，繁殖は特定の9本の支流でのみ行われていた．空知川のような安定した個体群を擁する水系においても，繁殖は上流域の支流群においてランダムに行われるのではなく，一部の支流に限定して選択的に行われていることが明らかとなった(図11-16)．

一方，道東および道南地方の水系での調査結果は僕たちを愕然とさせた．流域面積約 2,510 km² を誇り無数の支流を擁する釧路川水系は，かつて道東地方におけるイトウ釣りの中心として漫画『釣りキチ三平』(矢口高雄著，講談社)

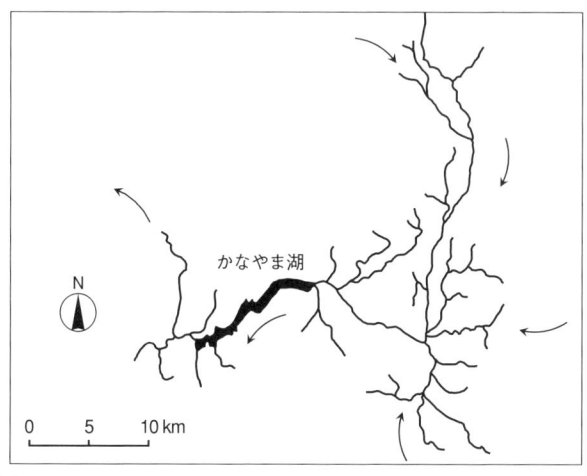

図11-16 空知川水系の模式図．矢印は流れの方向を示す．数多くある支流のなかで，産卵に使われる支流はごく一部に限定される．

にも登場したが，その釧路川水系において，産卵支流はわずか数本しか確認できなかった．同様に，全国でも屈指の大河川で，流域面積約 9,010 km^2 を誇る十勝川水系においても，その流程の多くがダムで寸断されているためか，産卵支流はごくわずかしか確認できなかった．道南の雄，ニセコの麓を流れる尻別川水系に至っては，当初は産卵支流を特定することさえできなかった．この水系では，2010 年にイトウ保護のための NGO「尻別川の未来を考えるオビラメの会」(後述) により，初めて産卵支流が 1 本確認された．なお，この水系で

図 11-17 産卵床カウント調査．(A) 踏査の様子．産卵河川をひたすら歩き，産卵床を発見したら GPS を用いてその位置などを記録する．踏査距離は復路を含めると 1 日で 20 km を超えるときもある．(B) 産卵床．点線は外形，円は産室の位置，矢印は流れの方向を示す (撮影：秋葉健司)．

は別の支流でオビラメの会がイトウの再導入を試みており，そこでは放流した個体による繁殖が確認されている．

(3) イトウ生息水系における個体数の推定

各水系において産卵支流を特定した後は，産卵期直後にひたすらにその支流を歩き，産卵床の数を数えて，繁殖個体数の推定に努めた(図11-17)．例えば，空知川水系のA川で39個，B川で24個の産卵床を見つけたとすると，A川，B川で産卵した雌親魚の数は，それぞれを3で割って13尾，8尾と推定される．このように支流ごとに産卵床を数えて雌親魚数を推定し合計すると，例えば2006年の空知川水系では，全体で約100尾の雌が産卵したと推定された．これに，マーク個体の追跡調査結果から算出した，産卵に参加していない個体も含めた雌の全体推定数，繁殖個体の性比データなどを用いることで，雄を含めた水系全体の繁殖個体数を推定することができる．2006年の空知川水系のデータからは，雌雄を含め全体で約560尾の親魚が生息していると推定された．同様の調査を北海道全域の水系で実施したところ，水系当たりの繁殖個体数は，10尾以下から1,000尾以上まで大きくばらついていた．

(4) 北海道全域におけるイトウ個体数の推定

以上の調査を北海道全域の水系で行った結果，北海道内で比較的安定したイトウ個体群を擁する水系はわずか8つ程度(空知川水系，猿払川水系，天塩川水系など)しかないことがわかった．一方で，個体数が少なく絶滅が危惧される水系(十勝川水系，尻別川水系，釧路川水系など)は多数にのぼった．現在，こうした各水系のデータを集計し，北海道全域におけるイトウ個体数の推定を試みている．最新データでは，合計7,000個体を大きく超えそうだが，北海道の広大な面積や，一般的な魚類の個体群サイズなどを考慮すると，この数値は個体群サイズとしてかなり小さいと言わざるをえない．

これらの結果から，北海道全域におけるイトウの個体数はやはり少ないこと，また，比較的安定した水系から，絶滅の恐れがある，あるいはすでに絶滅した水系まで，各個体群のおかれた状況が大きく異なることなどが明らかとなった．したがって，イトウの保護管理を適切に実施するためには，個体群ごとにその状況に即した施策を立案し，実行する必要がある．また，今後も各個体群の動向を継続してモニタリングする必要があるだろう．

絶滅のメカニズム

　これまでの調査から，十勝川や尻別川など，イトウの個体数が著しく減少し，絶滅の恐れのある水系が数多く存在することが明らかとなった．こうした水系のイトウ個体群を保全するためには，どのような措置をとる必要があるだろうか．

　一般に，生息地の破壊や分断化，乱獲などにより著しく個体数が減少した生物の個体群は，絶滅の渦と呼ばれる過程を経ることで，さらに絶滅の危険が高まる (Gilpin & Soulé 1986; 樋口 1996; 鷲谷・矢原 1996; 江戸・東 2002)．例えば，生物の個体数はつねに増減を繰り返しているが，小個体群においては個体数が偶然によって大きく変動し，一気に絶滅に向かうことがある．偶然による環境変動の効果も小個体群を絶滅へと引き込んでいく．また，小個体群では近親交配や遺伝的浮動 (偶然による遺伝子頻度の変動) による遺伝的劣化などの効果も無視できない (Franklin 1980; Frankham & Ralls 1998; Saccheri et al. 1998)．こうした要因は小個体群に対して複合的に作用するため，いったん絶滅の渦に巻き込まれてしまうと，容易にそこから脱出することはできない．

　生態学では，個体群密度が低下すると，餌や配偶者をめぐる種内競争が弱まり，個体数が増えるとされているが，密度が低下しすぎると，ますます個体数が減少することもあり，そのような現象はアリー効果と呼ばれている．イトウのように広大な生息地を利用する種では，個体群密度が一定値以下に低下すると雌雄が出会う機会も少なくなり，増殖率が低下する可能性さえ懸念される．

　したがって，個体数が著しく減少した個体群では，絶滅の渦やアリー効果を避けるために，まず個体数を増加させる必要がある．禁漁などの措置ではもはや個体数の回復が見込めない場合，人工増殖により個体数を増加させる必要がある．絶滅河川や絶滅の恐れのある河川では再導入や補強的導入を行い，個体群を復元させることも必要かもしれない．

河川ごとに異なるイトウ

　しかし，対象とする個体群が完全に絶滅している場合を除き，復元を目的とした導入に用いる個体は，原則としてその個体群由来の個体に限定すべきだ．

11-3 絶滅危惧種イトウの保全

図 11-18 水系間で異なるイトウの例．(A) A 水系のペア (手前が雄)．(B) B 水系のペア (奥が雄)．雄の平均サイズは A 水系のほうが B 水系より約 20 cm も小さいが，雌の平均サイズは A 水系のほうが B 水系よりも大きい．同様に平均齢や繁殖開始齢なども有意に異なっている (撮影：A: 大光明宏武，B: 秋葉健司).

　安易に別の水系や支流由来の個体を移植放流すべきではない．イトウは 1 種であり，水系が違ってももちろん互いによく似ているのだが，詳しく調べると重要な違いもいくつかあることがわかってきた．

　例えば，簗を用いた全数捕獲調査の結果，繁殖雄の体サイズは，A 水系では平均約 45 cm しかないのに，B 水系では平均約 65 cm もあり，約 20 cm もの差があった (図 11-18)．雌では雄ほど極端な差はないものの，統計検定の結果，逆に A 水系の雌のほうが有意に大きかった．繁殖個体の齢構成にも水系間で有意な差が検出されており，平均齢のほか，繁殖開始齢まで異なっている．そ

の他，繁殖個体の密度，産卵環境，稚魚の生息環境にも水系間の違いが認められた．このように，さまざまな生活史形質などについて，水系間で違いがあることは極めて重要である．イトウは親魚の繁殖や稚魚期の生残など，生活史の重要な段階における生存戦略・戦術が水系間で異なっている可能性がある．

　それらの違いに遺伝的な基盤があるのかどうかはまだ不明だ．しかし，僕と同じ東研究室出身者である北西滋博士との共同研究の結果，北海道内のイトウの遺伝的組成は水系間や一部の支流間で大きく異なることもわかってきた．ミトコンドリア DNA 解析の結果，北海道のイトウの遺伝的構造は「日本海」，「オホーツク海」，「根室海峡」，「太平洋」の各海域に河口をもつ水系グループ間で異なっており，明瞭な遺伝的クラスターを形成する．他のサケ科魚類でも似たような遺伝的構造が報告されているが，グループ間の分化の程度は，イトウよりかなり小さい．遺伝的階層分散分析 (AMOVA : analysis of molecular variance) の結果，サクラマスでは「日本海」，「太平洋」，「オホーツク海」の 3 グループ間で 10.7% (Kitanishi et al. 2007)，サケでは「北海道」，「本州太平洋」，「本州日本海」の 3 グループ間で 7.3% (Sato et al. 2001, 2004) の遺伝的な分散が見いだされたにすぎない．これに対し，イトウの上記 4 グループ間では 60.5% の遺伝的な分散が検出されており (江戸ほか 2008)，イトウの遺伝的な地域間分化は非常に大きい．明らかに，各地域個体群は地理的に隔離され，それぞれ独自に進化したことを示唆している．

　さらに，各グループ内の水系間でも遺伝的な分散は 19.3% と高かった．遺伝的分化係数 F_{ST} の値も高く，水系間のほとんどの組み合わせで有意な遺伝的差異が検出された (江戸ほか 2008)．こうした水系間の分化は，同じ対立遺伝子の頻度差だけではなく，対立遺伝子そのものの違いも含んでおり，水系間の遺伝子流動が極めて小さいことを示唆している．イトウは降海することが確認されているが (Edo et al. 2005)，他のサケ科魚類に比べると海への依存度は低く，海を介した遺伝子流動の程度は低いと思われる．また，すでに述べたように，母川回帰性も確認されており，これらのメカニズムによって水系間の遺伝的な独立性が維持されているのだろう．

　さらに，個体群間の遺伝的差異を検出するうえでミトコンドリア DNA よりも優れているマイクロサテライト DNA を用いた解析では，河口間距離 10 km

以内の近隣水系間や，水系内支流間の遺伝的差異もいくつか認められた．イトウでは，おそらく水系内母川回帰性などにより，局所的なスケールでも遺伝的な分化が成立しているようだ (江戸ほか 2010)．

11-3-2 保全活動の実践

保護管理単位の設定

　生物の進化は，交配が比較的自由に起こる個体の集団 (個体群) を単位とし，その遺伝子組成の変化として定義される．種は，遺伝的差異の蓄積の結果，個体群間に生殖隔離が成立することによって誕生する．最近，保全生物学では，保護管理単位 (MU: management unit) を決めるうえで，進化的意味を有する単位 (ESU: evolutionarily significant unit) を重視すべきだという主張が台頭してきた (Moritz 1994; Crandall et al. 2000)．僕たちの研究は，イトウでも水系や支流ごとに少しずつ独自の進化が進んでいることを示唆している．

　イトウの MU を決める際にも，ESU である同一水系内や支流内の個体群を重視すべきだろう (江戸ほか 2008, 2010)．もし，独自の遺伝的組成をもつ水系に，別の水系から個体を導入して定着させると，遺伝的撹乱が起こり，個体群の独自性は失われる．また，新しい環境に適応的ではない遺伝子の導入は，異型交配弱性など，個体群の遺伝的劣化を引き起こす可能性もある．さらに，人為的な移植放流による遺伝的均一化は，イトウの遺伝的多様性を低下させ，急激な環境変動や外来病原体などに対する耐性を低下させるだろう．

　したがって，個体の再導入や補強的導入により個体群の復元を行う際には，できるだけその個体群由来の個体を増殖して利用し，イトウの遺伝的多様性を保全する努力が必要となる．国際自然保護連合 (IUCN) の「再導入のためのガイドライン」(1998) や，日本魚類学会の「生物多様性の保全をめざした魚類の放流ガイドライン」(2005) には，遺伝的多様性の保全を含め，再導入などの際に考慮すべき内容が詳しく記されている．再導入に際しては，事前にガイドラインの内容を確認し，原則としてそれらに準拠した計画を立てるべきである．

個体群復元の試み

　実際にイトウ個体群の復元に取り組んでいる例を紹介しよう．道南を流れる

尻別川は，かつて体長1mを超えるイトウが頻繁に釣れる河川として有名だった．しかし，すでに述べたように，同水系では個体数が激減しており，一時は産卵支流を確認することさえできず，絶滅が懸念されていた．こうした状況を憂えたイトウ釣り師や研究者たちが集まり，1996年にイトウ保護のためのNGO「尻別川の未来を考えるオビラメの会」（会長：草島清作氏，事務局長：吉岡俊彦氏）が発足した．

　オビラメの会は，まず尻別川水系由来の個体の確保に努め，釣り人の協力を得て，2003年，ついに待望の抱卵雌を確保した．そして，それまで蓄養していた雄と人工的に交配させて，翌年までに約5,000尾の稚魚を確保した．これら稚魚のうち約1,800尾を2004年秋，約1,700尾を2005年春，ある支流に放流した．放流後は，稚魚の個体数変動や成長率などのモニタリングを継続し，稚魚が放流河川で順調に成長していることを確認した（図11-19）．

　オビラメの会では稚魚の放流を続けるとともに，尻別川総点検と称して各支流を踏査し，イトウの生息に適した環境や，遡上の障害となる堰堤の情報を収集した．さらに，北海道後志支庁などの関係行政機関と協働し，既設の堰堤への魚道の設置を実現させるなど，イトウの再導入・定着に必要な河川環境の保全・復元活動を積極的に続けた．こうした活動が功を奏し，2012年の春，

図11-19　モニタリング調査で一時捕獲された尻別川産イトウの放流個体．太っていてコンディションもよく，順調に成長している．標識として脂鰭はカットしてある（撮影：大光明宏武）．

11-3 絶滅危惧種イトウの保全　　343

図 11-20　個体群の復元が期待される十勝川．(A) 十勝川水系の支流．(B) 十勝川産イトウの発眼卵．

少なくとも 1 ペアの放流個体の遡上・産卵が初めて確認された．さらに，野生個体の繁殖も 2010 年に確認された．これらの繁殖個体を保護するため，パトロールなどの活動が現在も続けられている (尻別川の未来を考えるオビラメの会 2012)．尻別川におけるこうした活動は極めて先進的であり，他水系の絶滅危惧個体群を保全・復元する際のモデルケースとなるだろう．

　2005 年には，やはり絶滅の危機に瀕している十勝川のイトウ個体群を復元するため，「十勝のイトウを守る会」(代表：太田博樹氏) が発足している．同会も十勝川水系特有の遺伝子をもつイトウの確保に努めており，今後十分な数の個体が得られれば，個体群の復元に供されるだろう (図 11-20)．

　こうした取り組みは，今後，他の絶滅危惧個体群を擁する各地域においても

展開されるかもしれない．現在，北海道内では，地域ごとにイトウ保護を目的とした団体が発足しており，さまざまな活動を実施している．また 2002 年には，そうした各団体が情報交換をし，互いの活動をバックアップしあい，時には行動をともにしてイトウ保護活動を推進するため，「イトウ保護連絡協議会」という連合体も作られた．再導入などの個体群復元の試みは，大変な労力と長い時間を要するため，地域の方々の理解と協力なくしてはできない．1,000 万年という途方もない時間をかけて連綿と世代交代を繰り返してきた北海道のイトウを，僕たちの代わずか数十年で絶やしてしまわぬために，今こそ，地域に根ざした，着実で息の長い取り組みが求められている．

南富良野町イトウ保護管理条例

すでに述べたとおり，北海道内各水系のイトウの繁殖個体数は 10 尾以下から 1,000 尾以上と，大きくばらついている．各水系の個体群を保護管理単位としてとらえ，その状況に応じた保護管理を実施する場合，絶滅の恐れのない安定した個体群でとりうる施策は，絶滅危惧個体群とは当然異なるものとなる．では，イトウの安定個体群の保護管理はどのようにしていくべきだろうか．

2009 年 3 月，イトウの安定個体群を擁し，僕の主な調査地でもある南富良野町において，「南富良野町イトウ保護管理条例」が制定された (南富良野町 2009)．ただ 1 種の魚類の保護管理を目的として制定された条例としては全国で初とされ，その内容もイトウの保護と利用の両立を図る先進的なものである．全国の新聞各紙で取り上げられ，朝日新聞では天声人語でも紹介された．微力ながらもこの条例づくりに協力させていただいた立場から，その主な内容について簡単に紹介したい．

条例の第 1 条 (目的) では，イトウは南富良野町の多様な自然の象徴であり，かつ，釣魚や観光などにおける貴重な価値を有するものであると位置づけている．そして，イトウの適正な保護管理を図り，町民共有の財産として次代に継承することで，町内の生物多様性の保全と，活力ある水と緑豊かなまちづくりの推進に寄与するとしている．すなわち，この条例が単なる希少種保護ではなく，イトウの保護と利用の両立を図ることをその目的としていることが明示されている．

第3条(責務)では，町はイトウの分布・生息状況の把握に努めることとしている．また，町および町民などは互いに連携・協働し，事業の実施に当たってはイトウの生息環境に配慮しなければならないとしている．すなわち，イトウの生息状況などについてモニタリング調査を実施することや，イトウの生息環境の保護についても，町の前向きな姿勢が示されていると言える．

第4, 5条(保護区)では，町長は，イトウの保護区を指定し，保護の区間・期間・対象種を定めることができるとしている．そして，保護区内では対象種の採捕の自粛を要請するものとしている．この条文により，産卵個体や越冬個体などの保護が図られるものと考えられる．なお，水産資源の採捕禁止は漁業法および水産資源保護法の規定に抵触する恐れがあるため，ここでは自粛を要請する内容となっている．実際に巡視員が保護区をパトロールして自粛を要請していること，町として条例まで制定してイトウを保護する姿勢を明確に示していることなどから，当地の保護区内においてイトウを捕獲する者は現在はほとんど確認されていない(図11-21)．

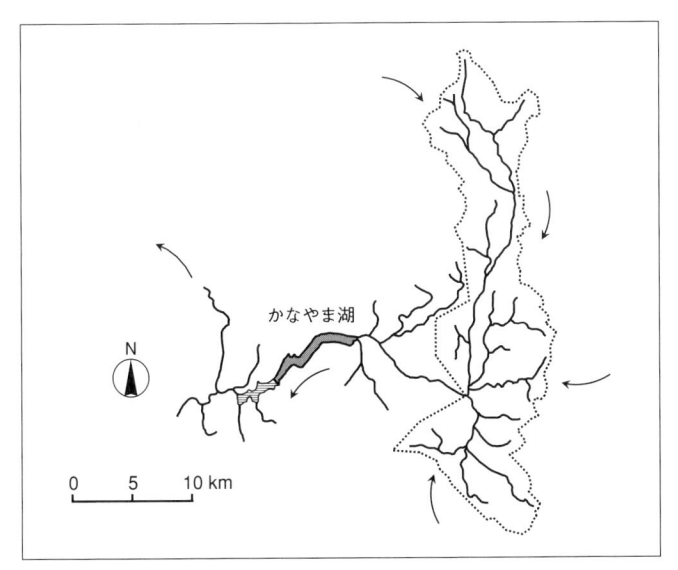

図 11-21 条例に基づき空知川水系で指定されているイトウ保護区．点線：産卵保護区，網点：越冬保護区，横線：生息保護区．矢印は流れの方向を示す．

第8, 9条(移入動物)では,町長は,イトウの生息に影響を及ぼす恐れがある水生動物を「特定移入動物」に指定し,それを放つことの自粛を要請するとしている.町では,この条文に基づき,外来生物法など他の法令で指定から漏れているニジマスやサクラマス,さらには別水系のイトウまで特定移入動物に指定し,町内空知川水系に放流しないよう注意を促している.漁業法などとの関係で禁止事項として定めることはできないが,ニジマスなどの産業対象種や同種別個体群のイトウの放流に関して法令で規定する内容は画期的であり,かなり先進的な内容であると言えるだろう.

第10, 11条(審議会)では,町は学識経験者などからなる「南富良野町イトウ保護管理審議会」(以下,審議会)を設置し,審議会では,保護区や特定移入動物の指定,その他イトウ保護管理に係る事項について審議することとしている.これにより,町が行うイトウの保護管理の内容については,専門家が科学的根拠に基づいて調査審議することとなる.また,状況に応じて保護区を変更するなど,順応的管理を行うことも可能である.さらに,保護管理の内容について,町長に意見を述べることも可能となっている.現在,大変僭越かつ微力ながら,僕は当審議会の委員長を務めさせていただいている.当審議会は年

図 11-22 南富良野町イトウ保護管理審議会の様子.町のイトウ保護管理施策について真剣な議論が行われる(撮影:南富良野町).

に1, 2回開催され，イトウの保護管理について真剣な審議が行われている (図11-22)．

第12, 13条 (巡視員など) では，町長は必要な巡視を行わせるため，イトウ保護巡視員をおくことができるとしている．この巡視員制度により，保護の実効性の確保を図っている．すでに述べたとおり，実際に釣り人たちは非常に協力的であり，実効性はあるものと考えられる．多分，積極的にイトウを保護しようとする町の姿勢が高く評価されているのだろう．

南富良野町では，こうした条例の内容を実践するため，きちんと予算をつけて，生息状況などのモニタリング調査を実施し，イトウ保護区を指定し，巡視員をおいて，イトウの適正な保護管理に務めている．このように地方公共団体が，野生動物の保護管理の仕組みを積極的に構築し，法令化して，責任をもってそれに取り組んでいる状況は，まさしく先進的かつ画期的である．他の地域における野生動物の保護管理のモデルケースとしても機能するだろう．

この条例の制定に際しての町関係者の方々の苦労は本当に大変なものであった．南富良野町長の池部彰氏，町企画課の小柴昌弘氏，荒木勲氏，町教委の浪坂洋一氏，町議会議員の皆様ほか関係者の方々の英断と御尽力に，心から敬意を表したい．また，現在南富良野町でイトウのモニタリング調査などを実施している大光明宏武氏，ならびに地元のイトウ保護団体であるソラプチ・イトウの会の方々のさらなる御活躍にも，大いに期待したい．

エピローグ

イトウは絶滅危惧種として各種レッドリストに記載されているが，僕はイトウを安易に，保護動物として画一的に捉えるべきではないと考えている．イトウは釣りの対象魚としてはもちろんのこと，食用などの資源としても人に利用されてきた歴史をもつ．古くは，縄文時代の遺跡からもイトウの骨は出土しており，アイヌ民族もイトウを貴重なタンパク源として利用していた．また，丈夫な皮は靴や服などにも利用されていた．現在でも，ごく限られてはいるがイトウを食用などに利用している地域もある．もちろん，これだけイトウが減少し，さらにこれだけ食料があふれている時代に，あえてイトウを捕獲し食べることを推奨するものではない．ただ，安定個体群においては，リリースを前提

とする釣りなどを通じて，人との直接的な関係を一定程度許容すべきであると考えている．

なぜなら，イトウの価値や素晴らしさは，イトウと直接触れ合う機会がなければ，本当には理解されないと思うからだ．僕自身，イトウの生態研究や保全を志したのは，何よりイトウ釣りがきっかけであった．そして，実際に野外において，釣りなどを通じてイトウの本当の価値を発見し，評価し，享受している「受益者」こそ，イトウ保護を推進する力になりうると信じている．もし，人とイトウとの関わりを断ってしまえば，水面下を泳ぎ人の目にふれることのないイトウに関心を抱く人の数は減り，保護を訴える人も少なくなるだろう．誤解を恐れずに言えば，イトウを保護するためには，イトウ釣りを保護する必要さえあるのかもしれない．

国内における生物を保護するための法令は，種を単位として保護の対象とするものが多い．もし，種を単位として一律に保護のための捕獲規制などがかけられると，絶滅危惧個体群と同時に，比較的安定した個体群まで資源としての利用が制限されてしまう．その結果，その種のもつ価値や素晴らしさを発見・評価・享受する機会を失わせる可能性がある．そもそも，希少種の保護と釣りなどによる利用は相反するものであり，同一の法的・制度的枠組みのなかでその両立を図ることは困難である，とする考え方も根強い．

生物の保全を図るうえで，生物と人との関係を切り離すことは得策ではない．幸いにして，イトウの場合，すでに述べたように各個体群の状況は大きく異なっている．今後は，保全対象を保護管理単位である各水系（または支流）の個体群と定めたうえで，さらに，人と対象個体群との関係も含めて，個々に適切な保全策を図るような，新しい枠組みが必要となるのではないだろうか．南富良野町の先進的な条例が，その可能性を示唆していると思われる．もちろん，絶滅危惧個体群では，適切な禁漁区などの設定や生息環境の保全・復元，個体の再導入などにより徹底して個体数の回復に努める必要があるのはいうまでもない．一方で，安定個体群では，科学的なモニタリングを通じて個体群の存続に影響しない範囲での資源利用を認めるような，順応的管理に基づく，保護と利用の両立を図る弾力的な保護管理施策が可能となることが望まれる．言い換えれば，人と生物，ひいては自然との，適切かつ緊密な関係そのものを，

エピローグ

保護していく仕組みが必要なのではないだろうか．
　イトウのジャンプで生態学の世界にいざなわれ，たくさんの方々の協力を得て，これまでイトウの生態研究や保全を続けてきた．まだ道半ばにも至らず，イトウのためにやらなければならないことはたくさん残されている．先が見えなくなりそうなとき，ふと，あのイトウのジャンプを思い出す．すると，あのときの不思議な感覚がしだいによみがえってくる．あのイトウはまだ僕の心の中で生きている．そして，またフィールドに向かわなければと思うのだ．

著者の紹介（東 正剛）

高木昌興くん

東研における鳥類研究の原点

　高木くんは富樫くんや永田さんと同期で，私が助手時代の修士課程学生だった．お父さんの影響もあり，小さいころから鳥が大好きだったようだ．私も彼から鳥のことを随分教わった．その後，鳥の研究を希望する学生を随分受け入れたが，高木くんとの出会いがその原点となっている．彼自身は，モズの専門家である小川巌さんに指導を仰いでいた．

　ある年，日本生態学会で当時会長のKさんに，「ある自然保護関係の賞審査に関わっているけど，北海道で受賞に値する人を推薦してくれませんか」と声をかけられた．そのとき最初に浮かんだのが小川さんの顔だった．結局，小川さんが受賞し，その奨金を旅費として，アメリカで開催予定の国際シンポジウムに出席することにしたようだ．高木くんにも一緒に行かないかと声をかけてくれたのだが，当然，学生の高木くんには旅費が足りない．そこで，私の研究費から不足分をサポートしたことを覚えている．有名な「スライド置き忘れ事件」は，そのとき起こった (本文参照)．

　修士課程を修了しようとしていたとき，私の研究室の博士課程を受験することも考えていたようだが，その年，鳥の専門家である綿貫豊さんが助教授として北大農学部に異動されてきた．当然，農学研究科の受験を勧めた．

　博士課程進学後の高木くんは比較的順調に成長し，博士号取得後まもなく，大阪市立大学理学部生物学科の助手公募に応募し，数十倍の倍率をはねのけて，採用された．現在，北海道から沖縄までいくつかの離島に研究拠点を構え，鳥の研究を展開している．日本では鳥学を専門にしている大学教官が次々と停年退職しており，鳥の研究で学位を取りたい学生の進学先がなくなりつつある．高木くんの責任はますます大きくなっていると思う．

　彼との接点は研究以外にもある．私は，剣道錬士五段 (後に教士七段) だった親父の影響もあり，小さいころから九州の片田舎で剣道を鍛えられた．母校の高鍋高校からは指導者の外山光利が日本一を制し，生徒の溝口貴子が筑波大学3年のときに女子剣道日本一に輝いている．小柄だった私には大した実績はないが，それでも立ち合えば相手の腕前がどの程度かはすぐにわかる．剣道は一瞬の勝負，小さいころにどれだけ基本を鍛えられたかが命だ．高木くんと一度立ち合ったことがあるが，東京の小学，中学で剣道に打ち込んだという彼の話は本当だった．

12 モズとアカモズの種間なわばり
——修士大学院生の失敗と再起の記録

(高木昌興)

プロローグ

　小中学生のときに夢中になったこと，それは剣道とバードウォッチングだ．毎日剣道の稽古をし，稽古がない週末はバードウォッチングに出かけた．しかし，徐々に両立が難しくなり，選択を迫られるときがきた．高校進学時には，剣道の強豪として有名な私立高校2校から特待生入学を打診された．しかしそれを断り，将来は鳥に携わる職業に就こうと決意した．その後，いくつかの挫折を経験したものの，先生，先輩，同輩，後輩，そして幸運に恵まれ，鳥類研究者の道が開かれた．その端緒が，東先生率いる北海道大学大学院環境科学研究科で過ごした修士(博士前期)課程の2年間である．そこでの経験は，僕が研究者としてのアイデンティティーを確立するのに極めて重要なものとなった．

　ここでは，研究者としての出発点となった「モズとアカモズの種間なわばり」の研究を，その当時のエピソードを交えて紹介する．これから生態学を志す若者たちを勇気づける一文になれば幸いだ．

12-1 『ワタリガラスの謎』から学んだこと

　バーンド・ハインリッチは世界の名だたる科学雑誌に多くの論文を掲載してきた昆虫生理学者である．また，鳥類生態学の分野でも多くの業績をあげており，ワタリガラスの研究は特に有名だ．一般書として出版された『ワタリガラスの謎』は，鳥類生態学研究の醍醐味を推理小説にも劣らない面白さで伝える名

著だ.

　当然，彼の業績には昆虫の生理に関する論文と鳥類に関する論文があるのだが，前者の多くは研究材料に制限のない一般科学雑誌に掲載されている．しかし，後者の多くは鳥を材料とする研究だけを受け付ける鳥類学雑誌に掲載されており，行動生態学に関連する雑誌やより広い分野を扱う一般科学雑誌に掲載されたものは少ない．科学雑誌を分野別にランク付けしている機関 ISI によると，彼の論文が掲載されている鳥類学雑誌は，ISI に登録されている 18 誌中トップクラスのものばかりだ．しかし，そのトップ 3 である IBIS, Avian Biology, AUK でさえ，インパクトファクターはそれぞれ 2.43，2.28，2.16 にすぎない (2012 年 10 月現在)．鳥学に身をおいていない研究者は，その数字の低さに驚かれるだろう．ちなみに，最もインパクトファクターの高い科学雑誌 Nature は 36.28 だ.

　日本には生物学系の学会がたくさんあり，「一般学会」と「材料学会」に大別されることが多い．例えば，僕は，一般学会として日本生態学会と日本個体群生態学会に，材料学会として日本鳥学会に所属している．生物学系の材料学会は，特定の分類群だけを扱い，総合的に研究分野をカバーする集まりである．最近では，データロガー装着による海洋脊椎動物の研究に的を絞ったバイオロギング研究会のように，極度に特殊化した研究会も組織されるようになった.

　これらの材料学会では研究材料や方法が限定されているため，研究者がお互いの研究内容をよく理解し合い，具体的で有効な指摘を受けることができるという利点はあるが，議論の多くが特殊で，一般性は低いと見られがちである．これに対し，研究材料にこだわらない一般学会では，材料の制約を超えた，より普遍的な課題を議論することができる反面，材料の特性を知らない者同士の議論は噛み合わないことも多い.

　近年，日本では，材料学会と一般学会が差別的に区別される傾向がある．自然科学では，特殊な課題よりも，より普遍性の高い課題に取り組む研究のほうが優れていると評価されることが多く，生物学系の学会でも材料学会よりも一般学会のほうが高く評価されやすいのだ．当然，賢明な研究者ならば，材料にこだわらず，問題となっている一般的課題を解決するために材料を選ぶだろ

うし，指導する学生にも，材料学会よりも一般学会への参加を勧めるだろう．

　はたして，この傾向は正しいのだろうか．まず，生物学の世界では，より普遍的な課題も具体的な生物の研究が端緒になったという事実を忘れてはならない．実際，生物学にブレイクスルーをもたらした発見は，特定の生物を深く研究するなかから偶然に生まれてきたものがほとんどである．当然，どのような材料からどのような発見があるかを予測するのは不可能だ．基本的には，いろいろな人が，いろいろな生物を研究していることが大切なのだと思う．

　しばしば，より一般的な課題を求めている研究者たちにとって一番よいフィールドは学会だと言われ，実際，一般学会への彼らの出席率は高い．しかし，こういう姿勢で研究に臨む者ばかりが増加すれば，短期的な業績を求める，いわゆる「業績主義」が蔓延し，生物学を発展させてきた原動力である「重要課題の発見」がおろそかになることは想像に難くない．生物多様性の重要性が強調されるなかで，研究者の多様性が低下することを危惧する．

　ハインリッチに話を戻そう．彼のようにとても高い研究・表現能力を備えた研究者でも，鳥類に関する研究業績の多くは鳥類学雑誌に掲載されてきた．好きな生物を材料として選んだとしても，一般性のある研究に高めるよう努力することは大切かもしれない．しかし，純粋な疑問を科学的に解明する楽しさは，業績とか，評価とか，そういう世俗的な価値観とは無縁であることを『ワタリガラスの謎』は教えてくれている．

　研究対象とする生き物にこだわる人は，少なくとも2つの制約を背負ってしまう可能性がある．1つは，研究者として高い評価を得る可能性が短期的には下がるという制約と，もう1つは対象生物の扱いにくさという制約である．特に，環境保全や自然保護の重要性が認識されるようになった今日，動物生態学者には倫理的制約を自身に課しながら対象動物に接することが強く求められるようになった．倫理に反すると，どんなに優れた研究成果も論文として公表できなくなった．結果的に論文の生産性が落ち，科学研究費も獲得しにくくなるかもしれない．これは負のスパイラルを引き起こしやすく，研究を途中で諦めてしまう者も出てくるだろう．しかし，ハインリッチのように制約を楽しむ余裕をもてれば，それが研究を成し遂げる原動力となりうる．

　僕は，バードウォッチャーという背景と，修士課程における失敗と方向転換

から制約を楽しむことができるようになったと思っている．自分の純粋な好奇心を大切にするためには，そうせざるをえなかったのだ．

12-2 モズを研究しよう

キャロラとの出会い

1990年，キャロラ・ハースさんというアメリカの研究者が日本にやってきた．彼女はアメリカオオモズの繁殖生態と個体群動態に関する研究でコーネル大学から学位を取得した新進気鋭の博士研究員だった．コーネル大学は鳥の研究を志す学生が憧れる大学の一つだ．当時，学部学生だった僕は，立教大学で開かれた彼女のセミナーに参加する機会を得た．その講演では，彼女の博士論文の内容が紹介された．僕には内容が難しいうえに，英語の講演でよくわからなかったというのが偽らざるところだ．それでも，彼女自身の具体的なデータが示されると僕の想像力もよく働き，かなり理解することができた．その説得力のある内容に触れ，「博士号というのはすごいものなんだなぁ」と，大学院への憧れが膨らんできた．

キャロラはしばらく北海道に滞在し，モズ類の個体群動態を保全生物学的な観点から解析することになっていた．当時は，世界的なモズ類の減少傾向が指摘され始めていた時期だった．キャロラの共同研究者は日本のモズ類研究の第一人者・小川巌さんだった．巌さん(通称 ガンさん)は，大学院生だった1970年代初め，札幌近郊やオホーツク海沿岸の小清水町で詳細にモズとアカモズの研究を行ったことがある．それらのデータと彼女自身のデータを比較し，1970年代はじめから1990年代はじめまでの約20年間に，モズとアカモズの個体数がどのように変化したかを明らかにするというのがキャロラの研究テーマだった．彼女を日本に受け入れた研究者の一人・樋口広芳先生の勧めで，僕も札幌周辺でモズとアカモズの個体数調査を手伝うことになった．

彼女の研究によると，モズの減少率には地域差があり，札幌周辺では平均70％程度減少していたが，小清水ではほぼ変化がないか，微増傾向を示していた．これに対し，アカモズの減少率はいずれの調査地でも高く，小清水で85％，札幌周辺でも82％に達していた(Haas & Ogawa 1995)．アカモズとそ

れを取り巻く環境にいったい何が起こっていたのだろうか.

　農業生態系以外でモズ類が好んで生息する環境は，度重なる川の氾濫によって，遷移が進まないような開放環境である．植生の遷移が進み，樹林地が多くなるとモズ類は生息しなくなるのだ．河川管理が進むとモズ類の生息環境はますます奪われていくだろう．札幌周辺では，河川管理は進んでいたが，森林開発に伴って開放環境は増えていた．モズ類の個体数変化の原因解明は難しいと感じた．

　いずれにしても，この調査を通じて，モズとアカモズは観察しやすい鳥だと再認識した．モズ類は農耕地や疎林といった開けた環境に生息し，高い場所に止まり，狙いを定めて地上徘徊性の甲虫類やクモ類を捕獲する．飛翔中の昆虫をフライキャッチしたり，葉上の昆虫を飛びながらかすめ捕たりすることもある．よく目立つのだ．観察しやすいことは，研究を進めるうえで利点となる．モズ類が修士研究の材料によいかもしれないと思った．

論文渉猟

　モズ類の研究がどのくらい進んでいるのか，論文の渉猟を始めた．今なら簡単にウェブで検索できるが，当時は，図書館で何十巻にも及ぶBiological Abstractのページを1枚1枚めくらなければならなかった．これは，科学雑誌に掲載された論文の要旨集だ．当時，モズ類の生態に関する研究は少なかったが，興味をそそられる研究をいくつか見つけた．まず，イスラエル人ルーベン・ヨセフのアメリカオオモズとオオモズに関する一連の研究だ．彼は後述する国際モズ類ワーキンググループのリーダーで，モズに関する数十編の論文を公表していたモズ類研究の第一人者である．

　ヨセフの業績のなかに「はやにえ」の適応的意義に関する論文が2編あった．1つはアメリカオオモズの研究だ (Yosef 1992)．北アメリカのある地域には鮮やかな黄色と黒の目立つ色をしたラバーグラスホッパーという大きなバッタが生息している．このバッタは飛べないので，昆虫食動物にとってよい餌になりそうだが，あまり捕食されない．体内にアルカロイド系の毒をもっており，新鮮な昆虫を好む多くの鳥やトカゲは食べることができないのだ．しかし，アメリカオオモズはこの毒バッタをはやにえにして食べていた．ヨセフは実験的

にバッタを殺し，一両日放置し，毒が分解されることを確認した．

　ヨセフのもう1つの論文は，イスラエル産オオモズの研究だ (Yosef & Pinshow 1989)．このオオモズでは産卵期が近づくと，なわばり内のはやにえ数が増え始め，産卵直前に最多になり，その後，減少した．このことから，なわばり内のはやにえ数は，雄による餌捕りのうまさや餌の豊かさを表すと考えられた．つまり，オオモズの雌は，はやにえ数で配偶者を決めている可能性があった．この仮説を検証するため，ヨセフはオオモズのなわばり内にあるはやにえ数を操作する実験を行った．その結果，はやにえ数を増やしてもらった雄は早くつがいを形成し，多くの子どもを育てることができた．これに対し，はやにえを減らされた雄はつがい形成ができず，なわばりを捨ててしまう雄さえいた．オオモズの雌は，はやにえ数を目印にして配偶者を決めていたのである．

　ケニアのサバンナに生息するハグロオナガモズ $Lanius\ excubitoroides$ の協同繁殖に関するスティーブ・ザックとデビット・ライゴンの論文にも興味を引かれた (Zack & Ligon 1985a, b)．モズ類は排他性が非常に強く，協同繁殖など想像できなかったにもかかわらず，繁殖可能な環境が限定され，場所を巡る競争がある場合には協同繁殖も生じうるという．

　これらの論文を読むにつれ，モズ類の行動生態学的研究はますます魅力的なテーマであるように思えた．しかし，追試的な研究をしても二番煎じでしかない．焼き直し研究では意味がないのだ．一方で，モズを材料にして，はたして生態学の進展に寄与できるのだろうかと不安を覚えた．その頃の僕には，日本のモズ類でさらなる発展が見込まれるテーマは思いつかなかった．そもそも，僕は仮説を立てるために必要なモズ類の予備観察さえしてなかったのだ．

「種間なわばり」に魅せられて

　そこで，日本のモズ類に関する論文も探してみた．灯台下暗し．北大農場における石城謙吉先生の研究「モズとアカモズのなわばり関係について」(石城 1966) に巡り会った．一般になわばりは同種の個体間，もしくは同種のつがい間に形成される不可侵領域と定義されている．しかし，異種の個体間，もしくは異種のつがい間に形成されるなわばりも稀に報告されており，「種間なわばり」と呼ばれている．石城先生は，モズとアカモズのなわばり内に両種の剥製

を置くと，異種の剥製も同種の剥製と同じように攻撃されることを示したのだ．また，アカモズはモズよりも遅れて北海道に渡来するのだが，その渡来を契機にモズは抱卵中の一腹卵を放棄し，アカモズも加えてなわばりを再編することも明らかにしていた．産卵，抱卵という大きな投資をしてきたモズが，なぜそれを無駄にしてしまうのか，とても不思議だった．

石城先生の研究に魅せられた僕は，早速，種間なわばりについて調べてみた．論文渉猟作業は退屈きわまりないが，間もなく，その退屈さを帳消しにしても足りないくらい魅力的な論文に出会った．ゴードン・オリアンズとメアリー・ウィルソンによる「鳥類の種間なわばり」である (Orians & Wilson 1964). 一番興味を引かれたのは，種間なわばりの起源に関する仮説だった．生態学の教科書によれば，祖先種が地理的に隔離されると形態や生態の違いが蓄積し，やがて生殖隔離が成立して種分化が起こるので，再び同所的に生息するようになっても競争関係はなくなるはずだ．しかし，オリアンズとウィルソンは，たとえ種分化が成立しても，隔離されていた時間が短い場合には両種の形態的・生態的違いが不十分であるため，種間なわばりが生じうると主張した．地理的隔離，生殖隔離，種分化，種間競争など，魅惑的な概念を自分の研究のなかに登場させることができるかもしれない．これは，進化生態学的な一般性のある面白いテーマだ，と心が躍った．

鳥類の種間なわばりには，シジュウカラとジョウビタキに見られるような，属が異なる種間のなわばりもわずかに報告されているが，ほとんどは，生活要求が類似し，形態や色彩も類似している同属異種間のなわばりである．サバクヒタキ属，ヨシキリ属，モズ属が代表例だ．サバクヒタキ属は砂漠などの乾燥地，ヨシキリ属は湿地などの高茎草本地，モズ属は低木が散在する草地と，生息適地が全く違うように見える．しかし，いずれの生息環境も階層構造が発達していないことに注目する必要がある．

実際，階層構造が発達した森林に生息するシジュウカラ属などでは種間なわばりが見られない．森林では，林床，樹幹，太い枝，細い枝，樹冠など，3次元空間が鳥の体サイズや嘴の形状などに応じて利用可能な場所を提供してくれるので，種間でのニッチ分割の余地が大きいのだ．逆に，階層構造が未発達の生息環境では利用空間が平面であり，ニッチ分割の余地が小さく，生活要求

が類似する種はなわばりを作ってすみわけるしかないのだろう．

　しかし，種間なわばりを作る 2 種は，いずれも種内なわばりも作る．はたして，彼らは同種個体から異種個体を識別して，種間なわばりを作っているのだろうか．それとも異種を識別できずになわばりを作っているだけなのだろうか．上述 3 属の場合，同属 2 種は互いによく似ており，互いに識別できていない可能性も残されているのだ．異種個体を同種個体と識別できていないという説は「間違い攻撃仮説」と呼ばれている．

「間違い攻撃仮説」はデコイ提示実験で検証可能だろう

　モズ属は世界中に分布し，計 27 種からなる．全長は 13〜33 cm と差があるが，形態は互いに類似している．大きな頭，すらりと伸びた体と長い尾羽というプロポーションはよく似ており，顔に黒い過眼線をもつことでも共通している．雄の過眼線は黒く明瞭だが，雌は茶色で不明瞭だ．雄の翼には大きな白斑があるが，雌にはない．

　日本で多いモズとアカモズも上記の特徴をもち，よく似ている (図 12-1)．しかし，異種である以上，当然違いもある．雄の翼の白斑は，モズでは明瞭だが

図 12-1 モズ．雄の翼には大きな白斑があるが，雌にはない．(A) 雄と雌の横顔．(B) 初列風切の基部．

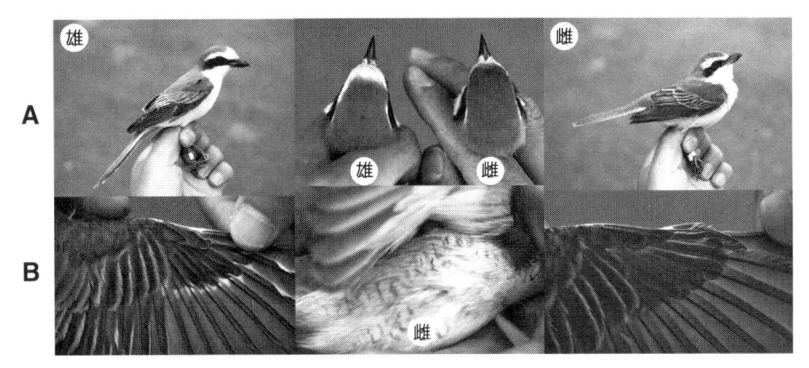

図 12-2 アカモズの雄と雌の全身写真と翼．中央には雄と雌の頭頂部 (上)，雌の腹部の波状斑 (下)．

アカモズでは目立たない．初列風切の基部に白色部分をもつアカモズもいるが，モズのようには目立たない (図 12-2)．また，背の羽の色も違っており，モズは灰色，アカモズはレンガ色だ．

　モズとアカモズの形態的特徴から，間違い攻撃仮説を検証する簡単な実験を思いついた．まず，両種が互いをモズ類と認識する鍵刺激を特定する必要がある．そのためには，過眼線がない，尾が短いなど，モズ類の特徴を1つずつ，あるいは複数消去したデコイ (模型) を提示すれば，その鍵刺激を明らかにできるのではないだろうか．また，背の色と翼の白斑の有無などを組み合わせてデコイを作れば，モズとアカモズが互いを認識している鍵刺激も明らかにできるだろう．それらの結果から「間違い攻撃仮説」を検証できるはずだ．実際，他の鳥類でもデコイや剥製を用いた攻撃性や配偶者選択の実験が多く実施されている．論文には実験の苦労話などなく，いとも簡単に行われたかのような記述ばかりだ．モズ類でも容易にできるはずだ．

　また，鳥類の種間なわばりに関する研究を概観しても，その適応的な意義はまだ解明されていなかった．適応的な意義があるのか，ないのか，あるとすれば，種間なわばりはどのように両種の適応度に影響を及ぼすのか．明確な仮説は思いつかないが，生活史をきちんと記述すればいずれ見えてくるに違いない．もし，適応的な意義を見いだせなくても，これらの実験と観察から，種の認知に関する研究に発展させることはできるだろう．

「よし，モズとアカモズの種間なわばりを研究しよう」と決意した．もはや対象種を変更するという選択肢はなかった．北大大学院環境科学研究科修士課程に進学した1992年4月初旬のことだった．

12-3　モズとアカモズの種間なわばりの研究

生振で調査開始

　まず，調査地を決めなければならない．石城先生が調査した北大農場では，1990年初めにはアカモズが見られなくなっていた．そこで巌さんに相談したところ，アカモズの繁殖が確認されていた札幌市北部の篠路や東米里がよいのでは，とアドバイスをいただいた．北大農学部応用動物学教室の阿部永先生からは，札幌市と石狩市の境に位置する生振(読みの難しい地名10選の一つに数えられる)を推薦された．モズ，アカモズともに北海道では夏鳥で，モズはアカモズよりも一足早い4月中旬に渡来する．調査地の選定を急がないと，1年を棒に振ることになる．結局，アドバイスと自分の勘を頼りに，生振に決めた．当時の生振は，水田や畑地，牧草地のほかに自然の草地で構成されていた．草地ではクマイザサが優先し，ノリウツギやエゾノコリンゴ，ニワトコなどのブッシュも点在しており，いかにもアカモズが好みそうな環境だ．生振は，茨戸川を挟んで篠路の対岸にあり，アカモズの渡来も見込まれた．篠路よりも人家が少なく，調査しやすいと思われた．

　調査地を決めて間もなく，モズの渡来が始まった．まず雄が渡来し，すぐになわばりを作り始めた．この時期の生振には残雪がパッチ状に残っており，融雪が進んで，地面が広く露出している所から順になわばりが作られていった．少し遅れて渡来する雌は，雄たちのなわばりを巡り，何らかの基準で配偶相手の雄を選び，順次につがいが形成された．最も早いつがいは4月中旬に産卵を開始した．

　しかし，この時期の石狩の天候は安定せず，春らしい気候が突如変貌し，吹雪に見舞われることがある．するとモズは産卵を中止し，しばしば一腹卵を放棄した．また，モズは田に水が引かれる前に渡来するので，一見裸地に見える田になわばりを形成することもある．しかし，育雛期になると水が張られ，利

用可能なエリアは極端に減少する．調査地を見にきた東正剛先生は，これらの状況について「コンコルドファラシーだな」と表現した．フランスとイギリスが共同開発した大型旅客機コンコルドは，当初の見積もりよりも莫大な開発費がかかり，しかも大型機時代は去ろうとしていたので何度も開発中止が提案されたにもかかわらず，「これまでの投資がもったいない」という理由で開発が継続された．このことから，ドーキンスは，いったん始まった動物の投資行動が無駄とわかった後も継続されることをコンコルドのファラシー (誤謬) と呼んだ (Dawkins & Brockmann 1980)．後に僕が取り組むことになる生活史進化の研究に大きな影響を及ぼす概念となった．

　札幌近郊でのフィールドワークには研究以外にも楽しみがある．生振は野鳥のみならず，野草の宝庫でもある．春の妖精植物 (スプリング・エフェメラル) と呼ばれるカタクリやエゾエンゴサク，エンレイソウが林床を覆った．山菜類も豊富だ．業者とおぼしき初老の男女が米袋一杯にワラビを収穫し，何袋も運び出していた．ワラビの上手な灰汁抜きの方法はこの二人から習った．水田や水路の土手ではヤマワサビ，林縁では大きなタラノキの芽も採れた．ウドやギョウジャニンニク，オオアマドコロなども春先の楽しみだった．調査地の縁にあたる石狩川にはミズバショウが群生していた．ギョウジャニンニクのなかに混じったミズバショウか，もしかすると有毒なバイケイソウの葉を誤って食べてしまったときに喉を襲った強烈な痺れは，今となってはよい思い出だ．

「種間なわばりを利用した父性防衛仮説」の誕生

　待ちわびていたその日は突然やってきた．いつもとは少し違う，しかしモズ類には違いない「ゲイゲイゲイ」という声が生振に響いた．アカモズが渡来したのだ．1992年5月中旬のことだった．なわばり形成過程の一例を図12-3に示す．図12-3 Aはアカモズが渡来する前，5月11～23日のモズのなわばり分布である．細い実線が行動確認ポイントの最外郭を結んだもので，少しの重複が認められるものの種内なわばりが見てとれる．一方，図12-3 Bは，アカモズ渡来後，5月24～30日の同じ場所の状況である．モズのなわばり B-6, 8, 9の間に割り込むようにアカモズ C-6のなわばりが形成され，モズのなわばりは縮小している．モズとアカモズのなわばりの重複は小さい．種間なわばりが形成

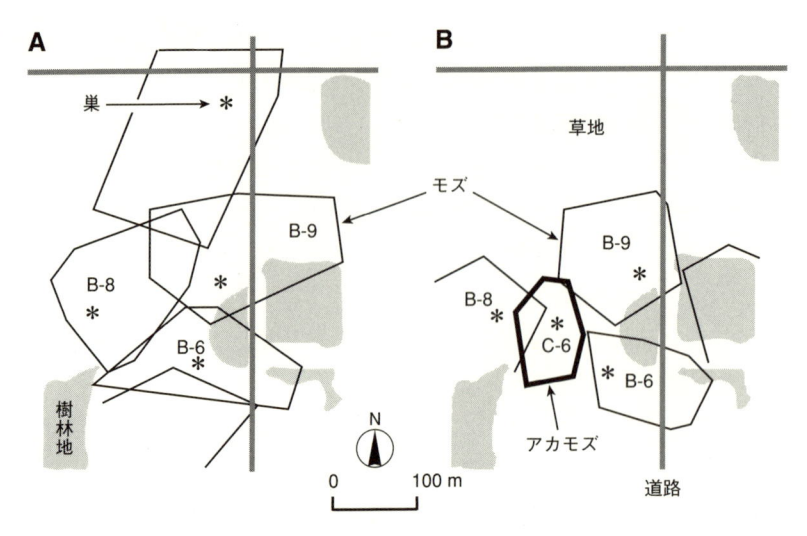

図12-3 モズとアカモズのなわばり形成．(A) アカモズ渡来前，(B) 渡来後．＊：巣，細実線：モズのなわばり，太実線：アカモズのなわばり，網版部分：樹林地．

されたのだ．アカモズのなわばりはモズのなわばりの間に割り込んでいるだけで，なわばりの再編が起こっているようには見えない．もう少し範囲を広げて見てみよう(図12-4)．1992年にはモズ3つがい，アカモズ6つがい，1993年にはモズ8つがい，アカモズ3つがい繁殖したが，いずれの年にも再編は起こらなかった．

これらの結果は，アカモズの渡来によってなわばりが再編されたとする石城先生の観察結果と異なる(石城1966)．なわばり再編にはモズの密度と繁殖ステージの進行状況，アカモズの個体数が影響するのではないかと考えている．もし多数のアカモズが同時に渡来し，狭い空間を巡ってなわばりを形成することになれば，先住のモズも攪乱を受け，なわばり再編を余儀なくされるだろう．モズの繁殖ステージがあまり進んでおらず，それまでの投資量がまだ少ないと，再編の可能性が高くなるのではないだろうか．

種間なわばりを考えるうえで注意すべき要因がある．もし，2種が選好するマイクロハビタットに違いがあると，必要なエリアを守るためになわばりが形成されるという可能性だ．しかし，モズとアカモズでは，そうではなさそうで

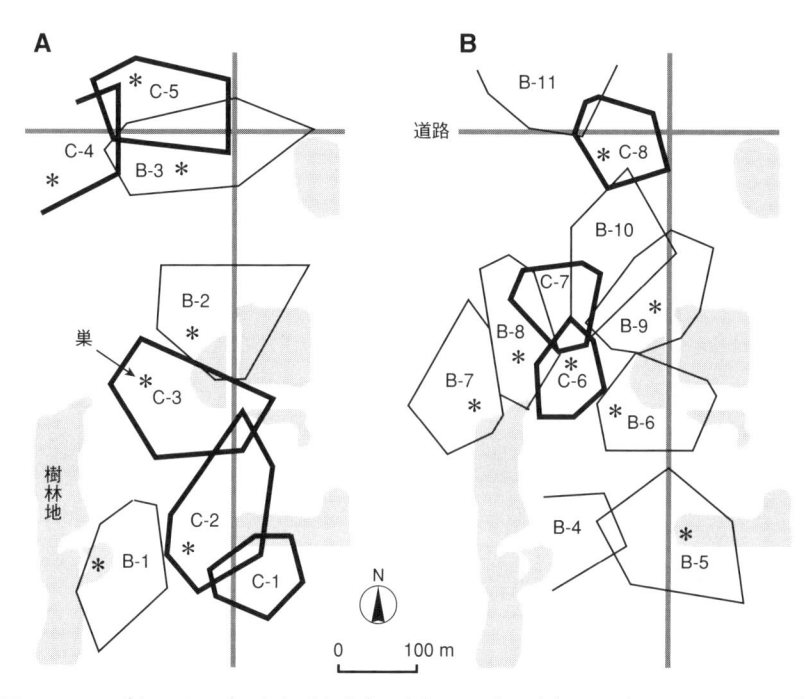

図 12-4 モズとアカモズのなわばり分布．(A) 1992 年．(B) 1993 年．＊：巣，細実線：モズのなわばり，太実線：アカモズのなわばり，網版部分：樹林地．

ある．図 12-4 の A (1992 年) と B (1993 年) を比較してほしい．例えば 1992 年のアカモズのなわばり C-1, 2 付近は，1993 年にはモズのなわばり B-5 にかわった．また，1992 年のアカモズのなわばり C-5 は，1993 年にはモズのなわばり B-11 にかわった．両年で大きな生息環境の変化はなかった．これらの結果は，なわばりの位置が互いに交換可能であり，マイクロハビタットの選好性に大きな違いはないことを示している (Takagi 2003a)．

モズの繁殖システムは基本的には一夫一妻だが，約 10% の巣においてつがい外受精による雛が含まれているという報告がある (Yosef & Whitman 1992)．この事実は，大阪市立大学のグループも 1995 年に確認している (Yamagishi et al. 1995)．それらの論文では，つがい外受精による雛は放浪雄との浮気が原因であると解釈されていた．僕は疑問をもった．なぜなら，放浪雄は雌とつがい

になれなかった可能性の高い雄であり，そのような雄との間に子どもを残す遺伝的利点はないからだ．ただ，つがいになれない雄が若い個体で育雛能力に劣るだけなら，雌にも一腹雛の遺伝的多様性を高めるという利点があるかもしれない．

　いずれにしても，雄にとって，周りのライバルから配偶者を守ることは重要だ．他の雄の子どもを育てさせられてはたまらない．ここで1つの仮説が思い浮かんだ．「雄たちは父性を防衛するために他種を利用し，種間なわばりを作るのではないだろうか」．同じなわばりコストを払うのであれば，種内なわばりよりも種間なわばりを作ったほうが，つがい外受精の確率を下げることができるはずだ．「間違い攻撃仮説」と同じように，この「父性防衛仮説」もデコイ提示実験で検証できるだろう．これはまさに種間なわばりの適応的意義を見いだす研究になる．種間なわばりの進化に関する検証可能な仮説を手に入れ，研究中心の生活に満足感を抱くようになった．

デコイ提示実験の失敗

　1993年，このシーズンの目玉は，間違い攻撃仮説の検証だった．そこで，図12-5に示すようなデコイを用意した．左3体がモズタイプ，右3体がアカモズタイプ，左から尾羽なし，翼白斑なし，過眼線なし，適正，過眼線なし，白斑ありである．やがて渡来したモズがなわばり内の目立った場所に陣取り，「ギュンギュンギュンキィーキィーキィー……」と鳴きながら飛び回り始めた．繁殖を開始する前に自らのなわばりを主張する行動と考えられる．この時期の雄は他個体に対する攻撃性が繁殖期のなかで最も高まっている．実験には最適のタイミングだ．鳴き声も併用し，デコイ提示実験を始めた．

　ところが，モズに提示してもほとんど無視するだけで，計測可能な反応らしい反応が起こらなかった．「絶対にうまくいく」と信じていただけに茫然とし，何が悪かったのかよく検討することもなく，数回の提示で諦めてしまった．今となっては悔やまれる．しかし，実験に使用したデコイは石膏製なので固く，羽毛の質感が表現されていなかった．反応しなかったモズたちは生き物とみなさなかったのかもしれない．彼らの感性をあまりにも甘く見すぎていたようだ．

　この失敗で，「間違い攻撃仮説」の検証は水の泡と消えた．もちろん，僕独

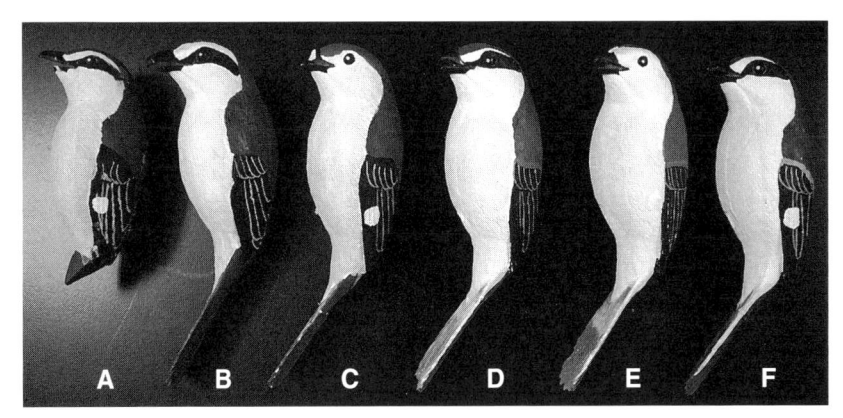

12-3 モズとアカモズの種間なわばりの研究　　365

図12-5　間違い攻撃仮説検証のために活躍予定だったモズとアカモズの石膏模型．(A) 翼に白斑をもち，尾が短いモズ．(B) 白斑がないモズ．(C) 過眼線がないモズ．(D) アカモズ．(E) 過眼線がないアカモズ．(F) 白斑をもつアカモズ．

自のアイデアである「父性防衛仮説」の検証には実験系さえ組めなかった．完全に意気消沈し，しばらく暗澹たる状態が続き，修士課程の修了にさえ危機感を覚えた．

もう1つの失敗，スライド置き忘れ事件

　この頃，一生忘れられないもう1つの失敗を犯している．これには大勢の人たちを巻き込んでしまった．

　1993年1月，修士1年目の研究成果を携えて，フロリダで開催された第1回国際モズ類シンポジウムに参加することになった．前述のヨセフさんが世界中のモズ研究者に呼びかけて組織したものである．僕には，海外渡航の経験はおろか，国内の口頭発表の経験さえなかった．躊躇していた僕の背中を押してくれたのが東先生だった．生まれて初めての口頭発表が英語での発表となった．東先生をはじめ，環境科学研究科の先輩諸氏に多くのご指導をいただいた．そのときの準備から実際の講演までの経験は，今でも大きな財産となっている．

　出発当日の朝，講座の仲間たちに頭を下げ，スライドによる最後の講演練習につきあってもらった．練習が終わると，札幌駅へ急ぎ，千歳空港駅行きのエ

アポートライナーに飛び乗った．出発時刻になったとき，ハッと気がついた．一番大切なスライドがない．こともあろうに，講演用のスライドを入れたケースごと机の上に置き忘れてしまったのだ．幸い，プラットホームには同期の高橋裕史と永田純子(いずれも，現在，森林総合研究所)が，見送りにきてくれていた．あわててしまって何と言ったか定かではないが，列車の窓から唐突に「ない．机に忘れた」と叫んだと思う．列車は発車してしまった．事情を察した二人は研究室にいた先輩の北川悦子さんに電話をかけ，同期の友人と連携して，札幌駅までスライドの入ったケースを届けてもらったようだ．僕は千歳空港で航空会社に事情を説明しながら，ただ待つしかなかった．結局，高橋裕史が空港まで持ってきてくれたが，飛行機の出発を30分遅らせてしまった．少なくとも数十万円の損失に価する失敗だったが，航空会社からの請求はなかった．

このエピソードだけではなく，環境科学研究科に在籍していた2年間，高橋裕史とはとても多くの時間，楽しさ，辛さ，うれしさ，悔しさを共有した．彼とはかけがえのない友となった．

12-4 失敗を糧にして

冷夏と生活史研究

デコイ提示実験に失敗し，落胆した僕だったが，立ち直りは早かった．剣道で鍛えた忍耐力も厳しい状況を乗り越えるために役立ったのかもしれない．仮説検証はかなわなかったが，記載的な研究でも重要なことはたくさんあると考え直し，地味な仕事を焦らず行うことにしたのだ．地道な記述研究にこそ，活路があると信じ，生活史形質の詳細な記録に努めた．これを機に鳥類生態学の基本を身につけることもできたと思う．

1993年，モズの繁殖期の滑り出しは順調だった．その後の調査で，モズは産卵期の餌条件によって一腹卵数が決まることがわかったのだが，1993年の繁殖期初期はモズの餌条件が良好で，ほとんどのつがいが一腹卵数の上限6卵から子育てを始めた．例年どおり5月中旬から6月に気温が高ければ，餌となる昆虫なども多く，地上徘徊性のクモ類や甲虫類を主食とするモズの育雛は順調に進むはずだった．雛の体重は，孵化時2.5～3gだが，順調に育てば15日後

12-4 失敗を糧にして

には10倍以上の体重を獲得し，巣立ちに至る．

しかし，1993年といえば，日本列島に長期間とどまった梅雨前線が低温と長雨をもたらし，「平成の米騒動」を引き起こした年である．この大凶作は，米の緊急輸入を招き，日本のコメ市場の禁が解かれる契機にもなった．当時は輸入米が話題になり，北大生協でもタイ米が使われたのだが，いつもの米よりもむしろ美味しく感じられたことを覚えている．

雛の成長に最も大切な6月，札幌でも低温と降雨が続いた (図12-6)．孵化直後のモズの雛は羽毛が1本も生えてない丸裸で，雌は孵化後1週間ほど雛を温め続ける．これは気温に依存して変化するのだが，1993年は孵化後1週間をすぎても抱雛を続ける雌が多かった．通常，抱雛中の雌には雄が餌を運ぶ．抱雛の義務から解放されれば，雌は雄とともに餌を雛に運ぶことができる．しかし，低温や雨の日が続くとそれがままならず，雄の給餌に頼らざるをえなかったのだろう．餌不足で雛の成長が悪く，雌が餌捕りに出られないという悪循環が生じていた．図12-6に示すように，特に6月中旬には降水量が多く，雛の死亡数も多かった (Takagi 2001).

一腹の雛でも成長速度にやや差がある．図12-7は，いずれも5卵が産まれた巣AとBにおける雛の成長を示している．巣Aでは，日齢4日の時点で体

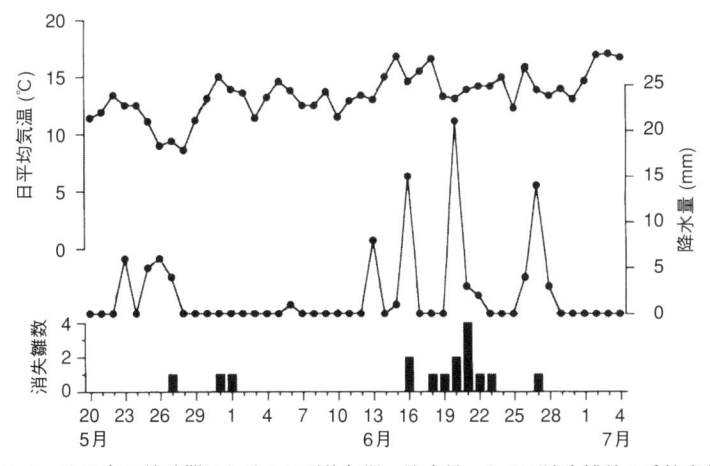

図12-6 1993年の繁殖期における日平均気温，降水量，および消失雛数の季節変化．

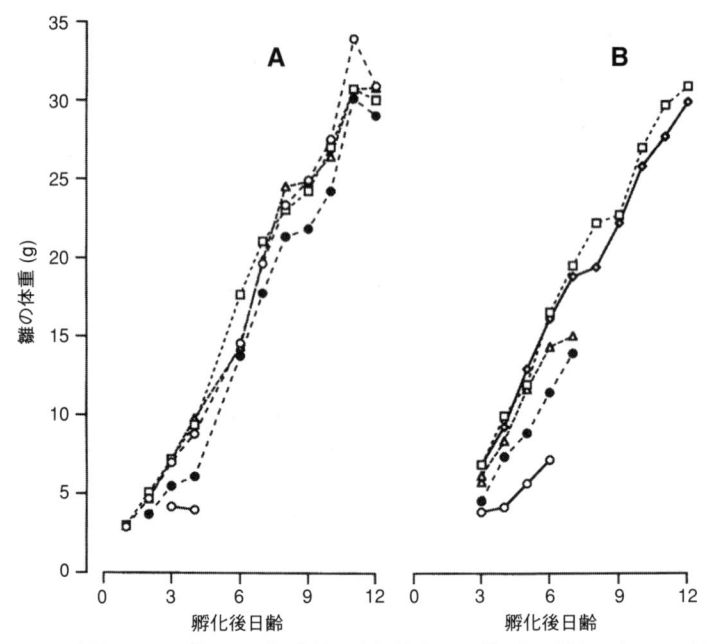

図 12-7 一腹雛における雛の，(A) 成長，(B) 消失．いずれも 5 雛からなる．死亡した雛では線が途切れている．

重の軽い 2 雛（下の ○ と ●）はともに成長が低迷している．しかし，最も体重が軽い雛（○）が消失した後，6 日齢の時点で 2 番目に軽かった雛（●）は，重い 3 雛の体重に追い付いた．この雛の死亡後，残りの 4 雛は無事に巣立った．巣 B では，3 日齢の時点で最も軽い雛（○）が 6 日齢を最後に消失した．さらに 2 個体の軽い雛（●，△）が 7 日齢を最後に消失し，最終的には最初から体重が重かった 2 雛だけが生き残った．雛が死亡するとモズの親は巣外に運び出す．このように軽い雛が犠牲になることで，少数でも生残の見込みの高い雛を育てることができたのだろう．

皮肉なことに，この天候不良により，餌条件がよい年には見えない巣の中のドラマを垣間見ることができた．生活史の研究をさらに深めたくなった．

一腹卵内の非同時孵化と卵体積変異

　モズの育雛には興味深いからくりが存在する．モズは 1 日ごとに 1 卵を早朝

12-4 失敗を糧にして

に産む．一腹卵数 6 卵の巣の産卵期間は 6 日間となる．5 卵までを毎日 1 個ずつ産むと，最後の 1 卵を残し抱卵を始める．最初の 4 卵は抱卵されずに放置されており，5 卵目の産卵と同時に抱卵が始まり，5 卵同時に発生が始まる．最後の 1 卵は抱卵開始の翌日産卵される．そのため，最初の 5 卵は約 14 日間の抱卵期を経てほぼ同時に孵化する同時孵化であり，残りの 1 卵だけが 1 日遅れて孵化する．

これに対し，一腹卵がばらばらに孵化する現象を非同時孵化と言い，渉禽類，猛禽類，海鳥類でよく研究されている．抱卵が初卵産卵と同時に開始されると，産卵が数日にわたるため，非同時孵化に伴う雛の体サイズの格差が大きくなる．親は孵化後すぐに給餌を開始するので，孵化が遅れた雛は親からもらう餌をめぐる兄弟姉妹間の競争にハンディを背負う．餌が豊富でなければあとで孵化した小さな雛は餌にありつくことができないのだ．この現象は多くの研究者の興味を引きつけ，兄弟殺しや子殺しなど，一般の人々の興味も喚起する言葉で語られてきた．

一方，雛のサイズに大きな差を生じさせない 1 日違いの非同時孵化についてはあまり注目されず，適応的な意義をもつのかどうか十分な研究は行われていなかった．一般に，遅れて孵化する最終卵は他の卵よりも小さく，止め卵と呼ばれ，生理的な制約と解釈されることもあった．最終卵であるために，母親に十分な栄養が残されておらず，結果的に小さな個体になるという解釈である．

しかし，モズでは少し違っていた．孵化日を正確に記録すると，一腹雛のサイズが 3 階級に分かれる場合が認められたのだ．図 12-8 に示す 6 雛の巣では，丸で囲まれた 4 卵 (クラス 1) が同じ日に孵化した．その翌日に中間サイズ (クラス 2) の卵が，その翌日に最後の卵 (クラス 3) が孵化した．数卵だけがやや遅れて孵化する非同時孵化は，スズメ目では珍しくない．しかし，モズの巣を詳しく観察すると，繁殖期が進むにつれてこの 2 卵遅れの孵化が多くなっていた．一腹卵が 5 卵の巣でも，最初に 3 卵が同日に孵化し，残りの 2 卵が 2 日間にわたり順次孵化する様式が認められた．

それだけではない．最終卵は一般に小さいと上で述べたが，モズの場合はむしろ大きく，孵化順ではなく産卵順に伴った規則性が認められた．これは一腹卵に生まれた順に番号をつけ，長短径と重さを計測して判明した．図 12-9 に，

産卵順と卵の体積の関係を示した．一腹卵数が4卵，5卵，6卵の巣それぞれについて平均値と標準誤差を示してあるが，最後に産まれる卵は決して小さくない．一腹卵数6卵の場合を見てほしい．最初に産まれる卵が最も小さく，3番目の卵まで，卵体積の増加が顕著だった．3番目から6番目の卵の体積に有意差はないが，平均値は漸増している．

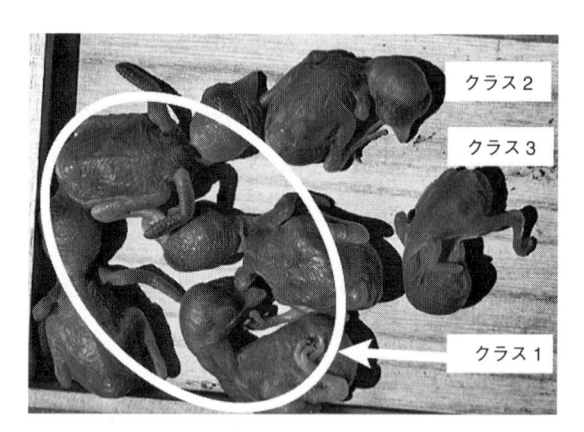

図12-8 3つのサイズクラスからなる一腹の6雛．

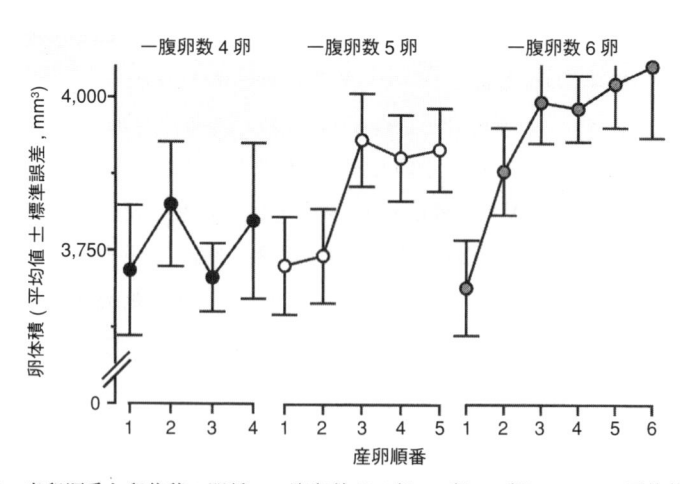

図12-9 産卵順番と卵体積の関係．一腹卵数が4卵，5卵，6卵についての平均値と標準誤差を示している．

話はこれだけでは終わらない．卵体積の季節変化を検討したところ，巣の中で最も大きな卵の体積は変化していなかったが，最も小さな卵は季節の進行とともに小さくなっていた．小さな卵からは小さな雛，大きな卵からは大きな雛が生まれる．小さな卵は生存に不利なのだが，小さな卵は巣の中で最初に孵化するグループに属し，後日遅れて孵化する大きな卵の大きな雛よりも生存率は高かった．つまり，遅れて孵化する雛のサイズはできるだけ大きくすることが雛の生残に必要なことなのだが，最初に産む卵は小さくしても雛の生存には不利ではないのだ．遅い時期に繁殖を開始したつがいは，なわばりに定着してから産卵までの日数が短くなることも判明した．つまり，モズには少しでも早く繁殖を開始するように淘汰圧がかかっていると考えられる．その後の研究で繁殖回数を増やすことと小さな雛をより良く成長させるという点で，繁殖期の初期に繁殖することがより有利であることが判明した．

モズの非同時孵化は，餌資源を多く投資していない早い時期に，雛を間接的に殺す機能を果たしていることが明らかになった．モズは餌条件が良い場合に多くの子を残せる機会をうかがい，餌条件が悪い場合には少数精鋭で万が一に備えていると言えよう．1993年の育雛期における低温多雨が，モズの非同時孵化の適応的意義をあぶり出したのである．仮説検証の失敗から生活史研究に舵を切り，興味深い成果を数多く上げることができた．

研究に伴う犠牲と環境保全への研究者の役割

僕はバードウォッチャーとして鳥と接し，その後，鳥の研究者になった．日本野鳥の会の探鳥会では，鳥の巣を探すこと，ましてや育雛中の巣の写真を撮ることなどはタブーとして教育される．子どもの頃に培ったその考え方は，成果が求められる研究者にはマイナスに作用する．しかし，命を大切に考えることと研究材料として命を犠牲にすることのバランスが重要なのだ．無駄な犠牲は極力避けるという制約を野鳥の研究者は受け入れるべきだと思う．

僕は，これまで多大な負荷を研究材料に負わせてきた．生振のモズは，調査者である僕の撹乱に比較的寛容だった．一方，後に研究することになった小笠原諸島父島のモズは，親が不在時に巣に一切触れずにのぞき込むだけで，その巣卵を放棄することがあった．現在研究中の南大東島のモズも産卵期に巣に触

れると放棄することがある．放棄の原因を僕の調査だけに帰することはできないのだが，悪影響は大きいと感じられる．

　生振では，毎日巣を訪れ，卵に番号を書き込み，雛に標識をし，それらの形質をいくつも計測した．当然のごとく，繁殖中の成鳥も捕獲した．さまざまな観点から細心の注意を払い，影響を最小限に抑えるように努力してきたことは言うまでもない．それでも失敗をした．僕の調査によって命を落としたモズは，1卵，3雛だ．アカモズは成鳥1個体が犠牲になったと思う．その失敗の光景は脳裏にこびりついて離れない．さらに，僕が知るすべのない犠牲もあったと思う．ハシブトガラスは僕の行動を監視しモズの巣を見つけ，キタキツネは僕がつけた道をトレースし，巣立ち雛の居場所を突き止めたであろう．研究成果は多大な犠牲のうえに成り立っているのである．

　ここで紹介した研究成果の一部に加え，あと2,3編の論文として日の目を見せたいデータが残っているものの，生振のモズ類にまつわる僕の研究成果は合計14編の論文となった (Takagi 1996a, b, 1999, 2001, 2002a, b, c, 2003a, b, c, 2004; Takagi & Abe 1996; Takagi & Ogawa 1995; Takagi et al. 1995)．はたして，僕は犠牲に見合う成果を得たのであろうか．もう少し頑張らなければならなかったような気がして，時間が許す限り昔のデータに向き合うつもりでいる．

　一方，影響を最小限に抑えるように努め，対象の鳥を思いやるがために，調査に対する姿勢が及び腰になってしまったとすれば，どうなるだろう．中途半端なデータとなってしまう．当然，成果のアウトプットはままならないはずだ．難しい選択が迫られるのである．研究は材料の犠牲のうえに成り立っていると真摯に考える経験が，僕を成長させてくれた．

　業績主義に走り，成果を重視しすぎる研究者のなかには，保全研究をあえて科学と認めない者も存在する．本来は自然科学に対する個人の哲学に依存するものだが，多分に偏見によるところも大きい．生物を研究しているからには，得られた知見を環境保全のために努めて還元していくことが必要だと思う．多大な迷惑をかけ，犠牲を強いてしまった対象動物とそれを取り巻く関係性に対するせめてもの罪滅ぼしだ．

　制約があればこそ，価値ある研究に高めようという挑戦は，さらにやりがいがあり，苦しくても楽しいものになる．そして，環境保全にも役立てたい．そ

れが今の僕の研究スタイルである．

エピローグ

　僕は，よい意味でマインドコントロールされていたのだろう．当時，東先生の薫陶を受けた諸先輩は次々に大学教員となり，大学院を巣立っていった．先生は，まだまだ実力が伴わない僕にも諸先輩に接するのと同じように，僕が大学教員予備軍でもあるかのように接してくださった．僕も研究者になれるかもしれないと思わせられた．先生は僕 (たち) に研究者になるための戦略も指南された．それは「まず 1 本でいいから，インパクトのある良い論文を書け！　そうすればその周辺の論文も光る」である．これには採用人事で一目置かれる存在になれという意味が含まれていると解釈した．

　しかし，これが難しいのである．光を受けて光る予定の論文は，徐々にではあるが増えてきた．でも，僕はいまだに自分が納得できる光を放つ論文を書けないでいる．これからも「1 本インパクトのある良い論文」を目指し，頑張っていきたいと思う．僕は東先生のマインドコントロールがまだ解けないでいる．

著者の紹介（東 正剛）

正富欣之くん

システム工学から生態学へ

　正富くんはコンピュータプログラミングの専門家で，モデリングにも強い．2003年，その彼が私の研究室に現れ，タンチョウの研究をしたいと言う．私は『応用個体群生態学』（アクチャカヤら著，楠田ら訳，文一総合出版）を読み，保全生態学における個体群存続性分析の有効性を認識していた．野外調査計画を立てるうえで特に有効だ．また，正富くんの父である宏之氏が長年タンチョウの生態を研究し，膨大なデータが蓄積されていることも知っていた．それらのデータを使って個体群存続性を分析すれば，タンチョウの保全に関する意義ある研究ができるに違いないと確信し，受け入れを決めた．

　唯一心配だったのは，机の上でコンピュータと格闘していた正富くんが，あまり経験のないフィールドワークをやり遂げられるかということだった．いくら既存のデータがあるとは言え，解析に必要なパラメータが全てそろっているわけではなく，自分で調査して補わなければならないデータも少なくない．各パラメータがとられた方法も理解してほしかった．しかし，「生態学を学ぶ」という彼の決意は本物で，私の心配は杞憂にすぎなかった．

　2006年に博士号を取得後，タンチョウ保護研究グループ(TPG)の副理事長としても多忙な毎日を送っている．TPGは釧路湿原周辺の定期調査(本文参照)だけにとどまらず，ロシア沿海州や中国の研究グループとも交流し，東アジア全域を視野に入れて保全活動を行うとともに，市民の環境教育にも力を入れている本格的なNPOだ．そのホームページ http://www6.marimo.or.jp/tancho1213/ はよく管理されており，正富くんの経歴がここでも生かされているのだろう．

　宏之氏は私の恩師でもある坂上昭一先生の最初の教え子で，永年にわたってタンチョウの保全生態学的研究を続けている．ふだんは教え子を呼び捨てにする坂上先生が，宏之氏だけは「正富くん」と呼んでいたほどだから，二人はほとんど同世代だったのだろう．とすると，宏之氏のタンチョウ研究は50年以上の歴史をもつはずだ．息子である正富くんがさらに50年研究を続ければ，世界中の生態学者が注目する成果が得られることは間違いない．しかも，正富くんは単なる二代目ではない．最新の手法を身につけ，新しい視点でタンチョウの保全生態学的研究を展開できる能力をもっている．「継続は力なり」を信じ，研究と保全活動を続けてほしい．

13 タンチョウに夢をのせて

(正富欣之)

プロローグ

　頭のてっぺんが赤く，体が白くて大きな鳥，タンチョウ (英名：Japanese Crane, Red-crowned Crane, 学名：*Grus japonensis*) といえば，日本人の誰もが知っている代表的な鳥である．僕がこの鳥を研究するようになったのは，父がタンチョウの研究者であったことが大きく影響している．学部から大学院にかけて，北海道大学の工学部から工学研究院に進学し，自然言語処理という研究分野でコンピュータに日本語や英語の構文や意味を学習させるシステムを構築しようとしていた．およそ，生物には無縁と思われる研究分野ではあるが，脳機能に見られるいくつかの特性を計算機上のシミュレーションによって表現することを目指した数学モデルであるニューラルネットワークを応用することで，ヒトやその他の生物の学習方法をシステムに組み込めないか，試行錯誤していた．結果として，思うような成果を得られるシステムが構築できず，研究に対して行き詰まりを感じる一方で，生物に対する関心は以前よりも大きくなっていった．
　そんなとき，父から「タンチョウの研究をしてみないか？」と誘われ，工学的研究で培った数理モデルやプログラミング技術を生かせるのではないかと考え，タンチョウの研究に従事することとなった．生態学の分野に関しては全くといってよいほど知識がなかったので，はじめに東先生の研究室で1年間研究生として所属した．博士後期課程では，北海道に生息するタンチョウ個体群の個体群存続性分析 (PVA：population viability analysis) に関する研究を行い，学位を取得した．その後，北大地球環境科学院と農学研究院で研究員をしながら，NPO法人タンチョウ保護研究グループでの活動を行っている．

13-1　タンチョウについての誤解を解く

　タンチョウという鳥を研究する以前の僕がそうだったように，一般の人々もこの有名な鳥についてあまり多くを知らないのではないか，と感じている．標準和名は「タンチョウ」であり，「タンチョウヅル」ではない．金魚や錦鯉の「丹頂」と区別するときには，「ツル」を付けて呼んだほうがよいのかもしれないが……．成鳥の体長は 130〜140 cm，体重は 6〜11 kg で，個体差はあるが一般には雄のほうが大きい．翼開長は 220〜240 cm あり，威嚇するときにこの大きな翼を広げて相手に対峙することもある．また，いわゆる「ツルハシ」である嘴と脚の鋭い爪という武器をもっており，別個体あるいは敵に対して「突き」と「蹴り」という強力な攻撃技を繰り出す．そのため，飼育個体を捕まえる際でも，押さえどころが悪く暴れられると，人間でも怪我をすることがある．特に，脚の力は強く，標識を装着するために 2 か月齢くらいの雛でも押さえつけておくのは一苦労だ．

　この鳥の色についてしばしば誤解されていることとして，頭頂部と尾羽の色

図 13-1　頭頂部．赤い部分の大きさが異なるが，個体差ではない．

があげられる．頭頂部には赤い羽，あるいは羽毛があると勘違いされることが多い．この部分には羽や羽毛はなく，赤い皮膚が露出している．つまりは，「禿げ」ているのである．この赤い部分をじっくり観察していると，時々大きさが変わることに気づく (図 13-1)．ここは，人の感情が顔色に現れるように，ツルの感情が現れる場所でもある．ただし，ツルの場合は「色」ではなく，「大きさ」でどのような心理状態なのかが想像できる．例えば，ツルの後方から頭を見て，赤い部分が見える場合には，興奮したり緊張していると思えばよい．このような状態は，他個体と喧嘩したり，外敵を警戒したりするときに見られる．落ち着いた状態では，同じ個体と思えないほど，赤い部分が小さく見える．

　また，読者のなかには，タンチョウの尾羽の色は「黒」だと思っている方がいるのではないだろうか．確かにタンチョウが立っている姿を見ると，尾の辺りは黒い．しかし，この「黒い羽」の正体は，翼の風切羽の黒い部分が折り畳まれたものである．飛んでいるタンチョウを見れば一目瞭然で，尾羽は白く，翼に黒い羽があることがわかる (図 13-2)．尾羽の長さは 23〜25 cm で，ときどき尾羽を左右に振る (お尻を振る)，カワイイ (?) しぐさを見せる．これからは，タンチョウがデザインされたグッズやイラストなどを注意深く見てほしい．

図 13-2　尾羽は白く，風切羽に黒い羽がある．

図 13-3 タンチョウの趾 (後ろ向きの第 1 趾は短い).

あなたも珍種の「尾羽の黒いタンチョウ」を発見できるかもしれない．

「木に止まっているタンチョウを見た」という人がたまにいるが，それはおそらくサギの見間違い，つまり「詐欺！」に会ったということになる．なぜなら，タンチョウの第 1 趾は退化していて，木の枝などを巻き込むようにつかむことはできないからだ (図 13-3)．そのかわり，湿地などの地上で生活するのに適している．僕の個人的印象ではあるが，彼らは飛ぶより，歩いたり走ったりするほうが得意なようだ．

北海道で見られるタンチョウは，夏鳥，冬鳥，そして留鳥のいずれだろうか？ 30 年前のドラマで，冬の雪原にタンチョウが舞っている姿が放映された影響もあり，冬になるとシベリア辺りから渡ってくる冬鳥だと思っている人も多いが，留鳥が正解．繁殖期と越冬期の間である程度の距離を移動するが，ほとんどは北海道内を移動している．国後島から釧路の給餌場まで移動した個体も確認されているが，非常に稀だし，この程度の移動を「渡り」と呼ぶには無理がある．

ただし，タンチョウには 2 つの個体群が存在しており，1 つは北海道個体群，もう 1 つは極東アジアに生息する大陸個体群である．大陸個体群は 1,000〜3,000 km ほどの渡りを行い，主にアムール川とその支流域で繁殖し，中国南

東海岸部や朝鮮半島の非武装地帯で越冬している．本章では，北海道個体群の生活史を，僕たちが行っている調査とともに紹介する．

13-2 タンチョウの生活史と野外調査

抱卵期と飛行調査

2月下旬から3月にかけて，つがいとなった個体は繁殖を行うためになわばりを形成する．なわばりの広さは2〜7 km^2 (正富 2000) といわれていたが，現在は個体数が増加したこともあり，狭くなる傾向にあるようだ．湿原面積1 km^2 当たりの繁殖つがい密度は，2004年には平均0.54つがい (正富ほか 2004) だったが，2008年には平均0.74つがい (正富ほか 2008) に増加した．巣は主に湿地上に造り，上から見ると円形で，断面は台形をしている．巣材はヨシやスゲを多く使い，平均サイズは上面85 cm，下面160 cm，高さ26 cmである (図13-4)．3月下旬から4月中旬に1個か2個の卵を産み，一腹卵数は平均1.8個である．卵の大きさは，長径が約10 cm，短径が約6 cmで，重さが180〜240 g，卵殻の色によって白色卵と有色卵の2種類があり，後者には斑模様がある (図13-5)．抱卵期間は約30日で，雌雄が交代で卵を抱く．

図13-4 就巣しているタンチョウ．

図 13-5 卵殻の色の違い．(A) 白色卵．(B) 有色卵 (撮影：正富宏之)．

図 13-6 上空から見た就巣しているタンチョウ (矢印で示した) (撮影：タンチョウ保護研究グループ)．

　この時期に行う調査で，飛行調査と呼んでいるものがある．ヘリコプターや軽飛行機で繁殖地上空を飛行し，主に就巣しているタンチョウを発見して巣の位置を記録する (図 13-6)．この調査から，繁殖つがい数，繁殖地の分布状況などが明らかになり，その年の営巣状況がわかる．通常，パイロットを除く 3 人の調査員が搭乗し，ナビゲーター，地図記録，および映像記録を分担している．まず，ナビゲーターが飛行経路をパイロットに指示し，パイロットも含む搭乗者全員でツルを探し，発見した際にはツルの周囲を旋回し，地図上で位置確認と記録，およびビデオとカメラによる撮影を行う．軽飛行機での座席の配

置は，ナビゲーターと地図記録担当が右側，パイロットと映像記録担当が左側となる．そのため，地図上での位置確認のためには時計回りに，映像を撮影するためには反時計回りに旋回しなければならない．

　この旋回が繰り返し行われると，たいていの人は乗り物酔いを起こしてしまうが，なかには全く酔わない人もいる．僕の場合は，ナビゲーターと映像記録担当時にはほとんど酔わないのだが，地図記録担当時にはかなりの高確率で酔っ払いになってしまう．一度，見事に「撃沈」されてしまい，他の方々に大変ご迷惑をおかけしてしまったことがある．言い訳をしておくと，天気の関係で急遽予定していた地域と異なる場所を調査するはめになり，地図が全く頭に入っておらず，上空で地図を凝視することになってしまったためだ．自然を相手に調査するには，いろいろな可能性を考えて，万全な準備をしておかなければならないということを実体験として学んだ出来事だった．

　乗り物酔い以外に，飛行調査時に混乱を招くものもある．それは，ツルと誤認することだ．見間違いやすいものとして，ハクチョウやダイサギ，チュウサギなどの白い大型の鳥，ビニールや発泡スチロールなどの白いゴミがある．「そんなものと区別がつかないのか？」と思われるかもしれないが，上空からタンチョウを見ると，最初肉眼ではほぼ白い点にしか見えない．徐々に慣れてくると「白さ」や形で他のものと区別できるようになる (僕はできるようになったと思っている)．もちろん，タンチョウには首や胴体の後方部分に黒色があるので，双眼鏡で確認すればはっきりとわかる．しかし，気流の状態，光の加減，飛行機の高度など，さまざまな条件によって見え方も変化する．ある角度では，魚を入れる発泡スチロールの箱がヨシ原の中で就巣しているツルに見えてしまうこともある．上空ではツルだと思ったが，後で映像を確認すると「ゴミ」だったというようなことも時には起こってしまうのだ．

　また，飛行調査は天気に大きく影響されてしまう．雨はもちろんのこと，空港や海岸線に霧が出たりすると，調査が延期になり，飛行計画に狂いが生じる．雪が降ったりすると，大幅に調査が遅れることとなる．これは「白い」雪原で上空から「白い」ツルを見つけるのが，非常に困難になるからだ．ある程度雪が溶けてなくならないと，ツルの発見率が下がってしまう．

雛の誕生と捕獲作戦

　タンチョウは早成性で，孵化後3～5日で巣から離れ，親鳥の後をついて歩くようになる．順調に成長して，生後1.5か月～2か月をすぎると，胴長を着て，迷彩柄の帽子や手袋を装備したいかにも怪しい人間の集団に狙われることになる．これは，雛を捕獲し，個体識別のための足環を装着するためだ（図13-7）．この標識調査では，10名前後から20名程度の調査員がタンチョウの家族を包囲して，1回に1羽または2羽の雛を捕獲する．タンチョウのなわばりは広いので，雛連れのつがいを求めて調査地を長距離移動しなければならない．そのため，1日で行える調査回数はほとんどが2回で，順調に調査が進み，調査地間の移動距離が短い場合には3回行うこともある．沼や湖などの水辺で水面に泳ぎ出した雛をカヌーで捕獲する場合にはタモ網を使用することもあるが，基本的には手づかみだ．

　雛を捕獲するまでの手順を解説しよう．まず，予備調査（下見）を行い，雛連れ家族の情報を入手する．例えば，「○月○日に雛1羽連れの家族が，○○沼の北側にいて，雛の大きさは3kgくらい」といったものや，「雛2羽連れの家族が，○○牧場の採草地にいて，大きさはまだ小さい」など．しかし，この時

図13-7　捕獲した雛に装着した足環．

期の雛の生存率はそれほど高くなく，前日に雛2羽連れの家族が，調査当日には雛1羽連れになっていたこともある．次に，調査当日は調査地近くに集合し，調査員同士の簡単な自己紹介を行い，トランシーバーを配布する．ほとんどがボランティアの調査員なので，いつも同じメンバーとは限らない．

そのため，トランシーバーでの通信では誰かわからないこともある．もし名前を間違えたりすると捕獲作戦に混乱が生じるので，自己紹介で名前を覚えるのは非常に重要だ．その後，ツルがいる場所の地形と捕獲作戦の概略を説明し，捕獲のために待ち伏せる班，ツルを捕獲場所に誘導する班など，いくつかの班に分かれて行動を開始する．うまく家族を包囲し，退路を断ち，捕獲想定場所に誘導できれば，捕獲作戦成功となる．数人が数分で捕獲してしまう場合もあれば，十数人で数時間かけたが失敗することもある．

捕獲作戦がほぼ理想的に展開された例を紹介しよう．林に囲まれた湖で，監視班2名が2km以上離れた対岸の干潟で索餌している雛連れ家族を見つけた．そのとき，捕獲班8名はツルがいる干潟から1～2km離れた道路上に車を止めて待機していた．歩いて20～30分の距離だ．約1km離れた所にはカヌー班2名も待機していた．監視班はツルの行動を見ながら指示を出し，それに従って捕獲班がそっと近づき，ツルがいる干潟の裏の林に約20m間隔で一列に並んだ．そして，監視班からの合図で一気に湖岸まで飛び出すと，逃げ場を失った雛は，湖に泳ぎ出た．それをカヌー班が追いかけて，タモ網で一気にすくった．カヌーが岸に上陸すると，ツルに与える影響を最小限に抑えるため，作業を行う数名を残し調査員は撤収した．捕獲後の作業は，標識装着(バンディング)，体重と体サイズの測定，採血，放鳥，親鳥との合流確認という流れで進む．親鳥との合流確認の報をトランシーバーで聞いて，無事に調査が終了となる．

しかし，理想的に作戦が進むことは滅多にない．多くはツルをうまく誘導できなかったり，途中で待ち伏せに気づかれたりして，作戦変更を余儀なくされる．ツルの動き次第では，藪の中で隠れて待機せよという指令が出され，蚊など人を刺す虫との格闘が始まる(図13-8)．親鳥は異変に気づくと警戒発声をして，飛び立つことが多い．雛は飛べないので，草むらの中に身を伏せて隠れる(図13-9)．この場合，隠れた雛を探すことになるのだが，この範囲にいるは

ずと思って捜索しても，見つからないことも少なくない．捜索中に，「(飛んで逃げた)親の所に雛がいる！」という無線が入ることもある．どこから気づかれずに逃げたのか，調査員のみんなが「え〜！」と言いたくなる瞬間である．

羽毛が茶色の雛が緑色の草の中にいたらすぐにわかるだろうと思われるかもしれないが，それほど簡単なものではない．人の背丈ほどに伸びたヨシ原であったり，下草に枯れ草が混じっていたりすると，草の根元を確認せずに漫然と草

図13-8 捕獲作戦で待機中の調査員．

図13-9 ヒトに追われて草の中に身を隠した雛．(A) 伏せて隠れている雛．(B) 隠れたつもり(？)でいる雛(撮影：住吉尚)．

をかき分けて探しても見つからない．最悪の場合，雛を踏んでしまう危険性がある．体重をかけるまではいかず，大事には至らなかったが，足裏の感触で雛を見つけた人もいる．逆に，ツルに気づかれないように潜んでいた人が，親鳥に踏まれたという話もある．時には，親鳥も僕たちを惑わすように行動する．雛が逃げる方向とは反対側に移動したり，偽傷行動で注意を引きつけたりする．何度も捕獲作戦を実行して，ようやく捕獲に成功することもある．

　とっさの判断も非常に重要だ．あるとき，捕獲対象の雛連れ家族が見つからなかったため，数人が何台かの車に分乗し，探していた．僕も2人の調査員を乗せて車を運転し，川の築堤上を走っていた．すると突然，後続の車の調査員からトランシーバーで連絡が入った．僕の車の助手席側 (川側) で家族が採草地に隠れているという．左斜め前方を見ると，確かに雛1羽連れの家族が草の中にいた．この状況では他の車の調査員に作戦を指示する時間はないと判断し，車を家族の真横に止めた．助手席側の調査員2名がすぐに飛び出し，雛を追いかけた．運転席の僕も一拍遅れて飛び出したが，このような急展開の状況になるとは予想しておらず，履いていたのはサンダルだった．しかし，僕より一回り以上人生の先輩である2人の調査員だけでは雛に追い付けず，逃げられると思い，そのまま草むらの中まで走っていって捕獲した．当然のことではあるが，買ったばかりのサンダルは全力で荒れ地を走るように作られておらず，壊れてしまった．まぁ，雛を捕獲できればサンダルくらい安いもの，終わり良ければ全て良し，ということで．

　雛を捕獲された親鳥の行動もさまざまで，(1) 遠くに飛んで逃げてしまい，どこにいるかわからなくなる，(2) ある程度離れた場所まで逃げるが，視認できる場所にいる，(3) すぐ近くで，それほど逃げない，などのパターンに分けることができる．人に慣れていて恐れない親鳥はパターン (3) であるが，時には調査員に対して威嚇行動に出ることもある．換羽中の親鳥はパターン (1) で，警戒心が強い．タンチョウの羽は一度に生え換わるため，一時的に飛べなくなる (図13-10)．換羽は，はっきりとしたことはわかっていないが，通常雛がいてもいなくても育雛期に，2～3年ごとに起こるようだ．換羽中は非常に神経質になり，人の気配を感じただけで深い藪から出てこない．逆に言うと，普段飛べるということが，人や天敵に対してどれほどの余裕をもたせているのかがわかる．

図 13-10 風切羽の有無．(A) 換羽中で風切羽がない個体 (撮影：松本文雄)．(B) 通常時の風切羽がある個体 (撮影：西岡秀観)

　バンディングに成功すれば帰りの足取りも軽いが，失敗に終わると，帰りの道のりは非常に長く感じられる．また，捕獲作戦を展開するような場所ではしばしばヒグマの排泄物，食痕や足跡なども見つかるが，騒ぐとツルに気づかれてしまうため，大きな音を出しながら移動するわけにはいかない．御守り(？) 代わりのクマ撃退スプレーをもち，ヒグマと出会わないようにひたすら祈るしかない．

越冬個体数調査

　孵化から 100 日くらいたった雛は，親鳥よりも一回り小さいくらいまで成長し，うまくはないが飛べるようになる (正富 2010)．9月から 11 月にかけて気温が下がり，自然の餌資源量が少なくなると，食べ物を求めて繁殖地から人里に家族単位でやってくる．特に，ウシの飼料用トウモロコシであるデントコーン畑やその刈跡に集まる．刈跡で落ちているデントコーンを食べるのはあまり問題にならないが，刈り取る前のコーンを突っつき，粒を食べるという，食害が発生している．もちろん，シカなどに比べれば被害は少ないかもしれないが，夜行性のシカと違い，昼間に活動するタンチョウはとても目立つ．また，春先の種蒔き時期にも，蒔いた種を食べてしまうので，こちらのほうが被害は深刻になる．コーンだけでなくコムギやマメ類なども食べるので，これらの作物を植えている農家の方たちにとっては，害鳥として嫌われている．

　越冬期の特に寒い時期である 1 月下旬から 2 月初旬にかけて，越冬個体数調査 (センサス) を行っている．このセンサスは，大体午前 8 時頃から開始し，日が沈みツルが給餌場からいなくなるまで続く．そのため，昼の 30 分から 1 時間くらいの休憩時間を除き，ひたすら屋外にいることになる．朝方の気温は $-20℃$ 以下のこともあり，昼間でも $-5℃$ 以上にならないこともある．そのため，この調査は寒さとの戦いでもあり，毎年参加される方は，どれだけ暖かく快適に過ごせるかに工夫を凝らしている．身に付けるものとして重要なのは，防寒靴である．日が沈むと足元から急激に冷えてくる．僕も最初は防寒長靴に足用使い捨てカイロを入れてしのいでいたが，最近は厚いフェルト生地が入った防寒ブーツに変えた．ジャケットやパンツも何枚か重ね着するのだが，軽量で防寒性が高い物 (当然，価格も高い) を着用するようになった．年齢とともに，寒さに対する耐性が減退したせいかもしれないが．

　このような寒い思いをしながら何をするかというと，5 分ごとに総数と幼鳥数を数え，給餌場に飛んでくる，または歩いてくる，あるいは飛び去る，または歩き去る個体数を随時記録する．3 大給餌場と呼んでいる阿寒，鶴居中雪裡，下雪裡では，最も多いときには 200～400 羽のタンチョウが集まる (図 13-11)．これらの給餌場では，一度に数十羽が飛んでくるし，飛び去ることがあ

図 13-11 越冬期に給餌場に集まるタンチョウ．

る．時には100羽以上が一度に飛び去ったこともある．このような状況で正確にカウントすることは，非常に難しい．しかし，調査終了後に時系列で記録された内容からある程度の補正が可能となる．補正時の基本的な考え方として，最小値を算出することにしている．したがって，僕たちが行っているセンサスでは北海道に生息している野生個体数の最小値を公表している．

　2月下旬になると，親鳥は幼鳥に別れを告げ，新たな繁殖期に入る．この頃になると，親鳥と幼鳥の距離が少しずつ広がっていく．幼鳥がピー，ピーと鳴いて甘えても，親鳥はフーと威嚇するような声を出し，近くに寄せつけなくなる．それでも近づく幼鳥には，嘴で突くそぶりを見せ，追い払う．単独で行動する幼鳥が増えてきて，3月下旬には幼鳥と亜成鳥だけの群れができ，給餌場はさながら保育園のようになる．

　タンチョウは，孵化後約3年で繁殖可能となり，つがいを形成する．婚姻形態は一夫一妻で，一度つがいになると一生涯つがい相手を変えないとも言われるが，必ずしもそうではないことが標識個体から確認されている．相手が死亡

13-2 タンチョウの生活史と野外調査

したために別の個体とつがいになることもあれば，相手が生存していても別の個体と新たなつがいを作ることもある．あるいは，新たにつがいになれずに一人寂しく過ごす個体もいるようだ．

ところで，生理的な分析をしないで，外観から雄・雌の判別をするにはどうすればよいのか？ ある大学の講義で1, 2年生にアンケート調査をしたところ，

図13-12 雌雄が判別できる行動．(A) 鳴き合いしているつがい (左が雄)．(B) 交尾しているつがい (上が雄)．雌雄

「雄は頭が赤い」という答えが最も多かった．タンチョウ(丹頂)は頭「頂」部が赤色(丹)ということで，その名のとおり，雄でも雌でも頭は赤い．しかし，冬の給餌場では頭の赤くないタンチョウがいて，観光客のなかにはそれを雌だと言っている人がいる．そうだとすると，性比が約9 : 1で非常に雄に偏っていることになる．実際には，頭の赤くないタンチョウは幼鳥で，越冬個体群の約10%を占めている．なお，標識を装着したときに採取した血液などの分析結果から，性比はほぼ1 : 1 (正富ほか 2009) となっている．では，給餌場で観察していても，雄と雌はわからないかというと，行動によって判別できることがある．例えば，つがいのうちの1個体が一声鳴いた直後に，もう一方の個体が2〜3声鳴けば，前者は雄，後者は雌と判定して間違いない．これを雌雄の「鳴き合い」行動という．また，交尾のシーンに遭遇したときにも，雄が雌の上に乗る状態になるので，ほぼ確実に雌雄の判別ができる (図 13-12)．

13-3 営巣適地の環境変化と分布

　北海道に生息するタンチョウは，狩猟や生息地の開発により1900年代初頭に絶滅の危機に瀕したが，給餌などの保護活動により2012年1〜2月には1,400羽を超えるまで個体数が回復した (NPO法人タンチョウ保護研究グループの調査による)．個体数は増加したが，主な生息地だった湿地はすでに失われ，現在も減少傾向にある．つまり，個体群と生息地のサイズに不均衡が発生している．そのため，繁殖地における環境収容力が限界に近づき，越冬期における給餌場での過密化が起きている．

営巣地環境の変化

　個体数が増えて，営巣環境にどのような変化が起こっているのか調べてみた．飛行機に酔って気分が悪くなりながらも記録した繁殖状況調査の営巣地点データ，および植生図や基盤地図情報といったGIS (Geographic Information System : 地理情報システム) データを用い，1997年 (越冬個体数619羽) と2007年 (同1,213羽) の営巣環境を比較した．

　1997年には202巣 (正富ほか 1998)，2007年には332巣 (正富ほか 2007)

表 13-1 植生図における植生ごとの営巣地点数

植　生	1997 年	2007 年	新規営巣地
ヨシクラス	102	153	68
ハンノキ群落	51	86	41
塩沼地植生	11	6	0
牧草地	8	28	22
開放水域	5	10	7
エゾイタヤ–シナノキ群落	5	10	5
ヤナギ低木群落	1	8	6
その他	19	31	17
計	202	332	166

が確認された．タンチョウのつがいは毎年ほぼ同じ場所に巣を造る傾向があり，離れて造ってもせいぜい数百メートルで，1 km 以上離れることは多くない．逆に言うと，1 km 以上離れている巣は新たな営巣場所 (新規営巣地) ということになる．これを基準にすると，2007 年に発見された 332 巣のうち 166 巣が 1997 年の調査以降に造られた新規営巣地と判定できる．

　営巣地点の主な地被植生 (表 13-1) はヨシクラスとハンノキ群落の湿原植生で，両年とも 72〜76％を占め，大きな差異はなかった (正富・正富 2010)．一方，1997 年の営巣地点と新規営巣地点の地被植生の割合に大きな差があった．新規営巣地点では，牧草地の占める割合が大きくなっていた．表 13-1 の地被植生を見て，「あれ？　タンチョウって牧草地や水面 (開放水域) に巣を造るの？」と思われた方もいるのではないか．この疑問に対する一般的な回答は「いいえ」だ．ここで牧草地や開放水域に分類された巣は，ほとんどが巣の位置の記録誤差や植生図の精度によるものだ．例えば，牧草地の端などに小さな湿地が残されていて，植生図上では牧草地に分類されているのだが，そんな小湿地に営巣するタンチョウがいる．また，沼などの中洲のようなヨシ原にも巣を造るが，当然植生図の分類では開放水域になってしまう．先程，一般的な回答と書いたが，例外的な場合も存在する．本当に牧草地に営巣したつがいも数例確認されていて，農家の方が草刈りをしていたらツルが飛び出してきたということもある．

　営巣地点の地被植生からだけでは，巣の位置の記録誤差や植生図の精度による影響が多少なりともあるため，巣の周辺植生も調べた．そこで，巣から半

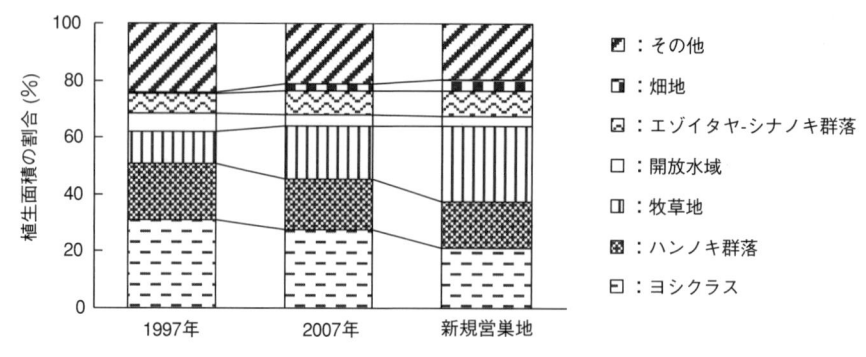

図 13-13 営巣地点を中心とした半径 500 m 円内の植生面積割合.

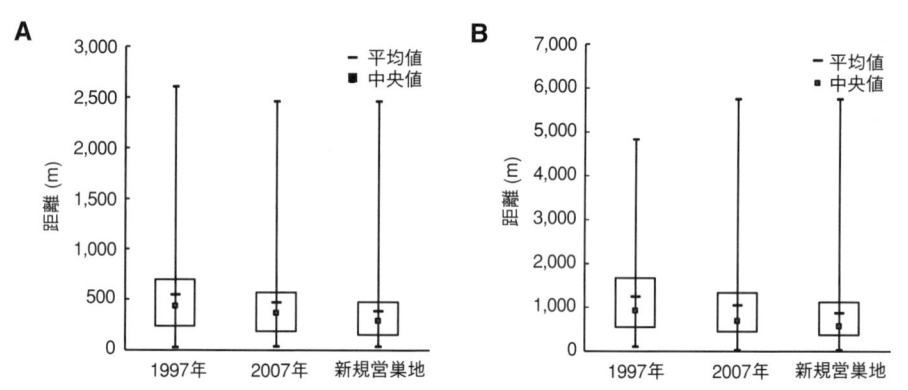

図 13-14 営巣地点から人工物までの距離. (A) 道路までの最短距離分布. (B) 建築物までの最短距離分布.

径 500 m 圏内における地被植生 (図 13-13) を両年で比べると, 2007 年にはヨシクラスやハンノキ群落の湿地植生の割合が 5.3 ポイント減少し, 牧草地や畑地など農地の割合が 7.6 ポイント増加していた. この傾向は特に新規営巣地で顕著で, 湿地植生が 13.2 ポイント減少し, 農地が 18.4 ポイント増加していた. 農地は新規営巣地点周辺植生中, 最も高い割合 26.4% を占めた. つまり, 新しい営巣場所周辺には, ヨシ原やハンノキ林の湿地よりも牧草地のような農地が広がっているということになる. また, 2007 年には巣と人工物との距離 (図 13-14) も短くなっており, その傾向は特に新規営巣地で顕著だった.

これらの結果から，北海道のタンチョウは個体群の増加に伴って営巣地域を広げつつあり，近年は農地や人工物が近くに存在する人間の活動圏で繁殖するつがいが増えていることが示された．農地や人工物が繁殖つがいの行動圏に含まれる場合，ツルは牧草地や堆肥置き場などの人工的環境で採餌し，湿地と比べて餌資源量が多いこともあるという報告が数例ある (大石ほか 2004)．したがって，今後も人間の活動圏およびその付近で繁殖するつがいが増えると予想され，偶発的な事故や化学物質の摂取など，ツルに悪影響の及ぶ危険性が高まる．このことを示す一例として，近年，スラリータンクと呼ばれる家畜の糞尿処理施設に入り込んで出られなくなる個体が多くなってきている．

営巣適地の推定と分布

「タンチョウが営巣できる場所は，どこに，どれだけあるのか」という問いに答えるため，植生図と 2007 年における道東地域のタンチョウ営巣地点データを基に，GIS を利用し，タンチョウの営巣に適する地域を推定した (正富・正富 2011)．道東地域を 2 km メッシュ (1 辺 2 km の正方形) で分割 (メッシュ数は 550) し，メッシュ内の営巣地点の有無を応答変数 (営巣地点がある営巣メッシュ数は 278)，営巣に影響すると思われる，ヨシクラス，ハンノキ群落，牧草地などの植生面積を説明変数とする一般化線形モデルを作成した (図 13-15)．このモデルにより，営巣に重要な影響を及ぼす環境要因を抽出することができる．その結果，ヨシクラス，ハンノキ群落といった湿地植生と牧草地が多いメッシュほど営巣地として好まれ，落葉針葉樹植林とトドマツ植林植生が

$$\log \frac{p(x)}{1-p(x)} = -2.31 + 3.94 \times 10^{-6} S_{\text{ヨシ}} + 3.92 \times 10^{-6} S_{\text{ハンノキ}} + 8.21 \times 10^{-7} S_{\text{ボクソウ}}$$
$$+ 6.40 \times 10^{-7} S_{\text{エゾーシナ}} + 3.73 \times 10^{-7} S_{\text{カイホウ}} + 1.21 \times 10^{-6} S_{\text{ヤナギ}}$$
$$+ 1.83 \times 10^{-6} S_{\text{ヤマハン}} - 7.96 \times 10^{-7} S_{\text{ラクヨウ}} - 1.5 \times 10^{-6} S_{\text{トドマツ}}$$
$$- 8.75 \times 10^{-6} S_{\text{ササーダケ}}$$

図 13-15 各メッシュのタンチョウの営巣に適応する確率 $p(x)$ を表す一般化線形モデル式．ここで S は，$S_{\text{ヨシ}}$：ヨシクラス，$S_{\text{ハンノキ}}$：ハンノキ群落，$S_{\text{ボクソウ}}$：牧草地，$S_{\text{エゾーシナ}}$：エゾイタヤ-シナノキ群落，$S_{\text{カイホウ}}$：開放水域，$S_{\text{ヤナギ}}$：ヤナギ低木群落，$S_{\text{ヤマハン}}$：ヤマハンノキ群落，$S_{\text{ラクヨウ}}$：落葉針葉樹植林，$S_{\text{トドマツ}}$：トドマツ植林，$S_{\text{ササーダケ}}$：ササ-ダケカンバ群落，の各面積 (m²) である．係数が正で大きいとその植生は営巣に適し，逆に負で大きいと営巣に適さない．

多いほど営巣に負の影響を及ぼすことが明らかとなった．この結果は，すでに述べた営巣地の地被植生と周辺植生の状況と矛盾しない．しかし，湿地植生ほどではないにしても，牧草地も営巣に正の影響を与えることに違和感を覚える．確かに，牧草地にいるタンチョウをよく見かけるが，これが本来の姿なのだろうか．個人的見解として，現在のタンチョウが置かれている状況には問題があると思っている．

　道東地域における上記の結果を北海道全域に適用したモデル (図 13-16. 全メッシュ数 5,459) を 2008 年の営巣状況を用いて検証すると，営巣メッシュ 308 のうち，50.3%のメッシュが営巣適地確率 0.9 以上，81.5%のメッシュが営巣適地確率 0.5 以上のグループに分類された．また，最近繁殖つがい数が増加傾向にある道北地域の営巣地点も，このモデルでは適地としての評価が高いグループのメッシュに含まれていた．現在営巣が確認されていないメッシュから，

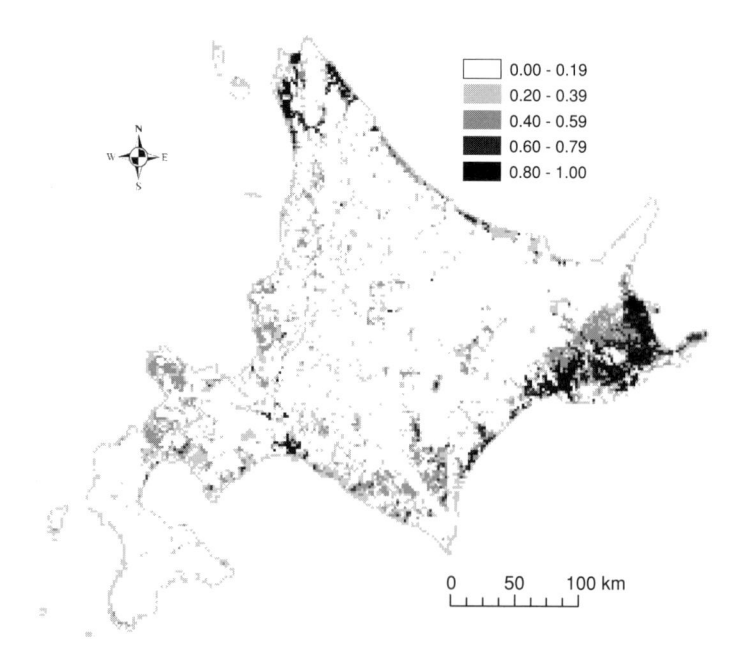

図 13-16　2007 年の主な繁殖地域である道東地域の営巣状況から推定した営巣適応度メッシュ地図．5 つの営巣適地確率グループに分けて示してある．

高い確率で営巣適地と推定されたメッシュを抽出すると，道北・道央の湿原地域や湖沼・河川流域などが選択された．営巣適地確率に従って分類したメッシュ地図を作成することにより，今後繁殖が想定され，保護対象として留意すべき地域の概要がより明確に示された．

しかし，モデル作成に使用した植生図と現在の植生が異なる可能性もあり，精度を高めるために，新しい植生図を基にした再モデル化や現地調査などによる評価が必要となる．また，道東地域では農地として牧草地が多いが，他の北海道の地域では畑，水田などの異なる農地がある．したがって，タンチョウが畑や水田にどのように適応するかにより，道東以外の地域への分布拡大が予想と大きくずれることになるかもしれない．

13-4　タンチョウ個体群を持続的に保全するために

個体数が 1,000 羽を超えたとき，「千羽鶴だからもう増やす必要はないのではないか」という人がいたが，北海道のタンチョウ個体群は将来的に持続可能なのだろうか．そこで，1990 年から 2004 年までの飛行調査，標識調査，そして越冬個体数調査のデータを使用して個体群存続性分析を行った (図 13-17. Masatomi et al. 2007)．これは，湿地面積当たりの営巣密度から推定した道東地域の環境収容力 ($K = 1,659$)，および，釧路市動物園の年ごとの事故死亡収容数から算出した事故死亡数増加割合 (0.072 ％/年) を個体群に影響を与える要因としたシミュレーション結果である．図 13-17 を見てもわかるとおり，100 年間で絶滅する確率はゼロであった．ということは，「1,000 羽もいれば十分」ということになるのだろうか．確かに，このシミュレーションでは大きく個体群サイズが減少することはなかった．しかし，北海道のタンチョウの現状を考慮すると，必ずしも絶滅リスクがないとは言えない．その理由として，越冬期における集中化があげられる．冬は給餌場に集まるのだが，半径 10 km 圏内の 3 つの給餌場に約 6 割のツルが餌を採りにやってくる．ひとたび感染力が強く，致死率の高い感染症が発生すれば，個体数は大きく減少するだろう．このような状況では，1,000 羽という数は十分とは言えず，さらに個体数が増えたほうが絶滅リスクは低くなる．

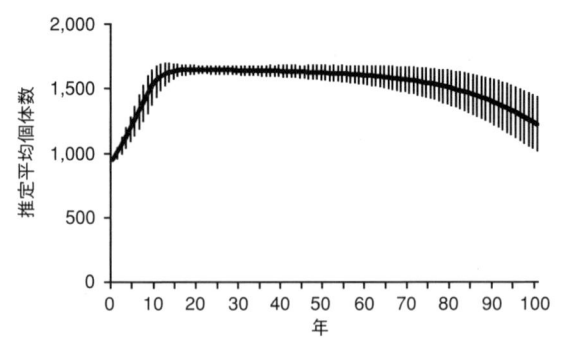

図 13-17 平均個体群サイズの将来予測図（上下の線は標準偏差）．環境収容力 $K = 1,659$，事故死亡率増加割合 0.072％/年 で試行回数 10,000 回，試行期間 100 年のシミュレーション結果．

　それでは，これまでのように数が増え続けていくのだろうか．シミュレーション結果から，10 数年から 20 年後には収容力の上限に達する可能性の高いことが示された．なお，このシミュレーションは 2004 年から始まっているので，早ければ 2010 年代の後半にそのときがやってくる．個体数の増加に歯止めがかからないように環境収容力を増やすにはどうすればよいのだろうか．道東地域の収容力は限界に近いが，前述の営巣適地から推察すると，北海道全体ではまだある程度の余裕がありそうだ．つまり，繁殖分布域が拡大すれば，それに伴い収容力も大きくなるだろう．したがって，生息地の分散化，現存する湿地の保全，新たな生息地の創出などが，将来の個体群を維持するために必要だ．このとき，タンチョウだけを保全するのではなく，タンチョウが生息できる環境，生態系システム全体を保全するという考えに基づくべきである．
　また，長期間の人工給餌や保護活動による弊害か，ヒトに馴れた個体が多くなっているように思われる．そのため，ヒトとタンチョウの生活圏が重なることにより，事故死亡率の増加，農業被害など，さまざまな問題が生じている．これらの問題を解決するために，研究者，行政，そして地域住民の三者が協力できる体制を作らなければならない（正富・正富 2009）．このような問題解決策を決定するうえで，僕たち研究者が果たす役割は大きく，その責任も重大であることを認識しなければならない．

回復した個体数とすでに失われた環境との溝をどのように埋め，共存していくのか，現在タンチョウの保全は大きな岐路に立たされている．

エピローグ

　一般の人が自然や環境に対していかに関心がないか，自分自身の過去を顧みるとよくわかる．そのような人々に対して，タンチョウを含む自然環境の大切さについてどのように説明するかが，重要で，かつ難しいものであることを痛感している．しかし，タンチョウの将来を考えると，よりいっそう多くの人々の協力が欠かせない．僕の研究が少しでも役に立つよう努力を続けたい．

　タンチョウの調査・研究を通して，多くの方々との出会いがあった．生態学という学問に全く素人であった僕を受け入れていただいた東先生と，お世話になった東研究室の皆さんにはとても感謝している．また，協力，アドバイス，サポートなどをしてくれた全ての方々に謝意を表したい．これまでの，そしてこれからの研究も，タンチョウに関わる方々の協力がなければ成しえないことばかりである．それから，父 (正富宏之) はもちろんのこと，家族，親類の支援にも感謝している．特に，僕の健康をいつも気遣ってくれる妻のおかげで，研究を続けてこられた．妻とは，タンチョウを通して知り合い，二人で一緒によくタンチョウを見に行った (これには調査も含まれる)．これからは，生まれて間もない息子と三人でタンチョウを見に行きたい．

　僕の息子が大人になる頃に，息子 (ヒト) にとっても，タンチョウにとっても，よい世界となっていることを願っている．

永田純子さん

DNA分析室を立ち上げてくれたパイオニア

1990年代に入ると，生態学分野でも分子系統解析や血縁度測定を行う研究室が現れてきた．社会性昆虫学の分野では東大・松本忠夫さんの研究室が最初だったと思う．1993年，東研の立ち上げを許された私は，松本研に刺激され，DNA分析も研究室の看板メニューに加えたかった．東研のDNA分析室を立ち上げてくれたのが永田純子さんだ．

永田さんは東京理科大学で本格的に分子生物学を学び，指導教員との共著論文もあった．富樫くんや高木くんと同期で，助手時代からの学生だが，1994年，博士課程に進学し，私の研究室に所属した．北大理学部附属染色体研究所の増田隆一さんの指導を受けながら，ニホンジカの個体群間分子系統解析を行った．それまで，エゾシカはホンシュウジカよりも大陸のシカに形態が似ているため，サハリンを経て北海道に入ってきたという説が有力だった．しかし，永田さんがDNAを分析したところ，エゾシカはホンシュウジカに非常に近く，津軽海峡を越えてきたことが初めて明らかになった．

永田さん以降，村上くん，東典子さん，泉洋江さんなど多くの学生がいろいろな動物の分子系統解析や個体間血縁度測定などを行い，学位を取得したが，その礎を築いてくれたパイオニアが永田さんだった．私は，教授になるまでは生態学や行動学一辺倒で，「一遺伝子一酵素説」から一歩も出ていないほどのDNA音痴だった．しかし，彼らに刺激されて *The Cell* などを読みあさり，分子生物学をよく知る生態学者として評価してもらえるようになった．永田さんのお陰である．

彼女は，長身でスポーツウーマン．中学生時代は，走り高跳びで埼玉県記録保持者だったそうだ．大学ではスキー，大学院ではマウンテンバイクにはまり，各地の大会に出ては賞品を獲得し，美味しいお菓子などを研究室に差し入れしてくれた．1996年に学位を取得し，しばらく染色体研究所で実験助手を務めた後，農水省森林総合研究所に職を得た．

当然，よくもてたようだが，残念ながら日本人ではなくアメリカ人男性を伴侶として選び，子ども2人を抱えながらつくばとアトランタ(ジョージア州)を往復する生活を送っている．東研からは3人の女性がアメリカ人男性と結婚しているが，いずれも子どもにしっかりと日本語を教え込み，旦那を尻に敷くたくましいお母さんになっている．

14 エゾシカの遺伝型分布地図が語ること
——野生動物管理に貢献する保全遺伝学

(永田純子)

プロローグ

　もうかれこれ20年ほど前になる．ようやく欧米で保全遺伝学 (conservation genetics) という言葉が受け入れられつつある頃，私は鼻息荒く「私の遺伝分析技術を大型野生動物の保全管理に役立てるのだ」と大学院に進学した．保全生物学 (conservation biology) は，遺伝子の多様性，種の多様性，生態系の多様性，景観の多様性などを含む「生物多様性」の保全を目指す学問であり，その一分野である保全遺伝学は特に遺伝子の多様性を担っている．

　しかし，1990年代はじめ，野生動物の遺伝学を柱とする研究室は少なく，「保全遺伝学」と銘打ち，その専門家と関連設備をそろえた研究室は皆無だった．晴れて北海道大学大学院修士課程の学生になったものの，前途に大きな不安を感じていたことを今でも鮮明に覚えている．遺伝学的研究に使うサンプルを得るには動物の捕獲が必要だ．私は大型哺乳類の研究を希望していただけに，捕獲の問題は特に心配だった．また，遺伝学的研究は実験器具や薬品に大変お金がかかる．

　それでもやはり大きな野生動物にこだわりたかった私は，一人で捕獲に行っても，こちらが餌食にならずにすむ草食獣を研究材料にしようと思った．そして，幸いにも，日本で一番大きい草食動物・ニホンジカを研究することができた (図14-1)．

14-1 エゾシカの DNA 分析が始まった

癌か，野生動物か

　学部生のときは，埼玉県立がんセンターで癌の発症機構を解明するべく卒業研究に励んでいた．このがんセンターではヒトゲノムプロジェクトの一部を担当し，遺伝子工学分野では最前線を走っていた．研究室には遺伝子分析用の最新大型機械がずらりと並び，研究テーマは最先端，研究グループのメンバーも精鋭揃い．私が属していた研究グループが出した成果は，次々に科学雑誌 *Proceedings of the National Academy of Sciences of the United States of America* や *Cancer Research* に発表されていた．学部生にとっては最高の環境だったし，そのまま突き進めば，百万分の一の可能性で，ノーベル賞が取れたかも？　と思わないでもない．

　でも，この恵まれた環境のなかで大きなプロジェクト研究の一部を担当しているうちに，心の中に小さな疑問が芽生えてきた．自分の居場所がわからなくなってきたのだ．誰もいない週末の実験室で半ば機械的に実験していると，時々我に返って思うことがあった．端が見えないそれはそれは大きな工場の中の，小さな機械の小さな歯車の 1 つ，それが今の自分ではないのか．今やっていることが人間社会の役に立つことはわかっている．でも，疑問はどんどん大きくなるばかりだった．

　大学 4 年の夏，同期の友人たちは大手製薬会社の研究所へ次々と就職を決めていた．バブル経済絶頂期だったし，私立の有名理系大学だったこともあり，学部を卒業したばかりの学生でも引く手あまただった．そんななか，私は，自分の居場所を求めて，憧れの地・北海道で，幼い頃から夢見ていた野生動物の研究を志すことにした．当時としてはかなり異色の進路変更だった．1992 年，私は北大大学院環境科学研究科修士課程に進学した．

DNA 実験室の主になった

　野生生物を研究材料とする生態学系の講座に所属したが，もちろん保全遺伝学的研究を目指していたので，実験指導は，理学部附属染色体研究施設

(当時) の増田隆一先生に仰いだ．1993 年からは，組織改革に伴って教授に昇任されたばかりだった東先生の研究室に出入りすることになった．先生は，研究室を作るにあたり，DNA 実験室の立ち上げを希望されていたのだ．どうやら，私がその役を任されたらしい．直接頼まれたわけではなかったが，先生は人をのせるのがうまい．

　当時，東研は 8 階建てビルの最上階にあり，DNA 実験室は 5 階に用意された．北大の緑を見渡すにぎやかな 8 階の研究室から，階段をタカタカと走り降りて 5 階の小さな実験室にくると，まるで別世界にきたような感じがした．ひんやりとした空気，なぜかライトをつけても薄暗く，がらんとした部屋．石でできた冷たい実験台を陣取っているのは，これまた小さな電気泳動槽と小さな電子天秤と数本のマイクロピペットだけだった．私は，簡素この上ない DNA 実験室の主になったのだ．設備が整った学部時代の実験室より，この何もない実験室にいるほうがなぜか自分の居場所を確認できたし，はるかに大きな充実感を味わうことができた．

　薄暗い実験室の冷たい灰色の壁に向かって，シカの組織から採取された DNA を分析していた．チューブの間をせっせと行ったり来たりする右手のピペットの先端を注意深く見つめながら，シカのことを思い浮かべていた．草を食むのをぱたりと止め，明るい緑の林から興味深げにこちらを見るニホンジカの母子．びっくりして「ピャ！」と鳴いた後，お尻の毛を白く逆立てながらピョンピョンと向こうへ走り去る立派な角をもった雄たち．このチューブの中にある DNA の主たちはきっとそんな生活を送っていたはずだ．

ニホンジカとは

　ニホンジカ *Cervus nippon* は日本，朝鮮半島，中国，台湾，ロシア沿海州，ベトナムなど東アジアを中心に広く分布しており，ヨーロッパ，アメリカ，オーストラリアなどにも移入されている．日本に生息するニホンジカは地域ごとにエゾシカ，ホンシュウジカ，キュウシュウジカ，ヤクシカ，マゲジカ，ケラマジカの 6 亜種に分類されている (Nagata 2009a を参照)．日本産ニホンジカは形態学的・生態学的な地理的変異がとても大きいのが特徴だ．例えば最大はエゾシカで，雄成獣の冬季平均体重は 120 kg にもなる．最小はケラマジカで，

図14-1 ニホンジカの雄 (北海道知床国立公園にて. 撮影:岡田秀明).

雄成獣の平均体重はわずか30 kgだ.

大きな地理的変異は,日本産ニホンジカの亜種分類に関して,実に多くの説を生みだすことになった.例えば,エゾシカには,独立種に分類する説,大陸産と同一亜種にする説,独立亜種にする説があった.また長崎県対馬に生息するツシマジカにも,独立種に分類する説,本州産と同一亜種にする説,独立亜種にする説があった.

しかし,私たちの研究で明らかになったニホンジカの分子系統樹は,これまでに発表された全てのニホンジカ亜種分類説と全く異なっていた (図14-2. Nagata et al. 1999; Nagata 2009b).例えば,北海道のエゾシカは,ホンシュウジカと遺伝的に近く,亜種エゾシカとしての様相は呈していなかった.また,ツシマジカは山口産に遺伝的に最も近く,さらにこれらは九州産に近かった.そして何よりも驚いたことは,日本産ニホンジカが北と南の2つのグループに分けられたことだった.北日本グループには北海道から兵庫県までが含まれ,南日本グループには山口県から,九州・対馬および九州以南の島が含まれた.さ

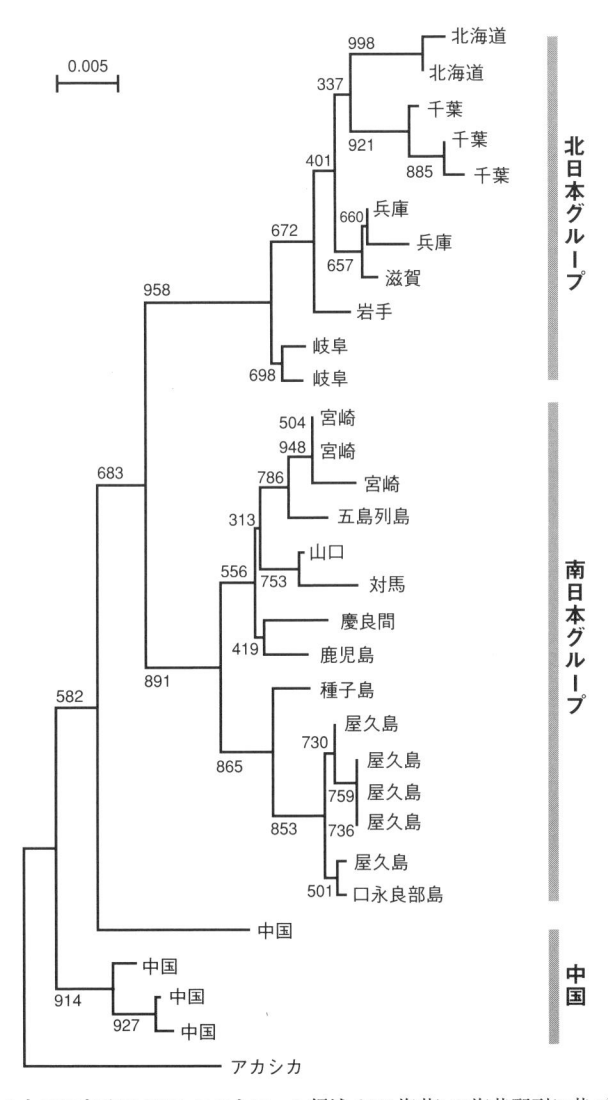

14-1 エゾシカのDNA分析が始まった

図14-2 ミトコンドリアDNAコントロール領域(577塩基)の塩基配列に基づいたニホンジカの分子系統樹 (Nagata 2009b より許可を得て改変). 近隣結合法により描画した. 系統樹上の数字はブートストラップを1,000回行った際の支持率で,枝の信頼度を表している. 系統樹の左上のスケールは遺伝距離を示す.

らに驚くことに，北日本と南日本の遺伝的距離は，両者と中国との遺伝的距離に匹敵していた．南北2つのグループの遺伝的関係は予想外に遠いものだった．

南北グループの境界線 (もしくはオーバーラップ地域) は兵庫県と山口県の間のどこかに存在するはずだ．でもそこには，ニホンジカの移動を妨げるような山岳地帯や大きな河川などの障壁は存在しない．おそらく，ニホンジカに見られる南北グループの成立には，日本列島の成立の歴史が深く関わっているのだろう (永田 2005; Nagata 2009b; Tamate 2009)．

このように，形態的な形質の地理的変異から系統関係を正しく判断することは非常に難しい．気候や個体群密度，生息環境の違い，そして遺伝的な違いが形態的形質に大きく影響しているからだ．そして，体が大きいゆえ，分類学的位置づけに諸説あったエゾシカであるが，それは低温多雪への適応にすぎないと言える．

なぜエゾシカか

私にはニホンジカを材料として，解決したい社会的な大問題があった．19,900,000,000．たくさんのゼロが並ぶこの数字，何だかおわかりだろうか．単位は円．2008年度 (平成20年度) の1年間に起きた野生動物による農林業への被害額だ (農林水産省 2010)．このなかでニホンジカによる被害額が58億円でトップ．54億円でニホンイノシシが続く．政府が無駄遣いしている私たちの血税には，まだゼロがいくつもつくので，政治の世界から見たらちっぽけな額なのかもしれない．でも，私たち庶民にとっては，この被害額だって立派に天文学的数字の域だ．村上龍の『あの金で何が買えたか』(小学館) 風に計算すると，毎日ぜいたくに100万円使ったとしても199億円を使い切るには55年以上かかる．私がこの額を定年退職後 (65歳) から使い始めることができるとしたら，有り難いことに私の目標年齢120歳までの余生をちょうどうまい具合に賄える．

読者の皆さんの多くは都会に住み，毎日満員電車やバスに揺られながら職場や学校に通われていることだろう．ヒトやハト，カラス，スズメなどはよく見かけるが，それ以外の動物を目にする機会はあまりないし，まして野生動物による農林業被害なんて聞いても実感がわかないかもしれない．しかし，最近，ニホンジカやニホンイノシシなど一部の野生動物の生息数や生息地は増え，山

図 14-3　ニホンジカの侵入を防ぐために，牧草地の周りに張り巡らされた防除柵．

や田畑は荒れている．ツキノワグマやニホンザルが里に下りてくる機会も増えた．野生動物と人間社会との距離が非常に近くなり，彼らが人間の領域で起こす問題が，里山を中心に多発している．この被害を減らすために，農地や林地に柵を張り巡らせ，被害をもたらす動物の立ち入りを許さない防除法がとられている (図 14-3)．捕獲することで，その数を減らす試みもなされている．日本全国で 2009 年度 (平成 21 年度) の 1 年間に捕獲された有害動物のうち，第 1 位はニホンジカで 154,800 頭，第 2 位はニホンイノシシで 148,900 頭，以下カワウ，ニホンザル，クマと続く (環境省 2012)．

　北海道では群を抜いてエゾシカによる被害が大きく，農林業被害のほか，エゾシカと衝突する交通事故も増加し，いまや大問題となっている．2009 年度 (平成 21 年度) の 1 年間に 35,157 頭 (速報値) のエゾシカが駆除されており，全国でのニホンジカ駆除数の約 23％を占める (北海道自然環境課 2010)．

　現在，増えすぎて厄介者扱いされているエゾシカだが，1868 年，明治の幕開けとともに北海道開拓が始まると，エゾシカは乱獲され，生息地から姿が消えていき，さらに幾度かの豪雪も災いして個体数が激減した (図 14-4．梶 2006)．そして 1880 年代末から約 60 年間，エゾシカはずっと絶滅寸前の状態

[図: エゾシカの捕獲数と農林業被害の推移のグラフ]

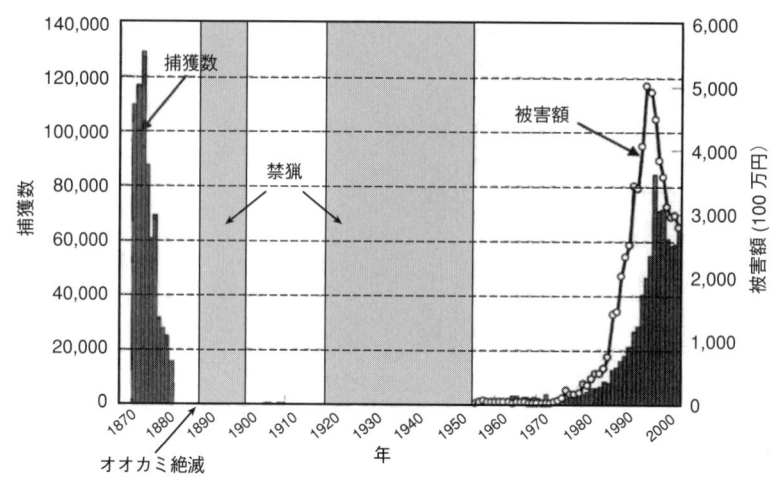

図 14-4 エゾシカの捕獲数と農林業被害の推移 (1873〜2004 年．梶 2006 より許可を得て改変)．

に追い込まれていた．しかし，エゾオオカミの絶滅と 1920 年以後の禁猟政策，そして森林の農耕地化が幸いして，戦後あたりから徐々に個体数が回復した．さらに，1960 年代から 1980 年代の牧草地増加に伴って良質な食物と生息環境を得て，エゾシカは急増した．

　このように，私たちが今抱えているシカ問題は，人間がこれまでに行った大規模な森林伐採や土地改変，天敵であるオオカミを絶滅に追いやったことへのしっぺ返しだと言える．私が大学院に進学した 1990 年代，北海道はシカ問題の真っただ中だった．その頃，北海道では駆除規制を緩和して狩猟機会を拡大し，エゾシカの捕獲数をどんどん増やしていた．その努力もむなしく，農林業被害は増え続けていた (図 14-4)．

　最近では，駆除を担うハンターの数が減少の一途をたどっており，高齢化も深刻で，増え続けるシカに真っ向から対抗できる管理体制が崩れかかっている．また，捕獲数が増えたことによって，シカの死体をもてあますハンターも続出している．ロースやヒレ肉だけが切り取られ，他の部分は山野に放置されることが多くなった．ニホンジカは死んだあとでも厄介者でゴミ扱いにされてしまった．

14-2　DNA 分析用サンプルを収集する

モノ言わぬ死体にモノ言わす

　あぁ，なんてもったいない！　死体はもはや動かないしモノも言わないが，私たち研究者にとっては実に多くを語る魅力的な資源であり，貴重な情報源である．捕獲場所，性別，年齢などの基本情報のほかにも，得られる情報がたくさんある．例えば，骨格標本は死体からしか手に入らないし，胃の中身を見れば生前に何を食べていたのか大体わかる．特にエゾシカのような大型野生動物は捕獲が難しいので，死体の利用価値が高い．

　この無残にも厄介者扱いされている「貴重な死体」から少しでも多くの科学的な情報を絞り出して，野生動物管理技術の発展に役立てるべきではないだろうか．例えば，エゾシカがこれまで経験してきた個体数変動や，今まさに行われている個体数管理政策は，エゾシカ個体群の遺伝構造に大きな影響を及ぼしてきたはずだ．DNA 分析によって，その影響を科学的に評価する新しい手法を開発できるのではないだろうか．私がこれまでに培ってきた遺伝学の技術で，それに大きく貢献できたら最高だと思った．

サンプリングという名の北海道内旅行

　修士課程の大学院生となった私の夢と希望は大きかったが，手探りで進むことが多く，これからの道のりは平坦ではなさそうだった．幸い，1980 年代に作られたイカツイ顔のトヨタコロナを友人からタダで譲り受けた．これに乗って一人でキャンプをしながら，北海道東部を中心に，エゾシカの駆除を行っている市町村役場を訪ねて回った．

　その頃エゾシカの狩猟や駆除を行っていた市町村は約 70 あった．役場を一つずつ訪ね，担当者から地元のハンターさんを紹介してもらい，これまた一人ひとり訪ねた．遺伝分析のため，捕獲したシカからほんの一部だけでよいので肉片を分けてほしいと伝えると，ほとんどの人は快く協力してくれた．時にはすごい形相で「年頃の若い娘がヒグマの出る河原でキャンプとは何事よ！」と怒鳴られた．でも，そういう人にかぎって「泊まるとこないんなら，うち泊まっ

てけぇっ！」と声をかけてくれ，役場の方やハンターさんのおうちに急遽お世話になることも多かった．そんなときは，シカ撃ちの武勇伝をたくさん聞けたし，被害の実態を直接教えてもらうこともできた．おなかいっぱい鹿肉料理をごちそうになったうえに，鹿肉や山菜，時にはシカとはあまり関係のない魚介類のお土産までどっさりいただいた．

このように，役場回りでは美味しいものをたくさん食べさせてもらったが，何よりも多くの方々と知り合いになれたのがうれしかった．今でも親戚同様の付き合いをしている家族が，北海道各地にいる．

そんな地味な作業を続けていた私に，何と幸運にも，北海道立環境科学研究センター（当時）がサンプル集めに協力してくれることになった．北海道の正式な行政ラインを通じて各市町村役場へ，そして北海道中のハンターさんへと，鹿肉サンプルの提供を依頼する手紙が送られた．多くの関係者の協力を得て，最終的には，エゾシカ生息地のほぼ全域からシカの肉片サンプルを集めることができた．

エゾシカ生け捕り大作戦

寒さがゆるくなってきたとはいえ，まだ雪が多く残る北海道の3月．その頃になると，私は決まってうきうきし始めた．毎年恒例のエゾシカ生け捕り大作戦が目前に迫るからだ．野生動物は山野でもめったに姿を見せない．そして，逃げ足が速い．彼らを追いかけたところで，ちょっとやそっとのことでは捕まってはくれない．それでも，私たちのように野生動物を研究する者は，時には対象動物を捕まえる必要がある．この大作戦は，生きている動物から遺伝学実験用に血液サンプルを採取できる絶好の機会だ．

昆虫やネズミなど小動物の捕獲なら小さい網や罠ですむが，シカなど大型動物の捕獲はそうはいかない．比べものにならないほど大がかりな罠が必要だし，時間もかかる．もちろん1人では不可能で，大人数での作業となる．

北海道の南部に洞爺湖という湖があり，その中心に中島という約5 km^{2}の島がある．この島にはもともとエゾシカは棲んでいなかったのだが，1957年から1965年にかけて日高地方から1頭の雄と2頭の雌が持ち込まれ，定着した．その後，爆発的に個体数が増加し，2001年には434頭を数えた．

このエゾシカ個体群の個体数をモニタリングするために捕獲調査を行ってい

14-2 DNA分析用サンプルを収集する

たのは，北海道環境科学研究センターの梶光一さん (現在，東京農工大学) が率いる洞爺湖中島エゾシカ捕獲隊だった．この捕獲調査は1981年から始まったが，当初の捕獲効率はあまりよくなかった．そこで2001年に総周囲長361 mの大規模な漏斗型の囲い罠 (図14-5) が設置され，2003年までの3年間に269頭の捕獲に成功した (高橋ほか 2004)．

このエゾシカ捕獲隊には，毎回，行動学，寄生虫学，形態学，獣医学，繁殖学など，さまざまな分野の研究者や学生が合計20～30名参加する．野生動物捕獲調査の精鋭部隊ともいえる．ふだん実験室での仕事が主な私には，捕獲調査の現場で役に立てることは限られている．美しい捕獲作業の流れを乱さないよう，役に立てるところで頑張るのみだ．

生け捕り大作戦が毎年3月に行われるのは，まだ植物が雪で覆われているため餌が少なく，シカを撒き餌に誘導しやすいからだ．実は，この大作戦の下準備は大勢で捕獲作業をする1か月前からすでに始まっている．まず数名が島に上陸し，漏斗型の口部分にあたる罠の入り口近くと罠の中，そして島内の数か所に家畜飼料を置き，シカをゆっくりと罠に誘い込む (高橋ほか 2004)．罠への警戒心がほとんどなくなった約1か月後，罠の中で悠々と食事しているエゾシカた

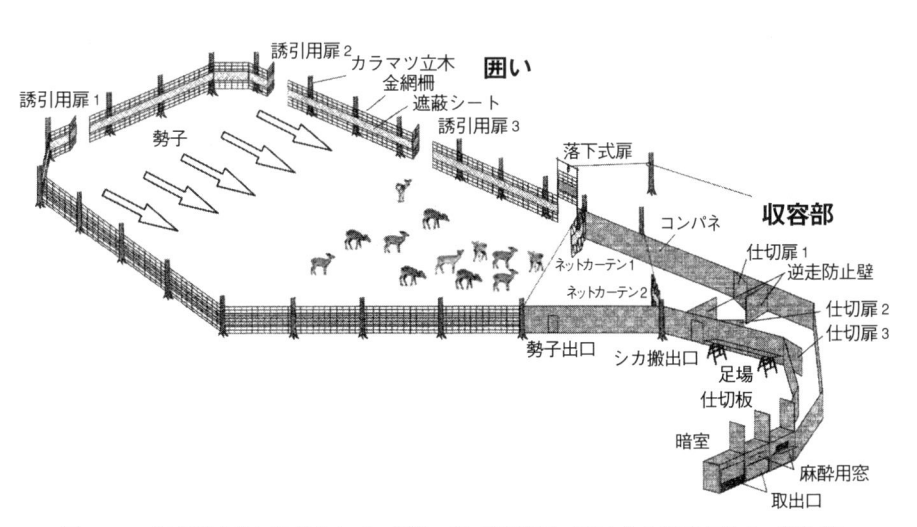

図14-5 洞爺湖中島に設置されている囲い罠 (高橋ほか 2004 より許可を得て一部改変)．

ちを見とどけてから，罠の入り口の扉をそっと閉める．これで囲い込み成功．

　ここから，漏斗型罠の細い部分に大勢でエゾシカを追い込む作業が始まる．私たち捕獲隊全員はブルーシートや竹竿を手にした勢子になる．罠の広い入口部分から一列になって中へそろりそろりと入場し，横一列に整列して壁を作る．そして，列を乱さないように注意しながら雪の上を前進する．すでに罠に慣れているシカたちは，それほどびっくりせず，じりじりと近づく私たちが作る青い壁と一定の距離を保つように，同じ速度で少しずつ罠の細い部分へと移動していく．

　シカをより狭い部分に収めるごとに扉を次々と閉めていき，最終的には「収容部」という隔離部屋に追い込んでいく．シカがここまで到達すると，「捕れた」ことを実感し，安堵で私たちの顔が明るくぱっと輝く．収容部のシカたちは，時には暴れる個体がいるものの，多くは聞き耳を立てながらあたりの様子をじっと窺っているだけだ．

　早速，麻酔銃や吹き矢を使って，捕獲したシカを麻酔していく．麻酔薬が効いてくると，シカは首をだらんと下げ始め，じきにへなへなと力なく座りだす．最初は首を一生懸命もたげ，頭をふらふらと動かしながら，「眠るまい！」との意思を見せつけようと頑張っているが，そのうち眠気に負けた頭を地面につけ，熟睡モードに入る．なかにはグーグーと大いびきをかきながら眠っているシカもいる．つついても動かない無抵抗な状態だ．しかし，万が一起き上がって暴れだしたら危険なので，前足と後足をそれぞれゴムチューブでしっかりと縛っておく．私たちの足元は熟睡中のシカだらけになった．

　私たち捕獲隊は，横たわるシカたちの体重測定，年齢査定，体各部の計測，個体識別用の耳標や個体追跡用の電波発信機の装着，そして採血をてきぱきとこなしていく (図 14-6)．胸囲を計測するときは，巻尺を右手にシカの上半身(?) を抱え上げる．このときシカがとても温かいことに驚き，私たちがこんな当たり前のことさえ忘れていることに気づかされる．2 歳以上の雌には妊娠診断もする．使うものは人間用の超音波診断装置だ．時には，母ジカのお腹の中で新しい命が脈打つ様子にはっとし，とても神秘的な気持ちになる．

　全ての作業がすんだら，眠っているシカを起こし，逃がしてやらなければならない．麻酔薬の拮抗薬を注射し，素早くシカから数メートル離れ，様子を見守る．数分後，シカはいきなり目を覚ます．頭をピクッと上げ，よっこらしょ

図14-6 洞爺湖中島での捕獲作業．麻酔が効き，熟睡モードに入ったシカは，前後足を保定され，さらに目隠しをされる．捕獲隊は，作業を手分けして行う．

と立ち上がり，キョロキョロと辺りを見回したかと思うと，細い足をよろめかせながら走り出し，林の奥へと消えていく．私は血液サンプルを手にホクホク顔で帰路についた．札幌へ向かう車の中で，大いびきをかいていたあのシカたちのことが頭をよぎった．シカたちはどんな夢を見ていたのだろう，と．

14-3 DNAの中にエゾシカがたどった歴史を探る

　サンプルを集めることはできたものの，まだ道のりは遠かった．実験室が整っていなかったし，1990年代はじめ，遺伝分析技術もまだ発展途上だったため，最近のように洗練された方法や便利な機器はなかった．DNA分析には今の数倍もの時間がかかった．そして一番問題だったのは，参考になる先行研究がほとんどなかったことだ．どのようなDNA分析やデータ解析をすれば，シカ個体群の遺伝構造を知ることができるのだろうか．

　私は増田隆一先生のご指導のもと，試行錯誤の末，ミトコンドリアという細胞内小器官がもつDNAのD-loop領域またはコントロール領域と呼ばれる部分に地域的な遺伝的変異を見つけた．例えば，北海道と本州と九州のニホンジカを比べると大きな違いが見られた．そのDNA部分の塩基配列を解読して

各エゾシカ個体の遺伝型を決定し，それを地図上に落とすという地味な作業を続けた．もちろん，エゾシカの駆除個体からは捕獲場所，性別，年齢の情報が得られていた．それとは全く別の新しい生物学的情報である遺伝型を明らかにする作業は，なんだか，ほかの人が全く知らないエゾシカの秘密をこっそりと暴くようで，とてもワクワクした．最終的に，1991 年から 1996 年に集めたサンプルを分析し，全く新しいタイプの地図「エゾシカ遺伝型分布地図」(図 14-7．Nagata et al. 1998a) を描くことができた．

エゾシカの DNA はいろいろなことを教えてくれた．まず，エゾシカの遺伝的多様性は低かった．ミトコンドリア DNA の遺伝型はわずか 6 つのタイプしかなかったのだ．九州の面積は北海道の 47% だが，9 タイプ存在する．四国の面積は北海道の約 23% しかないが，14 タイプも存在する (Nagata et al. 1999; Yamada et al. 2006)．ミトコンドリア DNA よりも個体変異が大きい核 DNA のマイクロサテライト DNA も分析したが，やはり本州や九州のニホンジカ個体群と比べてエゾシカの遺伝的多様性は低かった (Nagata et al. 1998b; Goodman et al. 2001)．エゾシカ個体群の遺伝的多様性が低いことには，どうやら理由がありそうだ．

北海道には各地にアイヌ民族の遺跡があり，しばしばそれらの遺跡からシカの骨が見つかる．エゾシカは重要なタンパク源だったのだろう．北大大学院地球環境科学研究科の大学院生だった名畑さんが中心となり，それらの骨から DNA を抽出し，個体数激減前のエゾシカ個体群の遺伝型分布地図を復元した．その結果，明治以前のエゾシカは現在のエゾシカ個体群より遺伝的多様性に富んでいたことがわかった (Nabata et al. 2004)．遺伝的多様性の減少が，明治時代以降の個体数激減によることは明らかだった．エゾシカ個体群は見た目 (個体数や分布地域) には回復したが，中身 (遺伝的多様性) は回復していないと言える．

私たちの「エゾシカ遺伝型分布地図」から，エゾシカの分布に及ぼす針葉樹の重要性も見えてきた．現在のエゾシカの主要な 3 タイプ a～c の分布中心はそれぞれ阿寒，大雪，日高の山系に重なっている (図 14-7)．実際，明治時代，絶滅の危機を逃れた少数のエゾシカが，主に日高，大雪，阿寒山系に生き残っていたという記録がある (犬飼 1952; Kaji et al. 2000)．これらの山系は針葉樹林と針広混交林に覆われており，特に豪雪時には，エゾシカが雪をしのげる

14-4 エゾシカの増と減のジレンマ

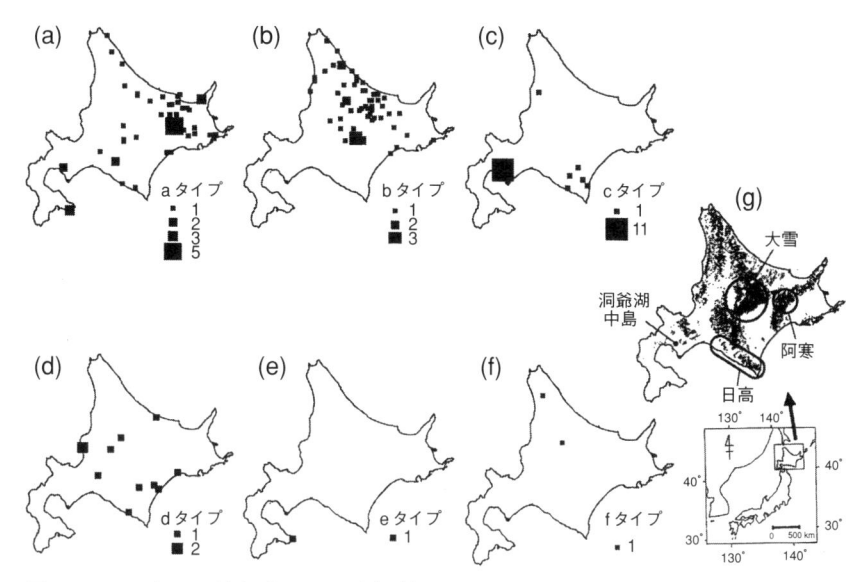

図 14-7 エゾシカの遺伝型 (a〜f) 分布地図 (Nagata et al. 1998a より許可を得て改変). ■は遺伝型の頻度を示している．主要な 3 タイプのうち，a タイプの分布地域は阿寒，b タイプは大雪，c タイプは日高それぞれの森林地帯と重なっており，阿寒，大雪，日高の個体群間の遺伝的構成には違いが見られた．

重要な避難場所 (レフュージア) だったと考えられる．豪雪は，エゾシカにとって冬場の主な餌となるササさえも覆い尽くしてしまうが，これらの山系では餌となりうる樹木も多く，比較的豊かな食糧をエゾシカに提供していたのかもしれない．全道的に個体数が減少して遺伝的多様性が減少したあと，エゾシカは，互いに隔たったこれら 3 地域から徐々に分布を拡大してきたのだろう．

このように，エゾシカ個体群の遺伝構造解析は，彼らが経験してきた個体数変動，レフュージア，分散の歴史を浮き彫りにした．

14-4 エゾシカの増と減のジレンマ

エゾシカが生物多様性を減少させる

ニホンジカのような大型野生動物が増えすぎると，さまざまな問題を引き起

こす.すでに述べた農林業被害や交通事故に加え,生態系への影響も深刻だ.例えば,世界自然遺産の登録地である知床と屋久島では,増えすぎたニホンジカが植生を食い尽くし,生態系のバランスを崩している.やはりニホンジカの影響で,南アルプスや日光ではキバナノアツモリソウ,シラネアオイなどの貴重な高山植物が消えつつあるし,丹沢や多摩では森林更新がままならず,至る所で土砂の流出が起きている.北海道の洞爺湖に浮かぶ中島の林床にはエゾシカの不嗜好性植物であるハイイヌガヤ,フッキソウ,ハンゴンソウ,イケマだけが繁茂しているし,エゾシカに樹皮をぐるりと食われた大木がたくさん倒れている(図14-8).中島ではエゾシカ自身も餌不足で,見るも無残にやせ細っているものが多い(図14-9).このように,ニホンジカの増加は,生態系全体に大きな影響を与え,生物多様性を減少させている.

　一般に,ニホンジカのような草食哺乳類は繁殖力が非常に強く,少ない個体数からでも爆発的に増えることができる.個体数の増加は彼ら個体群の遺伝的多様性にも大きな影響を与えることがある.すでに述べたように,洞爺湖の中島では,1960年前後に導入されたわずか3頭のエゾシカから始まった個体群

図14-8　シカに樹皮をぐるりと剥ぎ取られた木.これらはやがて枯れる運命にある.

14-4 エゾシカの増と減のジレンマ 415

図 14-9 洞爺湖中島のやせ細ったエゾシカ．

が，約 40 年たった 2001 年には 434 頭にまで増えた．繁殖力旺盛な彼らだが，中島では個体群成立から現在までに，少なくとも 2 回の大量死による個体群崩壊が起こった．1 回目の崩壊は 1984 年 (昭和 59 年) に見られ，資源の枯渇と大雪などの影響が大きかったと考えられた．2 回目の崩壊は 2004 年 (平成 16 年) に起きた．資源の枯渇はあったが比較的温暖な年であり，個体群の崩壊が気象条件のみで引き起こされるものではないことが示唆された (Kaji et al. 2009)．他にどのような要因が潜んでいたのだろうか．

　わずか 3 頭から始まったのだから，もともと遺伝的多様性が低いうえに，さらに近親交配を重ねてきたのは明らかである．たとえ遺伝的多様性がある程度維持されている個体群でも，近親交配は同祖有害遺伝子がホモになる確率を引き上げる．したがって，遺伝的多様性の低い個体群内での近親交配は，個体群の環境耐性を著しく低下させると考えられる (近交弱勢)．例えば，脊椎動物の適応免疫系で中心的な役割を担う抗体遺伝子群や MHC (major histocompatibility complex；主要組織適合遺伝子複合体) 群の対立遺伝子数が極端に少なくなると，対応できる抗原の幅が狭くなる．その結果，免疫力で対応できないウイルス，バクテリア，寄生虫などが増え，病気の蔓延による個体群崩壊を引き起こすことになる．洞爺湖中島のエゾシカで見られた個体群崩壊に，この

ような要因が潜んでいた可能性は否定できない．

先に述べたとおり，エゾシカは明治期の豪雪や乱獲で激減し，北海道全域で遺伝的多様性が減少した．もちろん洞爺湖中島の個体群に比べれば遺伝的多様性ははるかに高いし，もともとシカの繁殖力は旺盛だ．したがって，ホンシュウジカやキュウシュウジカに比べた遺伝的多様性の低さが，直ちにエゾシカ個体群の崩壊につながるとは考えにくいが，特定ウイルス病の蔓延などによる個体数激減の可能性は否定できない．また，小さな個体群は絶滅の渦 (p. 338 参照) に巻き込まれやすいことを考慮すると，エゾシカの絶滅を防ぐには，ある程度の個体数を維持しておかなければならないのも，また事実である．

「保護管理単位」という概念の台頭

エゾシカ問題の根本的な解決のため，駆除は必要だ．ただ，私たちがエゾシカを絶滅寸前まで追い詰めたという過去の誤りを繰り返してはならない．エゾシカによる被害を軽減し，かつエゾシカの絶滅を避けるためには，どのような保全管理計画を策定し，実行すべきなのだろうか．

これまでの野生動物管理区は，都道府県や市町村などの行政区を基本単位としてきた．野生動物管理には費用がかかるので，予算執行単位である行政区が動物管理上も基本単位として採用されてきたからである．しかし，都府県境などには山地や森林が広がっていることが多く，野生動物の重要な生息地になっている．にもかかわらず，実際の野生動物管理は，どちらかというと人口密度の低い都府県境で手薄になる傾向がある．これまでの野生動物管理計画が，動物の事情を全く考慮せずに策定されてきたのは明らかだ．

これに対し，保全遺伝学では「保護管理単位」という概念が重視されるようになった (Moritz 1994)．保護管理単位は，他の個体群との関わりあいが少なく，行動的・遺伝的独立性の高い個体群として定義され，野生動物を管理する際の単位として採用することが望ましいとする．これにより，各個体群の生物学的特性を保全し，結果的に遺伝的多様性を含む生物多様性を維持し，しいては個体群の絶滅確率を低下させることになる．この保護管理単位は，管理対象となる動物本位の単位であり，人間本位の行政区単位と対極をなしている．

欧米では，さまざまな野生動物の管理指針を策定する際，保護管理単位が重視されつつあるが，残念なことに，日本ではこの考え方はほとんど考慮されてこなかった．行政区単位の野生動物管理体制を早急に見直し，動物の生息状況や個体群の遺伝的特徴などの生物学的情報を考慮し，よりきめ細やかな管理体制を構築する必要がある．

エゾシカ管理の単位を見直す

「エゾシカ遺伝型分布地図」に話を戻そう．北海道では遺伝型の分布が一様ではなく，いくつかの遺伝型はとても局所的な分布をしていることが明らかになった．そして，過去の個体数の激減で遺伝的多様性が失われたことも示唆された．

日高地方では，他の地方ではほとんど見られない1つの遺伝型が局所的に分布している．もしここで過剰な駆除が行われると，この特異的な遺伝型は，永遠に失われてしまうかもしれない．このようなことが繰り返されると，遺伝的多様性が低下し，環境の急激な変化への抵抗性が減少し，場合によっては個体群の崩壊が起こる危険さえある．反対に，ごくありふれた遺伝型で占められている個体群内での駆除は，遺伝的多様性を減少させる可能性が低いだろう．

遺伝的多様性の程度を左右するのは対立遺伝子や遺伝型の数だけではなく，それらの割合の均等性だ．同じ対立遺伝子数でも，それらの対立遺伝子が同じ割合で存在するほうが多様性は高い．したがって，ありふれた対立遺伝子の割合が減ることで，結果的に稀な対立遺伝子の割合が増えると，遺伝的多様性は上昇する．例えば，MHC遺伝子群のある遺伝子座に注目すれば，対立遺伝子の割合が均等な個体群ほどヘテロ個体が多く，病気への耐性が高いことになる．

ではエゾシカの保護管理単位はどのように捉えればよいのだろうか．エゾシカ個体群は，遺伝的な独立性から，大雪・阿寒・日高の3個体群に大きく分けることができた．このことから少なくともこれら3つの個体群を保護管理単位と捉えることができるだろう．

北海道では，人間活動とエゾシカの軋轢を軽減するため，1998年からエゾシカの主要な生息地であった東部地域を主な対象として個体数管理を進めてきた．その後，西部地域にもエゾシカの農林業被害が拡大したため，2000年か

らは，西部地域も対象地域に加えた管理地域区分の設定を検討していた．これは，私たちが「エゾシカ遺伝型分布地図」を発表した直後の時期だった．そのため，エゾシカの保護管理計画の方針を立てるうえで，「エゾシカ遺伝型分布地図」がエゾシカの重要な生物学的特性の一つとして注目され，個体数管理地域区分の設定に考慮されるようになった．大前進だった．おそらく，野生動物管理計画のなかに個体群の遺伝的特徴が考慮された，日本で最初の例ではなかっただろうか．

とは言っても，これまで私が述べた研究成果はかれこれ20年近く前のものになる．エゾシカの分布地域も変化したし，それに伴って「エゾシカ保護管理計画」が改定され，個体数管理地域区分も変化した．そんな折り，現在の保護管理計画に用いられている地域区分が，生物学的特性に沿ったものであるかどうかを評価する機会が訪れた．

北大大学院環境科学院修士課程の学生だった竹川さんが中心となり，2008〜2009年に北海道のエゾシカ生息地全体からサンプルを集め，最新の「エゾシカ遺伝型分布地図」を発表した (竹川ほか 2010)．この研究から，遺伝情報を基にした保護管理単位と現行の保護管理に用いられている地域区分にはずれがあり，現在の保護管理の地域区分は生物学的特性に沿ったものとは言えないことがわかった．このように，刻々と変化する状況を捉えるためには，分布や個体数などのモニタリングはもちろんのこと，遺伝情報の継続的な収集も重要だと言える．

人間社会と生態系の調和のために

野生動物の管理，管理と言い続けていると，「この人，動物を殺すための研究をしているの？」と思われてしまいそうだが，そもそも，この道を選んだのは動物が大好きだからだ．常々，野生動物には幸せな生活を送ってもらいたいと思っている．同時に，私が人間である以上，人間社会の存続は自分にとってとても重要なことだ．

もともと，エゾシカの激減と激増，それに伴って起きた生態系の変化と農林業被害は，直接・間接的に人間活動に由来するところが大きい．このことからもわかるように，私たちは，生態系のバランスの維持に大きな責任をもたなけ

ればならないし，もちろん，野生動物の被害から私たち自身の生活も守らなければならない．私たちの生活基盤を守り，かつ生物多様性を維持していくには，野生動物の適切な個体数管理が必須の用件となっている．

最初の「エゾシカ遺伝型分布地図」から20年の歳月が流れ，取り巻く状況が随分と変化した．生態学や野生動物学のなかでも，遺伝学がある程度認知され，保全遺伝学の存在感も増してきた．また，科学技術も著しい進歩を遂げ，DNA分析作業の多くが自動化され，費用も格段に下がってきた．それとともに野生動物の遺伝情報も急速に蓄積されている．最近ではニホンジカ以外の動物でも遺伝解析が進み，ヒグマやツキノワグマ，ニホンザルなどの管理でも，個体群の遺伝学的な違いに基づいた「保護管理単位」が考慮されるようになった．

野生動物管理を通して保全遺伝学的研究が人間社会に貢献している度合いはまだまだほんのわずかだろう．でも，科学技術の進歩も後押ししているし，これまでの成果で動物管理の方針づくりの下地はできつつあると思う．これからも，野生動物管理の行政官，研究者，駆除の担い手であるハンター，そして被害を受ける農家が共有できる科学的情報を提供していきたい．それが適切な野生動物管理のための協力体制づくりを促し，人間社会と生態系の調和に一役買えたら，それ以上の喜びはない．

エピローグ

東研究室で過ごした大学院生時代は，幼い頃からの夢であった野生動物の研究に没頭できる最高の年月のはずだった．ここだけの話だが，実は博士課程2年の頃，熱意がへなへなと途切れてしまい，中だるみがやってきた（多くの大学院生がこのような「中だるみ」を経験しているかもしれない）．自分の進むべき道がわからなくなり，もう辞めてしまおうかと何回も思った．せっかくなので，辞める前に，そのころ温めていた野望を実現しようと心に決めた．その野望は「アフリカでマウンテンバイクのレースに出場すること」だった．

一世一代の告白をするべく，びくびくしながら東先生の居室を訪ねた．私の頭の中には「研究をほっぽり投げて，アフリカへ遊びに行くとは，何事か！」と，東先生がご自慢のひげを震わせながら激怒している光景が浮かび，ドアを

ノックする手は恐怖で震えた.「はぃ～．どうぞ～」．東先生の居室に入ると,太陽の光が差し込み,思いのほかとても明るかったのを覚えている.「おー！行ってくるといいよ～！ アフリカは楽しいぞぉ」と満面の笑みを浮かべて先生はおっしゃった.

こうして,私の初めての海外脱出は,約40日間,自転車を携えてのケニア一人旅となった.この旅で,今までにない大きな充実感を得ることができ,生まれ変わったような感覚さえ覚えた.ケニアでは知らぬ間に愉快なお土産をもらってきてしまったらしく,帰国後,研究を辞める決心をする暇もなく,マラリアを発症し高熱がでた.これが功を奏したのか,それまでのもやもやがきれいさっぱり吹っ切れて,気持ちも新たに研究者への道を真っすぐ目指すことができた.あのとき,「アフリカで遊んでおいで」と太っ腹な東先生が背中を押してくれなかったら,今私は何をしていただろう.先生には本気で感謝している.

実は,私が今,何をしているかというと,「育児」だ.2年間の育児休業を取り,夫の仕事の都合上,アメリカのジョージア州に住んでいる.

アメリカではこれまで,カリフォルニア大学バークレー校で2年間,ジョージア大学で2年間過ごしたことがある.ポスドクとして過ごしたカリフォルニア大学では気ままな独身生活を楽しんでいた.ポスドクというポジションは教員と大学院生の間であるが,どちらかというと大学院生の延長という感覚だったので,普段つれあう仲間は大学院生が多く,学生気分が抜けていなかった.ジョージア大学では Senior Research Scientist (上席研究員) という職階の faculty member (教員) として過ごした.毎月開かれる教授会に出席する義務があったこともあり,付き合う仲間の大半は教員連中になった.

仕事から離れている現在の専業ママの生活は,仕事 (研究) のために外国生活をしていたときとはかなり違うものになっている.「育児」は,仕事中心の生活のなかでは決して巡り合うことのない新しい出会いをたくさん生み出してくれた.私の周りで生活をしているお父さん,お母さん,そして子どもたちが,普段,何に悩み,何に喜び,何に不満をもっているか,という社会の基本とも言える問題に目をむけることができている.育児休業中,とても大切なことを日々学んでいる.

引用文献

序 章

Andrewartha H (1961) *Introduction to the Study of Animal Populations*. University of Chicago Press, Chicago
Bonnier G (1920) Nouvulles observations sur les cultures expérimentales à diverses altidudes. *Revue Générale de Botanique* 32: 305
Carson RL (1962) 『沈黙の春』(青樹簗一訳) 新潮社
Clausen J, Keck DD & Hiesey WM (1948) Experimental studies on the nature of species: III. Environmental responses of climatic races of *Achillea*. *Carnegie Institute Washshington Publication* No.581: 1-129
Clements FE (1916) Plant succession: An analysis of the development of vegetation. *Carnegie Institute Washshington Publication* No.242: 3-4
Connell JH (1978) Diversity in tropical rain forests and coral reefs. *Science* 199: 1302-1310
Darwin C (1859) 『種の起源』(八杉龍一訳) 岩波書店
Elton C (1927) *Animal Ecology*. Sidgwick & Jackson, London
Gause GF (1934) *The Struggle of Existence*. Macmillan, New York
Haeckel E (1869) *Zur Entwickelungsgeschichte der Siphonophoren: Beobachtungenüber die Entwickelungsgeschichte der Genera Physophora, Crystallodes, Athorybia, und Refexionen über die Entwickelungsgeschichte der Siphonophoren im Allgemeinen*. Eine von der Utrechter Gesellschaft für Kunst und Wissenschaft gekrönte Preisschrift, mit vierzehn Tafeln, Utrecht: C. Van der Post Jr.
Hutchings MJ (1983) Ecology's law in search of a theory. *New Scientist* 98: 765-767
Hutchinson GE (1957) Concluding remarks. *Cold Spring Harbour Symposium on Quantitative Biology* 22: 415-427
Jordan A (1873) Remarques sur le fait de l'existence ensociété, a l'état sauvage des espéces végétates affines. Lyon
Krebs CJ (2009) *Ecology: The Experimental Analysis of Distribution and Abundance*. 6th ed. Benjamin Cummings, San Francisco
Leopold A (1949) 『野生のうたが聞こえる』(新島義昭訳) 講談社
Lotsy JP (1925) Species or Linneon. *Genetica* 7: 487-506
Malthus TR (1798) 『人口の原理』(高野岩三郎・大内兵衛訳) 岩波書店
Mayr E (1953) Concepts of classification and nomenclature in higher organisms and microorganisms. *Annals of the New York Academy of Sciences* 56: 391-397
Mayr E (1957) Species concepts and definitions. In *The Species Problem* (ed. Mayr E), 371-388. American Association for the Advancement of Science, Washington DC.
Odum HT (1963) Limits of remote ecosystems containing man. *The American Biology Teacher* 25: 429-443
大原雅 (2010) 『植物の生活史と繁殖生態学』海游舎
Pearl R & Reed LJ (1920) On the rate of growth of the population of the United States since 1790 and its mathematical representation. *Proceedings of National Academy of Sciences* 6:

275-288
Shelford R (1913) Orthoptères. Blattides, Mantides et Phasmides. *Mission du Service Géographique de L'Armée pour la Mesure d'un Arc de Méridien Equatorial en Amérique du Sud sous le contrôle scientifique de L'Académie des Sciences* 10: 57-62
Silvertown JW (1982) *Introduction to plant population ecology.* Longman, London and New York
Smith RL & Smith TM (2001) *Ecology and Field Biology.* 6th ed. Benjamin Cummings, San Francisco
Tansley AG (1917) On competition between *Galium saxatile* L. (*G. hercynium* Weig.) and *Galium sylvestre* Poll. (*G. asperum* Schreb.) on different types of soil. *Journal of Ecology* 5: 173-179
Tansley AG (1939) *The British Islands and Their Vegetation.* Cambridge University Press, Cambridge
Tilman D (1977) Resource competition between planktonic algae: An experimental and theoretical approach. *Ecology* 58: 338-348
Tilman D (1982) *Resource Competition and Community Structure.* Princeton University Press, Princeton
Turesson G (1922) The genotypic response of the plant species to the habitat. *Hereditas* 3: 211-236
Turesson G (1925) The plant species in relation to habitat and climate. *Hereditas* 6: 147-236
Verhulst PF (1838) Notice sur la loi que la population suit dans son accroissement. *Correspondance mathématique et physique* 10: 113-121
Wallace AR (1899) *Darwinism-an exposition of the theory of natural selection with some of its applications.* Macmillan, New York
Weller DE (1987) A re-evaluation of the −3/2 power rule of plant self-thinning. *Ecological Monographs* 57: 23-43
Weller DE (1991) The self-thinning rule: Dead or unsupported? −reply to Lonsdale. *Ecology* 72: 747-750
Westoby M (1984) The self-thinning rule. *Advances in Ecological Research* 14: 167-225
White J (1980) Demographic factors in populations of plants. In *Demography and Evolution in Plant Populations.* (ed. Solbrig OT), 21-48. Blackwell Scientific Publication, Oxford
Whittaker RH (1953) A consideration of climax theory: The climax as a population and pattern. *Ecological Monographs* 26: 1-80
Yoda K, Kira T, Ogawa H & Hozumi K (1963) Self-thinning in overcrowded pure stands under cultivated and natural conditions. *Journal of Biology, Osaka City University* 14: 107-129

1 章

Aanen DK & Boomsma JJ (2005) 菌栽培シロアリとシロアリタケ属菌との相利共生における進化的動態.『昆虫と菌類の関係』(Vega FE & Blackwell M 編, 梶村恒・佐藤大樹・升屋勇人訳), 237-260. 共立出版
Chapela IH, Rehner SA, Schultz TR & Mueller UG (1994) Evolutionary history of the symbiosis between fungus-growing ants and their fungi. *Science* 266: 1691-1694
Currie CR, Mueller UG & Malloch D (1999a) The agricultural pathology of ant fungus gardens. *Proceedings of the National Academy of Science of the USA* 96: 7998-8002
Currie CR, Scott JA, Summerbell RC & Malloch D (1999b) Fungus-growing ants use antibiotic-producing bacteria to control garden parasites. *Nature* 398: 701-704
Currie CR & Stuart AE (2001) Weeding and grooming of pathogens in agriculture by ants. *Proceedings of the Royal Society of London, Series B* 268: 1033-1039
Hölldobler B & Wilson EO (1990) *The Ants.* Belknap Press, Cambridge, Massachusetts

Little AEF, Murakami T, Mueller UG & Currie CR (2004) Construction, maintenance, and microbial ecology of fungus-growing ant infrabuccal pellet piles. *Naturwissenschaften* 90: 558-562

Little AEF, Murakami T, Mueller UG & Currie CR (2006) Defending against parasites: fungus-growing ants combine specialized behaviours and microbial symbionts to protect their fungus gardens. *Ecology Letters* 22: 12-16

Mankowski ME & Morrell JJ (2004) Yeasts associated with the infrabuccal pocket and colonies of the carpenter ant *Camponotus vicinus*. *Mycologia* 96: 226-231

Mueller UGS, Rehner SA & Schultz TR (1998) The evolution of agriculture in ants. *Science* 281: 2034-2038

Mueller UGS, Schultz T, Currie CR, Adams RMM & Malloch D (2001) The origin of the attine ant-fungus mutualism. *Quarterly Review of Biology* 76: 169-197

Murakami T & Higashi S (1997) Social organization in two primitive attine ants, *Cyphomyrmex rimosus* and *Myrmicocrypta ednaella*, with reference to their fungus substrates and food sources. *Journal of Ethology* 15: 17-25

Quinlan RJ & Cherrett JM (1979) The role of the fungus in the diet of the leaf-cutting ant *Atta cephalotes* (L.). *Ecological Entomology* 4: 151-160

Rasmussen M et al. (2010) Ancient human genome sequence of an extinct Palaeo-Eskimo. *Nature* 463: 757-762

Recinos A (1954) *Popul vuh*. Plantin Press, Los Angeles

Schultz TR, Mueller UG, Currie CR & Rehner SA (2005) 互恵的イルミネーション：人間と菌栽培アリとの農業の比較.『昆虫と菌類の関係』(Vega FE & Blackwell M 編, 梶村恒・佐藤大樹・升屋勇人訳), 187-235. 共立出版

Weber NA (1972) *Gardening Ants: the Attines*. American Philosophical Society, Philadelphia

Wheeler WM (1910) *Ants: Their Structure, Development and Behavior*. Columbia University Press, New York

Wilson EO (1995)『生命の多様性Ⅰ．Ⅱ』(大貫昌子・牧野俊一訳) 岩波書店

2 章

Chivers DJ (1994) Functional anatomy of the gastrointestinal tract. In *Colobine Monkeys: Their Ecology, Behaviour and Evolution* (ed Davies AG & Oates JF), 205-227. Cambridge University Press, Cambridge

Grueter CC, Matsuda I, Zhang P & Zinner D (ed) (2012) Multilevel societies in primates and other mammals. *International Journal of Primatology* 33 (5), *Special Issue*

松田一希 (2012)『テングザル — 河と生きるサル』東海大学出版会

松田一希 (2012) 個性的なテングザルを追って，人類社会の進化の謎に迫る.『日本のサル学のあした — 霊長類研究という「人間学」の可能性』(中川尚史・友永雅己・山極寿一編), 92-97. 京都通信社

Matsuda I, Kubo T, Tuuga A & Higashi S (2010) A Bayesian analysis of the temporal change of local density of proboscis monkeys: implications for environmental effects on a multilevel society. *American Journal of Physical Anthropology* 142: 235-245

Matsuda I, Murai T, Clauss M, Yamada T, Tuuga A, Bernard H & Higashi S (2011) Regurgitation and remastication in the foregut-fermenting proboscis monkey (*Nasalis larvatus*). *Biological Letters* 7: 786-789

Matsuda I, Tuuga A, Akiyama Y & Higashi S (2008a) Selection of river crossing location and sleeping site by proboscis monkey (*Nasalis larvatus*) in Sabah, Malaysia. *American Journal of Primatology* 70: 1097-1101

Matsuda I, Tuuga A, Bernard H & Furuichi T (2012) Inter-individual relationships in proboscis monkeys: a preliminary comparison with other non-human primates. *Primates*

53: 13-23
Matsuda I, Tuuga A & Higashi S (2008b) Clouded leopard (*Neofelis diardi*) predation on proboscis monkeys (*Nasalis larvatus*) in Sabah, Malaysia. *Primates* 49: 227-231
Matsuda I, Tuuga A & Higashi S (2009a) The feeding ecology and activity budget of proboscis monkeys. *American Journal of Primatology* 71: 478-492
Matsuda I, Tuuga A & Higashi S (2009b) Ranging behaviour of proboscis monkeys in a riverine forest with special reference to ranging in inland forest. *International Journal of Primatology* 30: 313-325

4 章

Brady SG (2003) Evolution of the army ant syndrome: the origin and long-term evolutionary stasis of a complex of behavioral and reproductive adaptations. *Proceedings of the National Academy of Sciences of the USA* 100: 6575-6579
Gotwald WH (1979) Phylogenetic implications of army ant zoogeography (Hymenoptera: Formicidae). *Annals of the Entomological Society of America* 72: 462-467
Gotwald WH (1995) *Army Ants: the Biology of Social Predation*. Cornell University Press, Ithaca, New York
Higashi S, Ito F, Sugiura N & Ohkawara K (1994) Worker's age regulates the linear dominance hierarchy in the queenless ponerine ant, *Pachycondyla sublaevis* (Hymenoptera: Formicidae). *Animal Behaviour* 47: 179-184
Hölldobler B & Wilson EO (1990) *The Ants*. Belknap Press, Cambridge, Massachusetts
Ito F & Higashi S (1991) A linear dominance hierarchy regulating reproduction and polyethism of the queenless ant *Pachycondyla sublaevis*. *Naturwissenschaften* 78: 80-82
Lorenz KZ (1985) 『攻撃 — 悪の自然誌』 (日高敏隆・久保和彦訳) みすず書房
Lovelock J (1979) *Gaia: a New Look at Life on Earth*. Oxford University Press, Oxford
Miyata H, Hirata M, Azuma N, Murakami T & Higashi S (2008) Army ant behaviour in the poneromorph hunting ant *Onychomyrmex hedleyi* Emery (Hymenoptera: Formicidae; Amblyoponinae). *Australian Journal of Entomology* 48: 47-52
Miyata H, Shimamura T, Hirosawa H & Higashi S (2003) Morphology and phenology of the primitive ponerine army ant *Onychomyrmex hedleyi* (Hymenoptera: Formicidae: Ponerinae) in a highland rainforest of Australia. *Journal of Natural History* 37: 115-125
Pardi L (1948) Dominance order in *Polistes* wasps. *Physiological Zoology* 21: 1-13
Perrin PG (1955) 'Pecking Order' 1927-54. *American Speech* 30: 265-268
Schneirla TC (1971) *Army Ants: a Study in Social Organization*. W. H. Freeman and Company, San Francisco
Shattuck SO (1999) *Australian Ants: Their Biology and Identification*. CSIRO, Melbourne
Wilson EO (1958) The beginnings of nomadic and group-predatory behavior in the ponerine ants. *Evolution* 12: 24-31

5 章

Block W (1984) Terrestrial microbiology, invertebrates and ecosystem. *Antarctic Ecology*, Vol. 1 (ed Laws RM), 163-236. Academic Press, London
Chubachi S (1984) Preliminary result of ozone observations at Syowa Station from February 1982 to January 1983. In *Memoirs of National Institute of Polar Research, Special Issue 34: Proceedings of 6th Symposium on Polar Meteorology and Glaciology*, 13-19. National Institute of Polar Research, Tokyo
Chubachi S (1985) A special ozone observation at Syowa Station, Antarctica from February 1982 to January 1983. In *Atmospheric Ozone: Proceedings of the Quadrennial Ozone Sym-*

posium, Halkidiki, Greece, September 3-7, 1984 (ed Zerefos CS & Ghazi A), 285-289. D. Reidel Publishing Company, Dordrecht, Holland

Farman JC, Gardiner BG & Shanklin JD (1985) Large losses of total ozone in Antarctica reveal seasonal ClO$_x$/NO$_x$ interaction. *Nature* 315: 207-210

Gressitt JL (1967) Introduction. In *Antarctic Research Series*, Vol. 10, *Entomology of Antarctica* (ed Gressitt JL), 1-33

東正剛・菅原裕規 (1992) 南極のトビムシ.『インセクタリゥム』29: 52-58

神田啓史・松田達郎 (1982) 南極大陸露岩域の生物相.『南極の科学 7. 生物』(国立極地研究所編), 169-180. 古今書院

Somme L (1986) Ecology of *Criptopygus sverdrupi* (Insecta: Collembola) from Dronning Maud Land, Antarctica. *Polar Biology* 6: 79-184

菅原裕規・大山佳邦 (1994) 南極のダニ ── 隠気門ダニの生態と生理.『遺伝』48: 35-42

Wallwork JI (1973) Zoogeography of terrestrial microarthropoda in Antarctica. *Biological Reviews* 48: 233-259

Wise KAJ & Gressitt JI (1965) Far southern animals and plants. *Nature* 207: 101-102

6 章

Cosmides LM & Tooby J (1981) Cytoplasmic inheritance and intragenomic conflict. *Journal of Theoretical Biology* 89: 83-129.

Darwin CR (1871) *The Descent of Man, and Selection in Relation to Sex*. J. Murray, London

Levitan DR (1996) Effects of gamete traits on fertilization in the sea and the evolution of sexual dimorphism. *Nature* 382: 153-155

Parker GA, Baker RR & Smith VGF (1972) The origin and evolution of gamete dimorphism and the male-female phenomenon. *Journal of Theoretical Biology* 36: 529-553

Stratmann J, Paputsoglu G & Oertel W (1996) Differentiation of *Ulva mutabilis* (*Chlorophyta*) *gametangia* and gamete release are controlled by extracellular inhibitors. *Journal of Phycology* 32: 1009-1021

Togashi T & Cox PA (2001) Tidal-linked synchrony of gamete release in the marine green alga, *Monostroma angicava* Kjellman. *Journal of Experimental Marine Biology and Ecology* 264: 117-131

Togashi T, Motomura T & Ichimura T (1997) Production of anisogametes and gamete motility dimorphism in *Monostroma angicava*. *Sexual Plant Reproduction* 10: 261-268

Togashi T, Motomura T & Ichimura T (1998) Gamete dimorphism in *Bryopsis plumosa*: phototaxis, gamete motility and pheromonal attraction. *Botanica Marina* 41: 257-264

Togashi T, Motomura T, Ichimura T & Cox PA (1999) Gametic behavior in a marine green alga, *Monostroma angicava*: an effect of phototaxis on mating efficiency. *Sexual Plant Reproduction* 12: 158-163

7 章

Horikawa DD, Kunieda T, Abe W, Watanabe M, Nakahara Y, Yukuhiro F, Sakashita T, Hamada N, Wada S, Funayama T, Katagiri C, Higashi S & Okuda T (2008) Establishment of a rearing system of the extremotolerant tardigrade *Ramazzottius varieornatus*: a new model animal for astrobiology. *Astrobiology* 8: 549–556

Jönsson KI, Rabbow E, Schill RO, Harms-Ringdahl M & Rettberg P (2008) Tardigrades survive exposure to space in low Earth orbit. *Current Biology* 18: R729-R731

Rahm PG (1921) Biologische und physiologische Beiträge zur Kenntnis de Moosfauna. *Zeitschrift für Allgemeine Physiologie* 20: 1-34

Schokraie E, Hotz-Wagenblatt A, Warnken U, Mali B, Förster F, Dandekar T, Hengherr S,

Schill RO & Schnölzer M (2010) Proteomic analysis of tardigrades: towards a better understanding of molecular mechanisms by anhydrobiotic organisms. *PLoS One* 5: 1-37

Storey KB & Storey JM (1992) Natural freeze tolerance in ectothermic vertebrates. *Annual Review of Physiology* 54: 619-637

Suzuki AC (2003) Life history of *Milnesium tardigradum* Doyère (Tardigrada) under a rearing environment. *Zoological Science* 20: 49-57

鈴木忠 (2006)『クマムシ?!—小さな怪物』岩波書店

Westh P & Ramløv H (1991) Trehalose accumulation in the tardigrade *Adorybiotus coronifer* during anhydrobiosis. *Journal of Experimental Zoology* 258: 303-311

Wright JC (2001) Cryptobiosis 300 years on from van Leuwenhoek: what have we learned about tardigrades? *Zoologischer Anzeiger* 240: 563-582

Yamaguchi A, Tanaka S, Yamaguchi S, Kuwahara H, Takamura C, Imajoh-Ohmi S, Horikawa DD, Toyoda A, Katayama K, Arakawa K, Fujiyama A, Kubo T & Kunieda T (2012) Two novel heat-soluble protein families abundantly expressed in an anhydrobiotic tardigrade. *PLoS One* 7: 1-7

8 章

Cronin AL & Hirata M (2003) Social polymorphism in the sweat bee *Lasioglossum* (*Evylaeus*) *baleicum* (Cockerell) (Hymenoptera, Halictidae) in Hokkaido, northern Japan. *Insectes Sociaux* 50: 379-386

Danforth BN, Conway L & Shuqing J (2003) Phylogeny of eusocial *Lasioglossum* reveals multiple losses of eusociality within a primitively eusocialclade of bees (Hymenoptera: Halictidae). *Systematic Biology* 52: 23-36

Eickwort GC, Eickwort JM, Gordon J & Eickwort MA (1996) Solitary behavior in a high-altitude population of the social sweat bee *Halictus rubicundus* (Hymenoptera: Halictidae). *Behavioral Ecology and Sociobiology* 38: 227-233

Hirata M & Higashi S (2008) Degree-day accumulation controlling allopatric and sympatric variations in the sociality of sweat bee, *Lasioglossum* (*Evylaeus*) *baleicum* (Hymenoptera: Halictidae). *Behavioral Ecology and Sociobiology* 62: 1239-1247

Michener CD (2000) The Bees of the World. Johns Hopkins University Press, Baltimore, Maryland

Plateaux-Quénu C, Plateaux L & Packer L (2000) Population typical behaviours are retained when eusocial and non-eusocial forms of *Evylaeus albipes* (F.) (Hymenoptera, Halictidae) are reared simultaneously in the laboratory. *Insectes Sociaux* 47: 263-270

Sakagami SF & Munakata M (1972) Distribution and bionomics of a transpalaearctic eusocial halictine bee, *Lasioglossum* (*Evylaeus*) *calceatum*, in northern Japan, with reference to its solitary life cycle at high altitude. *Journal of the Faculty of Science, Hokkaido University, Series VI, Zoology* 18: 411-439

Soucy SL (2002) Nesting biology and socially polymorphic behavior of the sweat bee *Halictus rubicundus* (Hymenoptera: Halictidae). *Annals of the Entomological Society of America* 95: 57-65

Yagi N & Hasegawa E (2012) A halictid bee with sympatric solitary and eusocial nests offers compelling evidence for Hamilton's rule. *Nature Communications* 3: 939-946

9 章

Billen J, Ito F, Tsuji K, Schoeters E, Maile R & Morgan DE (2000) Structure and chemistry of the Dufour gland in *Pristomyrmex* ants (Hymenoptera, Formicidae). *Acta Zoologica* 81: 159-166

Bolton B (1995) Identification Guide to the Ant Gnenera of the World. Harvard University Press, Cambridge

Carpintero S, Reyes-López J & Arias de Reyna L (2005) Impact of Argentine ants (*Linepithema humile*) on an arboreal ant community in Doñana National Park, Spain. *Biodiversity and Conservation* 14: 151-163

Christian CE (2001) Consequences of a biological invasion reveal the importance of mutualism for plant communities. *Nature* 413: 635-639

Cole RF, Medeiros AC, Loope LL & Zuehlke WW (1992) Effects of the Argentine ant on arthropod fauna of Hawaiian high-elevation shrubland. *Ecology* 73: 1313-1322

Glenn S & Holway D (2007) Consumption of introduced prey by native predators: Argentine ants and pit-building ant lions. *Biological Invasions* 10: 273-280

Grover CD, Kay AD, Monson JA, Marsh TC & Holway DA (2007) Linking nutrition and behavioural dominance: carbohydrate scarcity limits aggression and activity in Argentine ants. *Proceedings of the Royal Society of London, Series B* 274: 2951-2957

Holway DA, Lach L, Suarez AV, Tsutsui ND & Case TJ (2002) The causes and consequences of ant invasions. *Annual Review of Ecology and Systematics* 33: 181-233

Inoue NM, Sunamura E, Suhr EL, Ito F, Tatsuki S & Goka K (2013) Recent range expansion of the Argentine ant in Japan. *Diverstiy and Distributions* 19: 29-37

Ito F, Okaue M & Ichikawa T (2009) A note on prey composition of the Japanese treefrog, *Hyla japonica*, in an area invaded by Argentine ants, *Linepithema humile*, in Hiroshima Prefecture, western Japan (Hymenoptera: Formicidae). *Myrmecological News* 12: 35-39

環境省自然環境局 (2010)『アルゼンチンアリ防除の手引き』

Miyake K, Kameyama T, Sugiyama T & Ito F (2002) Effect of Argentine ant invasions on Japanese ant fauna in Hiroshima Prefecture, western Japan: a preliminary report (Hymenoptera: Formicidae). *Sociobiology* 39: 465-474

Ness JH & Bronstein JL (2004) The effects of invasive ants on prospective ant mutualists. *Biological Invasions* 6: 445-461

Nygard JP, Sanders NJ & Connor EF (2008) The effects of the invasive Argentine ant (*Linepithema humile*) and the native ant *Prenolepis imparis* on the structure of insect herbivore communities on willow trees (*Salix lasiolepis*). *Ecological Entomology* 33: 789-795

Okaue M, Yamamoto K, Touyama Y, Kameyama T, Terayama M, Sugiyama T, Murakami K & Ito F (2007) The distribution of the Argentine ant, *Linepithema humile*, along the Seto Inland Sea, western Japan: result of surveys in 2003 to 2005. *Entomological Science* 10: 337-342.

Powell BE, Brightwell RJ & Silverman J (2009) Effect of an invasive and native ant on a field population of the black citrus aphid (Hemiptera: Aphididae). *Environmental Entomology* 38: 1618-1625

Powell BE & Silverman J (2010) Impact of *Linepithema humile* and *Tapinoma sessile* (Hymenoptera: Formicidae) on three natural enemies of *Aphis gossypii* (Hemiptera: Aphididae). *Biological Control* 54: 285-291

Rodríguez-Cabal MA, Stuble KL, Nuñez MA & Sanders NJ (2009) Quantitative analysis of the effects of the exotic Argentine ant on seed dispersal mutualisms. *Biology Letters* 5: 499-502

Sanders NJ, Gotelli NJ, Heller NE & Gordon DM (2003) Community disassembly by an invasive species. *Proceedings of the National Academy of Sciences of the USA* 100: 2474-2477

Suarez AV, Holway DA & Case TJ (2001) Patterns of spread in biological invasions dominated by long-distance jump dispersal: insights from Argentine ants. *Proceedings of the National Academy of Sciences of the USA* 98: 1095-1100

Suarez AV, Richmond JQ & Case TJ (2000) Prey selection in horned lizards following the invasion of Argentine ants in southern California. *Ecological Applications* 10: 711-725

杉山隆史 (2000) アルゼンチンアリの日本への侵入. 『日本応用動物昆虫学会誌』44: 127-129
Sunamura E, Hatsumi S, Karino S, Nishisue K, Terayama M, Kitade O & Tatsuki S (2009) Four mutually incompatible Argentine ant supercolonies in Japan: inferring invasion history of introduced Argentine ants from their social structure. *Biological Invasions* 11: 2329-2339
砂村栄力・寺山守・坂本洋典・田付貞洋 (2007) 横浜港のアルゼンチンアリ：東日本で初の生息確認. 『昆虫と自然』42: 43-44
Tillberg CV, Holway DA, LeBrun EG & Suarez AV (2007) Trophic ecology of invasive Argentine ants in their native and introduced ranges. *Proceedings of the National Academy of Sciences of the USA* 104: 20856-20861
Touyama Y, Ihara Y & Ito F (2008) Argentine ant infestation affects the abundance of the native myrmecophagic jumping spider *Siler cupreus* Simon in Japan. *Insectes Sociaux* 55: 144-146

10 章

Averof M & Akam M (1995) Hox genes and the diversification of insect and crustacena body plans. *Nature* 376: 420-423
Davis DR (1998) The monotrysian Heteroneura. In *Lepidoptera*: *Moths and Butterflies 1*: *Evolution, Systematics and Biogeography* (ed Kristensen NP). *Handbuch der Zoologie/Handbook of Zoology* 4 (35): 66-90. Walter de Gruyter, Berlin
De Prins W & De Prins J (2005) *Gracillariidae (Lepidoptera)*. World Catalogue of Insects 6. Apollo Books Aps
Engelbrecht L, Orban U & Heese W (1989) Leaf-miner caterpillars and cytokinins in the "green islands" of autumn leaves. *Nature* 233: 319-321
Faeth SH, Connor EF & Simberloff D (1981) Early leaf abscission: a neglected source of mortality for folivores. *American Naturalist* 117: 409-415
Gilbert SC (2003) *Developmental Biology*, 7th ed. Sinauer Associates, Massachusetts
Grimaldi D & Engel MS (2005) *Evolution of the Insects*. Cambridge University Press, Cambridge
Hering EM (1951) Biology of the leaf miners. Junk, The Hague, The Netherlands
Jaffe MJ (1973) Thigmomorphogenesis: the response of plant growth and development to mechanical stimulation with special reference to *Bryonia dioica*. *Planta* (Berlin) 114: 143-157
Kahn DM & Cornell HV (1983) Early leaf abscission and folivores: comments and considerations. *American Naturalist* 122: 428-432
Kahn DM & Cornell HV (1989) Leafminers, early leaf abscission, and parasitoids: a tritrophic interaction. *Ecology* 70: 1219-1226
Kato M (1998) Unique leafmining habit in the bark beetle clade: a new tribe, genus, and species of Platypodidae (Coleoptera) found in the Bonin Islands. *Annals of the Entomological Society of America* 91: 71-80
Kawakita A & Kato M (2009) Repeated independent evolution of obligate pollination mutualism in the Phyllantheae-*Epicephala* association. *Proceedings of the Royal Society of London, Series B* 276: 417-426
Kawakita A, Takimura A, Terachi T, Sota T & Kato M (2004) Cospeciation analysis of an obligate pollination mutualism: have *Glochidion* trees (Euphorbiaceae) and pollinating *Epicephala* moths (Gracillariidae) diversified in parallel? *Evolution* 58: 2201-2214
菊沢喜八郎 (2005) 『葉の寿命の生態学 — 個葉から生態系へ』共立出版
駒井古実 (1998) 鱗翅目の分類体系と小蛾類の位置づけ. 『小蛾類の生物学』(保田淑郎・広渡俊哉・石井実編), 137-145. 文教出版

駒井古実・吉安裕・那須義次・斉藤寿久編 (2011)『日本の鱗翅類 — 系統と多様性』東海大学出版会
Kristensen NP (1998) The non-glossatan moths. In *Lepidoptera: Moths and Butterflies 1: Evolution, Systematics and Biogeography* (ed Kristensen NP). *Handbuch der Zoologie/Handbook of Zoology* 4 (35): 41-49. Walter de Gruyter, Berlin
Kristensen NP, Scoble MJ & Karsholt O (2007) Lepidoptera phylogeny and systematics: the state of inventorying moth and butterfly diversity. *Zootaxa* 1668: 699-747
Kristensen NP & Skalski AW (1998) Phylogeny and palaeontology. In *Lepidoptera: Moths and Butterflies 1: Evolution, Systematics and Biogeography* (ed Kristensen NP). *Handbuch der Zoologie/Handbook of Zoology* 4(35): 7-25. Walter de Gruyter, Berlin
Kumata T (1978) A new stem-miner of alder in Japan, with a review of the larval transformation in the Gracillariidae (Lepidoptera). *Insecta Matsumurana*, New Series 13: 1-27
Kumata T (1985) A new genus of Gracillariidae, with three new species from Asia (Lepidoptera). *Insecta Matsumurana*, New Series 30: 109-137
Kumata T (1998) Japanese species of the subfamily Oecophyllembiinae Réal et Balachowsky (Lepidoptera: Gracillariidae), with descriptions of a new genus and eight new species. *Insecta Matsumurana*, New Series 54: 77-131
久万田敏夫 (1998) 葉もぐりのスペシャリスト—ホソガ.『小蛾類の生物学』(保田淑郎・広渡俊哉・石井実編), 82-90. 文教出版
久万田敏夫・佐藤宏明 (2011) ホソガ科.『日本の鱗翅類 — 系統と多様性』(駒井古実・吉安裕・那須義次・斉藤寿久編), 149-159. 東海大学出版会
Lopez-Vaamonde C, Godfray HCJ & Cook JM (2003) Evolutionary dynamics of host-plant use in a genus of leaf-mining moths. *Evolution* 57: 1804-1821
Nielsen ES (1989) Phyloghey of major lepidopteran groups. In *The Hierarchy of Life* (ed Fernholm B, Bremer K. & Jörnvall H), 281-294. Elsevier, Amsterdam
Oishi M & Sato H (2007) Inhibition of premature leaf abscission by a leafminer and its adaptive significance. *Environmental Entomology* 36: 1504-1511
Oishi M & Sato H (2009) Life histroy traits, larval habits and larval morphology of a leafminer, *Coptotriche japoniella* (Tischeriidae), on an evergreen tree, *Eurya japonica* (Theaceae). *Journal of the Lepidopterist's Society* 63: 93-99
Powell JA, Mitter C & Farrell B (1998) Evolution of larval food preferences in Lepdoptera. In *Lepidoptera: Moths and Butterflies 1: Evolution, Systematics and Biogeography* (ed Kristensen NP). *Handbuch der Zoologie/Handbook of Zoology* 4(35): 404-422. Walter de Gruyter, Berlin
Sato H (1991) Differential resource utilization and interspecific co-occurrence of leaf miners on oak (*Quercus dentata*). *Ecological Entomology* 16: 105-113
Sato H, Okabayashi Y & Kamijo K (2002) Structure and function of parasitoid assemblages associated with *Phyllonorycter* leafminers (Lepidoptera: Gracillariidae) on deciduous oaks in Japan. *Environmental Entomology* 31: 1052-1061
Stiling P (1996) *Ecology: Theories and Applicaitons*, 2nd ed. Prentice-Hall, London
Strauss SY & Zangerl AR (2002) Plant-insect interactions among terrestrial ecosystems. In *Plant-Animal Interactions* (ed Herrera CM & Pellmyr O), 77-106. Blackwell, Malden, Massachusetts
Yukawa J & Tsuda K (1986) Leaf longevity of *Quercus glauca* Thunb., with reference to the influence of gall formation of *Contarinia* sp. (Diptera: Cecidomyiidae) on the early mortality of fresh leaves. *Memoirs of the Faculty of Agriculture, Kagoshima University* 22: 73-77

11 章

阿部司・小林一郎・青雅一・岡本芳明 (2004)『瀬戸町天然記念物調査報告1. 国指定天然

記念物アユモドキ生息状況調査報告』岡山県瀬戸町教育委員会
Crandall KA, Bininda-Emonds ORP, Mace GM & Wayne RK (2000) Considering evolutionary processes in conservation biology. *Trends in Ecology and Evolution* 15: 290-295
Edo K (2001) Behavioral ecology and conservation of endangered salmonid, Sakhalin taimen *Hucho perryi*. Ph.D. thesis. Hokkaido University, Sapporo, Japan
江戸謙顕・東正剛 (2002)『生物と環境』三共出版
Edo K, Kawaguchi Y, Nunokawa M, Kawamula H & Higashi S (2005) Morphology, stomach contents and growth of the endangered salmonid, Sakhalin taimen *Hucho perryi*, captured in the Sea of Okhotsk, northern Japan: evidence of an anadromous form. *Environmental Biology of Fishes* 74: 1-7
Edo K, Kawamula H & Higashi S (2000) The structure and dimensions of redds and egg pockets of the endangered salmonid, Sakhalin taimen. *Journal of Fish Biology* 56: 890-904
江戸謙顕・北西滋・秋葉健司・大光明宏武・野本和宏・小泉逸朗 (2010) マイクロサテライトDNA解析による希少種イトウの遺伝的構造の解明及び遺伝的指標を用いた保全策の提言．『プロ・ナトゥーラ・ファンド第19期助成成果報告書』3-11．日本自然保護協会
江戸謙顕・北西滋・小泉逸朗・野本和宏. (2008) 北海道に生息する希少サケ科魚類イトウの遺伝的構造と絶滅リスク評価．『プロ・ナトゥーラ・ファンド第17期助成成果報告書』67-76．日本自然保護協会
Frankham R & Ralls K (1998) Inbreeding leads to extinction. *Nature* 392: 441-442
Franklin IR (1980) Evolutionary change in small populations. In *Conservation Biology: an Evolutionary-Ecological Perspective* (ed Soulé ME & Wilcox BA), 135-140. Sinauer Associates, Sunderland, Massachusetts
Gilpin ME & Soulé ME (1986) Minimum viable populations: processes of species extinction. In *Conservation Biology: the Science of Scarcity and Diversity* (ed Soulé ME), 19-34. Sinauer Associates, Sunderland, Massachusetts
樋口広芳編 (1996)『保全生物学』東京大学出版会
IUCN (1998) *Guidelines for Re-introductions*. Prepared by the IUCN/Species Survival Commission Re-introduction Specialist Group. IUCN, Gland, Switzerland (http://www.iucnsscrsg.org/policy_guidelines.php)
Kitanishi S, Edo K, Yamamoto T, Azuma N, Hasegawa O & Higashi S. (2007) Genetic structure of masu salmon (*Oncorhynchus masou*) populations in Hokkaido, northernmost Japan, inferred from mitochondrial DNA variation. *Journal of Fish Biology* 71(Supplement SC): 437-452
南富良野町 (2009) イトウ保護管理条例 (http://www.town.minamifurano.hokkaido.jp/itou-hogo/pdf/hogojyourei.pdf)
Moritz C (1994) Defining evolutionarily significant units for conservation. *Trends in Ecology and Evolution* 9: 373-375
日本魚類学会 (2005) 生物多様性の保全をめざした魚類の放流ガイドライン (http://www.fish-isj.jp/iin/nature/guideline/2005.html)
小川力也・長田芳和 (1999) 河川氾濫原のシンボル・フィッシュ—イタセンパラ．『淡水生物の保全生態学 — 復元生態学に向けて』（森誠一編著）．信山社サイテック
Ottaway EM, Carling PA, Clarke A & Reader NA (1981) Observations on the structure of brown trout, *Salmo trutta* Linnaeus, redds. *Journal of Fish Biology* 19: 593-607
Rosenberg EV & Raphael MG (1986) Effects of forest fragmentation on vertebrates in Douglas-fir forests. In *Wildlife 2000* (ed Verner J, Morrison ML & Ralph CJ), 263-272. University of Wisconsin Press, Madison, Wisconsin
Saccheri I, Kuussaari M., Kankare M, Vikman P, Fortelius W & Hanski I (1998) Inbreeding and extinction in a butterfly metapopulation. *Nature* 392: 491-494
Sato S, Ando J, Ando H, Urawa S, Urano A & Abe S (2001) Genetic variation among Japanese

populations of chum salmon inferred from the nucleotide sequences of the mitochondrial DNA control region. *Zoological Science* 18: 99-106

Sato S, Kojima H, Ando J, Ando H, Wilmot RL, Seeb LW, Efremov V, LeClair L, Buchholz W, Jin DH, Urawa S, Kaeriyama M, Urano A & Abe S (2004) Genetic population structure of chum salmon in the Pacific Rim inferred from mitochondrial DNA sequence variation. *Environmental Biology of Fishes* 69: 37-50

尻別川の未来を考えるオビラメの会 (2012) 絶滅危惧種イトウ (サケ科) の再導入実験に世界で初めて成功しました (http://obirame.fan.coocan.jp/pressrelease/pressrelease0528.pdf)

鷲谷いずみ (1999)『生物保全の生態学』共立出版

鷲谷いずみ・矢原徹一 (1996)『保全生態学入門』文一総合出版

12 章

Dawkins R & Brockmann HJ (1980) Do digger wasps commit the Concorde fallacy? *Animal Behaviour* 28: 892-896

Haas CA & Ogawa I (1995) Population trends of Bull-headed and Brown shrikes in Hokkaido, Japan. *Proceedings of the Western Foundation of Vertebrate Zoology* 6: 72-75

Heinrich B (1995)『ワタリガラスの謎』(渡辺政隆訳) どうぶつ社

石城謙吉 (1966) モズとアカモズのなわばり関係について.『日本生態学会誌』16: 87-93

Orians GH & Wilson MF (1964) Interspecific territories of birds. *Ecology* 45: 736-745

Takagi M (1996a) Sexual size dimorphism and sex determination of a Brown Shrike subspecies, *Lanius cristatus superciliosus*. *Japanese Journal of Ornithology* 45: 187-190

Takagi M (1996b) A sexual difference in plumage of Brown Shrikes, subspecies *Lanius cristatus supercilious*. *Journal of Yamashina Institute for Ornithology* 28: 103-105

Takagi M (1999) Some avian morphological traits: age-related morphological difference of the Bull-headed Shrike *Lanius bucephalus*. *Ibis* 141: 140-141

Takagi M (2001) Some effects of inclement weather conditions on the survival and condition of bull-headed shrike nestlings. *Ecological Research* 16: 55-63

Takagi M (2002a) Change in body mass in relation to breeding phase in bull-headed shrikes. *Ecological Research* 17: 411-414

Takagi M (2002b) Reproductive performance and nestling growth of the Brown Shrike subspecies *Lanius cristatus superciliosus* in Hokkaido. *Journal of Yamashina Institute for Ornithology* 34: 30-38

Takagi M (2002c) Prudent investment in rearing nestlings in bull-headed shrikes. *Ecological Research* 17: 617-624

Takagi M (2003a) Philopatry and habitat selection in Bull-headed and Brown shrikes. *Journal of Field Ornithology* 74: 45-52

Takagi M (2003b) Seasonal change of egg volume variation within a clutch in the Bull-headed Shrike, *Lanius bucephalus*. *Canadian Journal of Zoology* 81: 287-293

Takagi M (2003c) Different effects of age on reproductive performance in relation to breeding stage in Bull-headed Shrikes. *Journal of Ethology* 21: 9-14

Takagi M (2004) The timing of clutch initiation in Bull-headed Shrikes (*Lanius bucephalus*) in relation to re-nesting or second nesting. *Ornis Fennica* 81: 84-90

Takagi M & Abe S (1996) Seasonal change of nest site and nest success in Bull-headed Shrikes. *Japanese Journal of Ornithology* 45: 167-174

Takagi M & Ogawa I (1995) Comparative studies on nest sites and diet of *Lanius bucephalus* and *L. cristatus* in northern Japan. *Proceedings of the Western Foundation of Vertebrate Zoology* 6: 200-203

Takagi M, Ueta M & Ikeda S (1995) Accipiters prey on nestling birds in Japan. *Journal of Raptor Research* 29: 267-269

Yamagishi S, Nishiumi I & Shimoda C (1995) Extrapair Fertilization in Monogamous Bull-Headed Shrikes Revealed by DNA Fingerprinting. *Auk* 109: 711-721

Yosef R & Pinshow B (1989) Cache size in Shrikes influences female mate choice and reproductive success. *Auk* 106: 418-421

Yosef R & Whitman DW (1992) Predator exaptations and defensive adaptations in evolutionary balance: no defence is perfect. *Evolutionary Ecology* 6: 527-536

Zack S & Ligon JD (1985a) Cooperative breeding in *Lanius* shrikes. I. Habitat and demography of two sympatric species. *Auk* 102: 754-765

Zack S & Ligon JD (1985b) Cooperative breeding in *Lanius* shrikes. II. Maintenance of group-living in a nonsaturated habitat. *Auk* 102: 766-773

13 章

正富宏之 (2000)『タンチョウ — そのすべて』北海道新聞社

正富宏之 (2010)『タンチョウ — いとこちたきさまなれど』北海道新聞社

正富宏之・正富欣之 (2009) タンチョウと共存するためにこれから何をすべきか.『保全生態学研究』14: 223-242

正富宏之・正富欣之・佐藤文雄・百瀬邦和 (2009) 北海道のタンチョウ標識個体における性比.『専修大学北海道短期大学地域総合科学研究センター報告』4: 69-75

正富宏之・百瀬邦和・古賀公也・正富欣之・松本文雄 (2007) 北海道における 2007 年のタンチョウ繁殖状況.『専修大学北海道短期大学地域総合科学研究センター報告』2: 19-43

正富宏之・百瀬邦和・古賀公也・正富欣之・松本文雄 (2008) 2008 年の北海道におけるタンチョウの繁殖状況.『専修大学北海道短期大学地域総合科学研究センター報告』3: 33-58

正富宏之・百瀬邦和・古賀公也・松本文雄・松尾武芳・百瀬ゆりあ (1998) 1997 年と 1998 年の繁殖期におけるタンチョウの生息状況.『専修大学北海道短期大学紀要』31: 137-171

正富宏之・百瀬邦和・松本文雄・古賀公也・冨山奈美・青木則幸 (2004) 2004 年の北海道におけるタンチョウの繁殖状況.『専修大学北海道短期大学環境科学研究所報告』11: 1-26

Masatomi Y, Higashi S & Masatomi H (2007) A simple population viability analysis of Tancho (*Grus japonensis*) in southeastern Hokkaido, Japan. *Population Ecology* 49: 297-304

正富欣之・正富宏之 (2010) 北海道におけるタンチョウの 1997 年と 2007 年の営巣環境.『専修大学北海道短期大学地域総合科学研究センター報告』5: 19-25

正富欣之・正富宏之 (2011) 一般化線形モデルを用いた北海道におけるタンチョウの営巣適地推定.『専修大学北海道短期大学地域総合科学研究センター報告』6: 83-88

大石麻美・小林清勇・関島恒夫・正富宏之 (2004) 農耕地で繁殖するタンチョウの採餌環境への順応性.『保全生態学研究』9: 107-116

14 章

Goodman SJ, Tamate HB, Wilson R, Nagata J, Tatsuzawa S, Swanson GM, Pemberton JM & McCullough DR (2001) Bottlenecks, drift and differentiation: the population structure and demographic history of sika deer (*Cervus nippon*) in the Japanese archipelago. *Molecular Ecology* 10: 1357-1370

北海道自然環境課 (2010) エゾシカ捕獲数の推移. (http://www.pref.hokkaido.lg.jp/ks/skn/grp/02/hokakusuusuiH21.pdf)

犬飼哲夫 (1952) 北海道の鹿とその興亡.『北方文化研究報告』7: 1-45

梶光一 (2006) 北海道の自然環境とエゾシカの歴史.『エゾシカの保全と管理』(梶光一・宮

木雅美・宇野裕之編著), 3-9. 北海道大学出版会

Kaji K, Miyaki M, Saitoh T, Ono S & Kaneko M (2000) Spatial distribution of an expanding sika deer population on Hokkaido Island, Japan. *Wildlife Society Bulletin* 28: 699-707

Kaji K, Takahashi H, Okada H, Kohira M & Yamanaka M (2009) Irruptive behavior of sika deer. In *Sika Deer: Biology and Management of Native and Introduced Populations* (ed McCullough DR, Takatsuki S & Kaji K), 421-436. Springer, Tokyo

環境省 (2012) 狩猟及び有害捕獲等による主な鳥獣の捕獲数. (http://www.env.go.jp/nature/choju/docs/docs4/higai.pdf)

Moritz C (1994) Defining 'Evolutionarily Significant Units' for conservation. *Trends in Ecology and Evolution* 9: 373-375

Nabata D, Masuda R, Takahashi O & Nagata J (2004) Bottleneck effects on the sika deer *Cervus nippon* population in Hokkaido, revealed by ancient DNA analysis. *Zoological Science* 21: 473-481

永田純子 (2005) DNA に刻まれたニホンジカの歴史.『動物地理の自然史』(増田隆一・阿部永編著), 32-44. 北海道大学図書刊行会

Nagata J (2009a) *Cervus nippon*. In *The Wild Mammals of Japan* (ed Ohdachi SD, Ishibashi Y, Iwasa MA & Saitoh T), 296-298. Shokadoh Book Sellers, Kyoto

Nagata J (2009b) Two genetically distinct lineages of the Japanese sika deer based on mitochondrial control regions. In *Sika Deer: Biology and Management of Native and Introduced Populations* (ed McCullough DR, Takatsuki S & Kaji K), 27-41. Springer, Tokyo

Nagata J, Masuda R, Kaji K, Kaneko M & Yoshida MC (1998a) Genetic variation and population structure of the Japanese sika deer (*Cervus nippon*) in Hokkaido Island, based on mitochondrial D-loop sequences. *Molecular Ecology* 7: 871-877

Nagata J, Masuda R, Kaji K, Ochiai K, Asada M & Yoshida MC (1998b) Microsatellite DNA variations of the sika deer, *Cervus nippon*, in Hokkaido and Chiba. *Mammal Study* 23: 95-101

Nagata J, Masuda R, Tamate HB, Hamasaki S, Ochiai K, Asada M, Tatsuzawa S, Suda K, Tado H & Yoshida MC (1999) Two genetically distinct lineages of the sika deer, *Cervus nippon*, in Japanese islands: comparison of mitochondrial D-loop region sequences. *Molecular Phylogenetics and Evolution* 13: 511-519

農林水産省 (2010) 野生鳥獣による農作物被害状況 (平成 20 年度) (http://www.maff.go.jp/j/seisan/tyozyu/higai/h_zyokyo/h20/pdf/100212-a.pdf)

高橋裕史・梶光一・田中純平・淺野玄・大沼学・上野真由美・平川浩文・赤松里香 (2004) 囲いワナを用いたニホンジカの大量捕獲.『哺乳類科学』44: 1-15

竹川聡美・永田純子・増田隆一・宇野裕之・齊藤隆 (2010) エゾシカ個体群の分布拡大に伴う最近 15 年間での遺伝的構成の変化. 日本生態学会第 57 回大会 P2-247

Tamate HB (2009) Comparative phylogeography of sika deer, Japanese macaques, and black bears reveals unique population history of large mammals in Japan. In *The Wild Mammals of Japan* (ed Ohdachi SD, Ishibashi Y, Iwasa MA & Saitoh T), 136-139. Shokadoh Book Sellers, Kyoto

Yamada M, Hosoi E, Tamate HB, Nagata J, Tatsuzawa S, Tado H & Ozawa S (2006) Distribution of two distinct lineages of sika deer (*Cervus nippon*) on Shikoku Island revealed by mitochondrial DNA analysis. *Mammal Study* 31: 23-28

事項索引

(太数字は主な説明が与えられている頁を示す)

DDT　18
D-loop 領域　411
DNA [→ 塩基配列]　232, 236, 237
DNA　xii, xiii, 3, 412
　　核 DNA　412
　　マイクロサテライト DNA　xi-xiii, 239, 412
　　ミトコンドリア DNA　xi-xiii, 340, 403, 412
DNA 解析　126, 340
DNA 修復　237
DNA 損傷　viii, 236,
DNA 分析　71, 96, 105, 259, 398, 407, 411
ESU → 進化的意味を有する単位
F_{st} → 遺伝的分化係数
GIS → 地理情報システム
ICIPE → 国際昆虫生理生態学センター
IUCN → 国際自然保護連合
JICA [国際協力機構]　78, 91, 93, 94, 102, 103
MHC → 主要組織適合遺伝子複合体
MU → 保護管理単位
NASA　117, 224, 235, 236,
NGO　62, 80, 90, 106, 107, 336, 342
NPO　312, 375, 390
PBS 理論 → パーカー・ベイカー・スミス理論
PCR　xii, 237, 261
TPG → タンチョウ保護研究グループ

■ あ 行 ■

アイヌ　30, 39, 307, 347, 412
あすか基地　157, **158**, 160, 161, 165, 169
アステカ文明　39
アボリジニ　41, 115, 150, 151
アマゾン　29, 38, 44, 123
アリー効果　**12**, 338
アルカロイド　355
アロマザリング　66
威嚇 (行動)　65, 67, 129, 376, 385, 388
異型交配弱性　341
移出 [→ 移入]　10
移植 (実験, 放流)　7, 15, 241, 339, 341
遺存 → 系統
一般化線形モデル　393
一夫一妻 (型)　65, 363, 388
一腹卵数 [→ 産卵数]　366, 369, 370, 379
遺伝 (子) 型　269, 412, 413, 417-419
遺伝子 [→ 対立遺伝子]　224, 237, 244, 294, 341, 343, 415
　　ホメオティック遺伝子　294-296

　　ホモログ遺伝子　237
遺伝子組成 [→ 遺伝的組成]　xiii, 341
遺伝子の交流　7
遺伝子 (の) 頻度　338, 340
遺伝子流動　340
遺伝的撹乱　341
遺伝的距離　404
遺伝的構造　ix, xi, xiii, 4, 340
遺伝的組成 [→ 遺伝子の組成]　9, 340, 341
遺伝的な分散　340
遺伝的浮動　338
遺伝的分化　341
遺伝的分化係数 [F_{st}]　340
移動 (分散) [→ 分散]　10, 33, 60, 91, 124, 125, 129, 131, 133-135, 137, 329, 378, 404
移動距離　59, 60, 74
移動時間　59
移動パターン　60, 71, 76
移入 [→ 移出]　10, 201, 401
移入動物　346
イヌイット　39
隕石　160, 161
インディヘナ　38-40
ウォレス線　119
宇宙生物科学会議　235
宇宙生物学　233, 235, 236
営巣　133, 134, 136, 250, 264, 265, 380, 390-396
営巣適地確率　394, 395
栄養　10, 16, 30-32, 37, 151, 369
　　高栄養　37
　　従属栄養　16
　　貧栄養　201
栄養塩　11, 13, 154, 212
栄養価　34
栄養カスケード　17
栄養源　30, 32, 163
栄養段階　15-17, 30
栄養動態　30
栄養繁殖 → 繁殖
エコツアー → ツアー, エコツーリズム
エコトーン [推移帯]　**316**, 317
エコフェーン　8
エコロジー [→ 生態学, パワー・エコロジー]　18, 19, 42
エコロジー運動　19
餌 → 食物, 食べ物, 資源
餌資源 → 資源

餌条件　366, 368, 371
エネルギー　16, 55, 242, 329
　　　化学エネルギー　15, 16
　　　太陽エネルギー　15
エネルギー流　16
エライオソーム　vii, 278
エルゴノミックス　144
塩基 (DNA の)　236
塩基配列 (DNA の)　ix, xii, 227, 292, 294, 403, 412
黄体　**142**, 143, 250, 258
大顎　27, 29, 119, 124, 133, 247, 264, 289
オートマトン　117
オゾン (層，ホール)　**159**, 160
温室効果 (ガス)　19

■ か 行 ■

カースト [→ 女王，兵隊，ワーカー]　xi, xii, **244**, 248
　　　女王カースト　**247**, 250
　　　不妊カースト　**244**, 245, 250
　　　兵隊カースト　vii, 136
　　　ワーカーカースト　245, **247**, 248, 250
ガイア理論　**117**, 151
階層
　　　(生息環境の) 階層　357
　　　生物学的階層　3
害虫　2, 18, 36, 37, 78, 278, 279, 282
海氷 [→ 氷山]　**168**, 169
外来生物 [→ 侵略生物]　263, 265, 279, 346
攪乱 [→ 遺伝的攪乱]　362
隔離　7, 24, 119, 136, 199, 357
　　　生殖 (的) 隔離　31, 341, 357
　　　地理的隔離　340, 341, 357
仮説
　　　核・細胞質対立仮説　221
　　　社会性昆虫捕食仮説　136
　　　精子制限要因仮説　221, 222
　　　父性防衛仮説　364, 365
　　　間違い攻撃仮説　358, 359, 364, 365
カタバ風　**154**, 175, 176, 201, 202
カバー　316, 317, 334
過敏感応答　304
過変態　284, **289**-295, 299, 304
カリウム [K]　15
環境
　　　生息環境　2, 219, 230, 234, 306, 315-317, 333, 340, 345, 348, 355, 357, 363, 404, 406
　　　生物的環境　14
　　　微環境　253, 333
　　　非生物 (学) 的環境　2, 5, 14, 15
　　　物理的 (な) 環境　5, 14, 15
　　　無機的環境　10, 14
環境傾度　13
環境収容力　**11**, 390, 395, 396
環境条件　7, 10, 13, 14, 199, 201, 202, 217, 219, 252, 259, 260, 315, 326
環境問題　18, 19
環境要因　ix, x, xii, xiv, 7, 11, 13, 14, 207, 253, 257, 393
環境要素　333
観光 [→ ツアー，ツーリズム]　75, 86, 90, 344
冠水　315, 317
眼点　213, 214, 217, 219
乾物量　16
乾眠　224, 226, **228**-233, 235-238
管理 → 保護，保全管理
　　　河川管理　355
　　　個体数 (の) 管理　407, 417-419
　　　順応的管理　346, 348
　　　森林資源管理　105
　　　野生動物管理　80, 407, 416, 417, 419
管理計画 [→ 保護管理計画]　416, 418
管理体制 → 保護管理体制
器官　3, 217, 289
　　　細胞内小器官　221, 411
　　　走光性器官 [→ 走光性]　218, 222
　　　貯蔵器官　4
　　　光受容器官　213
器官系　3
寄主　298
寄主植物　292, 296, 298, 303
寄主転換　292
寄主特異性　278
偽傷　385
寄生 (性)　15, 164, 201, 278, 298
寄生菌　35
寄生者　15, 33, 223
寄生虫　409, 415
寄生バエ　277
寄生蜂 [寄生バチ]　298, 303
寄生率　277
蟻道　123, 131-135
忌避効果　38
求愛行動　326, 328, 332
究極要因 [→ 至近要因]　144, 255
給餌　27, 34, 250, 267, 369, 390
共生　x, 30, 32, 277, 304
　　　条件的共生　278
　　　相利共生　277
競争　11, 14, 144, 221, 275, 329, 356, 357, 369
　　　競争種　202
　　　資源 (利用) 競争　11, 12, 14, 275
　　　種間競争　14, 15, 202, 274, 357
　　　種内競争　338
　　　条件特異型競争　vii
　　　生存競争　144
競争排除 (則)　**14**, 265
共存 (複数種の)　14, 15, 271, 273-275, 278

事項索引　437

共存 (野生動物との)　80, 89, 397
兄弟殺し　369
漁業法　345, 346
極渦　**159**, 160
極相 (説)　**13**, 14
菌園　26, 27, 29, 31, 32, 34, 35
近交弱勢　415
菌栽培　**27**-35, 41
菌糸　29, 33, 35
菌食　29
近親交配　338, 415
クナ族　39, 40
クマリン　37
グルーミング　28
　　アログルーミング　27
　　セルフグルーミング　27
クレバス　**160**, 161
クローナル植物　4
クローン　4
群集　viii, 5, 13, 16
　　寄生蜂群集　303
　　生物群集　15, 316
　　動物群集　xi, 14
　　バクテリア群集　xii
群集構造　ix
群集動態　x
群集パターン　vii
軍隊アリ　**125**, **126**
群知能　117
群落　13, 162, 172
　　エゾイタヤ-シナノキ群落　391-393
　　ササ-ダケカンバ群落　393
　　蘚類群落　165, 172, 173, 193, 201, 202
　　藻類群落　173
　　ハマナス群落　xii
　　ハンノキ群落　391-393
　　ヤナギ低木群落　392, 393
　　ヤマハンノキ群落　393
系統
　　遺存系統　196, 197, 199-202
　　単系統　31, 126, **286**, 293
　　分子系統　vii, viii, ix, xi, xii, 96, 269, 398, 402, 403
系統解析　ix, xi, 96, 269, 398
系統樹　269, 292, 293, 402, 403
系統進化　207, 284, 287
系統地理　viii, xiii, xiv
系統分類学 → 分類学
ゲーム　31, 94, 243, 400
ゲーム理論　243
血縁度　xi, **244**, 245, 259, 398
血縁淘汰 → 淘汰
結婚飛行　32, 142
ゲノム　31, 227, 237, 238, 400

口下嚢　**33**, 36
口器　286-289
好蟻性動物　278
攻撃 (行動)　65, 140, 144, 266, 326, 328-331, 357, 359, 364, 376
交雑　7, 9, 32
交雑実験　6
交渉
　　毛づくろい交渉　66
　　攻撃的 (な) 交渉　65
　　社会 (的な) 交渉　65, 66
　　親和的 (な) 交渉　65
更新　37, 414
抗生物質　33-36
構造土　193, 194
行動
　　威嚇行動 → 威嚇
　　裏切り (行動)　243
　　噛みつき (行動)　27, 330, 332
　　偽傷行動 → 偽傷
　　攻撃行動 → 攻撃
　　採食行動 → 採食
　　摂食行動 → 摂食
　　鳴き合い行動　389, 390
　　繁殖行動　viii, 311
　　反芻行動 → 反芻
　　防衛行動 → 防衛
　　利己的行動 → 利己的行動
　　利他的行動 → 利他 (的) 行動
交尾　vii, viii, 32, 142, 144, 244, 247, 248, 250, 252, 255, 258, 260, 265, 390, 391
交尾器　286
コカイン　39
国際協力機構 → JICA
国際昆虫生理生態学センター [ICIPE]　78, 152, 282
国際自然保護連合 [IUCN]　310, 341, 430
国際連合　19
国立公園 [→ 保護区]　80-83, **89**, 90, **92**, **94**, 104, 105, 126, 129
　　アンボセリ国立公園　87, 90
　　イグアス国立公園　41
　　ウールーノーラン国立公園　127
　　キリマンジャロ国立公園　82, 92
　　ケニア山国立公園　86
　　ゴンベストリーム国立公園　86, 91
　　サポ国立公園　104, 107
　　知床国立公園　402
　　セレンゲティ国立公園　91, 103
　　ツァボ国立公園　87, 88
　　ナイロビ国立公園　80
　　マハレ (山塊) 国立公園　**91**-95, 98, 99, 102, 103, 108
　　メルー国立公園　81, 86, 87
　　ルアハ国立公園　94

子殺し　369
子育て　242, 244, 248, 258, 366
個体　3-5, 8
個体群 [集団]　**5**, 8, 9, 341
個体群 (の) 成長 [→ マルサス的成長]　9, 10, 11, 14
個体群存続性分析　374, 375, **395**
個体群 (の) 崩壊　415-417
個体群密度　2, 10, 12, 338, 404
個体識別 [→ 標識]　59, 318, 319, 324, 326, 328, 382, 410, 411
個体数 (の) 管理 → 管理
個体数 (の) 推定　328, 333, 337
個体数 (の) 調査 [→ センサス]　354, 387
個体数 (の) 変化率　10
個体数 (の) 変動　9, 342, 407, 413
固有種　172, 196, 197, 199, 200-202
コロニーサイズ　126, **131**, 136-138, 140, 144, 149
婚姻色　326, 330, 331
コンコルドファラシー　361
混植 (実験) [→ 単植, 栽培実験]　15
ゴンドワナ大陸　119, 126, 137, 138, 154, 197, 200, 201

■ さ　行 ■

犀角　88
採餌フェイズ　130
採食 [採餌]　59, 124, 131-135, 247, 256, 393
採食行動 [採餌行動, → 摂食行動]　viii, 59, 131, 132, 136, 254
サイトカイニン　298
栽培実験 [→ 混植, 単植]　7, 12, 15
細胞死　304
在来種　273, 274, 276
殺虫剤 [→ 農薬]　37
砂漠　16, 118, 120, 357
サバンナ　5, 16, 90, 91, 93, 105, 106, 107, 356
産室　327-329, 336
散布
　　アリ散布　vii, 278
　　種子散布　vii, 278
3/2乗則　12
産卵 (行動)　32, 124, 142-144, 228, 229, 236, 247, 250-252, 317, 318, 326-330, 332, 360, 366, 369-371
産卵床　**327**-329, 333, 336, 337
　　偽産卵床　328, 329
産卵支流　315, 316, 330, 334-337
産卵数 [→ 一腹卵数]　227, 232, 297, 329
産卵場所　326, 329, 330, 333
ジェネット　4
紫外線 [→ 耐性]　ix, 228, 236, 237
至近要因 [→ 究極要因]　144, 255
シグモイド曲線　11
刺激　297
　　鍵刺激　359

光刺激　212, 213, 220
資源　**10**, 14, 15, 221, 256, 415
　　餌資源 (量)　31, 34, 60, 67, 134, 136, 138, 256, 257, 266, 274, 275, 371, 387, 393
　　森林資源　104, 106
資源競争 → 競争
資源利用速度　15
自己間引き則　12
子実体　31, 33
自然史学 [博物学, Natural History]　2, 5, 12
自然淘汰 → 淘汰
自然保護　89
自然保護制度　94
持続可能　19, 76, 395
質量分析計　37
死亡率　10, 297, 302, 396
シミュレーション　395, 396
社会構造　viii, 27, 32, 44, 67, 69
社会性　ix, 31, 118, 144, 150, 242, 253
　　社会性昆虫　118, 136-138
　　真社会性　**244-246**
社会生物学　vii, 265
斜面下降風 [→ カタバ風]　154
種 [→ 固有種, 在来種]
　　形態種　6
　　集合種　**7**, 8
　　ジョルダン種　7
　　生態種　7, 8
　　リンネ種　**6**-8
雌雄異体　212
囚人のジレンマ　243
重層社会　67
従属栄養 → 栄養
集団 [→ 個体群]　**5**, 8, 9, 341
シュート　x, **4**, 296, 297
種 (の) 概念　**5**, 8, 9
種間関係 [→ 相互作用]　15
受精嚢　32, 142, 248, 258
種枕 → エライオソーム
出生率　10, 11
樹皮剥ぎ　414
種分化　292, 357
寿命　37, 229, 233, 299
主要組織適合遺伝子複合体 [MHC]　415, 417
ジュラ紀　119, 154
狩猟　38, 67, 68, 86, 94, 105, 151, 348, 390, 406, 407
　　集団狩猟性　125, 126, 131, 136
順位 (関係)　65, 143, 330
　　つつきの順位　144
順位制　xi, 143, 144
消費者　**15**, 16
昭和基地　97, 156, 157, **173**-179
女王 [→ カースト]　124, 134, **142**, 144, 149, **244**, 245
　　有翅女王アリ　32

事項索引

女王制
　　多女王制　xii, 265
　　無女王制　x, 142
植食動物　15-17
植生　5, 13, 14, 17, 24, 69, 105, 107, 154, 155, 162, 172, 278, 279, 355, 391-395, 414
　　地被植生　392, 394
食性 [→ 肉食動物，植食動物]　ix, xi, xii, 118, 227, 265, 277, 285, 287, 294, 297
植生図　390, 391, 393, 395
食物 [→ 食べ物]　10, 11, 69, 71, 406
食物網　viii, 16, 17
食物連鎖　14-16, 18
進化　341
　　アリの　145
　　異型配偶の　221, 222
　　イトウ地域個体群の　340, 341
　　過変態の　284, 293
　　共進化　53, 292
　　菌栽培の，菌食の　29-33
　　軍隊アリの　126, 136-138
　　互恵的利他行動の　243
　　社会進化　vii
　　収斂進化　126
　　種間なわばりの　364
　　生活史の　361
　　性的二型の　221
　　摂食様式の　288
　　ダニの　201
　　ホメオティック遺伝子の　295, 296
　　有性生殖の　217
　　利他行動の　245
　　鱗翅類の　287
進化思想　6
進化的意味を有する単位 [ESU]　341
人工増殖　89, 338
新生代　119, 138, 154
侵略生物 [→ 外来生物]　365
推移帯 [エコトーン]　**316**, 317
水産資源保護法　345
随伴　277, 278
スーパーコロニー　iii, vi, xiii, 265, 269, 274
ストレス　231-233
スノードリフト　**175**, 176, 193
スワヒリ語　82, 83, 100
生育型　13
生活環　136, 228
生活史　vii, viii, xi, xii, 31, **135**, 216, 222, 223, **228**, 229, 245, **246**, 248, 252, 257, **326**, 329, **366**, 379
生活史形質　vii, 340, 366
性決定　244
性決定遺伝子　xiv
生産 (者)　16
生産力　**16**, 17

精子　32, 142, 143, 221, 228, 244, 250, 258
精子制限要因仮説　**221**, 222
生殖
　　単為生殖　227, 228
　　無性生殖　33, 221
　　有性生殖　4, 31, 33, 218, 221
生殖分業　244
生存期間　232
生存戦略　136, 238, 340
生存能力　232, 233
生存率　10, 221, 230, 233, 234, 278, 297, 371, 383
生態学 (的研究) [Ecology，→ エコロジー]　vii, ix, **1**-**3**, 5, 14, 18-20, 265, 294, 303, 304, 326, 401, 419
　　群集生態学　13, 19
　　行動生態学　119, 217, 352, 356
　　個体群生態学　2, **9**, 10, 19
　　進化生態学　292
　　動物生態学　11, 14, 353
　　比較生態学　126
　　保全生態学　12, 374
生態型　7, 8
生態系　**5**, **15**-17, 37, 89, 118, 163, 263, 279, 396, 399, 414, 418, 419
生態的地位 [→ ニッチ]　14
生態ピラミッド [→ ピラミッド関係]　18
生態リスク　265, 266, 271, 279
成長 → 個体群成長
成長曲線　11
性的二型　221
青年海外協力隊　103, 106
性比　xi, 2, 9, 248, 249, 251, 252, 255, 256, 332, 337, 390
性比理論　249
生物圏　5, 19
生物相　91, 93, 119, 154, 317
生物地理学　154, 167
生物地理区　119
生物濃縮　18
制約　11, 293
世界自然遺産　86, 414
接合　215, 218, 219, 221
　　異型配偶子接合　212
斥候 (アリ)　132, 135
接合子　218, 221
接触形態形成　297
摂食行動 [→ 採食行動]　27
摂食様式　284, 285, 287-289, 292
絶滅　12, 47, 26, 74, 89, 119, 333-335, 337, 338, 406, 412, 416
絶滅危惧 (個体群，種，動物)　x, 93, 96, 276, 310, 316, 317, 343, 344, 348
絶滅の渦　**338**, 416
絶滅リスク　333, 395
遷移　13, 15, 355

遷移説　13
潜孔　293
センサス [→ 個体数調査]　387, 388
戦術
　　サテライト戦術　331
　　スニーク戦術　332
　　繁殖戦術　326, 330
　　ペア戦術　330-332
選択 → 淘汰
　　配偶者選択　359
潜葉性昆虫　283
戦略
　　生存戦略　136, 238, 340
　　適応戦略　297
　　繁殖戦略　x, 207, 221, 326, 327
走化性　215, 217
増加率　10, 11
　　内的自然増加率 [→ マルサス係数]　10
早期脱落　297, **298**-303
象牙　88, 94, 102, 106
走光性　213, 217-220, 222
相互作用　2
　　昆虫と植物の相互作用　292
　　種間相互作用 [→ 種間関係]　14, 16
　　生物間相互作用　2, 13
組織　**3**
　　葉 (の) 組織　287, 289, 291, 298, 299, 303
組織化　3
素嚢　28, 29, 33, 34

■た　行■

体サイズ　12, 136-138, 248-250, 252, 255, 258-260, 274, 329, 330, 339, 357, 369, 370
代謝　xi, 135, 228, 229
耐性
　　極限環境耐性　ix, 228, 231, 235
　　紫外線耐性　236-238
　　低温耐性　201, 341
　　凍結耐性　235
　　病気への耐性　417
大地溝帯　91
対立遺伝子　xiii, 340, 415, 417
脱水　229-231, 234, 235
脱皮　228, 229, 289, 292, 299
食べ物 [→ 食物]　59, 60, 67, 76, 387
ダム　317, 334, 336
多様性　5
　　遺伝子の多様性　399
　　遺伝的 (な) 多様性　32, 341, 364, 412-417
　　種 (の) 多様性　26, 275, 276, 399
　　生態系の多様性　399
　　生物多様性　2, 19, 24, 26, 205, 279, 317, 341, 344, **399**, 413, 414, 416, 419
多様度　xi

単植 [→ 混植，栽培実験]　15
炭素 [C]　30
タンチョウ保護研究グループ [TPG]　374, 375, 380, 390
単独 (性)　**245-246**
タンパク質　232, 238
　　GAHS タンパク質　238
　　LEA タンパク質　238
　　SAHS タンパク質　238
単門式 [→ 二門式]　286
単雄複雌 [→ ハレム]　65
地球温暖化　19, 24, 26
地球サミット　19
窒素 [N]　15, 30, 162
中生代　138, 154, 200
貯精嚢　250
地理情報システム [GIS]　390, 393
ツアー [→ 観光，ツーリズム]　86
　　エコツアー [→ エコツーリズム]　62, 145
　　林内ツアー　90
ツーリズム [→ 観光，ツアー]　75, 76
　　エコツーリズム　19
つがい外受精　363
ツルグレン (法) [→ 浮遊法]　163, **164**, 193, 201
抵抗性　18, 417
適応　7, 9, 75, 138
　　前適応　136, 138
適応戦略　297
適応的 (な) 意義　xiii, 297, 298, 302, 355, 364, 371
適応度　144, **245**, 259-326, 399
　　間接適応度　**245**, 258
　　追加適応度　**245**
　　包括適応度　**245**, 259
デボン紀　197, 200
デュフール腺　264
天敵　18, 60, 67, 93, 112, 142, 162, 277, 278, 292, 385, 406
天然記念物　306, 317
同位体　**30**
　　安定同位体　viii, **30**-32, 266, 275
淘汰　201, 294
　　血縁淘汰　244
　　自然淘汰　**9**, 140, 249
　　性淘汰　55, 221
淘汰圧　126, 221, 235, 371
導入 [→ 復元]　337, 338, **341**, 342, 344, 348, 414
凍眠　233, 235
特別科学的関心地区　162, 188
土壌動物　viii, x, xi, 153, 163-165, 171, 186, 196, 202
トップダウン効果　17
トラップ [→ 罠]　267, 297, 314
トレードオフ　330
トレハロース　238
トングウェ族　98, 108

事項索引

■ な 行 ■

なわばり　66, 314, **356**-358, 360-362, 364, 371, 379, 382
　　種間なわばり　**356**-362, 364
　　種内なわばり　358, 361, 364
南極
　　亜南極地域　**154**, 164, 172, 196, 197, 199-202
　　海洋性南極地帯　**155**, 164, 165, 172, 195, 197, 200-202
　　大陸性南極地帯　**155**, 165, 173, 195-197, 199-202
南極収束線　**154**, 155
南極条約　158, 162, 169, 188, 191
肉食動物　15-17
二酸化炭素 [CO_2]　16, 19
ニッチ [→ 生態的地位]　14, 15
ニッチ分割　357
日長　256, 257
二門式 [→ 単門式]　286
ヌナターク　**155**, 175
熱帯雨林　5, 24, 25, 44, 90, 93, 107, 118, 124, 127
熱帯多雨林気候　25
稔性　7
農薬 [→ 殺虫剤]　18

■ は 行 ■

パーカー・ベイカースミス理論　**221**, 222
バイオアッセイ　216
バイオーム　5
配偶
　　異型配偶　212, 217, 218, 221, 222
　　同型配偶　218, 221
配偶子 [→ 接合]　212, 218-222
　　雌性配偶子 [雌の配偶子]　**4**, 212-216, 218-222
　　雄性配偶子 [雄の配偶子]　**4**, 212-216, 218-222
配偶子嚢　212, 214, 215
配偶体　212, 219
白亜紀　119, 137
博物学 [自然史学, Natural History]　2, 5, 12
働きアリ [→ 働きバチ, ワーカー]　29, 37, 115, 120, 123-125, 130, 134, 135, 140, **142**, 144, 149, 244, 264, 270, 275
働きバチ [→ 働きアリ, ワーカー]　**244**
発育速度　253, 254
発育零点　254
ハミルトン則　**244**, **245**, 258-260
はやにえ　355, 356
ハレム (型)　65-67
パワー・エコロジー　iii, **iv**, 77, 227
繁殖 [→ 行動]
　　栄養繁殖　5
　　協同繁殖　356
繁殖価　249

繁殖期　ix, 136, 162, 220, 326, 364, 367, 388
繁殖システム　363
繁殖成功 (度)　x, xii, xiv, 32, 326, 329, 330, 332
繁殖戦術 → 戦術
繁殖戦略 → 戦略
繁殖投資　221, 357, 362
繁殖能力　231, 232
反芻 (行動)　55-57
バンディング [→ 標識]　383
バンド　67
氾濫原　315-317
ビバーク　123, **124**, 125, **130**
　　ビバークの引っ越し　130, 133-135
氷河　155-157, 160, 162, 197, 199-201
氷河期　199
氷山 [→ 海氷]　169
標識 [→ 個体識別, バンディング]　30, 296, 297, 300-302, 318, 324, 330, 342, 372, 376, 383, 390, 395
氷床　154
標本
　　基準標本 [タイプ標本]　6
　　骨格標本　407
　　生物標本　6, 81
ピラミッド関係 [→ 生態ピラミッド]　14
ファレート　289, 291
フィールドサイン　322
フェロモン　229
　　性フェロモン　211, **215**-218, 222
　　道しるべフェロモン　279
孵化
　　同時 (に) 孵化　369
　　非同時孵化　369, 371
複雄複雌 (型)　65
復元 [→ 導入]　338, **341**-344, 348
腐食動物　15, 16
父性 [→ 仮説]　364
ブッシュミート　105
不妊虫放飼　18, 19
浮遊法 [→ ツルグレン法]　**163**, 172
プランテーション　62, 68, 74-76, 104, 107
フロンガス　159
糞　xii, xiii, xiv, 28, 29, 71, 93, 162, 163
分解者　**15**, 16
分業　144, **242**, 243, 245
　　生殖分業　244
　　労働分業　244
分散 (動植物の) [→ 移動, 遺伝的分散]　xiv, 31, 33, 142, 201, 202, 265, 269, 278, 311, 314, 333, 413
分散分析　330, 340
分子 (レベル)　3
分断　107, 199, 201, 317, 334, 338
分布　1, **2**
　　ポアソン分布　328
分布様式 [分布パターン]　x, 137, 303

分類 (動物の)　ix, x, xiii, 96, 227, 261, 402
分類学　6, 8, 9
分類群　5, 6, 8
分類体系　5, 13, 126, 136
兵隊 [→ カースト]　27, 264
ヘルパー　242
変異　1, **7**, 9, 412
　　アンテナペディア変異体　294, 295
　　遺伝的変異　vii, xii, xiii, 411
　　ウルトラバイソラックス変異体　294
　　生態的変異　6
　　地理的変異　6, 401, 402, 404
　　突然変異　236, 294
防衛 (行動)　136, 244, 264, 276, 328, 329, 364
放射線　30, 227, 228, 232
抱卵　369, 379
放浪性　**125**, 126, 131, 136-138
母系集団　80
保護
　　自然保護　**89**
　　自然保護制度　94
保護管理 [→ 管理, 保全]　333, 337, 344, 346, 347, 418
保護管理計画　418,
保護管理体制　406, 417
保護管理単位 [MU]　**341**, 344, 348, 416-418
保護区 [保護地域, → 国立公園]　80, **89**, 90, **92**, **94**, 188
　　イトウ保護区　345
　　鳥獣保護区　94
　　南極特別保護区　188
　　マサイマラ国立保護区　90, 91
　　ンゴロンゴロ自然保護区　102
捕食
　　集団捕食　136-138
　　単独捕食　137
捕食圧　67
捕食者　10, 14, 17, 60, 163, 276
保全 → 管理, 保護管理, 保全管理
　　環境 (の) 保全　20, 342, 348, 371
　　景観保全　89
　　生態系 (の) 保全　89
　　生物多様性 (の) 保全　89
保全遺伝学　ix, **399**, 416, 419
母川回帰　**330**, 340, 341
保全管理　306, 416
保全生物学　x, 265, 310, 316, 341, 354, **399**
ボトムアップ効果 [→ トップダウン効果]　17
ポリメラーゼ連鎖反応 → PCR

■ ま 行 ■

マーキング [→ 標識, マーク]　27

マーク [→ 標識, マーキング]　28, 246, 248, 250, 252, 257-259, 330, 337
マイクロハビタット　362, 363
マヤ文明　37, 39
マラリア　73, 95, 96, 420
マルサス係数 [→ 個体群 (の) 成長]　10
マルサス的成長　10
マングローブ　69, 74
密度 → 個体群密度
密度 (依存的)効果　11, 12
密輸　98
密猟　80, 86-88, 90, 97
ミトコンドリア [→ DNA]　411
虫こぶ　303, 304
群れ
　　アフリカゾウの群れ　85, 88
　　チンパンジーの群れ　388
　　テングザルの群れ　58, 65
群れ間関係　65, 66
群れ内関係 [→ 交渉]　65
群れのタイプ　64
モニタリング　150, 333, 337, 342, 345, 347, 348, 409, 418
モノテルペン　264

■ や 行 ■

野生復帰　89
簗　**318**, 319
有効積算温度　**254**-257
葉緑体　214, 219
ヨシクラス　391-393

■ ら 行 ■

ラムサール条約　78
ラメット　4
卵 → 産卵, 抱卵
卵サイズ　221, 329, 330
卵巣　124, 135, 142-144, 250
利己的行動　259
リター量　24, 129, 133, 135
利他 (的) 行動　243, 245, 259
リモネン　264
齢構成　9, 10, 232, 339
レッドリスト　310, 317, 347
ロジスティック曲線　11

■ わ 行 ■

ワーカー [→ カースト, 働きアリ, 働きバチ]　**244**, 245
ワシントン条約　94, 110
罠 [→ トラップ]　409, 410
ワンド　315

生物名索引

■ あ 行 ■

アオオビハエトリ 276
アオギリ科 105
アオサ 218, 219
アオノリ 218
アカシア 139, 141
アブラムシ x, 265, 277, 278
　タケツノアブラムシ *Pseudoregma bambucicola* 10
アユモドキ 317
アリ [→ 膜翅目]
　アカツキアリ *Nothomyrmecia macrops* 116, 120, 145, 149
　アシナガキアリ *Anoplolepis gracilipes* xiii, 260
　アミメアリ 263, 264, 272
　アメイロアリ属 274, 275
　アルゼンチンアリ 264, 265
　ウメマツオオアリ 272-275, 283
　ウワアリ (日本産) 274
　ウワアリ (アメリカ産) *Prenolepis imparis* 278
　エゾアカヤマアリ *Formica yessensis* iii, viii, xiii, 278
　エントツハリアリ *Pachycondyla sublaevis* xi, 139, 140, 141, 143
　オオアリ属 *Camponotus* 275
　オオズアリ 263, 264
　オオハリアリ 262
　カギヅメアリ *Onychomyrmex hedleyi* 126, 130, 134
　キバハリアリ属 *Myrmecia* 119, 120
　　キバハリアリ *M. gulosa* 120, 148
　　トビキバハリアリ *M. croslandi* 119
　キョウリュウアリ 120
　菌栽培アリ 27
　クサアリモドキ 277
　クロオオアリ (日本産) 124
　クロオオアリ (アメリカ産) 272
　クロヤマアリ 132, 263, 272-275, 281
　グンタイアリ亜科 126, 137, 138
　グンタイアリ属 *Eciton* 123, 136, 138
　　グンタイアリ *E. hamatum* 123, 124
　　グンタイアリ *E.* spp. 134
　　バーチェルグンタイアリ *E. burchelli* 27, 123, 125
　軍隊ハリアリ *Onychomyrmex hedleyi* viii
　ゴウシュウハリアリ属 *Rhytidoponera* 120, 142

　コヌカアリ *Tapinoma sessile* 278
　サクラアリ 272, 273, 281
　サスライアリ *Dorylus* spp. 125, 126, 131, 136, 138
　シュウカクアリ 276
　シワクシケアリ *Myrmica kotokui* viii, ix, xiii
　ツムギアリ [アジアツムギアリ *Oecophylla smaragdina*] viii, xi, xiv, 41, 120
　デコメハリアリ亜科 120
　トゲオオハリアリ *Diacamma* sp. xiv, 262
　トビイロケアリ 263, 272
　トビイロシワアリ 263, 272, 278
　トフシアリ xii
　ノコギリハリアリ亜科 126, 137
　ハキリアリ 26, 41
　ハキリアリ *Acromyrmex texana* 26
　ハキリアリ *Atta columbica* 26, 27
　ハキリアリ属 *Atta, Acromyrmex* 27
　ハキリアリ族 x
　ハシリハリアリ *Leptogenys* viii
　ハダカアリ 272
　ハリアリ 139
　ハリアリ *Gnamptogenys horni* x
　ハリアリ *Rhytidoponera aurata* x
　ハリナガムネボソアリ 272
　ハリブトシリアゲアリ 272
　ヒアリ xiii, 41
　ヒメサスライアリ *Aenictus* spp. xi
　ヒラズオオアリ 275
　ミカドオオアリ 262
　ミツツボアリ *Camponotus inflatus* 115, 120
　ムカシキノコアリ *Cyphomyrmex rimosus* 27, 28
　ムネボソアリ属 273, 274
　ヤマアリ iii, 146-150
　ルリアリ 272
　レイメイアリ *Caririrdris bipetiolata* 119
アリヅカコオロギ 278
　サトアリヅカコオロギ 278
　ミナミアリヅカコオロギ 278
アルテミア 295, 296
アルマジロ 17
イケマ 414
イタセンパラ 317
イチジク 97, 304
イチジクコバチ 304
イトウ *Hucho perryi* viii, x, xii, 310
イトヨ xi

イノシシ [ニホンイノシシ]　68, 404, 405
異脈類　286
　　単門式異脈類　285, 286
　　二門式異脈類　286
イモ
　　ジャガイモ　4, 38
　　タロイモ　38, 311
ウィルス　38, 311
ウサギ目　ii
ウスバカゲロウ　277
ウニ　221
ウミネコ Larus crassirostris　xiii
ウリ　38
ウンピョウ [→ ヒョウ]　60, 61, 67
エノコログサ Setaria anceps　15
エビ
　　カブトエビ　296
　　川エビ　62, 64, 72
エレファントグラス　107
オウム　ix, xii
オオカミ　17
　　エゾオオカミ　406
オオジシギ Gallinago hardwickii　xii
オオムギ　29
オランウータン　42, 44, 49

■ か 行
蚊 [→ ユスリカ]　38, 43, 44, 58, 71, 73, 311, 383
ガ，蛾 [→ 鱗翅目・類]　96, 112, 282, 293
　　アンデスガ上科 Andesianoidea　285, 286
　　カイコ　215
　　カウリコバネガ (上科) Agathiphagoidea　285, 286
　　キバガ上科 Gelechioidea　285, 287
　　コウモリガ (類，上科) Hepialoidea　285, 286
　　コウモリモドキ上科 Mnesarchaeoidea　285, 286
　　コバネガ上科 Micropterigoidea　285, 286
　　スイコバネガ (上科) Eriocranioidea　285-288
　　スガ上科 Yponomeutoidea　285, 287
　　セミヤドリガ科 Epipyropidae　289
　　チビガ科 Bucculatricidae　289
　　ナガヒゲコガ科 Amphitheridae　289
　　ヒロズコガ上科 Tineoidea　285, 287
　　ヒロズコガモドキ (上科)　Palaephatoidea　285, 286, 288
　　ホソガ → ホソガ
　　ホソコバネガ (上科) Acanthopteroctetoidea　285-288
　　マガリガ (上科) Incurvarioidea　285, 286, 288
　　ミナミコバネガ上科 Lophocoronoidea　285, 286
　　ムカシガ (上科) Neopseustoidea　285, 286
　　ムモンハモグリガ (上科，科) Tischerioidea,
Tischeriidae　285, 286, 288, 298
　　ヒサカキムモンハモグリ
Coptotriche japoniella　298, 299
　　メイガ Glyphodes　viii
モグリコバネガ (上科)
Heterobathmioidea　285-287
モグリチビガ (上科，科) Nepticuloidea,
Nepticulidae　285, 286, 288, 298
カイガラムシ　277, 278
海藻(類) [→ 藻類]　207, 215, 218-220
カエル
　　トノサマガエル Rana nigromaculata　x
　　ニホンアマガエル　277
カカオ　104
カシ　297
　　アラカシ Querucus glauca　303
　　カシワ Quercus dentata　x, 296
ガゼル [→ レイヨウ，カモシカ]　91
褐藻　215, 218, 222
カニ [マングローブ蟹]　71
カバ　105
　　コビトカバ Choeropsis liberiensis　108, 109
カバノキ　298
カボチャ　38
カマアシムシ (科・目)　x, 296
カメ [アカウミガメ Caretta caretta]　ix, xiii
カモシカ [→ ガゼル, レイヨウ]　91
カモメ
　　オオセグロカモメ　xiv
　　ナンキョクオオトウゾクカモメ　162, 163, 186
カラス　xiv
　　ハシブトガラス　372
　　ワタリガラス　351, 353
カワウ Phalacrocorax carbo　xiii, 405
カワノリ [ナンキョクカワノリ]　162
緩歩動物門 Tardigrada　227
キツネ [キタキツネ]　372
キツネノカラカサタケ属　27
キヌカラカサタケ属　27
キノコ　28, 31, 32
キバナノアツモリソウ　414
キャッサバ　38
菌
　　酵母菌 → 酵母
　　根粒菌　15
　　放線菌　34-36
偶蹄類　56, 57, 91
クズウコン　38
クマ
　　ツキノワグマ　405, 419
　　ハナグマ　17, 27
　　ヒグマ Ursus arctos yesoensis　viii, x, xi, 319, 322, 386, 419
　　マレーグマ Helarctos malayanus　viii

生物名索引

クマムシ　ix, 200, 227
　　オニクマムシ *Milnesium tardigradum*　xii, 226-227
　　ヨコヅナクマムシ
　　　Ramazzottius varieornatus　226, 227
クモ (類) [→ アオオビハエトリ]　131, 138, 276, 355, 366
クリ [ニホングリ]　37
クロレラ *Chlorella vulgaris*　228
珪藻　207, 212
原核生物　16
コアジサシ　vii
甲殻類　245, 296
齧虫目 [→ チャタテムシ]　189
甲虫 (類) [→ 鞘翅目]　vii, 29, 302, 355, 366
コウノトリ　89
酵母　27, 28, 33
コウモリ　ix, 112
コーヒー　90, 104
ゴキブリ　137, 142
　　モグラゴキブリ　141
コケ　227-229
　　アカサビゴケ　162
　　オオハリガネコケ　162, 172
　　ハリガネゴケ　162
　　ヤノウエノアカゴケ　162, 172
コゲラ *Dendrocopos kizuki*　xiii
コミカンソウ科 Phyllanthaceae　289, 304
ゴム　104, 107
コムギ　29, 33, 387
ゴリラ　44, 82, 90, 96, 97
コロブス亜科　55
　　アカコロブス　57

■ さ 行

サイ　88
　　クロサイ　88
　　シロサイ　81, 87
鰓脚類　295, 296
サギ　378
　　アオサギ　viii
　　ダイサギ　381
　　チュウサギ　381
サケ　315, 327, 328, 329, 340
サケ科　310, 313, 314, 328, 332, 340
ササ　393, 413
　　クマイザサ　360
　　クマザサ　321
ザゼンソウ　xiii
サソリ　138
サバクヒタキ属　357
サル　17, 97
　　クモザル　27, 44
　　シシバナザル　67

テングザル *Nasalis larvatus*　viii, ix, xiii, 43
ニホンザル　43, 44, 59, 65, 405, 419
シカ　vii, 17, 67, 91
　　エゾシカ　xiv, 401-404
　　キュウシュウジカ　401
　　ケラマジカ　401, 416
　　スイロク　67
　　ニホンジカ *Cervus nippon*　vii, xi, 401-405, 411-414, 419
　　ホンシュウジカ　401
　　マゲジカ　401
　　ヤクシカ　401, 416
シジミチョウ (科) [→ ムラサキツバメ]　277, 278
シジュウカラ　357
シダ　154
シッポ　105
シマウマ　83, 91
ジャガー　17
鞘翅目 [→ 甲虫]　284
ショウジョウバエ　237, 238, 294
ジョウビタキ　357
シラカバ　253
シラネアオイ　414
シロアリ　29, 59, 97, 118, 136-138, 142, 244
シロチドリ　vii
スゲ　379
スズメ *Passer montanus*　ix, xii
スズメ目　369
セイヨウタンポポ *Taraxacum officinale*　7
センチュウ　231, 238
蘚類　155, 162, 163, 172, 173, 193, 201, 202
ゾウ
　　アフリカゾウ　80, 83-85, 105
　　マルミミゾウ　105, 108
双翅目 [→ ハエ]　148, 150, 155
ゾウリムシ *Paramecium*　14
藻類 (→ 海藻，褐藻，珪藻，藍藻，緑藻)　163, 193, 207, 217, 221, 227, 228
　　氷雪藻類　155
ソメイヨシノ　37

■ た 行

ダイカー　107, 108
　　カタシロダイカー　108
　　シマダイカー　108
苔類 [→ コケ，蘚類]　155
タカ
　　オオタカ　ix
　　ハイタカ　ix
多細胞生物　3, 224, 238
ダニ　189, 199, 201
　　隠気門ダニ　164, 165, 172, 188, 194, 199-201
　　前気門ダニ　153, 164, 165, 172, 188, 195, 199-201

ハシリダニ科 Eupodidae　200
ダニ脳炎ウィルス　vii
タバコ　38, 39
タラノキ　361
タンチョウ Grus japonensis　ix, xii, 375-378
地衣類　163, 171, 193, 202
　　好糞性地衣類　162
　　白色粒状不完全地衣類　162
チャタテムシ (目)　173, 201, 202
チャタテムシ Liposcelis　172, 173
チョウ [→ シジミチョウ]
チンパンジー　44, 82, 90-94, 96-98, 107, 108
ツル [→ タンチョウ]　376
テオシント　38
テン
　　エゾクロテン Martes zibellina brachyura　ix, xii, xiii
　　ホンドテン　xiii
テントウムシ [ナミテントウ Harmonia axyridis]　vii
トウモロコシ　38, 85, 387
トカゲ [コーストツノトカゲ]　276
トキ　89
トビケラ　vii
トビムシ (目・類)　131, 164, 165, 189, 196-200
トビムシ Friesea grisea　164, 195
　　アヤトビムシ科　199
　　イボトビムシ科　198
　　シロトビムシ科　198
　　ツチトビムシ科　198
　　ツチトビムシ Anurophorus subpolaris　197, 198
　　ツチトビムシ Isotoma klovstadi　196, 198
　　トビムシ Friesea grisea　164, 195
　　ヒメトビムシ科　197, 198
　　ヒメトビムシ Biscoia sudpolaris　197, 198
　　マルトビムシ科　199
トマト　38
トラ [シベリアトラ]　ix, xii
トンボ [エゾカオジロトンボ]　241

■ な 行 ■

ナンヨウマヤブシキ　69, 70
二門類　285
　　原始的二門類　285-287
　　新二門類　285-287
ニワトコ　360
ニワトリ　144
ヌー　91
ヌスビトハギ Desmodium intortum　15
ネズミ　ix
　　ヒメネズミ Apodemus argenteus　xi
粘管目 [→ トビムシ]　189
ノコギリソウ Achillea lanulosa　7
ノリウツギ　360

■ は 行 ■

ハイイヌガヤ　414
バイケイソウ　363
ハエ [→ ショウジョウバエ，双翅目]
　　サシバエ　69-71
　　タマバエ　303
　　タマバエ Contarinia sp.　303
　　ハモグリバエ　283
　　ハモグリバエ Phytomyza ilicicola　298
ハクチョウ　381
バクテリア　xii, 33, 235, 238, 415
ハゲチメドリ　108
ハゼ [ミミズハゼ属 Luciogobius]　xiii
ハチ [→ 膜翅目]
　　アシナガバチ　144
　　キオビツヤハナバチ Ceratina flavipes　viii, xii
　　コハナバチ (属) Lasioglossum　245
　　　　シオカワコハナバチ L.(Evylaeus) baleicum　ix, 251
　　　　タカネコハナバチ L.(E.) calceatum　245
　　　　ホクダイコハナバチ L. (E.) duplex　ix, xii, 245
　　スズメバチ　137, 150
　　ミツバチ　250
バッタ　355
　　サバクトビバッタ Schistocerca gregaria　xiv
バナナ　29, 37, 86
ハネモ　211
バファロー　105, 108
ハマザクロ科　69
ハルジオン　283
ハンゴンソウ Senecio cannabifolius　x, 414
ハンノキ　292, 391-393
ヒイラギ [アメリカヒイラギ Ilex opaca]　297
ヒサカキ Eurya japonica　299
ヒトエグサ　218, 219
　　エゾヒトエグサ　219, 220
ヒヒ　67
ヒマワリ　38
ヒメジョオン　283
ヒメナズナ Erophila verna　38
ピューマ　17
ヒョウ [→ ジャガー，ウンピョウ]　93
　　アムールヒョウ　ix, xii
ヒル　43, 44, 73
フジツボ　14
フッキソウ　414
フトモモ科　69
ブナ　283, 298
ブヨ　311
ペンギン [アデリーペンギン]　193
ホソガ
　　アシブサホソガ属 Cuphodes　289, 293
　　オビギンホソガ亜科 Oecophyllembiinae　293,

生物名索引

294
キヅタオオビギンホソガ *Eumetriochroa hederae*
291
ギンモンカワホソガ *Dendrorycter marmaroides*
290-293
ギンモンツヤホソガ *Chrysaster hagicola*　291-293
キンモンホソガ亜科 Lithocolletinae　293, 294
キンモンホソガ属 *Phyllonorycter*　291, 297
　　カシワミスジキンモンホソガ *P. persimilis*　291, 296
　　キンスジシロホソガ *P. leucocorona*　296
　　クヌギキンモンホソガ *P. nipponicella*　290
コハモグリガ亜科 Phyllocnistinae　291, 293
ツヤホソガ属 *Hyloconis*　294
ヌスビトハギマダラホソガ
　　Liocrobyla desmodiella　291
ハナホソガ属 *Epicephala*　289, 293, 304
ホソガ亜科 Gracillariinae　291, 293
ホソガ科 Gracillariidae　288-291
ホソガ上科 Gracillarioidea　285, 287-288
モミジニセキンモンホソガ *Cameraria niphonica*　290, 291
ヤナギハマキホソガ *Caloptilia stigmatella*　291
ポプラ　298
ボンゴ　108

■ ま 行
マウス　239
膜翅目 [→ アリ, ハチ]　245, 250, 283
マス　245, 250, 283
　　アメマス　314
　　カラフトマス　328, 329
　　サクラマス *Oncorhynchus masou*　ix, xi, xii, 340, 346
　　ニジマス　346
マテバシイ　277
マホガニー
　　アフリカンマホガニー　105
　　サペリマホガニー　105
マメ (科)　15, 99
　　インゲンマメ　38
　　レンズマメ　29
マリモ　222, 223
ミカヅキモ　211
ミズナラ　253
ムカデ　137, 138, 142

オオムカデ　131, 133
ジムカデ　131, 133
ホロホロチョウ [ムナジロホロホロチョウ]　108
ムラサキツバメ [→ シジミチョウ]　277
メイズ　84, 85
モズ (類・属)　354-358
　　モズ *Lanius bucephalus*　358, 359
　　アカモズ　358, 359
　　アメリカオオモズ　354, 355
　　オオモズ　355, 356
　　ハグロオナガモズ *L. excubitoroides*　356

■ や 行
ヤエムグラ属 *Galium*　15
ヤシ (科)　69
　　アブラヤシ　74-76, 96
　　ニッパヤシ　69, 70
　　ニブンヤシ　69-71
ヤナギ　255, 278, 391
ユーカリ　127, 139, 141, 146, 147
有翅亜綱　172, 173, 201
有吻類　286
　　同脈有吻類　284-286
ユキドリ　162, 163, 201
ユスリカ　155
　　ネムリユスリカ　231
ヨシ　379, 391-393
ヨシキリ (属)　357

■ ら 行
ライオン　81, 87, 93
ラバーグラスホッパー　355
藍藻　162
リス
　　エゾシマリス *Eutamias sibiricus lineatus*　xi
　　エゾリス *Sciurus vulgaris orientis*　xii
緑藻　162, 211
鱗翅目・類 [→ 蛾, チョウ]　284-287
類人猿　96
霊長目・類　36
レイヨウ [→ ガゼル, カモシカ]　91, 107, 108

■ わ 行
ワシ [オジロワシ] *Haliaeetus albicilla*　xiv
ワニ　60
ワムシ [ヒルガタワムシ]　227

学名索引

Acanthoperoctetoidea　285, 286
Achillea lanulosa　7
Acromyrmex　27
Aenictus　xi, 125
Agathiphagoidea　285, 286
Alaskozetes antarctica　200, 201
Amphitheridae　289
Andesianoidea　285, 286
Anoplolepis gracilipes　xiii
Antarcticinella monoculata　198
Antarcticola meyeri　164, 172, 188, 194, 201
Anurophorus subpolaris　196-199
Aphis gossupii　278
Apodemus argenteus　xi
Apterostigma　27
　A. mayri　30
Archisotoma brucei　198
Artifodina　294
Atta　27
　A. columbica　26, 31
　A. texana　26

Biscoia sudpolaris　197-199
Bucculatricidae　289

Caloptilia stigmatella　291
Cameraria niphonica　290, 291
Camponotus
　C. inflatus　120
　C. lateralis　275
　C. truncates　276
Caretta caretta　xiii
Cariridris bipetiolata　119
Ceratina flavipes　vii, xii
Chlorella vulgaris　228
Choeropsis liberiensis　109
Chrysaster hagicola　291, 292
Contarinia　303
Coptotriche japoniella　298
Crambidae　viii
Cryptopygus
　C. antarcticus　196
　C. caecus　198
　C. cisantarcticus　198
　C. reagens　198
　C. subantarcticus　198
　C. sverdrupi　198

　C. tricuspis　198
　C. sverudrupi　197, 198
Cuphodes　289
Cyphomyrmex rimosus　27
Cyrtolaelaps racovitzai　200

Dendrocopos kizuki　xii
Dendrorycter marmaroides　290, 291
Desmodium intortum　15
Diacamma　xiv
Dinaphorura spinosissima　198

Eciton　123
　E. burchelli　123, 125
　E. hamatum　123, 124
Ectoedemia
　E. occultella　298
　E. argyropeza　298
Epicephala　289
Epipyropidae　289
Eriocranioidea　285, 286
Erophila verna　7
Escovopsis　34, 35
Eumetriochroa hederae　291
Eupodes　188, 189
　E. maudae　200
　E. tottanfjella　200
　E. wisei　200
Eupodidae　200
Eurya japonica　298
Eutamias sibiricus lineatus　xi
Evylaeus　246

Formica yessensis　x, xi, xiii
Friesea　196
　F. grisea　164, 165, 195-198
　F. jeanneli　198
　F. multispinosa　198
　F. nigroviolacea　198
　F. tilbrooki　198

Galium
　G. saxatile　15
　G. sylvestre　15
Gallinago hardwickii　xii
Gelechioidea　285, 287
Glyphodes　viii

Gnamptogenys horni x
Gomphiocephalus hodgsoni 196-198
Gracillariidae 284, 285
Gracillariinae 291, 293
Gracillarioidea 285, 287
Gressittacantha terranova 198
Grus japonensis ix, 375

Haliaeetus albicilla xiv
Harmonia axyridis vii
Helarctos malayanus viii
Hepialoidea 285, 286
Heterobathmioidea 285, 286
Holozetes belgicae 200
Hucho perryi viii, x, xii
Hyloconis 294
Hypogastrura
    H. antarctica 198
    H. viatica 198

Ilex opaca 298
Incurvarioidea 285, 286
Isotoma klovstadi 196, 198

Katianna
    K. banzarei 199
    K. kerguelenensis 199

Lanius excubitoroides 356
Larus crassirostris xiii
Lasioglossum 245
    L. (Evylaeus) calceatum 245
    L. (E.) duplex ix, xii, 245
    L. (E.) baleicum ix, 251
    L. (E.) albipes 246
Lepidobrya mawsoni 199
Lepidocyrtus cyaneus cinereus 199
Leptogenys viii
Liocrobyla desmodiella 291
Liposcelis 172, 173, 189, 201, 202
Lithocolletinae 291, 293
Lophocoronoidea 285, 286
Luciogobius xiii

Martes zibellina brachyura ix, xii
Metakatianna gressittii 199
Micropterigoidea 285, 286
Milnesium tardigradum xii, 228
Mnesarchaeoidea 285, 286
Myrmecia 119
    M. gulosa 120
    M. croslandi 119
    M. kotokui viii, xi
Myrmicocrypta 27

M. ednaella 30

Nanorchestes
    N. antarcticus 164, 165, 172, 188, 189, 200
    N. bellus 188, 189
    N. lalae 188, 189
Nasalis larvatus viii, ix
Neocryptopygus nivicolus 198
Neopseustoidea 28, 286
Nepticulidae 288
Nepticuloidea 285, 286
Nothomyrmecia 40, 120
    N. macrops 145, 147, 149

Oecophylla smaragdina viii, 120
Oecophyllembiinae 291, 293
Oncorhynchus masou ix, xi, xii
Onychomyrmex hedleyi viii, 121, 128, 130, 134

Pachycondyla sublaevis xi, 121, 139, 140, 143
Palaephatoidea 285, 286
Parafolsomia quadrioculata 198
Paramecium 14
Parisotoma
    P. boerneri 198
    P. octooculata 196, 198
Passer montanus ix, xii
Phalacrocorax carbo xiii
Phyllanthaceae 289
Phyllocnistinae 291, 293
Phyllocnistis 291
Phyllonorycter 291
    P. leucocorona 296
    P. nipponicella 290
    P. persimilis 291
Phytomyza ilicicola 298
Podacaridae 201
Polykatianna davidi 199
Prenolepis imparis 278
Progereunetes minutus 165, 172, 189, 201
Proisotoma pallida 198
Pseudoregma bambucicola vii

Quercus
    Q. dentata x, 296
    Q. glauca 303

Ramazzottius
    R. oberhauseri 235
    R. varieornatus 227
Rana nigromaculata x
Rhagidia gerlachei 200
Rhytidoponera 120, 142
    R. aurata x

Schistocerca gregaria　xiv
Sciurus vulgaris orientis　xii
Senecio cannabifolius　x
Sericomyrmex　27
Setanodosa steineni　198
Setaria anceps　15
Setocerura georgiana　198
Sminthurinus
　　S. granulosus　199
　　S. jonesi　199
　　S. kerguelenensis　199
Sorensia
　　S. atlantica　200
　　S. punctata　198
　　S. subflava　199
Spinocerura dreuxi　198
Stenophylacini　vii
Stereotydeus
　　S. belli　200
　　S. meyeri　189, 195
　　S. villosus　200
Stigmella tityrella　298

Tapinoma sessile　278
Taraxacum officinale　7
Tardigrada　227
Tineoidea　285, 287
Tischeriidae　298
Tischerioidea　285, 286
Toxoptera aurantii　278
Trachymyrmex　57
　　T. smithii　31
Tuberculatus quercicola　x
Tullbergia
　　T. antarctica　198
　　T. bisetosa　198
　　T. mediantarctica　198
　　T. mixta　198
　　T. templei　198
Tydeus erebus　164, 165, 172, 188, 189

Ursus arctos yesoensis　viii, x

Xenylla claggi　198

Yponomeutoidea　285, 287

人名索引

Aanen DK　31, 422
安部文子　ix
阿部永　360, 430
Abe S　372, 430, 431
阿部司　317, 429
Adamson G (アダムソン)　87
Adamson J (アダムソン)　87
Akam M　295, 296, 426
Andrewartha H　2, 421
Appiah C　xiv
Ardianor　x
朝香友紀子　xiv
Averof M　295, 296, 426
Azuma N (東典子)　viii, xi, 398, 424, 430

Bailey IW (ベイリー)　33
Baker RR (ベイカー)　425
Billen J (ビレン)　264, 426
Block W　196, 199, 424
Bolton B (ボルトン)　263, 427
Bonnier G (ボニエ)　7, 421
Boomsma JJ　31, 422
Brady SG (ブラディ)　126, 137, 424
Brockmann HJ　361, 431
Bronstein JL　278, 427
Brurke RO (バーク)　113, 115

Carpintero S　275, 427
Carson RL　18, 421
Chapela　31, 422
Cherrett JM (チェレット)　30, 423
Chivers DJ　55, 423
Christian CE　278, 427
Chubachi S (忠鉢繁)　159, 424
Clausen J　7, 421
Clauss M (クラウス)　57, 423
Clements FE (クレメンツ)　13, 14, 421
Cole RF　276, 427
Connell JH　14, 421
Cornell HV　297, 428
Cosmides LM　221, 425
Cox PA (コックス)　220, 222, 223, 425
Crandall KA　341, 430
Cronin AL (クローニン, アダム)　240, 242, 250-252
Currie CR (キュリー, キャメロン)　34, 35, 422, 423

Danforth BN　246, 426
Darwin CR (ダーウィン)　1, 6, 9, 14, 221, 244, 421, 425
Davis DR　286, 288, 428
Dawkins R　361, 431
De Prins J　288, 428
De Prins W　288, 428
Dwi Astuti　ix, xii

Edo K (江戸謙顕)　viii, x, 306, 330, 338, 340, 341, 430
Eickwort GC　253, 426
Elton C (エルトン)　14, 421
Engel MS　284-286, 428
Engelbrecht L　298, 428

Fabre JA (ファーブル)　208
Faeth SH　297, 298, 428
Farman JC (ファーマン)　159, 425
Fisher RA (フィッシャー)　249
Frankham R　338, 430
Franklin IR　338, 430
藤井万里和　xii
藤原慎悟　xiii
福原るみ　xiv

Gause GF　14, 421
Gilbert SC (ギルバート)　294, 428
Gilpin ME　338, 430
Glenn S　277, 427
呉範龍　vii
Goodall J (グドール)　92
Goodman SJ　412, 432
Gotwald H　125, 424
Gressitt JL　196, 200, 425,
Grimaldi D　284-286, 428
Grover CD (グロウバー)　266, 427
Grueter CC　67, 423

Haas CA (ハース, キャロラ)　354, 431
Haeckel E　1, 421
濱崎眞克　xiii
Hamilton WD (ハミルトン)　244, 245
Hasegawa E　259, 426
橋本誠也　xiii
服部健次　xii

Heinrich B (ハインリッチ)　351, 353, 431
日出平陽一　x
Higashi S (東正剛)　xiii, 77, 140, 142, 156, 158, 161, 167, 191, 196, 197, 251, 253, 423-426, 430, 432
樋口広方　316, 338, 354, 430
Hirata M (平田真規)　ix, xii, 240, 251-253, 424, 426
Hirosawa H (廣澤一)　viii, xi, 424
Hölldobler B (ヘルドブラー)　iii, 27, 28, 118, 422, 424
Holway DA (ホーロウェイ)　265, 274, 275, 277, 427, 428
洪淳福　vii
Horikawa DD (堀川大樹)　ix, xii, 224, 230, 231, 425
Hutchings MJ　12, 421
Hutchinson GE　14, 21

Ichimura T (市村輝宜)　209-211, 425
飯沼康子　xi
池田隆美　ix
Inoue NM (井上真紀)　269, 280, 427
犬飼哲夫　412, 432
石城謙吉　356, 357, 362, 431
石垣麻美子　xiii
石井亮次　xii
Ito F (伊藤文紀)　140, 142, 262, 270, 277, 424, 426-428
岩倉美沙子　xiii
泉洋江　ix, 398

Jaffe MJ　297, 428
Jönsson KI　228, 236, 425
Jordan A (ジョルダン)　7, 421

Kahn DM　297, 428
Kaji K (梶光一)　405, 406, 409, 412, 415, 432, 433
Kanda H (神田啓史)　154, 189, 425
Katagiri C (片桐千仭)　225, 425
片岡剛文　ix, xii
Kato M　283, 292, 304, 428
Kawakita A　292, 304, 428
城所碧　viii, xii,
Kikuchi T (菊地友則)　viii
菊沢喜八郎　302, 303, 428
木村真三　viii
北川悦子　366
Kitanishi S (北西滋)　ix, xii, 340, 430
北野雅人　xiii
小林千穂　x
小林聡史　78, 112
小平大輔　xiv
Komai F (駒井古実)　284-286, 428, 429
米根洋一郎　x
紅露周平　xiii
Krebs CJ　3, 421

Kristensen NP　284-287, 429
Kumata T (久万田敏夫)　288-291, 293, 294, 429

Leopold A　17, 421
Levitan DR (レヴィタン)　221, 222, 425
Ligon JD (ライゴン)　356, 432
Linné C von (リンネ)　5, 7
Little AEF　36, 423
Lopez-Vaamonde C　292, 429
Lorenz KZ (ローレンツ)　144, 424
Lotsy JP　7, 421
Lovelock J (ラブロック)　117, 424

Malthus TR　10, 421
Mankowski ME　33, 423
Maryanto I　ix
Masatomi H (正富宏之)　374, 379, 380, 387, 390, 391, 393, 396, 397, 432
Masatomi Y (正富欣之)　ix, 374, 391, 393, 395, 396, 432
Masuda R (増田隆一)　398, 400, 411, 433
Matsuda I (松田一希)　42, 57, 59, 60, 65, 67, 112, 423, 424
松長克利　viii
松田達郎　154, 425
Mayr E　6, 8, 421
Michener CD　246, 426
湊正寿　xi
Miyake K (三宅耕輔)　263, 271, 427
三宅洋　xi
Miyata M (宮田弘樹)　viii, 26, 112, 424
宮崎智史　xiii
三好和貴　ix, xii
森原なぎさ　xiv
Moritz C　341, 416, 430, 433
Morrell JJ　33, 423
Motomura T (本村泰三)　209, 425
Mueller UG (ミュラー)　29, 31, 422, 423
Munakata M　263, 426
Murai T (村井勅裕)　viii, xi, 42, 47, 52, 57, 423
村上龍　404
Murakami T (村上貴弘)　vii, x, 22, 28, 112, 398, 423, 427
Nabata D (名畑太智)　412, 433
Nagata J (永田純子)　vii, 350, 366, 398, 401, 402-404, 412, 413, 432, 433
Nagata Y (長田芳和)　317, 430
中村修美　x
中野正弘　x
並木光行　xi
Ness JH　278, 427
Nielsen ES　286, 429
新島義和　17
西原智昭　105

人名索引 453

Nishiumi I 432
野本和宏 x, xii, 430
野村冬樹 viii, x
Nygard JP 278, 427

Odum HT 2, 421
Ogawa I (小川巌) 350, 354, 372, 431
小川力也 317, 430
大原雅 v, 4, 421
Ohkawara K (大河原恭祐) vii, 22, 23, 424
大西尚樹 xi
大山佳邦 152, 153, 172, 183, 189, 192, 194, 199, 425
大石麻美 393, 432
Oishi M 298, 299, 301, 304, 429
Okaue M (岡上真之) 268, 427
Orians GH (オリアンズ) 357, 431
Ottaway EM 327, 430

Pardi L 144, 424
Parker GA (パーカー) 221, 222, 425
Pearl R 11, 421
Perrin PG 144, 424
Pinshow B 356, 432
Plateaux-Quénu CN 246, 426
Powell BE 278, 427
Powell JA 284, 285, 429

Quinlan RJ (クインラン) 30, 423

Rahm PG 235, 425
Ralls K 338, 430
Ramløv H 238, 426
Raphael MG 316, 430
Rasmussen M 39, 423
Recinos A 37, 423
Reed LJ 11, 421
Rehner SA 422
Rodríguez-Cabal MA 278, 427
Rosenberg EV 316, 430

Saccheri I 338, 430
貞國利夫 xiv
佐保田篤志 xiii
斉藤寿彦 xi
Sakagami SF (坂上昭一) iii, 240, 242, 245, 253, 374, 426, 426
Sakamoto H (坂本洋典) 41, 427, 428
坂田大輔 xiii
Sanders NJ 266, 427
笹千舟 xiv, 411
Sato H (佐藤宏明) 152, 153, 282, 289, 290, 291, 294, 298, 299, 301, 303, 429
佐藤峰子 x
Sato S 340, 430, 431

澤村正幸 viii
Schjelderup-Ebbe T (シェルデラップ=エッベ T) 144
Schneirla TC 124, 424
Schokraie E 238, 425
Schultz TR 29, 31, 423
Shattuck SO 119, 424
Shelford R (シェルフォード) 14, 422
柴尾晴信 vii
重田麻衣 xiii
島村崇志 xi, 139
椎名佳の美 xiii
Silverman J 278, 427
Silvertown JW 2, 421
Skalski AW 284-286, 429
Smith RL 2, 402
Smith TM 2, 402
Smith VGF (スミス) 221, 425
Somme L 199, 425
宋安仁 xi
Soucy SL 253, 426
Soulé ME 338, 430
Stiling P 298, 429
Storey JM 235, 426
Storey KB 235, 426
Stratmann J 219, 425
Strauss SY 297, 429
Stuart AE 35, 422
Suarez AV (スアレッズ) 267, 268, 276, 427, 428
菅原裕規 152, 189, 196, 198, 199, 425
杉本太郎 ix, xii
Sugiyama T (杉山隆史) 263, 271, 427, 428
Sunamura E (砂村栄力) 269, 427, 428
Sutrisuno H viii
Suzuki AC (鈴木忠) 227, 426

多田内修 261
Takagi M (高木昌興) 350, 363, 367, 372, 398, 431
Takahashi H (高橋裕史) vii, 366, 409, 433
高井孝太郎 x
多加喜未可 xi
竹田努 vii
竹川聡美 418, 433
竹島勇太 xiii
田中大介 226
田中耕一 37
田中涼子 xiii
谷口義則 vii
Tansley AG (タンズリー) 13, 15, 422
Tillberg CV (ティルバーグ) 266, 428
Tilman D 15, 422
Togashi T (富樫辰也) 206, 216-218, 220, 350, 398, 425
得能秀幸 xii

富塚史浩　viii, xi
Tooby J　221, 425
Touyama Y (頭山昌郁)　266, 267, 273, 276, 277, 427, 428
Tsuda K　303, 429
Turesson G　7, 422

上野秀樹　vii
浦達也　xii

Verhulst PF　11, 422

Wallace AR (ウォレス)　119, 422
Wallwork JI　196, 199, 425
早稲田宏一　xi
鷲谷いずみ　317, 338, 431
Weber NA (ウェーバー)　27, 34, 35, 423
Weller DE　12, 422
Westh P　238, 426
Westoby M　12, 422
Wheeler WM (ホイーラー)　27, 423
White J　12, 422
Whitman DW　363, 432
Whittaker RH　13, 422
Wilson EO (ウィルソン)　iii, 26-28, 116, 118, 136, 145, 422-424
Wilson MF (ウィルソン)　35, 431

Wise KAJ　200, 425
Wright JC　228, 230, 426

八木史香　xiv
Yagi N　259, 426
矢口高雄　335
矢原徹一　338, 431
Yamada M　412, 433
Yamada T (山田朋実)　xiii, 423
Yamagishi S　364, 432
山極寿一　423
Yamaguchi A　238, 426
Yamamoto T (山本俊昭)　xi, 430
山崎朋子　49
八尾泉　x
Yoda K　12, 422
Yosef R (ヨセフ)　355, 356, 363, 365, 432
吉田修哉　xiii
吉村昭　323
吉岡理穂　xi
Yukawa J (湯川淳一)　303, 429
行弘文子　226

Zack S (ザック)　356, 432
Zangerl AR　297, 429
Zhang Y (張裕平)　vii

■**著者略歴**(五十音順)

伊藤　文紀（いとう　ふみのり）　博士(環境科学)
　　1992年　北海道大学大学院環境科学研究科博士後期課程修了
　　現　在　香川大学農学部教授

江戸　謙顕（えど　かねあき）　博士(地球環境科学)
　　2001年　北海道大学大学院地球環境科学研究科博士課程修了
　　現　在　文化庁文化財部記念物課文化財調査官

大原　雅（おおはら　まさし）　理学博士
　　1985年　北海道大学大学院環境科学研究科博士課程単位取得退学
　　現　在　北海道大学大学院地球環境科学研究院教授

小林　聡史（こばやし　さとし）　学術博士
　　1984年　北海道大学大学院環境科学研究科博士課程修了
　　現　在　釧路公立大学経済学部教授

佐藤　宏明（さとう　ひろあき）　学術博士
　　1987年　北海道大学大学院環境科学研究科博士課程単位取得退学
　　現　在　奈良女子大学研究院自然科学系准教授

菅原　裕規（すがわら　ひろみ）　博士(環境科学)
　　1991年　北海道大学大学院環境科学研究科博士課程修了
　　現　在　北海道苫小牧東高等学校教諭

高木　昌興（たかぎ　まさおき）　博士(農学)
　　1997年　北海道大学大学院農学研究科博士後期課程修了
　　現　在　大阪市立大学大学院理学研究科生物地球系専攻准教授

富樫　辰也（とがし　たつや）　博士(理学)
　　1998年　北海道大学大学院理学研究科博士課程修了
　　現　在　千葉大学海洋バイオシステム研究センター教授

永田　純子（ながた　じゅんこ）　博士(地球環境科学)
　　1997年　北海道大学大学院地球環境科学研究科博士課程修了
　　現　在　独立行政法人森林総合研究所野生動物研究領域主任研究員

東　正剛（ひがし　せいごう）　理学博士
　　1980年　北海道大学大学院理学研究科博士課程修了
　　現　在　北海道大学名誉教授，放送大学客員教授

平田　真規（ひらた　まさのり）　博士（地球環境科学）
　　2005 年　北海道大学大学院地球環境科学研究科博士課程修了
　　現　在　札幌大谷中学校・高等学校教諭

堀川　大樹（ほりかわ　だいき）　博士（地球環境科学）
　　2007 年　北海道大学大学院地球環境科学研究科博士課程修了
　　現　在　パリ第 5 大学 / フランス国立衛生医学研究所博士研究員

正富　欣之（まさとみ　よしゆき）　博士（地球環境科学）
　　2007 年　北海道大学大学院地球環境科学研究科博士課程修了
　　現　在　北海道大学大学院農学研究院研究員

松田　一希（まつだ　いっき）　博士（地球環境科学）
　　2008 年　北海道大学大学院地球環境科学研究科博士課程修了
　　現　在　京都大学霊長類研究所長期野外研究プロジェクト特定助教

宮田　弘樹（みやた　ひろき）　博士（地球環境科学）
　　2000 年　北海道大学大学院地球環境科学研究科博士課程修了
　　現　在　株式会社竹中工務店技術研究所主任研究員

村上　貴弘（むらかみ　たかひろ）　博士（地球環境科学）
　　1998 年　北海道大学大学院地球環境科学研究科博士課程修了
　　現　在　北海道教育大学教育学部環境科学専攻准教授

バワー・エコロジー

2013年3月16日 初版発行

編者 佐藤宏明
　　 村上貴弘

発行者　米間泰一郎

発行所　株式会社 海遊舎
〒151-0061 東京都渋谷区初台 1-23-6-110
電話 03 (3375) 8567　FAX 03 (3375) 0922

印刷・製本　丸原印刷 (株)

© 佐藤宏明・村上貴弘 2013

本書の内容のー部あるいは全部を無断で複写複製することは，著作権法上での例外を除き禁じられていますので，ご注意ください。

ISBN978-4-905930-47-1　　PRINTED IN JAPAN